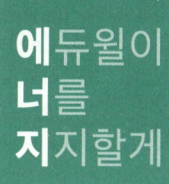

세상을 움직이려면
먼저 나 자신을 움직여야 한다.

– 소크라테스(Socrates)

제5류 위험물 지정수량 개정(시행 24.07.31)사항

「위험물안전관리법」상 제5류 위험물 지정수량 및 세부기준이 24.07.31부로 공포되었습니다. 일부 제5류 위험물의 지정수량(제1종 10kg, 제2종 100kg) 및 위험등급(ⅠⅡⅢ)은 기존의 위험물 품명이 아닌 위험성 유무와 등급에 따라 구분하기 위하여 「위험물안전관리에 관한 세부기준(소방청 고시)」상 폭발성 및 가열분해성 시험결과에 따라 판정기준을 적용하여 결정하도록 개정되었으며, 개정된 법령에 의한 시험을 통해 위험물 해당여부 및 지정수량이 판단됩니다.

위와 관련하여 공포된 제5류 위험물 지정수량 및 세부기준은 아래와 같습니다. 참고하여 학습 부탁 드립니다.

* 「위험물안전관리법 시행령」 [별표1] 위험물 및 지정수량 (개정 24.04.30)

제5류 자기반응성 물질	1. 유기과산화물 2. 질산에스터류 3. 나이트로화합물 4. 나이트로소화합물 5. 아조화합물 6. 다이아조화합물 7. 하이드라진 유도체 8. 하이드록실아민 9. 하이드록실아민염류 10. 그 밖에 행정안전부령으로 정하는 것 11. 제1호부터 제10호까지의 어느 하나에 해당하는 위험물을 하나 이상 함유한 것	제1종: 10kg 제2종: 100kg

* 「위험물안전관리에 관한 세부기준」 제21조 및 제21조의 2 (개정 24.07.02)

- **제21조(가열분해성 판정기준 등)** 가열분해성으로 인하여 자기반응성물질에 해당하는 것은 제20조에 의한 시험결과 파열판이 파열되는 것으로 하되, 그 등급은 다음 각 호와 같다(2 이상에 해당하는 경우에는 등급이 낮은 쪽으로 한다).
  1. 구멍의 직경이 1mm인 오리피스판을 이용하여 파열판이 파열되지 않는 물질: 등급 Ⅲ
  2. 구멍의 직경이 1mm인 오리피스판을 이용하여 파열판이 파열되는 물질: 등급 Ⅱ
  3. 구멍의 직경이 9mm인 오리피스판을 이용하여 파열판이 파열되는 물질: 등급 Ⅰ

- **제21조의2(자기반응성물질 판정기준 등)** 제19조에 따른 열분석시험의 결과 및 제21조에 따른 압력용기시험의 결과를 종합하여 자기반응성물질은 아래 표와 같이 구분한다.

압력용기시험 열분석시험	등급 Ⅰ	등급 Ⅱ	등급 Ⅲ
위험성 있음	제1종	제2종	제2종
위험성 없음	제1종	제2종	비위험물

에듀윌 위험물산업기사
실기 2주끝장＋무료특강

최신 출제기준 & 개정 법령 완벽반영

출제기준

2025년 시험부터는 새로운 출제기준이 적용되어 출제되고 있으며, 크게 주요항목의 세분화 및 신규항목 추가 등이 개편되었습니다. 해당 출제기준은 2025년 1월 1일~2029년 12월 31일까지 적용될 예정입니다.

적용기간 (2025.1.1~2029.12.31)		
위험물 취급 실무	제 1~6류 위험물 취급	• 성상 · 유해성 조사하기 • 저장방법 확인하기 • 취급방법 파악하기 • 소화방법 수립하기
	위험물 운송 · 운반시설 기준 파악	• 운송기준 파악하기 • 운송시설 파악하기 • 운반기준 파악하기 • 운반시설 파악하기
	위험물 안전계획 수립	• 위험물 저장 · 취급계획 수립하기 • 시설 유지관리계획 수립하기 • 교육훈련계획 수립하기 • 위험물 안전감독계획 수립하기 • 사고대응 매뉴얼 작성하기
	위험물 화재예방 · 소화방법	• 위험물 화재예방 방법 파악하기 • 위험물 화재예방 계획 수립하기 • 위험물 소화방법 파악하기 • 위험물 소화방법 수립하기
	위험물 제조소 유지관리	• 제조소의 시설기술기준 조사하기 • 제조소의 위치 · 구조 · 설비 · 소방시설 점검하기
	위험물 저장소 유지관리	• 저장소의 시설기술기준 조사하기 • 저장소의 위치 · 구조 · 설비 · 소방시설 점검하기
	위험물 취급소 유지관리	• 취급소의 시설기술기준 조사하기 • 취급소의 위치 · 구조 · 설비 · 소방시설 점검하기
	위험물행정처리	• 예방규정 작성하기 • 허가신청하기 • 신고서류 작성하기 • 안전관리 인력관리하기

※ 자세한 출제기준은 한국산업인력공단(Q-net) 참고

❖ 최신 출제기준 완벽 반영!

「2026 에듀윌 위험물산업기사 실기 2주끝장+무료특강」은 개편된 출제기준에 따라 항목 세분화 및 신규이론을 모두 반영하여 수록하였습니다. 개편된 출제기준을 확인하고 학습의 방향을 설정해 보시기 바랍니다.

이론은 **가볍게**
출제문제는 **자세하게**
합격은 **빠르게**

화학 개정용어(24.04.30 시행) 안내

대한화학회의 '화학기술어위원회'가 IUPAC(국제적으로 통용되는 원소 이름, 화학물 명칭 지정기관)의 명명법을 한국어 체계에 적절하게 수정하여 사용하고, 이에 위험물안전관리법 시행규칙에도 일부 적용되어 공포되었습니다.

현재용어	개정용어	현재용어	개정용어
브롬	브로민	중크롬	다이크로뮴
요오드	아이오딘	유황	황
망간	망가니즈	히	하이
황화린	황화인	디아조	다이아조
에스테르	에스터	클레오소트	크레오소트
알데히드	알데하이드	니트로	나이트로
디에틸에테르	다이에틸에터	할로겐	할로젠
갑종방화문	60분+방화문 또는 60분방화문	을종방화문	30분방화문

※ 화학 개정용어 병기 수록!

「2026 에듀윌 위험물산업기사 실기 2주끝장+무료특강」은 IUPAC 규정 화학용어 개정으로 개정된 용어와 개정 전 용어를 같이 수록하여, 개정된 용어가 빠르게 익숙해질 수 있도록 하였습니다.

제5류 위험물 지정수량 개정(24.07.31 시행) 안내

폭발의 위험이 높은 제5류 위험물(자기반응성 물질)의 지정수량 및 위험등급을 위험물의 품명이 아닌 위험성 유무와 등급에 따라 구분하도록 하여 위험물에 대한 규제 개선 및 보완하기 위해 개정되었습니다.

유별 및 성질	위험물		지정수량
제5류 위험물 (자기반응성 물질)	유기과산화물	다이아조화합물	제1종: 10kg 제2종: 100kg
	질산에스터류	하이드라진유도체	
	나이트로화합물	하이드록실아민	
	나이트로소화합물	하이드록실아민염류	
	아조화합물	그 밖에 행정안전부령으로 정하는 것	
	위의 어느 하나에 해당하는 위험물을 하나 이상 함유한 것		

※ 제5류 위험물 개정 지정수량 반영!

「위험물안전관리법」상 제5류 위험물 지정수량 및 세부기준이 개정됨에 따라 개정사항을 이론 및 기출문제에 반영하여 최신법령에 맞게 학습할 수 있도록 하였습니다.

위험물산업기사 실기
출제경향 변화에 따른 특별제공

실기시험 출제경향 CHECK POINT!

1 필답형 기출문제 위주로 준비해야 단기간에 합격한다.

위험물산업기사 실기시험은 2020년부터 작업형 시험이 폐지되고 필답형 시험만 실시되었다. 2025년 3회 실기시험의 경우 총 20문항 중 최근 10개년 기출문제에서 그대로 출제된 것은 11문항이다. 5문항은 기출문제가 변형되어 출제되었고, 4문항은 새로운 문제가 출제되었다. 기출문제가 변형되어 출제된 문제도 기존 필답형 시험에서 나왔던 문제를 이해했다면 충분히 풀 수 있는 문제이다. 결국 폐지된 작업형 기출문제보다 필답형 기출문제를 확실하게 공부하는 것이 단기간에 합격할 수 있는 방법이다.

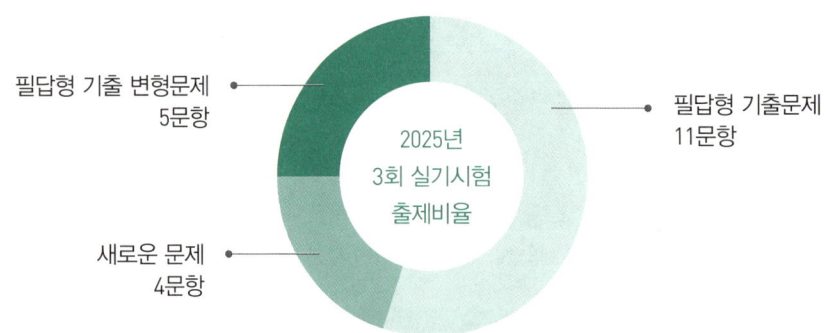

2 계산문제를 포기하면 합격도 없다.

2019년까지는 계산문제를 포기해도 다른 문제를 많이 맞히면 합격할 수 있었다. 하지만 2020년부터는 실기시험에서 계산문제가 전체 문제의 약 20%를 차지할 정도로 비율이 증가했다. 따라서 위험물산업기사 합격을 위해서는 계산문제를 확실히 공부해야 한다.

※ 출제경향 분석은 분류 방법에 따라 달라질 수 있음

최신 출제경향 대비 특별제공

1 실전 모의고사 + 무료 해설특강 제공

에듀윌 위험물산업기사 실기 2주끝장 교재에는 실전 모의고사 3회분이 수록되어 있다. 실전 모의고사는 2020년 이후 변경된 출제경향에 맞춰 문제를 출제했고 前 출제위원이 모든 문제와 해설을 감수했다.

에듀윌 위험물산업기사 실기교재에서는 수험생의 확실한 합격을 위해 위험물 전문 교수의 실전 모의고사 무료 해설특강을 3회 제공한다. 기출문제를 충분히 공부한 수험생은 실제 시험을 보기 전에 교재 내에 수록된 실전 모의고사와 해설특강을 통해 최종 마무리를 할 수 있다.

2 계산문제 원포인트 특강 제공

위험물산업기사 실기시험에서는 오른쪽과 같이 화학에 대한 기본개념이 있어야만 풀 수 있는 계산문제가 자주 출제되고 있다. 위험물안전관리법과 관련된 문제는 짧은 시간에 암기 위주로 공부해도 되지만 화학 관련 계산문제는 원리를 이해하지 않으면 풀기 어렵다.

에듀윌 위험물산업기사 실기교재에서는 10년간의 기출문제를 분석하여 자주 출제되는 계산문제를 따로 분류한 후 해당 계산문제를 푸는 방법을 자세히 설명하는 계산문제 원포인트 특강을 제공한다.

10

제4류 위험물인 특수인화물 중 물속에 저장하는 위험물에 대하여 다음 물음에 답하시오.

(1) 이 물질이 연소 시 생성되는 유독성의 물질을 화학식으로 쓰시오.
(2) 이 물질의 증기비중을 구하시오.
(3) 이 물질을 옥외저장탱크에 저장할 경우 철근콘크리트 수조의 두께는 몇 m 이상으로 하여야 하는지 쓰시오.

정답
(1) SO_2
(2) 2.64
(3) 0.2m

관련개념
이황화탄소(CS_2)
- 제4류 위험물 중 특수인화물에 해당되며 지정수량은 50L이다.
- 가연성 증기의 발생을 억제하기 위하여 용기나 탱크에 저장할 때에는 물속에 저장한다.

▲실기시험에 출제되는 계산문제

| 강의 수강 경로 | 에듀윌 도서몰(book.eduwill.net) → 동영상 강의실에서 회원가입 후 이용 가능 |

초단기 합격에 최적화
에듀윌 위험물산업기사 실기 2주끝장

합격에 필요한 이론만 담았다!

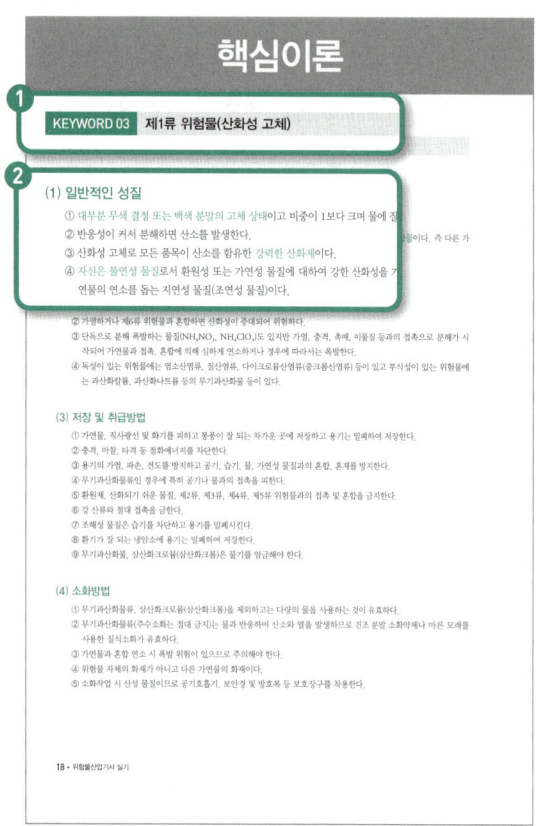

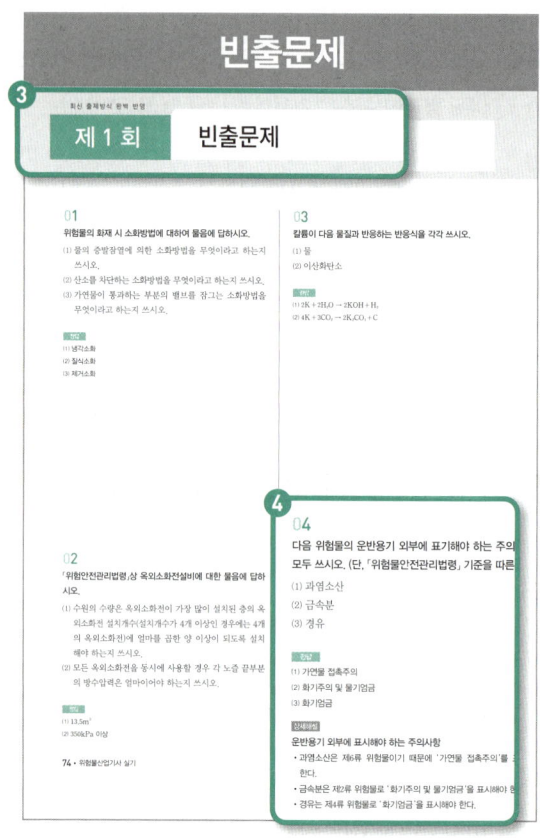

1. 시험에 자주 출제되는 개념을 키워드별로 정리했다.
2. 빈출내용을 색자로 표시하여 중요한 내용을 바로 파악할 수 있도록 정리했다.
3. 출제경향을 분석하여 자주 출제되는 문제를 20문항씩 구성했다.
4. 문항별로 감점을 당하지 않도록 최적의 모범 답안을 제공했다.

" 지난 10년간의 기출문제를 분석, 시험에 꼭 나오는 내용만 압축했다. "

이론은 **가볍게**
출제문제는 **자세하게**
합격은 **빠르게**

기출문제만으로 완벽학습이 가능하다!

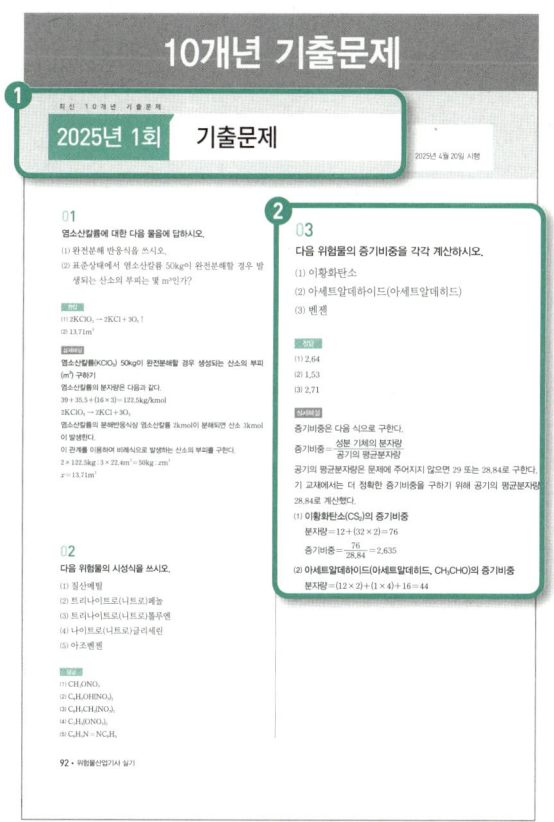

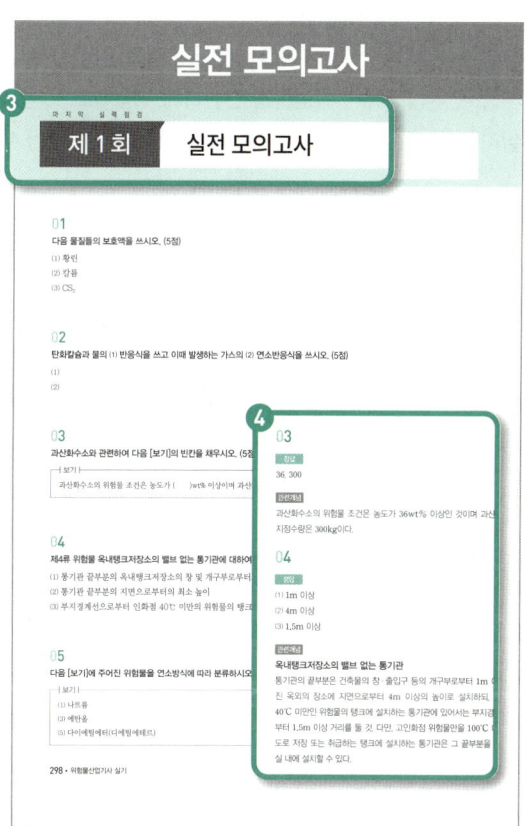

① 10개년 기출문제를 복원하여 최신 기출문제에서 오래된 기출문제 순으로 정리했다.

② 문항별로 감점을 당하지 않는 모범답안을 제시했고, 필요한 경우 관련개념을 수록했다.

③ 최신 출제경향을 반영한 실전 모의고사를 3회분 제공한다.

④ 별도의 해설지를 첨부하여 틀린 문제에 대한 확인을 할 수 있다.

" **최신 10개년 기출문제와 실전 모의고사
두 단계로 구성했다.** "

시험의 모든 것
위험물산업기사 실기 시험정보

위험물산업기사란?

위험물산업기사 시험은 위험물안전관리자 자격을 취득하기 위한 시험이다. 위험물안전관리자는 위험물의 제조소, 저장소, 취급소에서 위험물을 안전하게 취급하고 일반 작업자를 지시·감독하며, 각 설비 및 시설에 대한 안전점검을 실시한다. 또한, 재해발생 시 응급조치를 실시하는 등 위험물에 대한 보안, 감독 업무를 수행한다.

시험일정 & 합격자 발표시기

구분	실기시험 원서접수	실기시험	최종합격자 발표일
1회	2026.03	2026.04	2026.06
2회	2026.06	2026.07	2026.09
3회	2026.09	2026.11	2026.12

※ 정확한 시험일정은 한국산업인력공단(Q-net) 참고

응시자격

위험물산업기사 실기시험은 필기시험에 합격한 자와 필기시험 면제자에 한하여 응시할 수 있다.

※ 정확한 응시자격은 한국산업인력공단(Q-net) 참고

이론은 **가볍게**
출제문제는 **자세하게**
합격은 **빠르게**

시험시간 & 합격기준

구분	내용
시험과목	실기시험은 과목의 구분 없이 20문항 내외가 출제됨
검정방법	• 주관식으로 시험지에 직접 풀이과정과 답을 작성해야함 • 시험시간은 2시간임
합격기준	• 100점을 만점으로 60점 이상인 경우 • 과목의 구분이 없기 때문에 과락은 없음

위험물산업기사 실기 최다 궁금증

작업형 기출문제도 공부해야 하나요?

2020년부터 작업형 시험은 폐지되었습니다. 2020년 시행된 실기시험을 분석한 결과 작업형에 있는 문제가 필답형으로 출제된 것은 거의 없고 필답형 자체의 난이도가 상승한 것을 알 수 있습니다. 또한, 기존의 작업형 기출문제도 필답형에서 다루는 내용과 위험물 관련 이론을 알면 풀 수 있는 문제입니다. 따라서 필답형 위주로 공부하는 것이 단기합격의 첫 걸음입니다.

실기시험 준비할 때 화학은 공부하지 않아도 되나요?

실기시험은 위험물 취급 실무 내용에서 문제가 출제됩니다. 하지만 기출문제를 보면 위험물의 화학반응식을 쓰는 문제, 기체의 부피를 구하는 등 계산문제가 자주 출제되는데 이러한 문제는 일반화학 개념을 알아야 풀 수 있는 문제입니다. 따라서 위험물산업기사 실기시험에 합격하기 위해서는 화학에 대한 기본적인 내용은 공부해야 합니다.

2주 합격을 위한 전략 3

합격으로 가는 시간을 단축하다

1. 세트형 문제에 대비하라.

2023년 3회 기출문제

09
「위험물안전관리법령」에서 정한 농도가 36wt% 미만일 경우 위험물에서 제외되는 제6류 위험물에 대하여 다음 물음에 답하시오.
(1) 이 물질이 분해하여 산소가 생성되는 반응식을 쓰시오.
(2) 이 물질을 운반하는 경우 운반용기 외부에 표시하여야 할 주의사항을 쓰시오.
(3) 이 물질의 위험등급을 쓰시오.

출제기준에 따라 2020년부터는 위험물의 특징을 복합적으로 묻는 문제, 법과 관련된 개념을 함께 묻는 문제 등 세트형 문제가 많이 출제되었다. 이에 따라 위험물의 특성과 성질, 위험등급 및 지정수량, 여러 물질과의 반응식 등 폭넓게 공부해야 한다.

2. 반응식은 계수를 맞춰 정확하게 작성하라.

2021년 1회 기출문제

08
다음 물음에 답하시오.
(1) 탄화칼슘과 물의 반응식을 쓰시오.
(2) 탄화칼슘과 물의 반응으로 생성되는 기체의 연소반응식을 쓰시오.

정답
(1) $CaC_2 + 2H_2O \rightarrow Ca(OH)_2 + C_2H_2$
(2) $2C_2H_2 + 5O_2 \rightarrow 4CO_2 + 2H_2O$

탄화칼슘이 물과 반응하면 아세틸렌 가스가 발생한다. 실기시험에서 연소반응식, 열분해반응식 등 화학반응식을 쓰는 문제가 출제되면 반응물, 생성물 뿐만 아니라 앞에 있는 계수(2,5 등)도 정확하게 작성해야 감점을 당하지 않는다.

3. 법에 나오는 기준은 정확하게 암기하라.

2021년 1회 기출문제

05
「위험물안전관리법령」에서 정의하는 다음 위험물의 정의를 쓰시오.
(1) 인화성 고체
(2) 철분

위험물산업기사 실기시험에서는 법과 관련된 문제가 빠지지 않고 출제된다. 법과 관련된 문제는 괄호 넣기 형식으로 출제되기도 하고, 기준 전체를 쓰는 형식으로도 출제되기 때문에 법에 나오는 기준은 이상, 이하 등의 표현을 포함하여 최대한 정확하게 암기해야 한다.

차례

PART 01 기출기반 핵심이론

CHAPTER 01 위험물의 성질 16
CHAPTER 02 위험물의 취급 42

PART 02 빈출문제

제1회 빈출문제 74
제2회 빈출문제 79
제3회 빈출문제 85

PART 03 기출문제 & 실전 모의고사

2025년 기출문제 92
2024년 기출문제 116
2023년 기출문제 140
2022년 기출문제 164
2021년 기출문제 192
2020년 기출문제 218
2019년 기출문제 253
2018년 기출문제 263
2017년 기출문제 274
2016년 기출문제 285
제1회 실전 모의고사 298
제2회 실전 모의고사 302
제3회 실전 모의고사 306
정답과 해설 310

PART 01

기출기반 핵심이론

학습 Point

위험물산업기사 실기시험은 주관식 시험으로 암기해야 할 내용이 많은 시험입니다. 에듀윌 위험물산업기사 실기 2주끝장 교재에서는 실제 시험에 나오는 이론을 엄선하여 제공했고, 특히 자주 출제되는 내용은 색자로 표시했습니다. 단기합격을 위해서는 기출문제를 풀기 전 이론의 내용을 충분히 숙지하고, 자주 출제되는 제1류 위험물~제6류 위험물의 분류와 특징, 지정수량 등의 내용을 암기한 후 기출문제를 풀어보는 것이 좋습니다.

시험에 나오는 내용만
키워드로 정리한
실전 압축이론

CHAPTER 01 위험물의 성질 　　　　　　　　　　　　　16

CHAPTER 02 위험물의 취급 　　　　　　　　　　　　　42

CHAPTER 01 위험물의 성질

KEYWORD 01 위험물의 유별 위험등급 및 지정수량

위험등급 \ 구분	제1류 (산화성 고체)	제2류 (가연성 고체)	제3류 (자연발화성 및 금수성 물질)	제4류 (인화성 액체)	제5류 (자기반응성 물질)	제6류 (산화성 액체)
I	아염소산염류 (50kg) 염소산염류(50kg) 과염소산염류 (50kg) 무기과산화물 (50kg)		칼륨(10kg) 나트륨(10kg) 알킬알루미늄 (10kg) 알킬리튬(10kg) 황린(20kg)	특수인화물(50L)	유기과산화물 질산에스터류 (질산에스테르류) 하이드록실아민 (히드록실아민) 하이드록실아민염류 (히드록실아민염류) 나이트로화합물 (니트로화합물) 나이트로소화합물 (니트로소화합물)	과염소산(300kg) 과산화수소(300kg) 질산(300kg)
II	브로민산염류 (브롬산염류) (300kg) 아이오딘산염류 (요오드산염류) (300kg) 질산염류(300kg)	황화인(황화린) (100kg) 적린(100kg) 황(유황)(100kg)	알칼리금속(K, Na 제외)(50kg) 알칼리토금속 (50kg) 유기금속화합물(알 킬알루미늄, 알킬리 튬 제외)(50kg)	비수용성 - 제1석유 류(200L) 수용성 - 제1석유류 (400L) 알코올류(400L)		
III	과망가니즈산염류 (과망간산염류) (1,000kg) 다이크로뮴산염류 (중크롬산염류) (1,000kg)	철분(500kg) 금속분(500kg) 마그네슘(500kg) 인화성 고체 (1,000kg)	금속의 수소화물 (300kg) 금속의 인화물 (300kg) 칼슘의 탄화물 (300kg) 알루미늄의 탄화물 (300kg)	비수용성 - 제2석유 류(1,000L) 수용성 - 제2석유류 (2,000L) 비수용성 - 제3석유 류(2,000L) 수용성 - 제3석유류 (4,000L) 제4석유류(6,000L) 동식물유류 (10,000L)	아조화합물 다이아조화합물 (디아조화합물) 하이드라진유도체 (히드라진유도체) * 제5류 위험물 지정 수량 및 위험등급 개정(p.2) 참고	

KEYWORD 02　위험물의 정의

① 철분이라 함은 철의 분말로서 53㎛의 표준체를 통과하는 것이 50(중량)% 미만인 것은 제외한다.
② 제1석유류라 함은 아세톤, 휘발유, 그 밖에 1atm에서 인화점이 21℃ 미만인 것을 말한다.
③ 알코올류라 함은 1분자를 구성하는 탄소원자의 수가 1개부터 3개까지인 포화 1가 알코올(변성알코올을 포함)을 말한다. 다만, 다음의 하나에 해당하는 것은 제외한다.
　㉠ 1분자를 구성하는 탄소원자의 수가 1개 내지 3개의 포화 1가 알코올의 함유량이 60(중량)% 미만인 수용액
　㉡ 가연성 액체량이 60(중량)% 미만이고 인화점 및 연소점(태그 개방식 인화점 측정기에 의한 연소점)이 에틸알코올 60(중량)% 수용액의 인화점 및 연소점을 초과하는 것
④ 제2석유류라 함은 등유, 경유, 그 밖에 1atm에서 인화점이 21℃ 이상 70℃ 미만인 것을 말한다. 다만, 도료류, 그 밖의 물품에 있어서 가연성 액체량이 40(중량)% 이하이면서 인화점이 40℃ 이상인 동시에 연소점이 60℃ 이상인 것은 제외한다.
⑤ 제3석유류라 함은 중유, 크레오소트유(클레오소트유), 그 밖에 1atm에서 인화점이 70℃ 이상 200℃ 미만인 것을 말한다. 다만, 도료류, 그 밖의 물품은 가연성 액체량이 40(중량)% 이하인 것은 제외한다.
⑥ 제4석유류라 함은 기어유, 실린더유, 그 밖에 1atm에서 인화점이 200℃ 이상 250℃ 미만의 것을 말한다. 다만, 도료류, 그 밖의 물품은 가연성 액체량이 40(중량)% 이하인 것은 제외한다.
⑦ 과산화수소는 농도가 36(중량)% 이상인 것에 한하여 위험물로 본다.
⑧ 질산은 비중이 1.49 이상인 것에 한하여 위험물로 본다.
⑨ **특수인화물**: 이황화탄소, 다이에틸에터(디에틸에테르), 그 밖에 1atm에서 발화점이 100℃ 이하인 것 또는 인화점이 −20℃ 이하이고 비점이 40℃ 이하인 것이다.
⑩ 인화성 고체라 함은 고형알코올, 그 밖에 1atm에서 인화점이 40℃ 미만인 고체를 말한다.
⑪ **위험물**: 「위험물안전관리법」 제2조에 따라 인화성 또는 발화성 등의 성질을 가지는 것으로서 대통령령으로 정하는 물품이다.

KEYWORD 03 제1류 위험물(산화성 고체)

(1) 일반적인 성질
① 대부분 무색 결정 또는 백색 분말의 고체 상태이고 비중이 1보다 크며 물에 잘 녹는다.
② 반응성이 커서 분해하면 산소를 발생한다.
③ 산화성 고체로 모든 품목이 산소를 함유한 강력한 산화제이다.
④ 자신은 불연성 물질로서 환원성 또는 가연성 물질에 대하여 강한 산화성을 가지고 모두 무기화합물이다. 즉 다른 가연물의 연소를 돕는 지연성 물질(조연성 물질)이다.

(2) 위험성
① 산소를 방출하기 때문에 조연성(지연성)이 강하다.
② 가열하거나 제6류 위험물과 혼합하면 산화성이 증대되어 위험하다.
③ 단독으로 분해 폭발하는 물질(NH_4NO_3, NH_4ClO_3)도 있지만 가열, 충격, 촉매, 이물질 등과의 접촉으로 분해가 시작되어 가연물과 접촉, 혼합에 의해 심하게 연소하거나 경우에 따라서는 폭발한다.
④ 독성이 있는 위험물에는 염소산염류, 질산염류, 다이크로뮴산염류(중크롬산염류) 등이 있고 부식성이 있는 위험물에는 과산화칼륨, 과산화나트륨 등의 무기과산화물 등이 있다.

(3) 저장 및 취급방법
① 가연물, 직사광선 및 화기를 피하고 통풍이 잘 되는 차가운 곳에 저장하고 용기는 밀폐하여 저장한다.
② 충격, 마찰, 타격 등 점화에너지를 차단한다.
③ 용기의 가열, 파손, 전도를 방지하고 공기, 습기, 물, 가연성 물질과의 혼합, 혼재를 방지한다.
④ 무기과산화물류인 경우에 특히 공기나 물과의 접촉을 피한다.
⑤ 환원제, 산화되기 쉬운 물질, 제2류, 제3류, 제4류, 제5류 위험물과의 접촉 및 혼합을 금지한다.
⑥ 강 산류와 절대 접촉을 금한다.
⑦ 조해성 물질은 습기를 차단하고 용기를 밀폐시킨다.
⑧ 환기가 잘 되는 냉암소에 용기는 밀폐하여 저장한다.
⑨ 무기과산화물, 삼산화크로뮴(삼산화크롬)은 물기를 엄금해야 한다.

(4) 소화방법
① 무기과산화물류, 삼산화크로뮴(삼산화크롬)을 제외하고는 다량의 물을 사용하는 것이 유효하다.
② 무기과산화물류(주수소화는 절대 금지)는 물과 반응하여 산소와 열을 발생하므로 건조 분말 소화약제나 마른 모래를 사용한 질식소화가 유효하다.
③ 가연물과 혼합 연소 시 폭발 위험이 있으므로 주의해야 한다.
④ 위험물 자체의 화재가 아니고 다른 가연물의 화재이다.
⑤ 소화작업 시 산성 물질이므로 공기호흡기, 보안경 및 방호복 등 보호장구를 착용한다.

(5) 위험물별 각론

① 염소산염류[$MClO_3$](지정수량 50kg)

　㉠ 염소산나트륨($NaClO_3$=클로로산나트륨=염소산소다)
　　- 물, 알코올에는 녹고, 산성 수용액에서는 강한 산화작용을 보인다.
　　- 무색, 무취의 결정이다.
　　- 철을 부식시키므로 철제 용기에 저장하지 않고 유리 용기에 저장해야 한다.

　㉡ 염소산칼륨($KClO_3$=염소산칼리=클로로산칼리)
　　- 무색, 무취의 결정 또는 불연성 분말로서 이산화망간 등이 존재하면 분해가 촉진되어 산소를 방출한다.
　　- 분해온도 400℃, 비중 2.32, 융점 368℃
　　- 온수, 글리세린에 잘 녹고, 냉수, 알코올에는 잘 녹지 않는다.
　　- 열분해하여 산소를 발생한다.

$$400℃일\ 때\ 반응: 2KClO_3 \rightarrow KCl + KClO_4 + O_2 \uparrow$$
$$540\sim560℃일\ 때\ 반응: KClO_4 \rightarrow KCl + 2O_2 \uparrow$$
$$염소산칼륨의\ 완전분해식: 2KClO_3 \rightarrow 2KCl + 3O_2 \uparrow$$

　　- 산과 반응하여 ClO_2를 발생하고 폭발 위험이 있다.

　㉢ 염소산암모늄(NH_4ClO_3)
　　분해반응식: $2NH_4ClO_3 \rightarrow N_2 + Cl_2 + O_2 + 4H_2O$

② 아염소산염류[$MClO_2$](지정수량 50kg)

　㉠ 종류: 아염소산나트륨($NaClO_2$), 아염소산칼륨($KClO_2$)
　㉡ Al(알루미늄)과 아염소산나트륨의 반응식: $3NaClO_2 + 4Al \rightarrow 2Al_2O_3 + 3NaCl$

③ 과염소산염류[$MClO_4$](지정수량 50kg)

　㉠ 과염소산나트륨($NaClO_4$=과염소산소다)
　　- 무색, 무취이고, 조해성이 있다.
　　- 융점 482℃
　　- 물, 에틸알코올, 아세톤에 잘 녹고, 에테르에는 녹지 않는다.
　　- 열분해식: $NaClO_4 \rightarrow NaCl + 2O_2$

　㉡ 과염소산암모늄(NH_4ClO_4)
　　- 열분해식: $2NH_4ClO_4 \rightarrow N_2 + Cl_2 + 2O_2 + 4H_2O$
　　- 분해온도: 130℃

④ 무기과산화물[알칼리금속의 무기과산화물(M_2O_2)과 알칼리금속 이외의 무기과산화물(MO_2)](지정수량 50kg)

　㉠ 과산화나트륨(Na_2O_2=과산화소다)
　　- 순수한 것은 백색이지만 보통 황색의 분말 또는 과립상이다.
　　- 유기물, 가연물, 황 등의 혼입을 막고, 가열, 충격을 피한다.(가열하면 산소 방출)
　　- 공기 중에서 서서히 CO_2를 흡수하여 탄산염을 만들고 산소를 방출한다.(이산화탄소 소화설비는 부적합함)

$$2Na_2O_2 + 2CO_2 \rightarrow 2Na_2CO_3 + O_2 \uparrow$$

　　- 상온에서 물과 격렬하게 반응하며 열을 발생하고 산소를 방출시켜 위험성이 증가한다.(저장 및 취급 시 물과 습기의 접촉을 피해야 함)

$$2Na_2O_2 + 2H_2O \rightarrow 4NaOH + O_2 \uparrow$$

- 묽은 산과 반응하여 과산화수소를 발생시킨다.

$$\text{아세트산과의 반응식: } Na_2O_2 + 2CH_3COOH \rightarrow H_2O_2 + 2CH_3COONa$$

- 강산화제로서 금, 니켈을 제외한 다른 금속을 침식하여 산화물을 만든다.
- 자신은 불연성 물질이지만 가열하면 분해하여 산소를 방출한다.

$$2Na_2O_2 \rightarrow 2Na_2O + O_2 \uparrow$$

 ⓒ 과산화칼륨(K_2O_2 = 과산화칼리)
- 오렌지색 또는 무색의 분말로 흡습성이 있으며 에탄올에 녹는 것으로서 물과 급격히 반응하여 발열하고 산소를 방출시킨다.
- 염산과 반응하여 과산화수소를 발생시킨다.

$$K_2O_2 + 2HCl \rightarrow 2KCl + H_2O_2 \uparrow$$

- 과산화칼륨은 물과 반응하여 산소를 방출시킨다.(주수소화 시 위험성 증가)

$$2K_2O_2 + 2H_2O \rightarrow 4KOH + O_2 \uparrow$$

- 과산화칼륨은 이산화탄소와 반응하여 산소를 방출시킨다.

$$2K_2O_2 + 2CO_2 \rightarrow 2K_2CO_3 + O_2 \uparrow$$

- 가열하면 산소를 방출하며 분해되므로 위험하고 가연물의 혼입, 마찰, 충격, 특히 물과의 접촉은 매우 위험하다.

⑤ 질산염류[MNO_3](지정수량 300kg)
 ㉠ 질산칼륨(KNO_3 = 초석)
- 무색 또는 백색 결정 분말이며 흑색화약의 원료로 사용된다.
- 분해온도 400°C, 비중 2.1
- 자극성 짠맛과 산화성이 있다.
- 물에는 잘 녹으나 알코올에는 잘 녹지 않는다.
- 단독으로는 분해하지 않지만 가열하면 용융 분해하여 산소와 아질산칼륨을 생성한다.

$$2KNO_3 \rightarrow 2KNO_2 + O_2 \uparrow$$

- 질산칼륨에 황, 탄소(숯)를 혼합하면 흑색화약이 되며 가열, 충격, 마찰에 주의한다.
- 소화방법은 주수소화로 한다.

 ㉡ 질산암모늄(NH_4NO_3 = 초반)
- 무색, 무취의 백색 결정 고체이다.
- 분해온도 220°C, 비중 1.73
- 조해성이 있고 물, 알코올, 알칼리에 잘 녹는다.
- 물을 흡수하면 흡열반응을 한다.
- 급격히 가열하면 산소를 발생하고, 충격을 주면 단독으로도 폭발한다.

$$2NH_4NO_3 \rightarrow 4H_2O + 2N_2 + O_2$$

- 강력한 산화제이기 때문에 화약의 재료로 쓰인다.
- 소화방법은 주수소화로 한다.

- 질소와 수소의 함량(중량 %)

> 질산암모늄의 화학식은 NH_4NO_3이다.
> - 질소의 중량%: $\frac{28}{80} \times 100 = 35$중량%
> - 수소의 중량%: $\frac{4}{80} \times 100 = 5$중량%

ⓖ 과망가니즈산염류(과망간산염류, 지정수량 1,000kg)
  ㉠ 과망가니즈산(과망간산)칼륨($KMnO_4$)
    - 상온에서는 안정하며 흑자색 또는 적자색 결정이다.
    - 분해온도 240℃, 비중 2.7
    - 가열하면 240℃에서 분해하여 산소를 방출시키고 아세톤, 메틸알코올, 빙초산에 잘 녹는다.

    $$2KMnO_4 \rightarrow K_2MnO_4 + MnO_2 + O_2 \uparrow$$

    - 묽은 황산과 반응하여 산소를 방출시킨다.

    $$4KMnO_4 + 6H_2SO_4 \rightarrow 2K_2SO_4 + 4MnSO_4 + 6H_2O + 5O_2 \uparrow$$

  ㉡ 과망가니즈산(과망간산)암모늄: NH_4MnO_4
ⓗ 다이크로뮴산염류(중크롬산염류, 지정수량 1,000kg)
  ㉠ 다이크로뮴산(중크롬산)칼륨($K_2Cr_2O_7$)
    - 등적색 결정이다.
    - 분해온도 500℃, 융점 398℃, 비중 2.69
    - 흡습성, 수용성, 알코올에는 불용이다.
    - 산과 반응하여 산소를 방출시킨다.

    $$2K_2Cr_2O_7 + 8H_2SO_4 \rightarrow 2K_2SO_4 + 2Cr_2(SO_4)_3 + 8H_2O + 3O_2 \uparrow$$

    - 부식성이 강하고 단독으로는 안정하다.
    - 가연물과 유기물이 혼입되면 마찰, 충격에 의해 발화, 폭발한다.
  ㉡ 다이크로뮴산(중크롬산)나트륨($Na_2Cr_2O_7 \cdot 2H_2O$)

KEYWORD 04 제2류 위험물(가연성 고체)

(1) 일반적인 성질

① 가연성 고체로서 낮은 온도에서 착화되기 쉽다.
② 비중은 1보다 크고(물보다 무거움) 물에 녹지 않으며 산소를 함유하지 않기 때문에 강한 환원성 물질이고 대부분 무기화합물이다.
③ 산화되기 쉽고 산소와 쉽게 결합을 이룬다.
④ 연소속도가 빠르고 연소열도 크며 연소 시 유독가스가 발생하는 것도 있다.
⑤ 모든 물질이 가연성이고 무기과산화물류와 혼합한 것은 수분에 의해서 발화한다.

(2) 위험성
① 다른 가연물에 비해 착화온도가 낮고 발화가 용이하며 연소속도가 빠르고 연소 시 다량의 빛과 열을 발생한다.
② 금속분은 물 또는 습기와 접촉하면 자연발화한다.
③ 산화제와 혼합한 물질은 가열·충격·마찰에 의해 발화, 폭발 위험이 있으며, 금속분에 물을 가하면 수소가스가 발생하여 폭발 위험이 있다.
④ 금속분이 미세한 가루 또는 박 모양일 경우 산화 표면적의 증가로 공기와 혼합이 잘되고 열의 축적이 쉽기 때문에 연소를 일으키기 쉽다.

(3) 저장 및 취급방법
① 가열하거나 화기를 피하며 불티, 불꽃, 고온체와의 접촉을 피한다.
② 산화제, 제1류 및 제6류 위험물과의 혼합과 혼촉을 피한다.
③ 철분, 마그네슘, 금속분류는 물, 습기, 산과의 접촉을 피하여 저장한다.
④ 저장용기는 밀봉하고 용기의 파손과 누출에 주의한다.
⑤ 통풍이 잘 되는 냉암소에 보관, 저장한다.

(4) 소화방법
① 황(유황)은 물에 의한 냉각소화가 가능하다.
② 금속분, 철분, 마그네슘의 연소 시 주수하면 급격한 수증기 또는 물과 반응 시 발생된 수소에 의한 폭발 위험과 연소 중인 금속의 비산으로 화재면적을 확대시킬 수 있으므로 마른 모래, 건조분말에 의한 질식소화를 한다.
③ 적린은 물에 의한 냉각소화가 가능하다.
④ 인화성 고체는 물분무 소화설비에 적응성이 있으므로 주수에 의한 냉각소화가 적당하다.

(5) 위험물별 각론
① 황화인(황화린, 지정수량 100kg): 제2류 위험물인 가연성 고체로, 황화인(황화린)에는 3가지(삼황화인(삼황화린), 오황화인(오황화린), 칠황화인(칠황화린))의 중요한 형태가 있다. 황화인(황화린)이 분해하면 유독하고 가연성인 황화수소(H_2S) 가스를 발생시키고 연소 시에는 이산화황을 발생시킨다.
㉠ 삼황화인(삼황화린, P_4S_3): 착화점이 약 100℃인 황색의 결정으로 조해성이 없고 물, 염산, 황산에는 녹지 않으나, 질산, 이황화탄소, 알칼리에는 녹는다.

$$\text{연소반응식: } P_4S_3 + 8O_2 \rightarrow 2P_2O_5\uparrow + 3SO_2\uparrow$$

㉡ 오황화인(오황화린, P_2S_5): 담황색 결정으로 조해성과 흡습성이 있고, 알칼리에 분해하여 H_2S(황화수소)와 H_3PO_4(인산)가 된다.
※ 황화수소의 성질: 무색, 썩은 달걀 냄새, 가연성, 부식성, 유독성, 수용성

$$\text{물과의 반응식: } P_2S_5 + 8H_2O \rightarrow 5H_2S + 2H_3PO_4$$
$$\text{연소반응식: } 2P_2S_5 + 15O_2 \rightarrow 2P_2O_5\uparrow + 10SO_2\uparrow$$

㉢ 칠황화인(칠황화린, P_4S_7): 담황색 결정으로 조해성이 있고, CS_2에 약간 녹고, 찬물에는 서서히, 더운물에는 급격히 녹아 분해하여 H_2S(황화수소)를 발생하고 유기합성 등에 사용된다.

② 황(유황), S(지정수량 100kg)
  ㉠ 황색의 고체 또는 분말이고 단사황, 사방황, 고무상황의 동소체이다.
  ㉡ 조해성이 없고 물이나 산에는 녹지 않으나 알코올에는 약간 녹는다.
  ㉢ 고무상황은 붉은 갈색이며, 무정형으로 녹는점이 일정하지 않으며 CS_2에 녹지 않지만, 단사황과 사방황은 CS_2에 잘 녹는다.
  ㉣ 공기 중에서 연소하면 푸른 빛을 내며 이산화황(SO_2)을 발생한다.

$$S + O_2 \rightarrow SO_2 \uparrow$$

  ㉤ 비전도성으로 전기절연체로 쓰이며, 탄성고무, 성냥, 흑색화약 등에 쓰인다.

③ 적린(붉은 인, P)(지정수량 100kg)
  ㉠ 황린의 동소체로 자연발화성이 없어 공기 중에서 안정하다.
  ㉡ 착화온도: 260°C, 비중: 2.2
  ㉢ PBr_3(브로민화인, 브롬화인)에 녹고, CS_2, 물, 에테르, 암모니아에 녹지 않는다.
  ㉣ 연소 시 P_2O_5의 흰 연기가 생긴다.

$$4P + 5O_2 \rightarrow 2P_2O_5 \uparrow$$

④ 철분(Fe 粉)(지정수량 500kg)
  ㉠ 은백색의 광택이 나는 금속분말이다.
  ㉡ 53μm의 표준체를 통과하는 것이 50중량% 이상인 것을 말한다.
  ㉢ 공기 중에서 서서히 산화하여 산화철(Fe_2O_3)이 되어 백색의 광택이 황갈색으로 변한다.
  ㉣ 기름이 묻은 분말일 경우에는 자연발화의 위험이 있다.
  ㉤ 염산과의 반응식
    - $2Fe + 6HCl \rightarrow 2FeCl_3 + 3H_2 \uparrow$
    - $Fe + 2HCl \rightarrow FeCl_2 + H_2 \uparrow$

⑤ 마그네슘(Mg)(지정수량 500kg)
  ㉠ 일반적인 성질
    - 알칼리토금속에 속하는 은백색의 경금속으로서 물과 접촉하면 수소를 발생시킨다.
    - 백색의 광택이 있는 금속으로 공기 중에서 서서히 산화되어 광택을 잃는다.
    - 알칼리금속에는 침식당하지 않지만 산, 염류에 의해 침식당하고, 공기 중 부식성은 적으나 알칼리에 안정하다.
    - 수소와는 반응하지 않고, 할로젠(할로겐) 원소와 반응하여 금속할로젠화합물(금속할로겐화합물)을 만든다.

$$Mg + Br_2 \rightarrow MgBr_2$$

    - 알루미늄보다 열전도율 및 전기전도도가 낮고, 환원제, 사진촬영, 섬광분, 주물 제조 등에 쓰인다.
    - 황산과 반응하여 수소가스를 발생한다.

$$Mg + H_2SO_4 \rightarrow MgSO_4 + H_2 \uparrow$$

ⓒ 위험성
- 공기 중에서는 잘 발화하지 않지만 미세한 분말이나 얇은 선으로 만들거나 산화제와 혼합된 상태에서는 자외선 영역의 빛을 포함하는 밝은 흰색 불꽃을 내며 연소한다.
- 가열하면 연소하기 쉽고 양이 많으면 순간적으로 맹렬하게 폭발한다.

$$2Mg + O_2 \rightarrow 2MgO$$

- 공기 중의 습기나 수분에 의하여 자연발화할 수 있다.
- 무기과산화물과 혼합한 것은 마찰에 의해 발화할 수 있다.
- 저농도의 산소 중에서 연소하며 CO_2와 같은 질식성 가스 중에서도 연소한다.
- 상온에서는 물을 분해하지 못해 안정하지만, 뜨거운 물이나 과열 수증기와 접촉하면 격렬하게 수소를 발생시키므로 연소 시 주수하면 위험성이 증대된다.

$$물과의 반응식 : Mg + 2H_2O \rightarrow Mg(OH)_2 + H_2 \uparrow$$

- 강산과 반응하여 수소가스를 발생한다.

$$Mg + 2HCl \rightarrow MgCl_2 + H_2 \uparrow$$

⑥ 금속분류(지정수량 500kg)
㉠ 금속분은 알칼리금속, 알칼리토금속 및 철분, 마그네슘분 이외의 금속분을 말하고, 구리분, 니켈분과 $150\mu m$의 체를 통과하는 것이 50중량% 미만인 것은 위험물에서 제외된다.
㉡ 알루미늄분(Al)
- 은백색의 경금속이다.
- 연성과 전성이 좋으며 열전도율, 전기전도도가 크고 +3가의 화합물을 만든다.
- 물(수증기)과 반응하여 수소를 발생시킨다.

$$2Al + 6H_2O \rightarrow 2Al(OH)_3 + 3H_2 \uparrow$$

- 산성 물질과 반응하여 수소를 발생한다.(진한 질산에는 녹지 않으며 묽은 질산에는 녹음)

$$2Al + 6HCl \rightarrow 2AlCl_3 + 3H_2 \uparrow$$

- 연소하면 많은 열을 발생시키고, 공기 중에서 표면에 치밀한 산화막을 형성하여 내부를 보호한다.

$$4Al + 3O_2 \rightarrow 2Al_2O_3 + 399kcal$$

KEYWORD 05 제3류 위험물(자연발화성 및 금수성 물질)

(1) 일반적인 성질
① 대부분 무기물의 고체이지만 알킬알루미늄과 같은 액체 위험물도 있다.
② 물에 대해 위험한 반응을 일으키는 물질(황린 제외)이다.
③ K, Na, 알킬알루미늄, 알킬리튬은 물보다 가볍고 나머지는 물보다 무겁다.
④ 알킬알루미늄, 알킬리튬과 유기금속화합물류는 유기화합물에 속한다.

(2) 위험성
① 황린을 제외하고 모든 품목은 물과 반응하여 가연성 가스를 발생한다.
② 일부 물질들은 물과 접촉에 의해 발화하고, 공기 중에 노출되면 자연발화를 일으킨다.

(3) 저장 및 취급방법
① 소분해서 저장하고 저장용기의 파손 및 부식을 막아야 한다.
② 밀폐하여 저장해서 공기와의 접촉을 방지하고 물과 수분의 침투 및 접촉을 금하여야 한다.
③ 산화성 물질과 강 산류와의 혼합을 방지한다.
④ K, Na 및 알칼리금속은 석유 등의 산소가 함유되지 않은 석유류 및 보호액에 저장하고, 보호액 속에 저장하는 위험물은 보호액 표면에 노출되지 않도록 주의해야 한다.

(4) 소화방법
① 주수를 엄금하며 어떤 경우든 물에 의한 냉각소화는 불가능하다.(황린의 경우 초기화재 시 물로 소화 가능)
② 가장 효과적인 소화약제는 마른 모래, 팽창질석과 팽창진주암, 분말 소화약제 중 탄산수소염류 소화약제이다.
③ K, Na은 격렬히 연소하기 때문에 적절한 소화약제가 없다.
④ 황린 등은 유독가스가 발생하므로 방독마스크를 착용해야 한다.

(5) 위험물별 각론
① 칼륨(K)(지정수량 10kg)
  ㉠ 일반적인 성질
    - 비중 0.86, 융점 63.7°C
    - 은백색의 무른 경금속으로 융점 이상의 온도에서 금속칼륨의 불꽃 반응 시 색상은 연보라색을 띤다.
    - 수분과 접촉을 차단하고 공기 산화를 방지하려고 보호액(등유, 경유, 파라핀유, 벤젠 등)에 저장한다.
    - 공기 중의 수분과 반응하여 수소를 발생하며 자연발화를 일으키기 쉽다.
  ㉡ 위험성
    - 가열하면 연소하여 산화칼륨을 생성시킨다.

$$4K + O_2 \rightarrow 2K_2O$$

- 공기 중의 수분(물)과 반응하여 수산화칼륨과 수소를 발생한다.(주수소화 불가)

$$2K + 2H_2O \rightarrow 2KOH + H_2 \uparrow + 92.8kcal$$

- 화학적 활성이 크며 알코올과 반응하여 칼륨알코올레이트와 수소를 발생시킨다.

$$2K + 2C_2H_5OH \rightarrow 2C_2H_5OK + H_2 \uparrow$$

- CO_2와 CCl_4와 접촉하면 폭발적으로 반응한다.(반응 시 가연성 물질인 탄소가 발생하므로 연소, 폭발의 위험성이 있음)

  - $4K + 3CO_2 \rightarrow 2K_2CO_3 + C$
  - $4K + CCl_4 \rightarrow 4KCl + C$

- 연소할 때 증기는 수산화칼륨(KOH)을 함유하므로 피부에 닿거나 호흡하면 자극을 받는다.
- 피부와 접촉하면 화상을 입는다.

ⓒ 저장 및 취급방법
- 반드시 등유, 경유, 유동파라핀 등의 보호액 속에 저장한다.
- 습기나 물과 접촉하지 않도록 한다.
- 화기를 엄금하며 가급적 소량씩 나누어 저장, 취급하고 용기의 파손 및 보호액 누설에 주의해야 한다.

ⓔ 소화방법
- 주수소화는 절대 엄금한다.
- 마른 모래, 팽창질석, 팽창진주암, 건조된 소금, 탄산칼슘 분말의 혼합물로 피복하여 질식소화한다.

② 나트륨(Na)(지정수량 10kg)

㉠ 일반적인 성질
- 비중 0.97(물보다 가벼움), 융점 97.7℃, 비점 880℃
- 불꽃반응을 하면 노란 불꽃을 나타내며 비중, 녹는점, 끓는점 모두 금속나트륨이 금속칼륨보다 크다.
- 은백색의 무른 경금속으로 물보다 가볍다.
- 수은에 격렬히 녹아 나트륨아말감을 만들며 액체 암모니아에 녹아 나트륨아미드와 수소를 발생한다.(나트륨아미드는 물과 반응하여 NH_3를 발생함)
- 공기 중의 수분이나 알코올과 반응하여 수소를 발생하며 자연발화를 일으키기 쉬우므로 석유, 유동파라핀 속에 저장한다.

  - $2Na + 2H_2O \rightarrow 2NaOH + H_2 \uparrow$
  - $2Na + 2C_2H_5OH \rightarrow 2C_2H_5ONa$(나트륨에톡사이드)$+ H_2 \uparrow$

- 화학적 활성이 크며 모든 비금속원소와 잘 반응한다.
- 나트륨의 연소반응식

$$4Na + O_2 \rightarrow 2Na_2O$$

ⓑ 위험성
- 가연성 고체로 공기 중에 장시간 방치하면 자연발화를 일으킨다.
- 수분 또는 습기가 있는 공기와 접촉하면 수소를 발생한다.(주수소화 불가)
- 금속칼륨과 비슷한 위험성을 가진다.

ⓒ 저장 및 취급방법
- 습기나 물에 접촉하지 않도록 한다.
- 공기와의 접촉을 막기 위하여 보호액(등유, 경유, 유동파라핀유, 벤젠) 속에 저장한다.
- 보호액 속에 저장할 경우 용기 파손이나 보호액 표면에 노출되지 않도록 한다.
- 저장 시는 소분하여 병에 넣고 습기가 닿지 않도록 소분 병을 밀전 또는 밀봉한다.
- 소화방법은 팽창질석, 마른 모래를 사용한다.

③ 알킬알루미늄(R_3Al)(지정수량 10kg)

㉠ 알킬기(C_nH_{2n+1})와 알루미늄의 화합물 또는 알킬기, 알루미늄과 할로젠(할로겐)원소의 화합물을 말하며, 보관 시 불활성기체를 봉입하는 장치를 갖추어야 한다.

㉡ $C_1 \sim C_4$까지는 공기와 접촉하면 자연발화를 일으키지만, 탄소수가 5 이상인 것은 점화시키지 않으면 연소하지 않는다.

트리에틸알루미늄의 연소식: $2(C_2H_5)_3Al + 21O_2 \rightarrow Al_2O_3 + 12CO_2 + 15H_2O$

㉢ 물과 접촉 시 폭발 위험이 있다.

㉣ 비중은 0.83으로 물보다 가벼우며, 자극적인 냄새와 독성이 있는 유기화합물질이다.

㉤ 트리에틸알루미늄은 무색, 투명한 액체로 물 또는 알코올과 접촉하면 폭발적으로 반응하여 에탄(C_2H_6)을 발생시켜 위험하다.

물: $(C_2H_5)_3Al + 3H_2O \rightarrow Al(OH)_3 + 3C_2H_6$
에탄올: $(C_2H_5)_3Al + 3C_2H_5OH \rightarrow (C_2H_5O)_3Al + 3C_2H_6$
메탄올: $(C_2H_5)_3Al + 3CH_3OH \rightarrow (CH_3O)_3Al + 3C_2H_6$

㉥ 미사일 연료, 알루미늄 도금원료, 유기합성용 시약 등에 쓰인다.

㉦ 소화제로는 마른 모래 및 팽창질석과 팽창진주암이 가장 효과적이다.

㉧ 용기는 밀봉하여 저장하며, 화기의 접근을 피해야 한다.

④ 황린(백린＝P_4)(지정수량 20kg)

㉠ 일반적인 성질
- 비중 1.82, 발화점 34℃
- 백색 또는 담황색의 가연성 고체이고 마늘과 비슷한 냄새가 난다.
- 발화점이 34℃로 낮기 때문에 자연발화하기 쉽다.
- 물과는 반응도 하지 않고, 녹지도 않기 때문에 물속에 저장한다.(이때의 물의 액성은 약알칼리성이고, CS_2, 알코올, 벤젠에 잘 녹음)

㉡ 위험성
- 발화점이 매우 낮고 산소와의 화합력이 강하고 공기 중에 방치하면 액화되면서 자연발화를 일으킨다.
- 소화 후에도 방치하면 재발화한다.
- 공기 중에서 격렬하게 연소(산화)하며 유독성 가스(오산화인)도 발생한다.

$P_4 + 5O_2 \rightarrow 2P_2O_5 \uparrow$

- 강알칼리 용액과 반응하여 pH 9 이상이 되면 가연성, 유독성의 포스핀 가스를 발생한다.

$P_4 + 3KOH + 3H_2O \rightarrow PH_3 \uparrow + 3KH_2PO_2$

- 황린과 강알칼리 용액의 반응에서 생성된 PH_3(포스핀)은 공기 중에서 자연발화한다.
- 피부에 닿으면 화상을 입으며 근육 또는 뼈 속으로 흡수된다.

ⓒ 저장 및 취급방법
- 화기를 엄금해야 하고, 고온체와 직사광선을 차단해야 하며, 산화제와 혼합되지 않게 저장한다.
- pH 9 정도의 물속에 저장하며 보호액이 증발되지 않도록 한다.
- PH_3의 생성을 방지하기 위하여 보호액을 pH 9(약알칼리성)로 유지시킨다.
ⓔ 소화방법
- 물, 포, CO_2, 건조분말 소화약제에 의한 질식소화가 유효하다.
- 주수소화 시 비산하여 연소가 확대될 위험이 있으므로 주의해야 한다.

⑤ 알칼리금속(K, Na 제외) 및 알칼리토금속(지정수량 50kg)
ⓐ 알칼리금속[리튬(Li)]
- 은백색의 연한 고체이고, 원자량: 6.94, 융점: 180℃, 발화점: 179℃이다.
- 물과 접촉하면 수소를 발생시킨다.

$$2Li + 2H_2O \rightarrow 2LiOH + H_2 \uparrow$$

- 건조한 실온의 공기에서 반응하지 않지만 100℃ 이상으로 가열하면 적색 불꽃을 내며 연소한다.
- 2차전지의 재료로 사용된다.
ⓑ 알칼리토금속[칼슘(Ca)]
- 은백색의 고체이고, 원자량: 40.08이다.
- 연성과 전성이 있고 공기 중에서 가열하면 연소한다.
- 물과 접촉하면 수소를 발생시킨다.

$$Ca + 2H_2O \rightarrow Ca(OH)_2 + H_2 \uparrow$$

⑥ 금속의 인화물(지정수량 300kg)의 종류
ⓐ 인화알루미늄(AlP)
- 분자량: 58
- 짙은 회색 또는 황색 결정체이고 녹는점은 1,000℃ 이상이다.
- 건조 상태에서는 안정하나 습기가 있으면 격렬하게 가수반응(加水反應)을 일으켜 포스핀(PH_3)을 생성하여 강한 독성물질로 변한다.

$$AlP + 3H_2O \rightarrow PH_3 \uparrow + Al(OH)_3$$

ⓑ 인화칼슘(Ca_3P_2 = 인화석회)
- 분자량: 182, 융점: 1,600℃, 비중: 2.5
- 독성이 강하고 적갈색의 고체이고, 약산과 반응하여 포스핀(PH_3)를 발생시킨다.

$$Ca_3P_2 + 6HCl \rightarrow 3CaCl_2 + 2PH_3 \uparrow$$

- 건조한 공기 중에서 안정하나 300℃ 이상에서 산화한다.
- 습기 및 수분이 접촉하지 않도록 주의해야 한다.
- 인화칼슘이 물과 반응하면 유독성, 가연성의 포스핀(PH_3 = 인화수소)과 수산화칼슘을 생성시킨다.

$$Ca_3P_2 + 6H_2O \rightarrow 3Ca(OH)_2 + 2PH_3 \uparrow$$

- 소화방법: CO_2, 건조석회, 금속화재용 분말 소화약제를 사용한다.

⑦ 칼슘 또는 알루미늄의 탄화물(지정수량 300kg)
  ㉠ 탄화칼슘(카바이드, CaC_2)
    – 일반적인 성질
      • 백색의 결정이고, 비중: 2.21, 융점: 2,370℃, 발화점: 335℃이다.
      • 순수한 것은 백색의 고체이나 보통은 회흑색 덩어리 상태의 고체이다.
      • 물과 반응하여 수산화칼슘(소석회)과 아세틸렌가스가 생성된다.

$$CaC_2 + 2H_2O \rightarrow Ca(OH)_2 + C_2H_2 \uparrow$$

      • 아세틸렌(C_2H_2)가스를 발생하는 물질: Li_2C_2, Na_2C_2, K_2C_2, MgC_2, CaC_2
      • 메탄(CH_4)가스를 발생하는 물질: Al_4C_3
      • 메탄(CH_4)가스와 수소(H_2)가스를 발생하는 물질: Mn_3C

$$Mn_3C + 6H_2O \rightarrow 3Mn(OH)_2 + CH_4 \uparrow + H_2 \uparrow$$

    – 위험성
      • 물과 반응하여 발생하는 가연성가스(아세틸렌)는 산소 기체보다 가벼우며, 연소범위(2.5~81%)가 대단히 넓고 분해 폭발을 일으킨다.

        • 연소반응식: $2C_2H_2 + 5O_2 \rightarrow 4CO_2 \uparrow + 2H_2O$
        • 폭발반응식: $C_2H_2 \rightarrow 2C + H_2 \uparrow$

      • 물과 반응하여 생성되는 수산화칼슘[$Ca(OH)_2$]은 독성이 있기 때문에 인체에 피부점막 염증이나 시력장애를 일으킨다.
      • 발생되는 아세틸렌가스는 금속(Cu, Ag, Hg 등)과 반응하여 폭발성 화합물인 금속아세틸라이드(M_2C_2)를 생성한다.

$$C_2H_2 + 2Ag \rightarrow Ag_2C_2 + H_2 \uparrow$$

  ㉡ 탄화알루미늄(Al_4C_3)
    – 황색결정 또는 분말이다.
    – 황색(순수한 것은 백색)의 단단한 결정 또는 분말로서 1,400℃ 이상 가열 시 분해한다.
    – 물과 반응하여 가연성 메탄가스를 발생하므로 인화 위험이 있다.

$$Al_4C_3 + 12H_2O \rightarrow 4Al(OH)_3 + 3CH_4 \uparrow$$

⑧ 금속의 수소화물(지정수량 300kg)
  ㉠ 금속의 수소화합물이 물과 반응하면 수소가 생성된다.
  ㉡ 수소화리튬(LiH)
    – 대용량의 저장 용기에는 아르곤과 같은 불활성기체를 봉입한다.
    – 물과 반응하여 수산화리튬과 수소를 생성한다.
    – 질소와 직접 결합하여 생성물로 질화리튬을 만든다.
  ㉢ 수소화나트륨(NaH)
    – 회색의 결정이다.
    – 화재 발생 시 발열반응을 일으킨다.

- 물과 격렬하게 반응하므로 주수소화가 부적당하다.(수산화나트륨 및 수소 발생)

$$NaH + H_2O \rightarrow NaOH + H_2 \uparrow$$

ㄹ 수소화칼슘(CaH_2)
- 일반적으로 회색의 고체이다.
- 물과 격렬하게 반응하여 수소가스를 발생시킨다.

$$CaH_2 + 2H_2O \rightarrow Ca(OH)_2 + 2H_2 \uparrow$$

KEYWORD 06 제4류 위험물(인화성 액체)

(1) 일반적인 성질

① 상온에서 인화성 액체이며 대단히 인화되기 쉽다.
　※ 인화점은 점화원이 존재할 때 불이 붙을 수 있는 최저 온도이다.
② 발화점이 낮은 물질은 위험하다.
　※ 발화점은 점화원 없이 축적된 열만으로 연소를 일으킬 수 있는 최저 온도이다.
③ 물보다 가볍고 물에 녹지 않는다.
④ 발생된 증기는 공기보다 무겁다.

(2) 위험성

① 증기의 성질은 인화성 또는 가연성이다.
② 증기는 공기보다 무겁다.
③ 연소범위의 하한값이 낮다.
④ 정전기가 축적되기 쉽다.
⑤ 석유류는 전기의 부도체이기 때문에 정전기 발생을 제거할 수 있는 조치를 해야 한다.
⑥ 액체 비중은 물보다 가볍고 물에 녹지 않는 것이 많다.
　㉠ 액체 비중이 1보다 큰 물질: CS_2(1.26), 염화아세틸(1.1), 클로로벤젠(1.1), 제3석유류 등
　㉡ 수용성: 알코올류, 에스터류(에스테르류), 아민류, 알데하이드류(알데히드류) 등
⑦ 비교적 발화점이 낮다.
　※ CS_2: 90°C, 다이에틸에터(디에틸에테르): 160°C, 아세트알데하이드(아세트알데히드): 185°C

(3) 저장 및 취급방법

① 액체의 누설 및 증기의 누설을 방지한다.
② 폭발성 분위기를 형성하지 않도록 한다.
③ 화기 및 점화원으로부터 멀리 저장하고, 용기는 밀전하여 통풍이 양호한 곳, 찬 곳에 저장한다.
④ 인화점 이상으로 가열하지 말고, 가연성 증기의 발생, 누설에 주의해야 한다.
⑤ 증기는 가급적 높은 곳으로 배출시키고, 정전기가 축적되지 않도록 주의해야 한다.

(4) 소화방법

① 제4류 위험물은 비중이 물보다 작기 때문에 주수소화하면 화재 면을 확대시킬 수 있으므로 절대 금물이다.
② 소량 위험물의 연소 시는 물을 제외한 소화약제로 CO_2, 분말, 할로젠화합물(할로겐화합물)로 질식소화하는 것이 효과적이며 대량의 경우에는 포에 의한 질식소화가 좋다.
③ 수용성 위험물에는 알코올 포를 사용하거나 다량의 물로 희석시켜 가연성 증기의 발생을 억제하여 소화한다.

(5) 위험물별 각론

① 특수인화물(지정수량 50L)
  ㉠ 다이에틸에터(=디에틸에테르, 산화에틸, 에테르, 에틸에테르=$C_2H_5OC_2H_5$)
    - 분자구조는 일반식 R-O-R이고 전기의 부도체이므로 정전기가 발생하기 쉽다.
    - 휘발성이 높은 물질로서 마취작용이 있고 무색투명한 특유의 향이 있는 액체이다.
    - 비극성 용매로서 물에 잘 녹지 않고, 알코올에 잘 녹는다.
    - 분자량: 74.12, 비중: 0.7, 비점: 34℃, 착화점(발화점): 160℃, 인화점: -40℃, 증기비중: 2.6, 연소범위: 1.7~48%
    - 알코올의 축합 화합물이다.

$$C_2H_5OH + C_2H_5OH \xrightarrow{\text{진한 } H_2SO_4} C_2H_5OC_2H_5 + H_2O$$

    - 인화성이며 과산화물이 생성되면 제5류 위험물과 같은 위험성을 갖는다.
      ※ 과산화물은 검출할 때 아이오딘화(요오드화)칼륨(KI) 10% 수용액을 반응시켜 황색이 나타나는 것으로 검출한다.

  ㉡ 이황화탄소(CS_2)
    - 일반적인 성질
      • 순수한 것은 무색 투명한 액체, 불순물이 존재하면 황색을 띠며 냄새가 난다.
      • 가연성, 불쾌한 냄새가 난다.
      • 물에 녹지 않으나, 알코올, 에테르, 벤젠 등의 유기용제에는 잘 녹는다.
      • 황, 황린, 수지, 고무 등을 잘 녹인다.
      • 인화점: -30℃, 발화점: 90℃, 비점: 46℃, 비중: 1.26, 증기비중: 2.6, 연소범위: 1~50%
    - 위험성
      • 제4류 위험물 중에서도 착화점이 낮으며 증기는 유독하므로 마시면 인체에 해롭다.
      • 연소범위의 하한이 낮고 연소범위가 넓고 인화점이 낮다.
      • 연소하면 청색 불꽃을 발생하고 자극성이 강한 유독가스(이산화황)를 발생한다.

$$CS_2 + 3O_2 \longrightarrow CO_2 + 2SO_2 \uparrow$$

      • 고온의 물(150℃ 이상)과 반응하면 이산화탄소와 황화수소를 발생한다.

$$CS_2 + 2H_2O \longrightarrow CO_2 + 2H_2S \uparrow$$

    - 저장 및 취급방법
      • 용기나 탱크에 저장할 때는 물속에 보관해야 한다.
      • 이황화탄소는 물에 녹지 않고 물보다 무겁다.
      • 이황화탄소를 물속에 저장하면 가연성 증기의 발생을 억제할 수 있다.
      • 직사광선을 피하고 용기는 밀봉하고 통풍이 잘 되는 곳에 저장하며 화기는 멀리하여야 한다.

- 소화방법
    - 이산화탄소, 하론, 분말 소화약제 등으로 질식소화한다.
    - 물로 피복하여 소화한다.
ⓒ 아세트알데하이드(아세트알데히드, CH_3CHO)(지정수량 50L)
- 일반적인 성질
    - 인화점: $-38°C$, 발화점: $185°C$, 비중: 0.8(물보다 가벼움)
    - 무색의 액체로 인화성이 강하다.
    - 물에 잘 녹으며 유기물을 잘 녹인다.
    - 과망가니즈산(과망간산)칼륨에 의해 쉽게 산화되는 유기화합물이다.
    - 환원성이 크고 은거울반응을 한다.
    - $PdCl_2$ 촉매 하에 에틸렌이 산화되면 아세트알데하이드(아세트알데히드)를 생성한다.

$$C_2H_4(\text{에틸렌}) + PdCl_2(\text{염화팔라듐}) + H_2O \longrightarrow CH_3CHO(\text{아세트알데하이드}) + Pd + 2HCl$$

- 위험성
    - 증기의 냄새는 자극성이 있다.
    - 산과 접촉하면 중합하여 발열한다.
    - 아세트알데하이드(아세트알데히드)는 산소에 의해 산화되기 쉬우며 산화되면 아세트산(CH_3COOH)을 생성한다.

$$2CH_3CHO + O_2 \longrightarrow 2CH_3COOH$$

    - 아세트알데하이드(아세트알데히드)가 「위험물안전관리법령」상 위험물로 지정된 이유는 끓는점, 인화점, 발화점이 낮아 화재의 위험성이 높기 때문이다.
- 저장 및 취급방법
    - 밀봉, 밀전하여 냉암소에 저장한다.(공기와 접촉 시 과산화물을 생성하기 때문)
    - 용기는 구리, 은, 수은, 마그네슘 또는 이의 합금을 사용하지 말아야 한다.(폭발성을 가진 물질을 만들기 때문)
    - 용기 내부에는 불연성 가스(N_2, Ar)를 채워 봉입한다.
ⓓ 산화프로필렌(CH_3CHOCH_2)(지정수량 50L)
- 일반적인 성질
    - 인화점: $-37°C$, 발화점: $449°C$, 비중: 0.82, 연소범위: 2.8~37%, 비점: $35°C$, 증기압: 445mmHg($20°C$)
    - 연소범위가 넓고 증기압도 매우 높으며 휘발성이 강한 물질이다.
    - 물 또는 유기용제(벤젠, 에테르, 알코올 등)에 잘 녹는 무색 투명한 액체로서 증기는 인체에 해롭다.
    - 구조식

$$\begin{array}{c} H \quad H \quad H \\ | \quad\; | \quad\; | \\ H-C-C-C-H \\ \diagdown \diagup \quad | \\ O \quad\;\; H \end{array}$$

- 위험성
    - 화학적으로 활성이 크고 반응을 할 때에는 발열반응을 한다.
    - 액체가 피부에 닿으면 화상을 입고, 증기는 눈, 점막 등을 자극하며 흡입 시 심할 경우 폐부종을 일으킨다.
- 저장 및 취급방법

- 구리, 은, 수은, 마그네슘, 또는 이의 합금과 반응하여 폭발성의 아세틸라이드를 생성하므로 용기에 해당 재료를 사용하지 말아야 한다.
- 산, 알칼리가 존재하면 중합반응을 하므로 용기의 상부는 불연성 가스(N_2) 또는 수증기로 봉입하여 저장한다.

② **제1석유류**: 아세톤(다이메틸케톤), 가솔린(휘발유), 벤젠, 톨루엔, 메틸에틸케톤, 피리딘, 초산메틸, 초산에틸, 시안화수소, 염화아세틸

㉠ 벤젠[C_6H_6](지정수량 200L)
- 수소 첨가: 벤젠을 고온에서 Ni 촉매로 수소기체를 첨가하면 시클로헥산(C_6H_{12})이 생성된다.

$$C_6H_6 + 3H_2 \xrightarrow{Ni} C_6H_{12}(시클로헥산)$$

- 인화점: $-11°C$, 발화점: $498°C$, 비중: 0.9(물보다 가벼움), 증기의 비중: 약 2.8, 연소범위: 1.4~8%, 비점: $79°C$
- 인화점이 낮은 독특한 냄새가 나는 무색의 휘발성 액체로 정전기가 발생하기 쉽고, 증기는 독성·마취성이 있다.
- 비수용성이고 알코올, 에테르에 잘 녹는다.

㉡ 톨루엔[$C_6H_5CH_3$](지정수량 200L)
- 대표적인 방향족 탄화수소의 하나로서 메틸벤젠이라고도 한다.
- 인화점: $4°C$, 폭발범위: 1.27~7.0%
- 특이한 냄새가 나는 무색의 가연성 액체이며 물에 녹지 않는다.

㉢ 시안화수소(HCN, 청산)(지정수량 400L)
- 일반적인 성질
  - 인화점: $-17°C$, 발화점: $538°C$, 비중: 0.69, 연소범위: 5.6~40%, 증기비중: 0.94
  - 특유한 냄새가 나는 무색의 액체이다.
  - 물, 알코올에 잘 녹고 수용액은 약산성이다.
  - 제4류 위험물 중에 유일하게 증기가 공기보다 가볍다.
- 위험성
  - 휘발성이 매우 높아 인화의 위험성이 크다.
  - 맹독성 물질이다.

㉣ 아세톤(다이메틸케톤, CH_3COCH_3, 지정수량 400L)
- 인화점: $-18°C$, 발화점: $465°C$, 비중: 0.8(물보다 가벼움), 연소범위: 2.5~12.8%
- 무색의 휘발성 액체로 독특한 냄새가 있다.
- 수용성이며 유기용제(알코올, 에테르)와 잘 혼합된다.
- 아세틸렌을 저장할 때 용제로 사용된다.
- 아세톤의 완전연소식: $CH_3COCH_3 + 4O_2 \rightarrow 3CO_2 + 3H_2O$
- 아이오딘포름(요오드포름) 반응을 한다.

㉤ 피리딘[C_5H_5N](지정수량 400L)
- 인화점: $16°C$, 발화점: $482°C$, 끓는점: $115.4°C$, 비중: 약 $0.98(25°C)$, 연소범위: 1.8~12.4%
- 무색의 악취를 가진 액체이다.
- 약알칼리성을 나타내고 독성이 있으며, 상온에서 인화의 위험이 있다.
- 수용액 상태에서도 인화의 위험성이 있으므로 화기에 주의해야 한다.

③ 알코올류(지정수량 400L)
　㉠ 메틸알코올(메탄올[CH_3OH])
　　– 인화점: 11°C, 발화점: 464°C, 비점: 65°C, 비중: 0.8, 연소범위: 6.0~36%
　　– 증기는 가열된 산화구리를 환원하여 구리를 만들고 포름알데하이드(포름알데히드)가 된다.
　　– 산화·환원 반응식

$$CH_3OH \underset{환원}{\overset{산화}{\rightleftarrows}} HCHO \underset{환원}{\overset{산화}{\rightleftarrows}} HCOOH$$
　　　　　　　　　　(포름알데하이드)　　(의산)

　　– 무색 투명한 휘발성 액체로서 물, 에테르에 잘 녹고, 알코올류 중에서 수용성이 가장 높다.
　　– 독성이 있다.(흡입 시 시신경을 마비시키며, 눈이 멀게 됨)
　　– 증기비중이 공기보다 크다.
　　– 완전연소식: $2CH_3OH + 3O_2 \rightarrow 2CO_2 + 4H_2O$

　㉡ 에틸알코올(에탄올[C_2H_5OH])
　　– 인화점: 13°C, 발화점: 400°C, 비중: 0.8, 연소범위: 3.1~27.7%, 무색투명한 휘발성 액체로 수용성이다.
　　– 이성질체: 디메틸에테르(화학식: C_2H_6O, 시성식: CH_3OCH_3)
　　– 완전연소식: $C_2H_5OH + 3O_2 \rightarrow 2CO_2 + 3H_2O$
　　– 산화·환원 반응식(산화하면 아세트알데하이드(아세트알데히드)가 됨)

$$C_2H_5OH \underset{환원}{\overset{산화}{\rightleftarrows}} CH_3CHO \underset{환원}{\overset{산화}{\rightleftarrows}} CH_3COOH$$

　　– 140°C에서 진한 황산과의 반응식

$$2C_2H_5OH \xrightarrow{진한 H_2SO_4} C_2H_5OC_2H_5 + H_2O$$
　　　　　　　　　　　　다이에틸에터

　　– 160°C에서 진한 황산과의 반응식

$$C_2H_5OH \xrightarrow{진한 H_2SO_4} C_2H_4 + H_2O$$

　　– 증기는 마취성이 있고 주로 화장품과 소독약의 원료로 이용된다.
　　– 에틸알코올 검출에 사용되는 반응은 아이오딘포름(요오드포름) 반응이다.(에틸알코올에 수산화칼륨과 아이오딘(요오드)을 가하고 반응시키면 아이오딘포름(요오드포름)의 노란색 침전물이 생김)

$$C_2H_5OH + 6KOH + 4I_2 \rightarrow CHI_3 + 5KI + HCOOK + 5H_2O$$
　　　　　　　　　　　　　　아이오딘포름(요오드포름)

　　※ 아이오딘포름(요오드포름) 반응: 아세틸기를 지니는 메틸케톤이 염기 존재 시 아이오딘(요오드)과 반응하여 아이오딘포름(요오드포름)을 생성하는 반응으로 에탄올은 아이오딘포름(요오드포름) 반응으로 검출이 가능하다.

④ 제2석유류(지정수량: 비수용성 1,000L, 수용성 2,000L): 등유, 경유, 의산, 초산(=아세트산, CH_3COOH), 테레핀유, 스틸렌, 장뇌유, 송근유, 에틸셀르솔브, 클로로벤젠, 아크릴산, 쿠멘, 벤즈알데하이드(벤즈알데히드, C_6H_5CHO), 하이드라진(히드라진)
　㉠ 초산(아세트산=빙초산)[CH_3COOH](지정수량 2,000L)
　　– 인화점: 40°C, 발화점: 485°C, 비중: 1.05, 연소범위: 6~17%
　　– 수용성이고 물보다 무겁다.

- 피부에 닿으면 발포(수종)를 일으킨다.
- 융점(녹는점)이 16.2℃이므로 겨울에는 얼음과 같은 상태로 존재하기 때문에 빙초산이라고도 한다.
- 수은 촉매에 의하여 아세틸렌과 착염을 만들고 조건에 따라서 초산비닐을 만든다.
- 완전연소반응식: $CH_3COOH + 2O_2 \rightarrow 2CO_2 + 2H_2O$

ⓒ 클로로벤젠(염화페닐)[C_6H_5Cl](지정수량 1,000L)
- 인화점: 27℃, 발화점: 590℃, 비중: 1.1, 연소범위: 1.3~11%
- 비수용성, 물보다 무겁다.
- DDT(Dichloro Diphenyl Trichloroethane)의 원료로 사용된다.
- 구조식

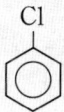

⑤ 제3석유류(지정수량: 비수용성 2,000L, 수용성 4,000L)
  ㉠ 종류: 중유, 크레오소트유(클레오소트유), 아닐린, 나이트로벤젠(니트로벤젠), 에틸렌글리콜, 글리세린
  ㉡ 글리세린(글리세롤)[$C_3H_5(OH)_3$](지정수량 4,000L)
    - 흡습성이 있고 무색, 무취의 단맛이 나는 끈끈한 액체이다.
    - 독성이 없고, 수용성이며 3가 알코올에 해당한다.
    - 나이트로(니트로)글리세린, 화장품의 주원료로 사용된다.
    - 구조식

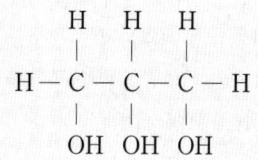

⑥ 제4석유류(지정수량 6,000L): 기어유, 실린더유 등
⑦ 동식물유류(지정수량 10,000L)
  ㉠ 건성유: 요오드값이 130 이상인 것
    - 건성유는 섬유류 등에 스며들지 않도록 한다.(자연발화의 위험성이 있기 때문에)
    - 공기 중 산소와 결합하기 쉽다.
    - 고급지방산의 글리세린에스터(글리세린에스테르)이다.
    - 해바라기기름, 동유, 정어리기름, 아마인유(아마씨유), 들기름, 대구유, 상어유 등(요오드값: 아마인유>해바라기유)
  ㉡ 반건성유: 요오드값이 100~130인 것
    채종유, 면실유(목화씨유), 참기름, 옥수수기름, 콩기름, 쌀겨기름, 청어유 등
  ㉢ 불건성유: 요오드값이 100 이하인 것
    - 불건성유는 공기 중에서 쉽게 굳지 않는다.
    - 땅콩기름, 야자유, 소기름, 고래기름, 피마자유, 올리브유
  ㉣ 동식물유류의 위험성
    - 화재 시 액온이 높아 소화가 곤란하다.

- 자연발화 위험이 있는 것도 있다.(요오드값이 클수록 자연발화의 위험이 크고 이중결합이 많음)
- 동식물유류는 대체로 인화점이 220~300℃ 정도이므로 연소 위험성 측면에서 제4석유류와 유사하다.
- 소화방법은 대량의 분무주수나 탄산가스 및 분말소화이다.
- 요오드값에 따라서 건성유, 반건성유, 불건성유로 나뉜다.
    ※ 요오드가(값): 유지 100g에 부가(첨가)되는 아이오딘(요오드, I_2)의 g수
    - 요오드값이 크다고 하는 것은 이중결합이 많고(=불포화도가 큼) 건성유에 가깝다는 의미이며 자연발화 위험성이 크다고 할 수 있다.
    - 요오드값이 작다고 하는 것은 이중결합이 적고(=불포화도가 작음) 불건성유에 가깝다는 의미이며 자연발화 위험성이 작다고 할 수 있다.
    ※ 동식물유류를 건성유, 반건성유, 불건성유로 구분할 때 요오드값을 기준으로 하지만, 이 기준은 절대적인 값은 아니다. 예를 들어 해바라기기름은 요오드값이 125~135이기 때문에 130 미만인 경우도 있지만 대략적으로 건성유로 분류한다. 따라서 동식물유류의 분류에 해당하는 물질과 요오드값 기준 정도를 알고 있으면 된다.

KEYWORD 07 제5류 위험물(자기반응성 물질)

(1) 일반적인 성질

① 자기반응성 유기질 화합물로 자연발화의 위험성을 갖는다.
② 외부로부터 산소의 공급이 없어도 가열, 충격 등에 의해 연소폭발을 일으킬 수 있는 물질이다.
③ 연소속도가 대단히 빠르고 가열, 마찰, 충격에 의해 폭발하는 물질이 많다.
④ 대부분 유기화합물이며 유기과산화물류를 제외하고는 질소를 함유한 유기질소 화합물이다.
⑤ 가연물인 동시에 물질 자체 내에 다량의 산소공급원을 포함하고 있는 물질이기 때문에 화약의 주원료로 사용된다.
⑥ 장시간 저장하면 자연발화를 일으키는 경우도 있다.

(2) 위험성

① 외부의 산소 없이도 스스로 연소하며, 연소속도가 빠르고 폭발적이다.(유기과산화물류, 질산에스터류(질산에스테르류), 나이트로화합물류(니트로화합물류), 나이트로소화합물류(니트로소화합물류) 등이 해당됨)
② 아조화합물류, 다이아조화합물류(디아조화합물류), 하이드라진(히드라진) 유도체류는 고농도인 경우 충격에 민감하며 연소 시 순간적으로 폭발할 수 있다.

(3) 저장 및 취급방법

① 점화원 및 분해를 촉진시키는 물질로부터 멀리하고 저장 시 가열, 충격, 마찰 등을 피한다.
② 직사광선 차단, 습도에 주의하고 통풍이 양호한 찬 곳에 보관한다.
③ 강산화제, 강산류, 기타 물질이 혼입되지 않도록 한다.
④ 화재발생 시 소화가 곤란하므로 가급적 조금씩 나누어서 저장하고 용기의 파손 및 균열에 주의한다.
⑤ 안정제(용제 등)가 함유되어 있는 것은 안정제의 증발을 막고 증발되었을 때는 즉시 보충한다.
⑥ 운반용기 및 포장 외부에 화기엄금, 충격주의 등을 표시해야 한다.
⑦ 화재 시 폭발의 위험성이 있으므로 충분한 안전거리를 확보하여야 한다.

(4) 소화방법

① 자기반응성 물질이기 때문에 CO_2, 분말, 하론, 포 등에 의한 질식소화는 적당하지 않으며, 다량의 물로 냉각소화하는 것이 적당하다.
② 밀폐 공간 내에서 화재발생 시에는 반드시 공기호흡기를 착용하고 바람의 위쪽에서 소화작업을 한다.
③ 유독가스 발생에 유의하여 공기호흡기를 착용한다.

(5) 위험물별 각론

① 유기과산화물
  ㉠ 과산화벤조일(벤조일퍼옥사이드)[$(C_6H_5CO)_2O_2$]
    – 무색·무미의 결정고체, 비수용성, 알코올에 약간 녹는다.
    – 발화점 80°C, 융점 103~105°C, 비중 1.33(25°C)
    – 상온에서 안정된 물질(고체), 강한 산화작용이 있다.
    – 가열하면 100°C에서 흰 연기를 내며 분해한다.
    – 강한 산화성 물질로 열, 빛, 충격, 마찰 등에 의해 폭발의 위험이 있다.
    – 수분을 흡수하거나 불활성 희석제(프탈산디메틸, 프탈산디부틸)의 첨가에 의해 폭발성을 낮출 수 있다.
    – 이물질의 혼입을 방지하고, 직사광선 차단, 마찰 및 충격 등의 물리적 에너지원을 배제한다.
    – 소맥분, 표백제, 의약, 화장품 등에 사용한다.
    – 구조식

  ㉡ 메틸에틸케톤퍼옥사이드(MEKPO)

② 질산에스터류(질산에스테르류): 나이트로(니트로)셀룰로오스(NC), 나이트로(니트로)글리세린(NG), 질산메틸, 질산에틸, 나이트로(니트로)글리콜, 펜트리트
  ㉠ 나이트로(니트로)글리세린(NG)[$C_3H_5(ONO_2)_3$]
    – 비점: 218°C, 비중: 1.6(물보다 무거움), 증기비중: 7.8
    – 상온에서 무색투명한 기름 모양의 액체이며, 제5류 자기반응성 위험물질로 자기연소를 한다.
    – 가열·마찰·충격에 민감하며 폭발하기 쉽다.
    – 규조토에 흡수시켜 다이나마이트를 제조한다.
    – 화재 시 폭굉을 일으키기 때문에 접근하지 않도록 한다.
    – 분해 반응식

$$4C_3H_5(ONO_2)_3 \rightarrow 12CO_2 + 10H_2O + 6N_2 + O_2$$

  ㉡ 질산메틸[CH_3ONO_2]
    – 무색, 투명하고 향긋한 냄새가 나는 액체로 단맛이 있다.
    – 융점: -82.3°C, 비점: 66°C, 증기비중: 2.65, 비중: 1.22
    – 비수용성, 인화성이 있고 알코올, 에테르에 녹는다.
    – 소화방법은 분무상의 물, 알코올 폼 등을 사용한다.
    – 상온에서 액체이다.

③ **나이트로화합물(니트로화합물)**: 트리나이트로(니트로)톨루엔(TNT), 트리나이트로(니트로)페놀(피크린산)
  ㉠ 트리나이트로(니트로)톨루엔(TNT)[$C_6H_2CH_3(NO_2)_3$]
    – 담황색의 결정이며 일광하에 다갈색으로 변하고 중성물질이기 때문에 금속과 반응하지 않는다.
    – 톨루엔에 황산을 촉매로 질산을 반응(=나이트로화(니트로화) 반응)시키면 트리나이트로(니트로)톨루엔이 생성된다.

$$C_6H_5CH_3 + 3HNO_3 \xrightarrow{H_2SO_4} C_6H_2CH_3(NO_2)_3 + 3H_2O$$

   – 비수용성이고 아세톤, 벤젠, 알코올, 에테르에 잘 녹고, 가열이나 충격을 주면 폭발하기 쉽다.
   – 분해 반응식

$$2C_6H_2CH_3(NO_2)_3 \rightarrow 12CO + 2C + 3N_2 + 5H_2$$

   – 피크르산에 비해 충격, 마찰에 둔감하고 기폭약을 쓰지 않으면 폭발하지 않는다.
   – 사람의 머리카락(모발)을 변색시키는 작용이 있다.
   – 폭약의 원료로 사용되며 폭발 시 다량의 가스를 발생시킨다.
   – 자기반응성 물질로 자기연소가 가능하다.
   – 소화방법은 다량의 주수소화가 적당하다.
   – 구조식

  ㉡ 트리나이트로(니트로)페놀[$C_6H_2(OH)(NO_2)_3$](피크르산=피크린산=TNP)
    – 자기반응성의 제5류 위험물로 황색의 결정이다.
    – 드럼통에 넣어서 밀봉시켜 저장하고, 건조할수록 위험성이 증가된다.
    – 독성이 있으며 냉수에는 녹기 힘들고 더운물, 에테르, 벤젠, 알코올에 잘 녹는다.
    – 분해 반응식

$$2C_6H_2(OH)(NO_2)_3 \rightarrow 4CO_2 + 6CO + 3N_2 + 2C + 3H_2$$

   – 구조식

KEYWORD 08 제6류 위험물(산화성 액체)

(1) 제6류 위험물의 일반적인 성질
① 산화성 액체(산화성 무기화합물)이며 자신들은 모두 불연성 물질이다.
② 과산화수소를 제외하고 강산성 물질이며 물에 녹기 쉽다.
③ 강한 부식성이 있고 모두 산소를 포함하고 있으며 다른 물질을 산화시킨다.
④ 가연물, 유기물 등과의 혼합으로 발화한다.
⑤ 증기는 유독하며 피부와 접촉 시 점막을 부식시키기 때문에 피복이나 피부에 묻지 않게 주의해야 한다.
⑥ 비중이 1보다 크다.

(2) 위험성
① 자신은 불연성 물질이지만 산화성이 커 다른 물질의 연소를 돕는다.(지연성)
② 제2류 위험물, 제3류 위험물, 제4류 위험물, 제5류 위험물, 강환원제, 일반 가연물과 접촉하면 혼촉, 발화하거나 가열 등에 의해 매우 위험한 상태로 된다.
③ 과산화수소를 제외하고 물과 접촉하면 심하게 발열하고 연소하지는 않는다.
④ 염기와 작용하여 염과 물을 만드는데 이때 발열한다.

(3) 저장 및 취급방법
① 화기엄금, 직사광선 차단, 강환원제, 유기물질, 가연성 위험물과 접촉을 피한다.
② 물이나 염기성 물질, 가연물과의 접촉을 피한다.
③ 용기는 내산성으로 하며 물, 습기가 접촉하지 않도록 주의해야 한다.

(4) 소화방법
① 불연성이지만 연소를 돕는 물질이므로 화재 시에는 가연물과 격리해야 한다.
② 소화작업을 진행한 후 많은 물로 씻어 내리고, 마른 모래로 위험물의 비산(飛散)을 방지한다.
③ 화재진압 시 공기호흡기, 보호의, 고무장갑, 고무장화 등을 반드시 착용한다.
④ 이산화탄소와 할로젠화합물(할로겐화합물) 소화기는 산화성 액체 위험물의 화재에 사용하지 않는다.
⑤ 소량 누출 시에는 다량의 물로 희석할 수 있지만 물과 반응하여 발열하므로 원칙적으로 주수소화를 금지시킨다.
 (과산화수소 화재 시에는 다량의 물을 사용하여 희석소화가 가능함)
⑥ 마른 모래나 포 소화기가 적응성이 있다.

(5) 위험물별 각론
① 질산[HNO_3](지정수량 300kg)
  ㉠ 일반적인 성질
   - 불연성 물질이며 위험등급은 Ⅰ이다.
   - 흡습성이 강하여 습한 공기 중에서 자연발화하지 않고 발열하는 무색 또는 담황색의 액체이다.
   - 강한 산성을 나타내며 약 68% 수용액일 때 가장 높은 끓는점을 가진다.
   - 유독성이 강한 산성 물질로 자극성, 부식성이 강하며 비점이 낮아 휘발성이고 햇빛에 의해 일부 분해한다.

- 물과 반응하여 강한 산성을 나타낸다.
- 진한 질산은 Fe, Ni, Cr, Al과 반응하여 부동태를 형성한다.(부동태를 형성한다는 말은 더 이상 산화작용을 하지 않는다는 의미이다.)
- 「위험물안전관리법」상 위험물에 해당하는 질산은 비중이 1.49 이상이고, 진한 질산을 가열할 경우 분해되어 액체 표면에 적갈색의 증기(유독가스)가 떠 있게 된다.

ⓒ 위험성
- 진한 질산을 가열하면 분해되어 산소를 발생하므로 강한 산화작용을 한다.
- 환원되기 쉬운 물질이 존재할 때는 분해촉진으로 산소를 발생하여 위험하다.
- 구리와 묽은 질산이 반응하여 일산화질소를 발생한다.

$$3Cu + 8HNO_3 \rightarrow 3Cu(NO_3)_2 + 2NO + 4H_2O$$

- 칼슘과 묽은 질산이 반응하여 수소기체를 발생한다.

$$2HNO_3 + Ca \rightarrow Ca(NO_3)_2 + H_2 \uparrow$$

ⓒ 저장 및 취급방법
- 공기 중에서 햇빛에 의해 적갈색의 연기(NO_2)를 내며 분해하므로 갈색병에 보관해야 한다.
- 화기엄금, 직사광선 차단, 물기와 접촉금지, 통풍이 잘 되는 찬 곳에 저장한다.

$$4HNO_3 \rightarrow 2H_2O + 4NO_2 + O_2$$

- 진한 질산이 손이나 몸에 묻었을 때 응급처치 방법은 다량의 물로 충분히 씻는 것이다.

ⓔ 소화방법
- 소량 화재인 경우 다량의 물로 희석소화하고, 다량의 경우 포나 CO_2, 마른 모래 등으로 소화한다.
- 다량의 경우 안전거리를 확보하여 소화작업을 진행한다.

② 과산화수소[H_2O_2](지정수량 300kg)
  ㉠ 일반적인 성질
  - 금속과산화물을 묽은 산에 반응시켜 생성되는 물질로서 무색의 액체이며, 오존 냄새가 나고 비중은 1.5이다.
  - 물보다 무겁고 수용액은 불안정하다.
  - 물, 알코올, 에테르에는 녹지만, 벤젠·석유에는 녹지 않는다.

  ㉡ 위험성
  - 강력한 산화제로 분해하여 발생한 O는 산화력이 강하다.(산화제이지만 환원제로 작용하는 경우도 있으며, 자체로 가연성은 아님)
  - 상온에서 $2H_2O_2 \rightarrow 2H_2O + O_2$로 서서히 분해되어 산소를 방출한다.
  - 하이드라진(히드라진, N_2H_4)과 접촉 시 발화 또는 폭발한다.

$$2H_2O_2 + N_2H_4 \rightarrow 4H_2O + N_2$$

  ㉢ 저장 및 취급방법
  - 햇빛 차단, 화기엄금, 충격금지, 환기가 잘 되는 냉암소에 저장, 온도 상승을 방지한다.
  - 용기의 내압상승을 방지하기 위하여 저장용기의 마개는 구멍이 뚫린 것으로 사용한다.
  - 농도가 클수록 위험성이 크므로 분해방지 안정제[인산나트륨, 인산(H_3PO_4), 요산($C_5H_4N_4O_3$), 글리세린 등]를 첨가하여 산소분해를 억제한다.

- 유리 용기에 장시간 보관하면 직사광선에 의해 분해될 위험성이 있으므로 갈색의 병에 보관한다.
- 피부에 닿았을 경우에는 다량의 물로 충분히 씻어야 한다.

㉣ 소화방법
- 다량의 물을 사용하여 소화할 수 있다.
- 연소의 상황에 따라 분무주수도 효과가 있다.
- 피부와 접촉을 막기 위해 보호의를 착용하고 소화한다.

CHAPTER 02 위험물의 취급

KEYWORD 01 위험물의 저장 및 취급기준

(1) 저장·취급의 공통기준

① 제조소 등에서 규정에 의한 신고와 관련되는 품명 외의 위험물 또는 이러한 허가 및 신고와 관련되는 수량 또는 지정수량의 배수를 초과하는 위험물을 저장 또는 취급하지 아니하여야 한다.
② 위험물을 저장 또는 취급하는 건축물, 그 밖의 공작물 또는 설비는 해당 위험물의 성질에 따라 차광 또는 환기를 실시하여야 한다.
③ 위험물은 온도계, 습도계, 압력계, 그 밖의 계기를 감시하여 해당 위험물의 성질에 맞는 적정한 온도, 습도 또는 압력을 유지하도록 저장 또는 취급하여야 한다.
④ 위험물을 저장 또는 취급하는 경우에는 위험물의 변질, 이물의 혼입 등에 의하여 해당 위험물의 위험성이 증대되지 아니하도록 필요한 조치를 강구하여야 한다.
⑤ 위험물이 남아 있거나 남아 있을 우려가 있는 설비, 기계, 기구, 용기 등을 수리하는 경우에는 안전한 장소에서 위험물을 완전하게 제거한 후에 실시하여야 한다.

(2) 위험물의 유별 저장·취급의 공통기준

① 제1류 위험물은 가연물과의 접촉·혼합이나 분해를 촉진하는 물품과의 접근 또는 과열·충격·마찰 등을 피하는 한편, 알칼리금속의 과산화물 및 이를 함유한 것에 있어서는 물과의 접촉을 피하여야 한다.
② 제2류 위험물은 산화제와의 접촉·혼합이나 불티·불꽃·고온체와의 접근 또는 과열을 피하는 한편, 철분·금속분·마그네슘 및 이를 함유한 것에 있어서는 물이나 산과의 접촉을 피하고 인화성 고체에 있어서는 함부로 증기를 발생시키지 아니하여야 한다.
③ 제3류 위험물 중 자연발화성 물질에 있어서는 불티·불꽃 또는 고온체와의 접근·과열 또는 공기와의 접촉을 피하고, 금수성 물질에 있어서는 물과의 접촉을 피하여야 한다.
④ 제4류 위험물은 불티·불꽃·고온체와의 접근 또는 과열을 피하고, 함부로 증기를 발생시키지 아니하여야 한다.
⑤ 제5류 위험물은 불티·불꽃·고온체와의 접근이나 과열·충격 또는 마찰을 피하여야 한다.
⑥ 제6류 위험물은 가연물과의 접촉·혼합이나 분해를 촉진하는 물품과의 접근 또는 과열을 피하여야 한다.

(3) 저장의 기준

① 저장소에는 위험물 외의 물품을 저장하지 아니하여야 한다. 다만, 다음의 경우에 해당하면 그러하지 아니하다.
  ㉠ 옥내저장소 또는 옥외저장소에서 규정에 의한 위험물과 위험물이 아닌 물품을 함께 저장하는 경우, 위험물과 위험물이 아닌 물품은 각각 모아서 저장하고 상호 간에는 1m 이상의 간격을 두어야 한다.
  ㉡ 옥외탱크저장소·옥내탱크저장소·지하탱크저장소 또는 이동탱크저장소(이하 옥외탱크저장소 등이라 함)에서 해당 옥외탱크저장소 등의 구조 및 설비에 나쁜 영향을 주지 아니하면서 규정에서 정하는 위험물이 아닌 물품을 저장하는 경우

② 유별을 달리하는 위험물은 동일한 저장소(내화구조의 격벽으로 완전히 구획된 실이 2 이상 있는 저장소에 있어서는 동일한 실)에 저장하지 아니하여야 한다. 다만, 옥내저장소 또는 옥외저장소에 있어서 다음 규정에 의한 위험물을 저장하는 경우로서 위험물을 유별로 정리하여 저장하는 한편, 서로 1m 이상의 간격을 두는 경우에는 그러하지 아니하다.
  ㉠ 제1류 위험물(알칼리금속의 과산화물 또는 이를 함유한 것을 제외)과 제5류 위험물을 저장하는 경우
  ㉡ 제1류 위험물과 제6류 위험물을 저장하는 경우
  ㉢ 제1류 위험물과 제3류 위험물 중 자연발화성 물질(황린 또는 이를 함유한 것에 한함)을 저장하는 경우
  ㉣ 제2류 위험물 중 인화성 고체와 제4류 위험물을 저장하는 경우
  ㉤ 제3류 위험물 중 알킬알루미늄 등과 제4류 위험물(알킬알루미늄 또는 알킬리튬을 함유한 것에 한함)을 저장하는 경우
  ㉥ 제4류 위험물 중 유기과산화물 또는 이를 함유하는 것과 제5류 위험물 중 유기과산화물 또는 이를 함유한 것을 저장하는 경우

③ 옥내저장소에서 동일 품명의 위험물이더라도 자연발화할 우려가 있는 위험물 또는 재해가 현저하게 증대할 우려가 있는 위험물을 다량 저장하는 경우에는 지정수량의 10배 이하마다 구분하여 상호 간 0.3m 이상의 간격을 두어 저장하여야 한다. 다만, 법률에 의한 위험물 또는 기계에 의하여 하역하는 구조로 된 용기에 수납한 위험물에 있어서는 그러하지 아니하다.

④ 옥내저장소에서 위험물을 저장하는 경우에는 다음 규정에 의한 높이를 초과하여 용기를 겹쳐 쌓지 아니하여야 한다.
  ㉠ 기계에 의하여 하역하는 구조로 된 용기만을 겹쳐 쌓는 경우에 있어서는 6m
  ㉡ 제4류 위험물 중 제3석유류, 제4석유류 및 동식물유류를 수납하는 용기만을 겹쳐 쌓는 경우에 있어서는 4m
  ㉢ 그 밖의 경우에 있어서는 3m

⑤ 알킬알루미늄 등, 아세트알데하이드(아세트알데히드) 등 및 다이에틸에터(디에틸에테르) 등(다이에틸에터(디에틸에테르) 또는 이를 함유한 것을 말함)의 저장기준은 일부 규정에 의하는 외에 다음과 같다.
  ㉠ 이동저장탱크에 알킬알루미늄 등을 저장하는 경우에는 20kPa 이하의 압력으로 불활성의 기체를 봉입하여 둘 것
  ㉡ 옥외저장탱크・옥내저장탱크・지하저장탱크 또는 이동저장탱크에 새롭게 아세트알데하이드(아세트알데히드) 등을 주입하는 때에는 미리 해당 탱크 안의 공기를 불활성기체와 치환하여 둘 것
  ㉢ 이동저장탱크에 아세트알데하이드(아세트알데히드) 등을 저장하는 경우에는 항상 불활성의 기체를 봉입하여 둘 것
  ㉣ 옥외저장탱크・옥내저장탱크 또는 지하저장탱크 중 압력탱크 외의 탱크에 저장하는 다이에틸에터(디에틸에테르) 등 또는 아세트알데하이드(아세트알데히드) 등의 온도는 산화프로필렌과 이를 함유한 것 또는 다이에틸에터(디에틸에테르) 등에 있어서는 30℃ 이하로, 아세트알데하이드(아세트알데히드) 또는 이를 함유한 것에 있어서는 15℃ 이하로 각각 유지할 것
  ㉤ 옥외저장탱크・옥내저장탱크 또는 지하저장탱크 중 압력탱크에 저장하는 아세트알데하이드(아세트알데히드) 등 또는 다이에틸에터(디에틸에테르) 등의 온도는 40℃ 이하로 유지할 것
  ㉥ 보냉장치가 있는 이동저장탱크에 저장하는 아세트알데하이드(아세트알데히드) 등 또는 다이에틸에터(디에틸에테르) 등의 온도는 해당 위험물의 비점 이하로 유지할 것
  ㉦ 보냉장치가 없는 이동저장탱크에 저장하는 아세트알데하이드(아세트알데히드) 등 또는 다이에틸에터(디에틸에테르) 등의 온도는 40℃ 이하로 유지할 것

(4) 지정수량 이상의 위험물을 저장하기 위한 장소와 그에 따른 저장소의 구분

지정수량 이상의 위험물을 저장하기 위한 장소	저장소의 구분
1. 옥내(지붕과 기둥 또는 벽 등에 의하여 둘러싸인 곳을 말한다. 이하 같음)에 저장(위험물을 저장하는 데 따르는 취급을 포함한다. 이하 이 표에서 같음)하는 장소. 다만, 제3호의 장소를 제외한다.	옥내저장소
2. 옥외에 있는 탱크(제4호 내지 제6호 및 제8호에 규정된 탱크를 제외한다. 이하 제3호에서 같음)에 위험물을 저장하는 장소	옥외탱크저장소
3. 옥내에 있는 탱크에 위험물을 저장하는 장소	옥내탱크저장소
4. 지하에 매설한 탱크에 위험물을 저장하는 장소	지하탱크저장소
5. 간이탱크에 위험물을 저장하는 장소	간이탱크저장소
6. 차량(피견인자동차에 있어서는 앞차축을 갖지 아니하는 것으로서 해당 피견인자동차의 일부가 견인자동차에 적재되고 해당 피견인자동차와 그 적재물의 중량의 상당부분이 견인자동차에 의하여 지탱되는 구조의 것에 한함)에 고정된 탱크에 위험물을 저장하는 장소	이동탱크저장소
7. 옥외에 다음 각 목의 1에 해당하는 위험물을 저장하는 장소. 다만, 제2호의 장소를 제외한다. 가. 제2류 위험물 중 황(유황) 또는 인화성 고체(인화점이 섭씨 0도 이상인 것에 한함) 나. 제4류 위험물 중 제1석유류(인화점이 섭씨 0도 이상인 것에 한함)·알코올류·제2석유류·제3석유류·제4석유류 및 동식물유류 다. 제6류 위험물 라. 제2류 위험물 및 제4류 위험물 중 특별시·광역시·특별자치시·도 또는 특별자치도의 조례에서 정하는 위험물(「관세법」 제154조의 규정에 의한 보세 구역 안에 저장하는 경우에 한함) 마. 「국제해사기구에 관한 협약」에 의하여 설치된 국제해사기구가 채택한 「국제해상위험물규칙」(IMDG Code)에 적합한 용기에 수납된 위험물	옥외저장소
8. 암반 내의 공간을 이용한 탱크에 액체의 위험물을 저장하는 장소	암반탱크저장소

KEYWORD 02 위험물의 혼재 기준

① 위험물을 2가지 또는 그 이상으로 서로 혼재 또는 접촉하면 발열·발화할 위험이 있으므로 주의하여야 한다. 다음 표는 서로 혼재할 수 있는 위험물과 혼재할 수 없는 위험물로 구별하여 운반 취급할 때 주의해야 할 위험물을 나타낸 것이다.(지정수량 $\frac{1}{10}$ 이하의 위험물은 적용 제외)

② 혼재 가능 위험물

구분	제1류	제2류	제3류	제4류	제5류	제6류
제1류		×	×	×	×	○
제2류	×		×	○	○	×
제3류	×	×		○	×	×
제4류	×	○	○		○	×
제5류	×	○	×	○		×
제6류	○	×	×	×	×	

※ ○ 표시는 혼재할 수 있음, × 표시는 혼재할 수 없음을 나타냄

> 혼재 가능 위험물
> - 423 → 제4류와 제2류, 제4류와 제3류는 서로 혼재 가능
> - 524 → 제5류와 제2류, 제5류와 제4류는 서로 혼재 가능
> - 61 → 제6류와 제1류는 서로 혼재 가능

KEYWORD 03 위험물의 운반 기준

(1) 운반용기

① 운반용기의 재질은 강판, 알루미늄판, 양철판, 유리, 금속판, 종이, 플라스틱, 섬유판, 고무류, 합성섬유, 삼, 짚 또는 나무로 한다.
② 운반용기는 견고하여 쉽게 파손될 우려가 없고, 그 입구로부터 수납된 위험물이 샐 우려가 없도록 하여야 한다.

(2) 운반용기의 최대용적 또는 중량

액체 위험물											
운반용기				수납 위험물의 종류							
내장 용기		외장 용기		제3류			제4류			제5류	제6류
용기의 종류	최대용적 또는 중량	용기의 종류	최대용적 또는 중량	I	II	III	I	II	III	I	II	I
유리용기	5L	나무 또는 플라스틱 상자(불활성의 완충재를 채울 것)	75kg	○	○	○	○	○	○	○	○	○
	10L		125kg		○	○		○	○		○	
			225kg						○			
	5L	파이버판 상자(불활성의 완충재를 채울 것)	40kg	○	○	○	○	○	○	○	○	○
	10L		55kg						○			
플라스틱용기	10L	나무 또는 플라스틱 상자(필요에 따라 불활성의 완충재를 채울 것)	75kg	○	○	○	○	○	○	○	○	○
			125kg		○	○		○	○		○	
			225kg						○			
		파이버판 상자(필요에 따라 불활성의 완충재를 채울 것)	40kg	○	○	○	○	○	○	○	○	○
			55kg						○			
금속제용기	30L	나무 또는 플라스틱 상자	125kg	○	○	○	○	○	○	○	○	○
			225kg						○			
		파이버판 상자	40kg	○	○	○	○	○	○	○	○	○
			55kg		○	○		○	○		○	
		금속제 용기(금속제 드럼 제외)	60L		○	○		○	○		○	
		플라스틱 용기(플라스틱 드럼 제외)	10L		○	○		○	○		○	
			20L					○	○			
			30L						○		○	
		금속제드럼(뚜껑고정식)	250L	○	○	○	○	○	○			○
		금속제드럼(뚜껑탈착식)	250L					○	○			
		플라스틱 또는 파이버드럼(플라스틱 내용기 부착의 것)	250L		○	○			○		○	

※ 내장 용기가 빈칸인 것은 외장 용기에 위험물을 직접 수납하거나 유리 용기, 플라스틱 용기 또는 금속제 용기를 내장 용기로 할 수 있음을 표시한다.

(3) 적재방법

① 위험물은 규정에 의한 운반용기에 기준에 따라 수납하여 적재하여야 한다. 다만, 덩어리 상태의 황(유황)을 운반하기 위하여 적재하는 경우 또는 위험물을 동일구내에 있는 제조소 등의 상호 간에 운반하기 위하여 적재하는 경우에는 그러하지 않다.
  ㉠ 위험물이 온도변화 등에 의하여 누설되지 아니하도록 운반용기를 밀봉하여 수납할 것
  ㉡ 수납하는 위험물과 위험한 반응을 일으키지 아니하는 등 해당 위험물의 성질에 적합한 재질의 운반용기에 수납할 것
  ㉢ 고체 위험물은 운반용기 내용적의 95% 이하의 수납률로 수납할 것
  ㉣ 액체 위험물은 운반용기 내용적의 98% 이하의 수납률로 수납하되, 55℃의 온도에서 누설되지 아니하도록 충분한 공간용적을 유지하도록 할 것
  ㉤ 자연발화성 물질에 있어서는 불활성기체를 봉입하여 밀봉하는 등 공기와 접하지 않도록 하며 자연발화성 물질 중 알킬알루미늄 등은 운반용기의 내용적의 90% 이하의 수납률로 수납하되, 50℃의 온도에서 5% 이상의 공간용적을 유지하도록 할 것

② 위험물은 해당 위험물이 용기 밖으로 쏟아지거나 위험물을 수납한 운반용기가 전도·낙하 또는 파손되지 아니하도록 적재하여야 한다.

③ 운반용기는 수납구를 위로 향하게 하여 적재하여야 한다.

④ 적재하는 위험물의 성질에 따라 일광의 직사 또는 빗물의 침투를 방지하기 위하여 유효하게 피복하는 등 다음 각 목에 정하는 기준에 따른 조치를 하여야 한다.
  ㉠ 제1류 위험물, 제3류 위험물 중 자연발화성 물질, 제4류 위험물 중 특수인화물, 제5류 위험물 또는 제6류 위험물은 차광성이 있는 피복으로 가릴 것
  ㉡ 제1류 위험물 중 알칼리금속의 과산화물 또는 이를 함유한 것, 제2류 위험물 중 철분·금속분·마그네슘 또는 이들 중 어느 하나 이상을 함유한 것 또는 제3류 위험물 중 금수성 물질은 방수성이 있는 피복으로 덮을 것
  ㉢ 제5류 위험물 중 55℃ 이하의 온도에서 분해될 우려가 있는 것은 보냉 컨테이너에 수납하는 등 적정한 온도관리를 할 것
  ㉣ 액체 위험물 또는 위험등급 Ⅱ의 고체 위험물을 기계에 의하여 하역하는 구조로 된 운반용기에 수납하여 적재하는 경우에는 해당 용기에 대한 충격 등을 방지하기 위한 조치를 강구할 것

⑤ 위험물은 그 운반용기의 외부에 다음 각 목에 정하는 바에 따라 위험물의 품명, 수량 등을 표시하여 적재하여야 한다. 다만, UN의 위험물 운송에 관한 권고(RTDG)에서 정한 기준 또는 소방청장이 정하여 고시하는 기준에 적합한 표시를 한 경우에는 그러하지 아니하다.
  ㉠ 위험물의 품명·위험등급·화학명 및 수용성(수용성 표시는 제4류 위험물로서 수용성인 것에 한함)
  ㉡ 위험물의 수량
  ㉢ 수납하는 위험물에 따라 다음의 규정에 의한 주의사항
    - 제1류 위험물 중 알칼리금속의 과산화물 또는 이를 함유한 것에 있어서는 '화기·충격주의', '물기엄금' 및 '가연물 접촉주의', 그 밖의 것에 있어서는 '화기·충격주의' 및 '가연물 접촉주의'
    - 제2류 위험물 중 철분·금속분·마그네슘 또는 이들 중 어느 하나 이상을 함유한 것에 있어서는 '화기주의' 및 '물기엄금', 인화성 고체에 있어서는 '화기엄금', 그 밖의 것에 있어서는 '화기주의'
    - 제3류 위험물 중 자연발화성 물질에 있어서는 '화기엄금' 및 '공기접촉엄금', 금수성 물질에 있어서는 '물기엄금'
    - 제4류 위험물에 있어서는 '화기엄금'
    - 제5류 위험물에 있어서는 '화기엄금' 및 '충격주의'
    - 제6류 위험물에 있어서는 '가연물 접촉주의'

KEYWORD 04　소요단위

(1) 소요단위
소화설비의 설치대상이 되는 건축물, 그 밖의 공작물의 규모 또는 위험물의 양의 기준단위이다.

(2) 소요단위의 계산방법(건축물, 그 밖의 공작물 또는 위험물의 소요단위)
① 제조소 또는 취급소의 건축물은 외벽이 내화구조인 것은 연면적 100m²를 1소요단위로 하며, 외벽이 내화구조가 아닌 것은 연면적 50m²를 1소요단위로 할 것
② 저장소의 건축물은 외벽이 내화구조인 것은 연면적 150m²를 1소요단위로 하고, 외벽이 내화구조가 아닌 것은 연면적 75m²를 1소요단위로 할 것
③ 제조소 등의 옥외에 설치된 공작물은 외벽이 내화구조인 것으로 간주하고 공작물의 최대수평투영면적을 연면적으로 간주하여 ① 및 ②의 규정에 의하여 소요단위를 산정할 것
④ 위험물은 지정수량의 10배를 1소요단위로 할 것

KEYWORD 05　제조소

(1) 제조소 보유공지
① 위험물을 취급하는 건축물, 그 밖의 시설의 주위에는 그 취급하는 위험물의 최대수량에 따라 다음 표에 의한 너비의 공지를 보유하여야 한다.

취급하는 위험물의 최대수량	공지의 너비
지정수량의 10배 이하	3m 이상
지정수량의 10배 초과	5m 이상

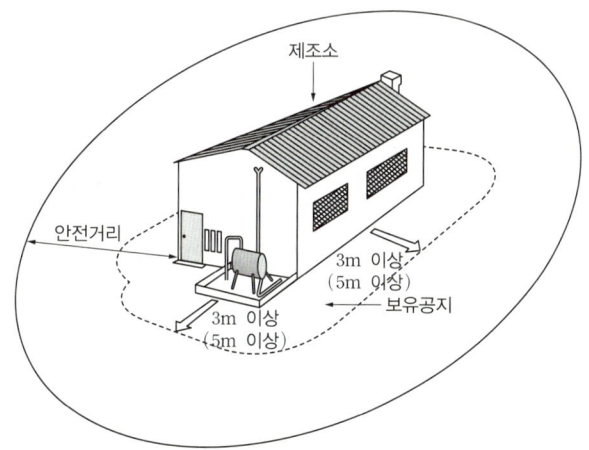

② 제조소의 작업공정이 다른 작업장의 작업공정과 연속되어 있어, 제조소의 건축물, 그 밖의 공작물의 주위에 공지를 두게 되면 그 제조소의 작업에 현저한 지장이 생길 우려가 있는 경우 해당 제조소와 다른 작업장 사이에 다음의 기준에 따라 방화상 유효한 격벽을 설치한 때에는 해당 제조소와 다른 작업장 사이에 규정에 의한 공지를 보유하지 아니할 수 있다.

㉠ 방화벽은 내화구조로 할 것, 다만 취급하는 위험물이 제6류 위험물인 경우에는 불연재료로 할 수 있다.
㉡ 방화벽에 설치하는 출입구 및 창 등의 개구부는 가능한 한 최소로 하고, 출입구 및 창에는 자동폐쇄식의 60분+방화문(갑종방화문)을 설치할 것
㉢ 방화벽의 양단 및 상단이 외벽 또는 지붕으로부터 50cm 이상 돌출하도록 할 것

(2) 제조소의 안전거리

① 제조소에는 다음과 같이 안전거리를 두어야 한다.

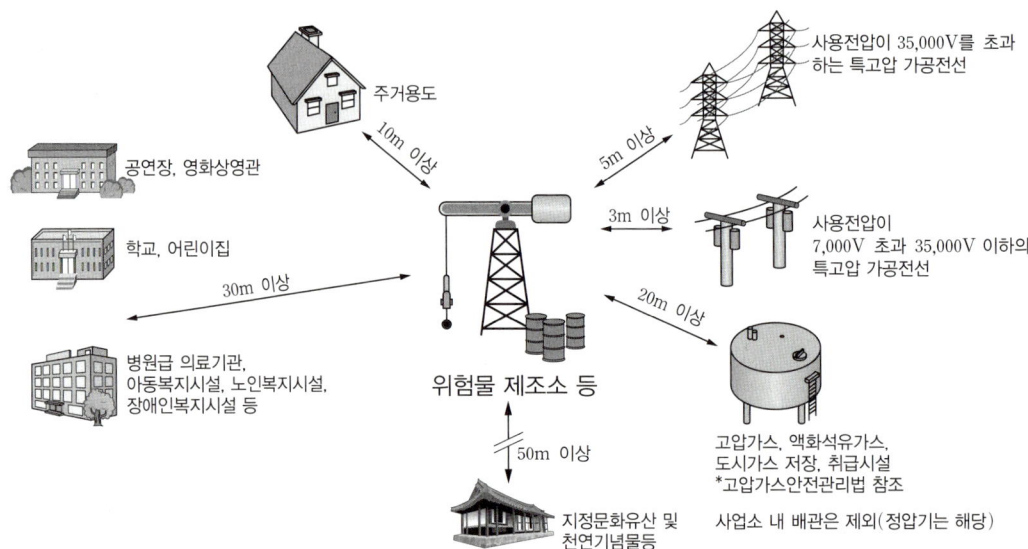

② 규정에 의한 건축물 등은 기준에 의하여 불연재료로 된 방화상 유효한 담 또는 벽을 설치하는 경우 안전거리를 단축할 수 있다.

(3) 표지 및 게시판

① 제조소에는 보기 쉬운 곳에 다음 각 목의 기준에 따라 '위험물 제조소'라는 표시를 한 표지를 설치하여야 한다.
㉠ 표지는 한 변의 길이가 0.3m 이상, 다른 한 변의 길이가 0.6m 이상인 직사각형으로 할 것
㉡ 표지의 바탕은 백색으로, 문자는 흑색으로 할 것

② 제조소에는 보기 쉬운 곳에 다음 각 목의 기준에 따라 방화에 관하여 필요한 사항을 게시한 게시판을 설치하여야 한다.
㉠ 게시판은 한 변의 길이가 0.3m 이상, 다른 한 변의 길이가 0.6m 이상인 직사각형으로 할 것
㉡ 게시판에는 저장 또는 취급하는 위험물의 유별·품명 및 저장최대수량 또는 취급최대수량, 지정수량의 배수 및 안전관리자의 성명 또는 직명을 기재할 것
㉢ 게시판의 바탕은 백색으로, 문자는 흑색으로 할 것

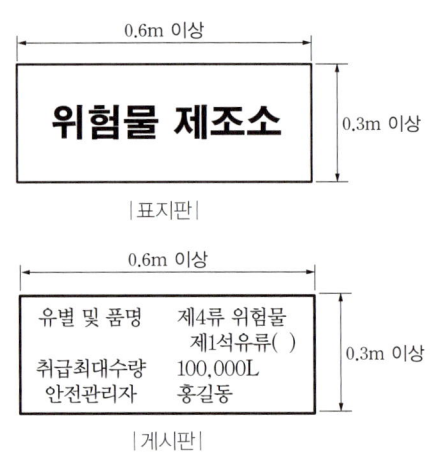

ⓔ ⓛ의 게시판 외에 저장 또는 취급하는 위험물에 따라 다음의 규정에 의한 주의사항을 표시한 게시판을 설치할 것
  - 제1류 위험물 중 알칼리금속의 과산화물과 이를 함유한 것 또는 제3류 위험물 중 금수성 물질에 있어서는 '물기엄금'
  - 제2류 위험물(인화성 고체를 제외함)에 있어서는 '화기주의'
  - 제2류 위험물 중 인화성 고체, 제3류 위험물 중 자연발화성 물질, 제4류 위험물 또는 제5류 위험물에 있어서는 '화기엄금'
ⓜ ⓔ의 게시판의 색은 '물기엄금'을 표시하는 것에 있어서는 청색바탕에 백색문자로, '화기주의' 또는 '화기엄금'을 표시하는 것에 있어서는 적색바탕에 백색문자로 할 것

③ 제조소에는 보기 쉬운 곳에 다음의 기준에 따라 해당 제조소가 금연구역임을 알리는 표지를 설치해야 한다. 다만, 제조소에 출입하는 사람이 특정인으로 한정되고, 해당 제조소를 포함하는 사업소의 출입구에 해당 사업소 전체가 금연구역임을 알리는 표지를 설치한 경우에는 해당 제조소에 금연구역임을 알리는 표지를 설치한 것으로 본다.
  ⓐ 표지에는 금연을 상징하는 그림 또는 문자, 위반시 조치사항 등이 포함될 것
  ⓑ 건축물 또는 시설의 규모나 구조에 따라 표지의 크기를 다르게 할 수 있으며, 바탕색 및 글씨 색상 등은 그 내용이 눈에 잘 띄도록 배색할 것

(4) 채광·조명 및 환기설비

위험물을 취급하는 건축물에는 위험물을 취급하는 데 필요한 채광·조명 및 환기의 설비를 설치하여야 한다.
① 채광설비는 불연재료로 하고, 연소의 우려가 없는 장소에 설치하되 채광면적을 최소로 할 것
② 환기설비는 다음의 기준에 의할 것
  ⓐ 환기는 자연배기방식으로 할 것
  ⓑ 급기구는 해당 급기구가 설치된 실의 바닥면적 150m²마다 1개 이상으로 하되, 급기구의 크기는 800cm² 이상으로 할 것. 다만 바닥면적이 150m² 미만인 경우에는 다음의 크기로 하여야 한다.

바닥면적	급기구의 면적
60m² 미만	150cm² 이상
60m² 이상 90m² 미만	300cm² 이상
90m² 이상 120m² 미만	450cm² 이상
120m² 이상 150m² 미만	600cm² 이상

(5) 배출설비

가연성의 증기 또는 미분이 체류할 우려가 있는 건축물에는 그 증기 또는 미분을 옥외의 높은 곳으로 배출할 수 있도록 다음 각 호의 기준에 의하여 배출설비를 설치하여야 한다.
① 배출설비는 국소방식으로 하여야 한다. 다만, 다음의 하나에 해당하는 경우에는 전역방식으로 할 수 있다.
  ⓐ 위험물취급설비가 배관이음 등으로만 된 경우
  ⓑ 건축물의 구조·작업장소의 분포 등의 조건에 의하여 전역방식이 유효한 경우
② 배출설비는 배풍기·배출덕트·후드 등을 이용하여 강제적으로 배출하는 것으로 하여야 한다.

③ 배출능력은 1시간당 배출장소 용적의 20배 이상인 것으로 하여야 한다. 다만, 전역방식의 경우에는 바닥면적 1m²당 18m³ 이상으로 할 수 있다.
④ 배출설비의 급기구 및 배출구는 다음 기준에 의하여야 한다.
　㉠ 급기구는 높은 곳에 설치하고, 가는 눈의 구리망 등으로 인화방지망을 설치할 것
　㉡ 배출구는 지상 2m 이상으로서 연소의 우려가 없는 장소에 설치하고, 배출덕트가 관통하는 벽부분의 바로 가까이에 화재 시 자동으로 폐쇄되는 방화댐퍼를 설치할 것

(6) 정전기 제거설비

위험물을 취급함에 있어서 정전기가 발생할 우려가 있는 설비에는 다음의 하나에 해당하는 방법으로 정전기를 유효하게 제거할 수 있는 설비를 설치하여야 한다.
① 접지에 의한 방법
② 공기 중의 상대습도를 70% 이상으로 하는 방법
③ 공기를 이온화하는 방법

(7) 피뢰설비

지정수량의 10배 이상의 위험물을 취급하는 제조소(제6류 위험물을 취급하는 위험물제조소를 제외함)에는 피뢰침을 설치하여야 한다. 다만, 제조소의 주위의 상황에 따라 안전상 지장이 없는 경우에는 피뢰침을 설치하지 아니할 수 있다.

(8) 자체소방대를 두어야 하는 제조소

① 제조소 또는 일반취급소에서 취급하는 제4류 위험물의 최대수량의 합이 지정수량의 3천 배 이상인 경우 자체소방대를 두어야 한다.
② 옥외탱크저장소에서 저장하는 제4류 위험물의 최대수량이 지정수량의 50만 배 이상인 경우 자체소방대를 두어야 한다.
③ 자체소방대를 설치하는 사업소의 관계인은 다음 규정에 의하여 자체소방대에 화학소방자동차 및 자체소방대원을 두어야 한다.

사업소의 구분	화학소방자동차	자체소방대원의 수
제조소 또는 일반취급소에서 취급하는 제4류 위험물의 최대수량의 합이 지정수량의 3천 배 이상 12만 배 미만인 사업소	1대	5인
제조소 또는 일반취급소에서 취급하는 제4류 위험물의 최대수량의 합이 지정수량의 12만 배 이상 24만 배 미만인 사업소	2대	10인
제조소 또는 일반취급소에서 취급하는 제4류 위험물의 최대수량의 합이 지정수량의 24만 배 이상 48만 배 미만인 사업소	3대	15인
제조소 또는 일반취급소에서 취급하는 제4류 위험물의 최대수량의 합이 지정수량의 48만 배 이상인 사업소	4대	20인
옥외탱크저장소에 저장하는 제4류 위험물의 최대수량이 지정수량의 50만 배 이상인 사업소	2대	10인

※ 자체소방대에 두어야 하는 화학소방자동차 중 포 수용액을 방사하는 화학소방자동차는 전체 법정 화학소방자동차 대수의 2/3 이상으로 하여야 한다.

(9) 아세트알데하이드(아세트알데히드) 등을 취급하는 제조소의 특례

① 아세트알데하이드(아세트알데히드) 등이란 제4류 위험물 중 특수인화물인 아세트알데하이드(아세트알데히드), 산화프로필렌 또는 이중 어느 하나 이상을 함유한 것을 말한다.

② 시설기준

　㉠ 설비에 사용하는 금속의 제한: 아세트알데하이드(아세트알데히드) 등을 취급하는 설비에는 은, 수은, 동, 마그네슘 또는 이러한 것을 성분으로 하는 합금을 사용하면 해당 위험물이 이러한 금속 등과 반응해서 폭발성 화합물을 만들 우려가 있기 때문에 제한한다.

　㉡ 불활성기체 또는 수증기 봉입장치: 연소성 혼합기체의 생성에 의한 폭발을 방지하기 위한 불활성기체 또는 수증기를 봉입하는 장치를 갖추어야 한다.

　㉢ 취급 탱크: 아세트알데하이드(아세트알데히드) 등을 취급하는 탱크(옥외에 있는 탱크 또는 옥내에 있는 탱크로서 그 용량이 지정수량의 5분의 1 미만의 것을 제외함)에는 냉각장치 또는 저온을 유지하기 위한 장치(보냉장치) 및 연소성 혼합기체의 생성에 의한 폭발을 방지하기 위한 불활성기체를 봉입하는 장치를 갖추어야 한다.

KEYWORD 06 　옥내저장소

(1) 옥내저장소의 기준

① 옥내저장소는 제조소의 규정에 준하여 안전거리를 두어야 한다. 다만, 다음의 하나에 해당하는 옥내저장소는 안전거리를 두지 아니할 수 있다.

　㉠ 제4석유류 또는 동식물유류의 위험물을 저장 또는 취급하는 옥내저장소로서 그 최대수량이 지정수량의 20배 미만인 것

　㉡ 제6류 위험물을 저장 또는 취급하는 옥내저장소

　㉢ 지정수량의 20배(하나의 저장창고의 바닥면적이 150m² 이하인 경우에는 50배) 이하의 위험물을 저장 또는 취급하는 옥내저장소로서 다음의 기준에 적합한 것
　　- 저장창고의 벽·기둥·바닥·보 및 지붕이 내화구조인 것
　　- 저장창고의 출입구에 수시로 열 수 있는 자동폐쇄방식의 60분+방화문(갑종방화문)이 설치되어 있을 것
　　- 저장창고에 창을 설치하지 아니할 것

② 옥내저장소의 주위에는 그 저장 또는 취급하는 위험물의 최대수량에 따라 다음 표에 의한 너비의 공지를 보유하여야 한다. 다만, 지정수량의 20배를 초과하는 옥내저장소와 동일한 부지 내에 있는 다른 옥내저장소와의 사이에는 동표에 정하는 공지의 너비의 3분의 1(해당 수치가 3m 미만인 경우에는 3m)의 공지를 보유할 수 있다.

저장 또는 취급하는 위험물의 최대수량	공지의 너비	
	벽·기둥 및 바닥이 내화구조로 된 건축물	그 밖의 건축물
지정수량의 5배 이하		0.5m 이상
지정수량의 5배 초과 10배 이하	1m 이상	1.5m 이상
지정수량의 10배 초과 20배 이하	2m 이상	3m 이상
지정수량의 20배 초과 50배 이하	3m 이상	5m 이상
지정수량의 50배 초과 200배 이하	5m 이상	10m 이상
지정수량의 200배 초과	10m 이상	15m 이상

③ 옥내저장소에는 기준에 따라 보기 쉬운 곳에 '위험물 옥내저장소'라는 표시를 한 표지와 방화에 관하여 필요한 사항을 게시한 게시판 및 해당 옥내저장소가 금연구역임을 알리는 표지를 설치해야 한다.
④ 저장창고는 지면에서 처마까지의 높이가 6m 미만인 단층건물로 하고 그 바닥을 지반면보다 높게 하여야 한다.
⑤ 하나의 저장창고의 바닥면적(2 이상의 구획된 실이 있는 경우에는 각 실의 바닥면적의 합계)은 다음의 구분에 의한 면적 이하로 하여야 한다. 이 경우 ㉠의 위험물과 ㉡의 위험물을 같은 저장창고에 저장하는 때에는 ㉠의 위험물을 저장하는 것으로 보아 그에 따른 바닥면적을 적용한다.
  ㉠ 다음의 위험물을 저장하는 창고: 1,000m²
    – 제1류 위험물 중 아염소산염류, 염소산염류, 과염소산염류, 무기과산화물 그 밖에 지정수량이 50kg인 위험물
    – 제3류 위험물 중 칼륨, 나트륨, 알킬알루미늄, 알킬리튬 그 밖에 지정수량이 10kg인 위험물 및 황린
    – 제4류 위험물 중 특수인화물, 제1석유류 및 알코올류
    – 제5류 위험물 중 지정수량이 10kg인 위험물
    – 제6류 위험물
  ㉡ ㉠의 위험물 외의 위험물을 저장하는 창고: 2,000m²
  ㉢ ㉠의 위험물과 ㉡의 위험물을 내화구조의 격벽으로 완전히 구획된 실에 각각 저장하는 창고: 1,500m²(㉠의 위험물을 저장하는 실의 면적은 500m²를 초과할 수 없음)
⑥ 저장창고의 벽·기둥 및 바닥은 내화구조로 하고, 보와 서까래는 불연재료로 하여야 한다. 다만, 지정수량의 10배 이하의 위험물의 저장창고 또는 제2류와 제4류의 위험물(인화성 고체 및 인화점이 70℃ 미만인 제4류 위험물을 제외함)만의 저장창고에 있어서는 연소의 우려가 없는 벽·기둥 및 바닥은 불연재료로 할 수 있다.
⑦ 저장창고에는 제조소 규정에 준하여 채광·조명 및 환기의 설비를 갖추어야 하고, 인화점이 70℃ 미만인 위험물의 저장창고에 있어서는 내부에 체류한 가연성의 증기를 지붕 위로 배출하는 설비를 갖추어야 한다.

(2) 지정과산화물을 저장하는 옥내저장소의 기준

① 저장창고는 150m² 이내마다 격벽으로 완전하게 구획할 것. 이 경우 해당 격벽은 두께 30cm 이상의 철근콘크리트조 또는 철골철근콘크리트조로 하거나 두께 40cm 이상의 보강콘크리트블록조로 하고, 해당 저장창고 양측의 외벽으로부터 1m 이상, 상부의 지붕으로부터 50cm 이상 돌출하게 하여야 한다.
② 저장창고의 외벽은 두께 20cm 이상의 철근콘크리트조나 철골철근콘크리트조 또는 두께 30cm 이상의 보강콘크리트블록조로 할 것
③ 저장창고의 지붕은 다음의 하나에 적합할 것
  ㉠ 중도리 또는 서까래의 간격은 30cm 이하로 할 것
  ㉡ 지붕의 아래쪽 면에는 한 변의 길이가 45cm 이하의 환강·경량형강 등으로 된 강제의 격자를 설치할 것
  ㉢ 지붕의 아래쪽 면에 철망을 쳐서 불연재료의 도리·보 또는 서까래에 단단히 결합할 것
  ㉣ 두께 5cm 이상, 너비 30cm 이상의 목재로 만든 받침대를 설치할 것
④ 저장창고의 창은 바닥면으로부터 2m 이상의 높이에 두되, 하나의 벽면에 두는 창의 면적의 합계를 해당 벽면의 면적의 80분의 1 이내로 하고, 하나의 창의 면적을 0.4m² 이내로 할 것
※ 지정과산화물: 제5류 위험물 중 유기과산화물 또는 이를 함유하는 것으로서 지정수량이 10kg인 것

KEYWORD 07 옥외저장소

(1) 위험물을 용기에 수납하여 저장 또는 취급하는 것의 위치·구조 및 설비의 기술기준

① 옥외저장소는 제조소 규정에 준하여 안전거리를 둘 것
② 옥외저장소는 습기가 없고 배수가 잘 되는 장소에 설치할 것
③ 위험물을 저장 또는 취급하는 장소의 주위에는 경계표시(울타리의 기능이 있는 것)를 하여 명확하게 구분할 것
④ 경계표시의 주위에는 그 저장 또는 취급하는 위험물의 최대수량에 따라 다음 표에 의한 너비의 공지를 보유할 것. 다만, 제4류 위험물 중 제4석유류와 제6류 위험물을 저장 또는 취급하는 옥외저장소의 보유공지는 다음 표에 의한 공지의 너비의 3분의 1 이상의 너비로 할 수 있다.

저장 또는 취급하는 위험물의 최대수량	공지의 너비
지정수량의 10배 이하	3m 이상
지정수량의 10배 초과 20배 이하	5m 이상
지정수량의 20배 초과 50배 이하	9m 이상
지정수량의 50배 초과 200배 이하	12m 이상
지정수량의 200배 초과	15m 이상

⑤ 옥외저장소에는 보기 쉬운 곳에 '위험물 옥외저장소'라는 표시를 한 표지와 방화에 관하여 필요한 사항을 게시한 게시판 및 해당 옥외장소가 금연구역임을 알리는 표지를 설치해야 한다.
⑥ 옥외저장소에 선반을 설치하는 경우에는 다음의 기준에 의할 것
  ㉠ 선반은 불연재료로 만들고 견고한 지반면에 고정할 것
  ㉡ 선반은 해당 선반 및 그 부속설비의 자중·저장하는 위험물의 중량·풍하중·지진의 영향 등에 의하여 생기는 응력에 대하여 안전할 것
  ㉢ 선반의 높이는 6m를 초과하지 아니할 것
  ㉣ 선반에는 위험물을 수납한 용기가 쉽게 낙하하지 아니하는 조치를 강구할 것

(2) 덩어리 상태의 황(유황)만을 경계표시의 안쪽에서 저장 또는 취급할 때

① 하나의 경계표시의 내부의 면적은 $100m^2$ 이하일 것
② 2 이상의 경계표시를 설치하는 경우에 있어서는 각각의 경계표시 내부의 면적을 합산한 면적은 $1,000m^2$ 이하로 하고, 인접하는 경계표시와 경계표시와의 간격을 규정에 의한 공지의 너비의 2분의 1 이상으로 할 것. 다만, 저장 또는 취급하는 위험물의 최대수량이 지정수량의 200배 이상인 경우에는 10m 이상으로 하여야 한다.
③ 경계표시는 불연재료로 만드는 동시에 황(유황)이 새지 아니하는 구조로 할 것
④ 경계표시의 높이는 1.5m 이하로 할 것
⑤ 경계표시에는 황(유황)이 넘치거나 비산하는 것을 방지하기 위한 천막 등을 고정하는 장치를 설치하되, 천막 등을 고정하는 장치는 경계표시의 길이 2m마다 한 개 이상 설치할 것
⑥ 황(유황)을 저장 또는 취급하는 장소의 주위에는 배수구와 분리장치를 설치할 것

KEYWORD 08 옥내탱크저장소의 위치·구조 및 설비의 기술기준

① 위험물을 저장 또는 취급하는 옥내탱크(이하 옥내저장탱크라 함)는 단층건축물에 설치된 탱크전용실에 설치할 것
② 옥내저장탱크와 탱크전용실의 벽과의 사이 및 옥내저장탱크의 상호 간에는 0.5m 이상의 간격을 유지할 것. 다만, 탱크의 점검 및 보수에 지장이 없는 경우에는 그러하지 아니하다.
　③ 옥내탱크저장소에는 「위험물안전관리법 시행규칙」 별표 4 Ⅲ제1호의 기준에 따라 보기 쉬운 곳에 '위험물 옥내탱크저장소'라는 표시를 한 표지와 동표 Ⅲ제2호의 기준에 따라 방화에 관하여 필요한 사항을 게시한 게시판 및 같은 표 Ⅲ 제3호의 기준을 준용하여 해당 옥내탱크저장소가 금연구역임을 알리는 표지를 설치해야 한다.
④ 옥내저장탱크의 용량(동일한 탱크전용실에 옥내저장탱크를 2 이상 설치하는 경우에는 각 탱크의 용량의 합계를 말함)은 지정수량의 40배(제4석유류 및 동식물유류 외의 제4류 위험물에 있어서 해당 수량이 20,000L를 초과할 때에는 20,000L) 이하일 것
⑤ 탱크전용실은 벽·기둥 및 바닥을 내화구조로 하고, 보를 불연재료로 하며, 연소의 우려가 있는 외벽은 출입구외에는 개구부가 없도록 할 것. 다만, 인화점이 70℃ 이상인 제4류 위험물만의 옥내저장탱크를 설치하는 탱크전용실에 있어서는 연소의 우려가 없는 외벽·기둥 및 바닥을 불연재료로 할 수 있다.
⑥ 탱크전용실은 지붕을 불연재료로 하고, 천장을 설치하지 아니할 것
⑦ 탱크전용실의 창 및 출입구에는 60분+방화문(갑종방화문) 또는 30분방화문(을종방화문)을 설치하는 동시에, 연소의 우려가 있는 외벽에 두는 출입구에는 수시로 열 수 있는 자동폐쇄식의 60분+방화문(갑종방화문)을 설치할 것
⑧ 옥내저장탱크 중 압력탱크(최대상용압력이 부압 또는 정압 5kPa을 초과하는 탱크) 외의 탱크(제4류 위험물의 옥내저장탱크로 한정함)에 있어서는 밸브 없는 통기관 또는 대기밸브 부착 통기관을 다음의 기준에 따라 설치하고, 압력탱크에 있어서는 「위험물안전관리법 시행규칙」 별표 4 Ⅷ 제4호에 따른 안전장치를 설치할 것
　㉠ 밸브 없는 통기관
　　- 통기관의 끝부분은 건축물의 창·출입구 등의 개구부로부터 1m 이상 떨어진 옥외의 장소에 지면으로부터 4m 이상의 높이로 설치하되, 인화점이 40℃ 미만인 위험물의 탱크에 설치하는 통기관에 있어서는 부지경계선으로부터 1.5m 이상 거리를 둘 것. 다만, 고인화점 위험물만을 100℃ 미만의 온도로 저장 또는 취급하는 탱크에 설치하는 통기관은 그 끝부분을 탱크전용실 내에 설치할 수 있다.
　　- 통기관은 가스 등이 체류할 우려가 있는 굴곡이 없도록 할 것
　㉡ 대기밸브 부착 통기관: 5kPa 이하의 압력차이로 작동할 수 있을 것

KEYWORD 09 옥외탱크저장소

(1) 안전거리

위험물을 저장 또는 취급하는 옥외탱크(이하 옥외저장탱크라 함)는 제조소 규정에 준하여 안전거리를 두어야 한다.

(2) 보유공지

옥외저장탱크(위험물을 이송하기 위한 배관, 그 밖에 이에 준하는 공작물 제외)의 주위에는 그 저장 또는 취급하는 위험물의 최대수량에 따라 옥외저장탱크의 측면으로부터 다음 표에 의한 너비의 공지를 보유하여야 한다.

저장 또는 취급하는 위험물의 최대수량	공지의 너비
지정수량의 500배 이하	3m 이상
지정수량의 500배 초과 1,000배 이하	5m 이상
지정수량의 1,000배 초과 2,000배 이하	9m 이상
지정수량의 2,000배 초과 3,000배 이하	12m 이상
지정수량의 3,000배 초과 4,000배 이하	15m 이상
지정수량의 4,000배 초과	해당 탱크의 수평 단면의 최대 지름(가로형인 경우에는 긴 변)과 높이 중 큰 것과 같은 거리 이상. 다만, 30m 초과의 경우에는 30m 이상으로 할 수 있고, 15m 미만의 경우에는 15m 이상으로 하여야 한다.

(3) 옥외저장탱크의 외부구조 및 설비

① 옥외저장탱크는 특정옥외저장탱크 및 준특정옥외저장탱크 외에는 두께 3.2mm 이상의 강철판 또는 소방청장이 정하여 고시하는 규격에 적합한 재료로, 특정옥외저장탱크 및 준특정옥외저장탱크는 소방청장이 정하여 고시하는 규격에 적합한 강철판 또는 이와 동등 이상의 기계적 성질 및 용접성이 있는 재료로 틈이 없도록 제작하여야 하고, 압력탱크(최대상용압력이 대기압을 초과하는 탱크를 말함)외의 탱크는 충수시험, 압력탱크는 최대상용압력의 1.5배의 압력으로 10분간 실시하는 수압시험에서 각각 새거나 변형되지 아니하여야 한다.

② 특정옥외저장탱크의 용접부는 소방청장이 정하여 고시하는 바에 따라 실시하는 방사선투과시험, 진공시험 등의 비파괴시험에 있어서 소방청장이 정하여 고시하는 기준에 적합한 것이어야 한다.

③ 옥외저장탱크 중 압력탱크(최대상용압력이 부압 또는 정압 5kPa을 초과하는 탱크를 말함)외의 탱크(제4류 위험물의 옥외저장탱크에 한함)에 있어서는 밸브 없는 통기관 또는 대기밸브 부착 통기관을 다음에서 정하는 바에 의하여 설치하여야 하고, 압력탱크에 있어서는 규정에 의한 안전장치를 설치하여야 한다.

  ㉠ 밸브 없는 통기관
    – 지름은 30mm 이상일 것
    – 끝부분은 수평면보다 45도 이상 구부려 빗물 등의 침투를 막는 구조로 할 것
    – 인화점이 38℃ 미만인 위험물만을 저장 또는 취급하는 탱크에 설치하는 통기관에는 화염방지장치를 설치하고, 그 외의 탱크에 설치하는 통기관에는 40메쉬(mesh) 이상의 구리망 또는 동등 이상의 성능을 가진 인화방지장치를 설치할 것. 다만, 인화점이 70℃ 이상인 위험물만을 해당 위험물의 인화점 미만의 온도로 저장 또는 취급하는 탱크에 설치하는 통기관에는 인화방지장치를 설치하지 않을 수 있다.
    – 가연성의 증기를 회수하기 위한 밸브를 통기관에 설치하는 경우에 있어서는 해당 통기관의 밸브는 저장탱크에 위험물을 주입하는 경우를 제외하고는 항상 개방되어 있는 구조로 하는 한편, 폐쇄하였을 경우에 있어서는 10kPa 이하의 압력에서 개방되는 구조로 할 것. 이 경우 개방된 부분의 유효단면적은 777.15mm^2 이상이어야 한다.

  ㉡ 대기밸브 부착 통기관
    – 5kPa 이하의 압력 차이로 작동할 수 있을 것
    – 밸브 없는 통기관의 화염방지장치 또는 인화방지장치 설치기준에 적합할 것

④ 이황화탄소의 옥외저장탱크는 벽 및 바닥의 두께가 0.2m 이상이고 누수가 되지 아니하는 철근콘크리트의 수조에 넣어 보관하여야 한다. 이 경우 보유공지 · 통기관 및 자동계량장치는 생략할 수 있다.

(4) 위험물의 성질에 따른 옥외탱크저장소의 특례

알킬알루미늄 등, 아세트알데하이드(아세트알데히드) 등 및 하이드록실아민(히드록실아민) 등을 저장 또는 취급하는 옥외탱크저장소는 옥외탱크저장소의 기준 외에도 해당 위험물의 성질에 따라 다음의 기준을 추가로 준수하여야 한다.

① 알킬알루미늄 등의 옥외탱크저장소
  ㉠ 옥외저장탱크의 주위에는 누설범위를 국한하기 위한 설비 및 누설된 알킬알루미늄 등을 안전한 장소에 설치된 조에 이끌어 들일 수 있는 설비를 설치할 것
  ㉡ 옥외저장탱크에는 불활성의 기체를 봉입하는 장치를 설치할 것

② 아세트알데하이드(아세트알데히드) 등의 옥외탱크저장소
  ㉠ 옥외저장탱크의 설비는 동·마그네슘·은·수은 또는 이들을 성분으로 하는 합금으로 만들지 아니할 것
  ㉡ 옥외저장탱크에는 냉각장치 또는 보냉장치, 그리고 연소성 혼합기체의 생성에 의한 폭발을 방지하기 위한 불활성의 기체를 봉입하는 장치를 설치할 것

③ 하이드록실아민(히드록실아민)등의 옥외탱크저장소
  ㉠ 옥외탱크저장소에는 하이드록실아민(히드록실아민)등의 온도의 상승에 의한 위험한 반응을 방지하기 위한 조치를 강구할 것
  ㉡ 옥외탱크저장소에는 철 이온 등의 혼입에 의한 위험한 반응을 방지하기 위한 조치를 강구할 것

KEYWORD 10 방유제

(1) 방유제의 설치기준

① 재질: 철근콘크리트
② 높이: 0.5m 이상 3m 이하
③ 두께: 0.2m 이상
④ 지하매설깊이: 1m 이상
⑤ 계단: 방유제의 높이가 1m를 넘을 경우 50m 간격으로 설치
⑥ 방유제 내의 면적: 80,000m^2 이하
⑦ 탱크의 기수: 10기 이하
⑧ 방유제와 탱크 측면과의 상호 거리
  ㉠ 탱크의 지름이 15m 미만: 탱크 높이의 1/3 이상
  ㉡ 탱크의 지름이 15m 이상: 탱크 높이의 1/2 이상
  ㉢ 인화점이 200℃ 이상인 탱크: 해당 없음

※ 방유제는 위험물 탱크가 넘쳤을 때 외부확산을 방지하기 위한 둑이다.

(2) 방유제의 용량기준

① 위험물 옥외탱크저장소의 방유제
  ㉠ 인화성 액체 위험물(이황화탄소 제외)
    – 탱크 1기: 탱크 용량의 110% 이상
    – 탱크 2기 이상: 설치된 탱크 중 용량이 최대인 것의 용량의 110% 이상

ⓒ 인화성 없는 액체 위험물
- 탱크 1기: 탱크 용량의 100% 이상
- 탱크 2기 이상: 설치된 탱크 중 용량이 최대인 것의 용량의 100% 이상
② 위험물 제조소의 옥외에 있는 위험물 취급 탱크의 방유제: 액체 위험물(이황화탄소 제외) 취급 시 탱크가 하나일 경우는 탱크 용량의 50% 이상으로 하고, 두 개 이상일 경우는 용량이 최대인 것의 용량의 50%, 나머지 탱크의 용량의 10%를 합산한 값 이상으로 해야 한다.

KEYWORD 11 지하탱크저장소의 설치기준

① 위험물을 저장 또는 취급하는 지하탱크(지하저장탱크)는 지면하에 설치된 탱크전용실에 설치하여야 한다. 다만, 제4류 위험물의 지하저장탱크가 다음 ㉠ 내지 ㉤의 기준에 적합한 때에는 그러하지 아니하다.
㉠ 해당 탱크를 지하철·지하가 또는 지하터널로부터 수평거리 10m 이내의 장소 또는 지하건축물 내의 장소에 설치하지 아니할 것
㉡ 해당 탱크를 그 수평투영의 세로 및 가로보다 각각 0.6m 이상 크고 두께가 0.3m 이상인 철근콘크리트조의 뚜껑으로 덮을 것
㉢ 뚜껑에 걸리는 중량이 직접 해당 탱크에 걸리지 아니하는 구조일 것
㉣ 해당 탱크를 견고한 기초 위에 고정할 것
㉤ 해당 탱크를 지하의 가장 가까운 벽·피트(인공지하구조물)·가스관 등의 시설물 및 대지경계선으로부터 0.6m 이상 떨어진 곳에 매설할 것
② 탱크전용실은 지하의 가장 가까운 벽·피트·가스관 등의 시설물 및 대지경계선으로부터 0.1m 이상 떨어진 곳에 설치하고, 지하저장탱크와 탱크전용실의 안쪽과의 사이는 0.1m 이상의 간격을 유지하도록 하며, 해당 탱크의 주위에 마른 모래 또는 습기 등에 의하여 응고되지 아니하는 입자지름 5mm 이하의 마른 자갈분을 채워야 한다.
③ 지하저장탱크의 윗부분은 지면으로부터 0.6m 이상 아래에 있어야 한다.
④ 지하저장탱크를 2 이상 인접해 설치하는 경우에는 그 상호 간에 1m(2 이상의 지하저장탱크의 용량의 합계가 지정수량의 100배 이하인 때에는 0.5m) 이상의 간격을 유지하여야 한다.

KEYWORD 12 이동탱크저장소

(1) 이동탱크저장소의 구조

① 이동저장탱크의 구조는 다음 기준에 의하여야 한다.
㉠ 탱크(맨홀 및 주입관의 뚜껑을 포함)는 두께 3.2mm 이상의 강철판 또는 이와 동등 이상의 강도·내식성 및 내열성이 있다고 인정하여 소방청장이 정하여 고시하는 재료 및 구조로 위험물이 새지 아니하게 제작할 것
㉡ 압력탱크 외의 탱크는 70kPa의 압력으로, 압력탱크는 최대상용압력의 1.5배의 압력으로 각각 10분간의 수압시험을 실시하여 새거나 변형되지 아니할 것. 이 경우 수압시험은 용접부에 대한 비파괴시험과 기밀시험으로 대신할 수 있다.
② 이동저장탱크는 그 내부에 4,000L 이하마다 3.2mm 이상의 강철판 또는 이와 동등 이상의 강도·내열성 및 내식성이 있는 금속성의 것으로 칸막이를 설치하여야 한다. 다만, 고체인 위험물을 저장하거나 고체인 위험물을 가열하여 액체 상태로 저장하는 경우에는 그러하지 아니하다.

(2) 방파판

방파판은 주행 중 이동탱크저장소의 위험물의 출렁임을 방지하여 주행 중 차량의 안전성을 확보하기 위하여 설치하는 것으로 기준은 다음과 같다.

① 두께 1.6mm 이상의 강철판 또는 이와 동등 이상의 강도·내열성 및 내식성이 있는 금속성의 것으로 할 것
② 하나의 구획부분에 2개 이상의 방파판을 이동탱크저장소의 진행방향과 평행으로 설치하되, 각 방파판은 그 높이 및 칸막이로부터의 거리를 다르게 할 것
③ 하나의 구획부분에 설치하는 각 방파판의 면적의 합계는 해당 구획부분의 최대 수직단면적의 50% 이상으로 할 것. 다만 수직단면이 원형이거나 짧은 반지름이 1m 이하의 타원형일 경우에는 40% 이상으로 할 수 있다.

(3) 안전장치

안전장치는 이동저장탱크 내부 압력이 상승한 경우 탱크에 과도한 압력이 걸리지 않도록 하기 위하여 설치해야 하며, 상용압력이 20kPa 이하의 탱크에 관계되는 것에는 20kPa 이상 24kPa 이하의 압력 범위에서, 상용압력이 20kPa을 초과하는 탱크에 관계되는 것에 있어서는 상용압력의 1.1배 이하의 압력에서 작동하는 것으로 한다.

(4) 표지 및 게시판

① 표지
  ㉠ 부착위치: 이동탱크저장소의 전면 상단 및 후면 상단, 위험물 운반차량의 전면 및 후면
  ㉡ 규격 및 형상: 60cm 이상×30cm 이상의 횡형 사각형
  ㉢ 색상 및 문자: 흑색바탕에 황색의 반사 도료로 '위험물'이라 표기할 것

② UN번호
  ㉠ 그림문자의 외부에 표기하는 경우
    - 부착위치: 위험물 수송차량의 후면 및 양 측면(그림문자와 인접한 위치)
    - 규격 및 형상: 30cm 이상×12cm 이상의 횡형 사각형
    - 색상 및 문자: 흑색 테두리 선(굵기 1cm)과 오렌지색으로 이루어진 바탕에 UN번호(글자의 높이 6.5cm 이상)를 흑색으로 표기할 것
  ㉡ 그림문자의 내부에 표기하는 경우
    - 부착위치: 위험물 수송차량의 후면 및 양 측면
    - 규격 및 형상: 심벌 및 분류·구분의 번호를 가리지 않는 크기의 횡형 사각형
    - 색상 및 문자: 흰색바탕에 흑색으로 UN번호(글자의 높이 6.5cm 이상)를 표기할 것

③ 그림문자
  ㉠ 부착위치: 위험물 수송차량의 후면 및 양 측면
  ㉡ 규격 및 형상: 25cm 이상×25cm 이상의 마름모 꼴

(5) 주입설비

이동탱크저장소에 주입설비(주입호스의 끝부분에 개폐밸브를 설치한 것)를 설치하는 경우에는 다음 기준에 의하여야 한다.

① 위험물이 샐 우려가 없고 화재예방상 안전한 구조로 할 것
② 주입설비의 길이는 50m 이내로 하고, 그 끝부분에 축적되는 정전기를 유효하게 제거할 수 있는 장치를 할 것
③ 분당 배출량은 200L 이하로 할 것
④ 주입호스는 내경이 23mm 이상이고, 0.3MPa 이상의 압력에 견딜 수 있는 것으로 하며, 필요 이상으로 길게 하지 아니할 것

에듀윌과 함께 시작하면,
당신도 합격할 수 있습니다!

학교 졸업 후 취업을 위해 바쁜 시간을 쪼개며
위험물산업기사 자격시험을 준비하는 취준생

비전공자이지만 더 많은 기회를 만들기 위해
위험물산업기사에 도전하는 수험생

위험물 관리 업무를 수행하면서 승진을 위해
위험물산업기사에 도전하는 주경야독 직장인

누구나 합격할 수 있습니다.
시작하겠다는 '다짐' 하나면 충분합니다.

마지막 페이지를 덮으면,

에듀윌과 함께
위험물산업기사 합격이 시작됩니다.

위험물산업기사 1위

꿈을 실현하는 에듀윌
Real 합격 스토리

김O주 비전공자 합격

화학에 대해 잘 몰라도 한번에 합격

저는 화학 전공자가 아니라서 처음에는 일반화학이 어려웠습니다. 하지만 교재를 보며 화학에 대해 공부를 하다 보니 화학에도 수학처럼 공식이 있다는 것을 알게 되었습니다. 에듀윌 교재의 일반화학 기출문제 해설은 화학에 대해 잘 모르는 사람도 이해할 수 있도록 자세하게 수록되어 있어서 좋았습니다.

이O지 2주 초단기 합격

2주만에 실기 합격

저는 이론은 보지 않고, 위험물의 특징만 외운 다음 10개년 기출문제를 반복해서 풀었습니다. 실제 시험을 보았을 때 문제의 절반 정도는 책에서 본 문제가 거의 비슷하게 나왔고, 나머지는 기출문제의 해설에 대부분 나왔던 내용이었습니다. 에듀윌 교재로 공부를 시작한 뒤 약 12일 만에 72점으로 합격했습니다.

김O재 전공자 단기 1개월 합격

기출 위주로 한 달 안에 합격

저는 화학 관련 전공자로 화학에 대한 기본개념은 있어서 기출문제가 많고 해설이 자세하게 수록되어 있는 에듀윌 교재를 구매했습니다. 위험물의 종류 및 지정수량은 대학교 때 배우지 않은 내용이라 생소했지만 기출문제 해설이 잘 되어 있어 이해하기 편했습니다.

다음 합격의 주인공은 당신입니다!

더 많은
합격 비법

* 2023 대한민국 브랜드만족도 위험물산업기사 교육 1위 (한경비즈니스)

에듀윌 위험물산업기사

무료특강 11만뷰 돌파!
수험생 맞춤형 무료특강 제공

기초화학 특강

추천 대상 | 화학 비전공자
추천 시기 | 이론 공부 시작 전
강의 내용 | 화학에 대한 기초용어 정리

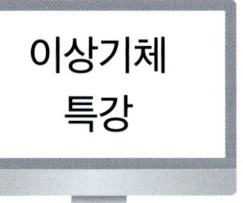

이상기체 특강

추천 대상 | 이상기체상태방정식이 이해가 되지 않는 수험생
추천 시기 | 기출 1회독 후
강의 내용 | 이상기체의 개념 및 문제풀이

위험물 마무리 특강

추천 대상 | 위험물 암기가 안 되는 수험생
추천 시기 | 시험 3일 전
강의 내용 | 제1류~제6류 위험물의 품명, 특징 정리

[강의 수강경로] 에듀윌 도서몰 (book.eduwill.net) → 동영상강의실 → 위험물 검색 (회원가입 후 수강가능)

* 에듀윌 도서몰 위험물 관련 무료특강 조회수 합산 기준 (2020.07.28~2025.10.31)

eduwill

위험물산업기사 1위

이제 국비무료 교육도 에듀윌

수강생을 반겨주는 에듀윌의 환한 복도 (구로)

언제나 전문 학습 매니저와 상담이 가능한 안내데스크 (부평)

고품질 영상 및 음향 장비를 갖춘 최고의 강의실 (구로)

재충전을 위한 카페 분위기의 아늑한 휴게실 (부평)

다용도로 활용이 가능한 휴게실 (성남)

전기/소방/건축/쇼핑몰/회계/컴활 자격증 취득
국민내일배움카드제

에듀윌 국비교육원 대표전화

서울 구로	02)6482-0600	구로디지털단지역 2번 출구
경기 성남	031)604-0600	모란역 5번 출구
인천 부평	032)262-0600	부평역 5번 출구
인천 부평2관	032)263-2900	부평역 5번 출구

국비교육원 바로가기

* 2023 대한민국 브랜드만족도 위험물산업기사 교육 1위 (한경비즈니스)

나에게 맞는 최적 학습법
2주 합격 플래너

화학 전공자 플랜
▶ 하루 3시간 이상 학습
▶ 기출문제 위주로 학습하여 빠르게 합격하기

WEEK	DAY	학습내용	완료
WEEK 1	DAY 01	기출기반 핵심이론	☐
	DAY 02	빈출문제 1~3회	☐
	DAY 03	2025~2024년 기출문제	☐
	DAY 04	2023~2021년 기출문제	☐
	DAY 05	2020~2018년 기출문제	☐
	DAY 06	2017~2016년 기출문제 1회독	☐
	DAY 07	2025~2024년 기출문제	☐
WEEK 2	DAY 08	2023~2021년 기출문제	☐
	DAY 09	2020~2018년 기출문제	☐
	DAY 10	2017~2016년 기출문제 2회독	☐
	DAY 11	2025~2021년 기출문제	☐
	DAY 12	2020~2016년 기출문제 3회독	☐
	DAY 13	실전 모의고사 1~3회	☐
	DAY 14	최종복습	☐

화학 비전공자 플랜
▶ 하루 6시간 이상 학습
▶ 위험물의 종류 및 특징에 집중하여 학습하기

WEEK	DAY	학습내용	완료
WEEK 1	DAY 01	기출기반 핵심이론	☐
	DAY 02	빈출문제 1~3회	☐
	DAY 03	2025~2024년 기출문제	☐
	DAY 04	2023~2021년 기출문제	☐
	DAY 05	2020~2018년 기출문제	☐
	DAY 06	2017~2016년 기출문제 1회독 이상기체 특강	☐
	DAY 07	2025~2022년 기출문제	☐
WEEK 2	DAY 08	2021~2019년 기출문제	☐
	DAY 09	2018~2016년 기출문제 2회독	☐
	DAY 10	2025~2022년 기출문제	☐
	DAY 11	2021~2019년 기출문제	☐
	DAY 12	2018~2016년 기출문제 3회독	☐
	DAY 13	위험물 마무리특강 복습	☐
	DAY 14	실전 모의고사 1~3회	☐

(6) 이동탱크저장소(컨테이너식 이동탱크저장소를 제외함)에서의 취급기준

① 이동저장탱크로부터 위험물을 저장 또는 취급하는 탱크에 액체의 위험물을 주입할 경우에는 그 탱크의 주입구에 이동저장탱크의 주입호스를 견고하게 결합할 것
② 이동저장탱크로부터 액체 위험물을 용기에 옮겨 담지 아니할 것
③ 이동저장탱크로부터 위험물을 저장 또는 취급하는 탱크에 인화점이 40℃ 미만인 위험물을 주입할 때에는 이동탱크저장소의 원동기를 정지시킬 것

(7) 알킬알루미늄 등 및 아세트알데하이드(아세트알데히드) 등의 취급기준

① 알킬알루미늄 등의 이동탱크저장소에 있어서 이동저장탱크로부터 알킬알루미늄 등을 꺼낼 때에는 동시에 200kPa 이하의 압력으로 불활성의 기체를 봉입할 것
② 아세트알데하이드(아세트알데히드) 등의 이동탱크저장소에 있어서 이동저장탱크로부터 아세트알데하이드(아세트알데히드) 등을 꺼낼 때에는 동시에 100kPa 이하의 압력으로 불활성의 기체를 봉입할 것

KEYWORD 13 간이탱크저장소의 위치구조설비 기준

① 위험물을 저장 또는 취급하는 간이탱크(간이저장탱크)는 옥외에 설치하여야 한다.
② 간이저장탱크의 용량은 600L 이하이어야 한다.
③ 간이저장탱크는 두께 3.2mm 이상의 강판으로 흠이 없도록 제작하여야 하며, 70kPa의 압력으로 10분간의 수압시험을 실시하여 새거나 변형되지 아니하여야 한다.
④ 간이저장탱크의 외면에는 녹을 방지하기 위한 도장을 하여야 한다. 다만, 탱크의 재질이 부식의 우려가 없는 스테인리스 강판 등인 경우에는 그러하지 아니하다.

KEYWORD 14 주유취급소, 판매취급소

(1) 주유취급소 표지 및 게시판

① 주유취급소에는 제조소의 기준을 준용하여 보기 쉬운 곳에 '위험물 주유취급소'라는 표지를 한 표지, 방화에 관하여 필요한 사항을 게시한 게시판 및 황색바탕에 흑색문자로 '주유 중 엔진정지'라는 표시를 한 게시판 및 해당 주유취급소가 금연구역임을 알리는 표지를 설치해야 한다.
② 주유취급소에 설치하는 게시판

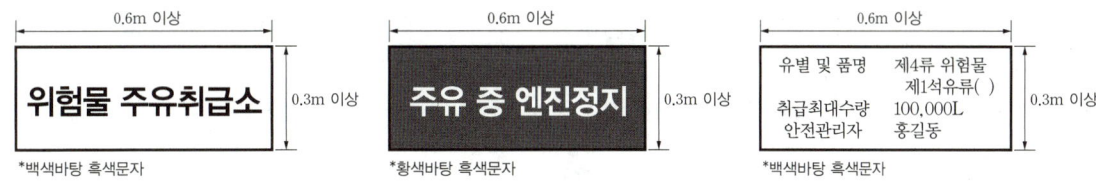

(2) 셀프용 고정주유설비의 기준

1회의 연속주유량 및 주유시간의 상한을 미리 설정할 수 있는 구조일 것. 이 경우 주유량의 상한은 휘발유는 100L 이하로 하며 주유시간의 상한은 4분 이하, 경유는 600L 이하로 하며 주유시간의 상한은 12분 이하로 한다.

(3) 고정주유설비 또는 고정급유설비 설치기준

① 고정주유설비의 중심선을 기점으로 하여 도로경계선까지 4m 이상, 부지경계선·담 및 건축물의 벽까지 2m(개구부가 없는 벽까지는 1m) 이상의 거리를 유지하고, 고정급유설비의 중심선을 기점으로 하여 도로경계선까지 4m 이상, 부지경계선 및 담까지 1m 이상, 건축물의 벽까지 2m(개구부가 없는 벽까지는 1m) 이상의 거리를 유지할 것
② 고정주유설비와 고정급유설비의 사이에는 4m 이상의 거리를 유지할 것

(4) 주유취급소에 설치하는 탱크의 용량

① 자동차용 고정주유설비(일반도로), 고정급유설비: 50,000L 이하
② 고속국도의 도로변에 설치된 주유취급소: 60,000L 이하

(5) 제1종 판매취급소

① 건축물의 1층에 설치한다.
② 위험물을 배합하는 실은 다음에 의하여 설치한다.
  ㉠ 바닥면적은 6m² 이상 15m² 이하로 할 것
  ㉡ 내화구조 또는 불연재료로 된 벽으로 구획할 것
  ㉢ 바닥은 위험물이 침투하지 아니하는 구조로 하여 적당한 경사를 두고 집유설비를 할 것
  ㉣ 출입구에는 수시로 열 수 있는 자동폐쇄식의 60분+방화문(갑종방화문)을 설치할 것
  ㉤ 출입구 문턱의 높이는 바닥면으로부터 0.1m 이상으로 할 것
  ㉥ 내부에 체류한 가연성의 증기 또는 가연성의 미분을 지붕 위로 방출하는 설비를 할 것

KEYWORD 15 컨테이너식 이동탱크저장소

① 옮겨 싣는 때에 이동저장탱크하중에 의하여 생기는 응력 및 변형에 대하여 안전한 구조로 할 것
② 이동저장탱크 하중의 4배의 전단하중에 견디는 걸고리체결금속구 및 모서리체결금속구를 설치할 것
③ 주입호스를 설치하는 경우에는 탱크의 주입구와 결합할 수 있는 금속구를 사용하되, 그 결합금속구(제6류 위험물의 탱크의 것을 제외한다)는 놋쇠 그 밖에 마찰 등에 의하여 불꽃이 생기지 아니하는 재료로 하여야 한다.
  ㉠ 주입설비의 길이: 50m 이내(끝부분에 축적되는 정전기를 유효하게 제거할 수 있는 장치를 할 것)
  ㉡ 분당 배출량: 200L 이하
④ 이동저장탱크 및 부속장치(맨홀·주입구 및 안전장치 등을 말한다)는 강재로 된 상자형태의 틀(이하 "상자틀"이라 한다)에 수납할 것

⑤ 상자틀의 구조물 중 이동저장탱크의 이동방향과 평행한 것과 수직인 것은 해당 이동저장탱크·부속장치 및 상자틀의 자중과 저장하는 위험물의 무게를 합한 하중(이하 "이동저장탱크하중"이라 한다)의 2배 이상의 하중에, 그 외 이동저장탱크의 이동방향과 직각인 것은 이동저장탱크하중 이상의 하중에 각각 견딜 수 있는 강도가 있는 구조로 할 것
⑥ 이동저장탱크·맨홀 및 주입구의 뚜껑은 두께 6mm(해당 탱크의 지름 또는 장축(긴지름)이 1.8m 이하인 것은 5mm) 이상의 강판 또는 이와 동등 이상의 기계적 성질이 있는 재료로 할 것
⑦ 이동저장탱크에 칸막이를 설치하는 경우에는 해당 탱크의 내부를 완전히 구획하는 구조로 하고, 두께 3.2㎜ 이상의 강판 또는 이와 동등 이상의 기계적 성질이 있는 재료로 할 것
⑧ 이동저장탱크에는 맨홀 및 안전장치를 할 것
⑨ 부속장치는 상자틀의 최외측과 50mm 이상의 간격을 유지할 것
⑩ 보기 쉬운 곳에 가로 0.4m 이상, 세로 0.15m 이상의 백색 바탕에 흑색 문자로 허가청의 명칭 및 완공검사번호를 표시하여야 한다.

KEYWORD 16 탱크의 용량

(1) 위험물을 저장 또는 취급하는 탱크의 용량
해당 탱크의 내용적에서 공간용적을 뺀 용적으로 한다. 다만, 차량에 고정된 탱크(이동저장탱크)의 경우에는 내용적에서 공간용적을 뺀 용량이 「자동차 및 자동차부품의 성능과 기준에 관한 규칙」에 의한 최대적재량 이하로 하여야 한다.

(2) 공간용적
① 탱크의 공간용적은 탱크 내부에 여유를 가질 수 있는 공간이다.
② 이는 위험물의 과주입 또는 온도의 상승으로 부피의 증가에 따른 체적팽창에 의한 위험물의 넘침을 막아주는 기능을 가지고 있다.
③ 일반적인 탱크의 공간용적은 탱크 내용적의 5/100 이상 10/100 이하로 한다.

(3) 탱크의 내용적 계산
① 타원형 탱크의 내용적

양쪽이 볼록한 것		$\dfrac{\pi ab}{4}\left(l+\dfrac{l_1+l_2}{3}\right)$
한쪽은 볼록하고 다른 한쪽은 오목한 것		$\dfrac{\pi ab}{4}\left(l+\dfrac{l_1-l_2}{3}\right)$

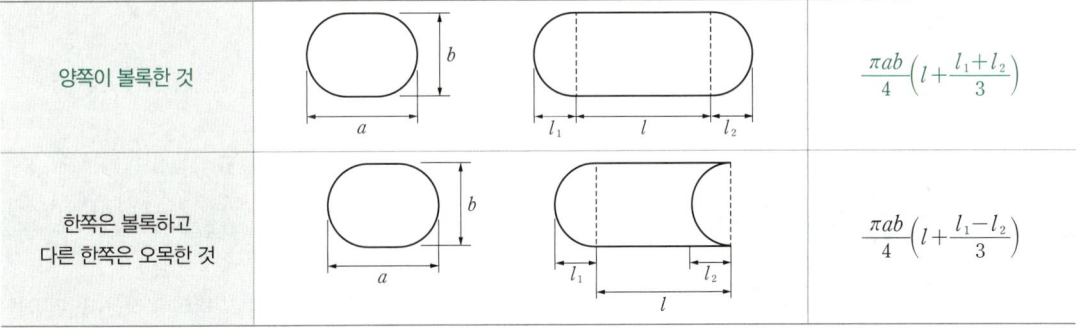

② 원통형 탱크의 내용적

횡으로 설치한 것		$\pi r^2 \left(l + \dfrac{l_1 + l_2}{3} \right)$
세로로 설치한 것		$\pi r^2 l$

③ 그 밖의 탱크: 탱크의 형태에 따라 수학적 계산방법에 의할 것

KEYWORD 17 옥내소화전설비

① 옥내소화전은 제조소 등의 건축물의 층마다 해당 층의 각 부분에서 하나의 호스접속구까지의 수평거리가 25m 이하가 되도록 설치할 것. 이 경우 옥내소화전은 각 층의 출입구 부근에 1개 이상 설치하여야 한다.
② 수원의 수량은 옥내소화전이 가장 많이 설치된 층의 옥내소화전 설치개수(설치개수가 5개 이상인 경우는 5개)에 7.8m³를 곱한 양 이상이 되도록 설치할 것
③ 옥내소화전설비는 각 층을 기준으로 하여 해당 층의 모든 옥내소화전(설치개수가 5개 이상인 경우는 5개의 옥내소화전)을 동시에 사용할 경우에 각 노즐 끝부분의 방수압력이 350kPa 이상이고 방수량이 260L/min 이상의 성능이 되도록 할 것
④ 호스접속구는 바닥면으로부터 1.5m 이하의 높이에 설치하여야 한다.
⑤ 옥내소화전설비의 비상전원은 옥내소화전설비를 유효하게 45분 이상 작동시키는 것이 가능해야 한다.
⑥ 압력수조를 이용한 가압송수장치
　㉠ 압력수조의 압력은 다음 식에 의하여 구한 수치 이상으로 할 것

$$P = p_1 + p_2 + p_3 + 0.35 \text{MPa}$$

여기서, P: 필요한 압력(MPa)
　　　　p_1: 소방용 호스의 마찰손실수두압(MPa)
　　　　p_2: 배관의 마찰손실수두압(MPa)
　　　　p_3: 낙차의 환산수두압(MPa)

　㉡ 압력수조의 수량은 해당 압력수조 체적의 2/3 이하일 것
　㉢ 압력수조에는 압력계, 수위계, 배수관, 보급수관, 통기관 및 맨홀을 설치할 것

KEYWORD 18 옥외소화전설비

① 옥외소화전은 방호대상물(해당 소화설비에 의하여 소화하여야 할 제조소 등의 건축물, 그 밖의 공작물 및 위험물을 말함)의 각 부분(건축물의 경우에는 해당 건축물의 1층 및 2층의 부분에 한함)에서 하나의 호스접속구까지의 수평거리가 40m 이하가 되도록 설치할 것. 이 경우 그 설치개수가 1개일 때는 2개로 하여야 한다.

② 수원의 수량은 옥외소화전의 설치개수(설치개수가 4개 이상인 경우는 4개의 옥외소화전)에 13.5m³를 곱한 양 이상이 되도록 설치할 것
③ 옥외소화전설비는 모든 옥외소화전(설치개수가 4개 이상인 경우는 4개의 옥외소화전)을 동시에 사용할 경우에 각 노즐 끝부분의 방수압력이 350kPa 이상이고, 방수량이 1분당 450L 이상의 성능이 되도록 할 것

KEYWORD 19 이산화탄소를 저장하는 저압식 저장용기

① 저압식 저장용기에는 액면계 및 압력계를 설치할 것
② 저압식 저장용기에는 2.3MPa 이상의 압력 및 1.9MPa 이하의 압력에서 작동하는 압력경보장치를 설치할 것
③ 저압식 저장용기에는 용기 내부의 온도를 영하 20°C 이상 영하 18°C 이하로 유지할 수 있는 자동냉동기를 설치할 것
④ 저압식 저장용기에는 파괴판을 설치할 것
⑤ 저압식 저장용기에는 방출밸브를 설치할 것

KEYWORD 20 할로젠화합물(할로겐화합물) 소화약제

(1) 할로젠화합물(할로겐화합물) 소화약제

① CH_4, C_2H_6과 같은 물질에 수소원자가 분리되고 할로젠(할로겐) 원소, 즉 불소(F_2), 염소(Cl_2), 아이오딘(요오드, I_2)으로 치환된 물질로 주된 소화효과는 냉각, 부촉매 소화효과이다.(산소공급원의 차단에 의한 질식소화가 아님)
② 하론 소화약제의 구성은 하론 1301에서 천의 자리 숫자는 C의 개수, 백의 자리 숫자는 F의 개수, 십의 자리 숫자는 Cl의 개수, 일의 자리 숫자는 Br의 개수를 나타낸다.
③ Halon 번호와 화학식

Halon 번호	분자식
1001	CH_3Br
10001	CH_3I
1011	CH_2ClBr
1202	CF_2Br_2
1211	CF_2ClBr
1301	CF_3Br
104	CCl_4
2402	$C_2F_4Br_2$

(2) 할로젠화합물(할로겐화합물) 소화설비의 기준

전역방출방식 할로젠화합물(할로겐화합물) 소화설비의 분사헤드는 다음에 의하여 설치한다.
① 방사된 소화약제가 방호구역의 전역에 균일하고 신속하게 확산할 수 있도록 설치할 것
② 다이브로모테트라플루오로에탄(하론 2402)을 방사하는 분사헤드는 해당 소화약제를 무상으로 방사하는 것일 것
③ 분사헤드의 방사압력은 하론 2402를 방사하는 것은 0.1MPa 이상, 브로모클로로다이플루오로메탄(하론 1211)을 방사하는 것은 0.2MPa 이상, 브로모트라이플루오로메탄(하론 1301)을 방사하는 것은 0.9MPa 이상일 것

KEYWORD 21 불활성가스 소화약제

소화약제	구성성분
IG-100	N_2: 100%
IG-541	N_2: 52%, Ar: 40%, CO_2: 8%
IG-55	N_2: 50%, Ar: 50%

KEYWORD 22 분말 소화기

① 개요: 제1·2종 분말 소화기는 B·C급 화재에만 적용되는 데 비해 제3종 분말은 열분해해서 부착성이 좋은 메타인산(HPO_3)을 생성시키므로 A·B·C급 화재에 적용된다.

※ 메타인산(HPO_3)은 방염성과 부착성이 좋은 막을 형성하여 연소에 필요한 산소의 유입을 차단(질식효과)하여 연소를 중단시킨다.

② 제1종 분말, 제2종 분말 소화기: 이산화탄소와 수증기에 의한 질식효과 및 열분해에 의한 냉각효과와 나트륨염과 칼륨염에 의한 부촉매효과가 매우 좋다.

$2NaHCO_3 \rightarrow Na_2CO_3 + CO_2 + H_2O$ (270℃에서 열분해 반응식)
$2NaHCO_3 \rightarrow Na_2O + 2CO_2 + H_2O$ (850℃에서 열분해 반응식)
$2KHCO_3 \rightarrow K_2CO_3 + CO_2 + H_2O$ (190℃에서 열분해 반응식)

③ 제3종 분말 소화기
  ㉠ 열분해 시 암모니아와 수증기에 의한 질식효과, 열분해에 의한 냉각효과, 암모늄에 의한 부촉매효과와 메타인산에 의한 방진작용이 주된 소화효과이다.
  ㉡ 올소인산은 목재, 섬유 등을 구성하고 있는 섬유소를 탈수·탄화시켜 연소를 억제한다.

(190℃) $NH_4H_2PO_4 \rightarrow H_3PO_4$(올소인산) $+ NH_3$
(360℃ 이상) $H_4P_2O_7 \rightarrow 2HPO_3$(메타인산) $+ H_2O$
(215℃) $2H_3PO_4 \rightarrow H_4P_2O_7$(피로인산) $+ H_2O$
최종분해식: $NH_4H_2PO_4 \rightarrow HPO_3$(메타인산) $+ H_2O + NH_3$

종별	소화약제	약제의 착색	열분해 반응식
제1종 분말	탄산수소나트륨($NaHCO_3$)	백색	$2NaHCO_3 \rightarrow CO_2 + H_2O + Na_2CO_3$
제2종 분말	탄산수소칼륨($KHCO_3$)	담회색	$2KHCO_3 \rightarrow CO_2 + H_2O + K_2CO_3$
제3종 분말	제1인산암모늄($NH_4H_2PO_4$)	담홍색	$NH_4H_2PO_4 \rightarrow NH_3 + HPO_3 + H_2O$
제4종 분말	탄산수소칼륨+요소$KHCO_3+(NH_2)_2CO$	회색	$2KHCO_3+(NH_2)_2CO \rightarrow K_2CO_3+2NH_3+2CO_2$

KEYWORD 23 자동화재탐지설비 설치기준

① 자동화재탐지설비의 경계구역은 건축물, 그 밖의 공작물의 2 이상의 층에 걸치지 아니하도록 할 것. 다만, 하나의 경계구역의 면적이 500m² 이하이면서 해당 경계구역이 두 개의 층에 걸치는 경우이거나 계단, 경사로, 승강기의 승강로, 그 밖에 이와 유사한 장소에 연기감지기를 설치하는 경우에는 그러하지 아니하다.

② 하나의 경계구역의 면적은 600m² 이하로 하고 한 변의 길이는 50m(광전식분리형 감지기를 설치할 경우에는 100m) 이하로 할 것. 다만, 해당 건축물, 그 밖의 공작물의 주요한 출입구에서 그 내부의 전체를 볼 수 있는 경우에 있어서는 그 면적을 1,000m² 이하로 할 수 있다.
③ 자동화재탐지설비의 감지기는 지붕(상층이 있는 경우에는 상층의 바닥) 또는 벽의 옥내에 면한 부분(천장이 있는 경우에는 천장 또는 벽의 옥내에 면한 부분 및 천장의 뒷부분)에 유효하게 화재의 발생을 감지할 수 있도록 설치할 것
④ 자동화재탐지설비에는 비상전원을 설치할 것

KEYWORD 24 소화설비의 적응성

소화설비의 구분			건축물·그 밖의 공작물	전기설비	제1류 위험물		제2류 위험물			제3류 위험물		제4류 위험물	제5류 위험물	제6류 위험물
					알칼리금속과산화물 등	그 밖의 것	철분·금속분·마그네슘 등	인화성고체	그 밖의 것	금수성물품	그 밖의 것			
옥내소화전 또는 옥외소화전설비			○			○		○	○		○		○	○
스프링클러설비			○			○		○	○		○	△	○	○
물분무등소화설비	물분무 소화설비		○	○		○		○	○		○	○	○	○
	포 소화설비		○			○		○	○		○	○	○	○
	불활성가스 소화설비			○				○				○		
	할로젠화합물 소화설비			○				○				○		
	분말소화설비	인산염류 등	○	○		○		○	○			○		○
		탄산수소염류 등		○	○		○	○		○		○		
		그 밖의 것			○		○			○				
대형·소형 수동식 소화기	봉상수 소화기		○			○		○	○		○		○	○
	무상수 소화기		○	○		○		○	○		○		○	○
	봉상강화액 소화기		○			○		○	○		○		○	○
	무상강화액 소화기		○	○		○		○	○		○	○	○	○
	포 소화기		○			○		○	○		○	○	○	○
	이산화탄소 소화기			○				○				○		△
	할로젠화합물 소화기			○				○				○		
	분말소화기	인산염류 소화기	○	○		○		○	○			○		○
		탄산수소염류 소화기		○	○		○	○		○		○		
		그 밖의 것			○		○			○				
기타	물통 또는 수조		○			○		○	○		○		○	○
	마른 모래(건조사)				○	○	○	○	○	○	○	○	○	○
	팽창질석 또는 팽창진주암				○	○	○	○	○	○	○	○	○	○

※ ○ 표시는 해당 소방대상물 및 위험물에 대하여 소화설비가 적응성이 있음을 표시하고, △ 표시는 제4류 위험물을 저장 또는 취급하는 장소의 살수기준면적에 따라 스프링클러설비의 살수밀도가 기준 이상인 경우에는 해당 스프링클러설비가 제4류 위험물에 대하여 적응성이 있음을, 제6류 위험물을 저장 또는 취급하는 장소로서 폭발의 위험이 없는 장소에 한하여 이산화탄소 소화기가 제6류 위험물에 대하여 적응성이 있음을 각각 표시한다.

KEYWORD 25 소화난이도등급

(1) 소화난이도등급 I 에 해당하는 제조소 등

제조소 등의 구분	제조소 등의 규모, 저장 또는 취급하는 위험물의 품명 및 최대수량 등
제조소 일반취급소	연면적 1,000㎡ 이상인 것
	지정수량의 100배 이상인 것(고인화점 위험물만을 100℃ 미만의 온도에서 취급하는 것 및 제48조의 위험물을 취급하는 것은 제외)
	지반면으로부터 6m 이상의 높이에 위험물 취급설비가 있는 것(고인화점 위험물만을 100℃ 미만의 온도에서 취급하는 것은 제외)
	일반취급소로 사용되는 부분 외의 부분을 갖는 건축물에 설치된 것(내화구조로 개구부 없이 구획된 것 및 고인화점 위험물만을 100℃ 미만의 온도에서 취급하는 것 및 화학실험의 일반취급소 제외)
주유취급소	「위험물안전관리법 시행규칙」 별표 13 V제2호에 따른 면적의 합이 500㎡를 초과하는 것
옥내저장소	지정수량의 150배 이상인 것(고인화점 위험물만을 저장하는 것 및 「위험물안전관리법 시행규칙」 제48조의 위험물을 저장하는 것은 제외)
	연면적 150㎡를 초과하는 것(150㎡ 이내마다 불연재료로 개구부 없이 구획된 것 및 인화성 고체 외의 제2류 위험물 또는 인화점 70℃ 이상의 제4류 위험물만을 저장하는 것은 제외)
	처마 높이가 6m 이상인 단층건물의 것
	옥내저장소로 사용되는 부분 외의 부분이 있는 건축물에 설치된 것(내화구조로 개구부 없이 구획된 것 및 인화성 고체 외의 제2류 위험물 또는 인화점 70℃ 이상의 제4류 위험물만을 저장하는 것은 제외)
옥외탱크저장소	액표면적이 40㎡ 이상인 것(제6류 위험물을 저장하는 것 및 고인화점 위험물만을 100℃ 미만의 온도에서 저장하는 것은 제외)
	지반면으로부터 탱크 옆판의 상단까지 높이가 6m 이상인 것(제6류 위험물을 저장하는 것 및 고인화점 위험물만을 100℃ 미만의 온도에서 저장하는 것은 제외)
	지중탱크 또는 해상탱크로서 지정수량의 100배 이상인 것(제6류 위험물을 저장하는 것 및 고인화점 위험물만을 100℃ 미만의 온도에서 저장하는 것은 제외)
	고체 위험물을 저장하는 것으로서 지정수량의 100배 이상인 것
옥내탱크저장소	액표면적이 40㎡ 이상인 것(제6류 위험물을 저장하는 것 및 고인화점 위험물만을 100℃ 미만의 온도에서 저장하는 것은 제외)
	바닥면으로부터 탱크 옆판의 상단까지 높이가 6m 이상인 것(제6류 위험물을 저장하는 것 및 고인화점 위험물만을 100℃ 미만의 온도에서 저장하는 것은 제외)
	탱크전용실이 단층건물 외의 건축물에 있는 것으로서 인화점 38℃ 이상 70℃ 미만의 위험물을 지정수량의 5배 이상 저장하는 것(내화구조로 개구부 없이 구획된 것은 제외)
옥외저장소	덩어리 상태의 황(유황)을 저장하는 것으로서 경계표시 내부의 면적(2 이상의 경계표시가 있는 경우에는 각 경계표시의 내부의 면적을 합한 면적)이 100㎡ 이상인 것
	「위험물안전관리법 시행규칙」 별표 11 Ⅲ의 위험물을 저장하는 것으로서 지정수량의 100배 이상인 것
암반탱크저장소	액표면적이 40㎡ 이상인 것(제6류 위험물을 저장하는 것 및 고인화점 위험물만을 100℃ 미만의 온도에서 저장하는 것은 제외)
	고체 위험물만을 저장하는 것으로서 지정수량의 100배 이상인 것
이송취급소	모든 대상

(2) 소화난이도등급 Ⅰ의 제조소 등에 설치하여야 하는 소화설비

제조소 등의 구분		소화설비
제조소 및 일반취급소		옥내소화전설비, 옥외소화전설비, 스프링클러설비 또는 물분무 등 소화설비(화재 발생 시 연기가 충만할 우려가 있는 장소에는 스프링클러설비 또는 이동식 외의 물분무 등 소화설비에 한함)
주유취급소		스프링클러설비(건축물에 한정함), 소형 수동식 소화기 등(능력단위의 수치가 건축물 그 밖의 공작물 및 위험물의 소요단위의 수치에 이르도록 설치할 것)
옥내 저장소	처마 높이가 6m 이상인 단층건물 또는 다른 용도의 부분이 있는 건축물에 설치한 옥내저장소	스프링클러설비 또는 이동식 외의 물분무 등 소화설비
	그 밖의 것	옥외소화전설비, 스프링클러설비, 이동식 외의 물분무 등 소화설비 또는 이동식 포 소화설비(포 소화전을 옥외에 설치하는 것에 한함)
옥외 탱크 저장소	지중탱크 또는 해상탱크 외의 것 — 황(유황)만을 저장·취급하는 것	물분무 소화설비
	지중탱크 또는 해상탱크 외의 것 — 인화점 70℃ 이상의 제4류 위험물만을 저장·취급하는 것	물분무 소화설비 또는 고정식 포소화설비
	지중탱크 또는 해상탱크 외의 것 — 그 밖의 것	고정식 포 소화설비(포 소화설비가 적응성이 없는 경우에는 분말 소화설비)
	지중탱크	고정식 포 소화설비, 이동식 이외의 불활성가스 소화설비 또는 이동식 이외의 할로젠화합물(할로겐화합물) 소화설비
	해상탱크	고정식 포 소화설비, 물분무 소화설비, 이동식 이외의 불활성가스 소화설비 또는 이동식 이외의 할로젠화합물(할로겐화합물) 소화설비
옥내 탱크 저장소	황(유황)만을 저장·취급하는 것	물분무 소화설비
	인화점 70℃ 이상의 제4류 위험물만을 저장·취급하는 것	물분무 소화설비, 고정식 포 소화설비, 이동식 이외의 불활성가스 소화설비, 이동식 이외의 할로젠화합물(할로겐화합물) 소화설비 또는 이동식 이외의 분말 소화설비
	그 밖의 것	고정식 포 소화설비, 이동식 이외의 불활성가스 소화설비, 이동식 이외의 할로젠화합물(할로겐화합물) 소화설비 또는 이동식 이외의 분말 소화설비
옥외저장소 및 이송취급소		옥내소화전설비, 옥외소화전설비, 스프링클러설비 또는 물분무 등 소화설비(화재발생 시 연기가 충만할 우려가 있는 장소에는 스프링클러설비 또는 이동식 이외의 물분무 등 소화설비에 한함)
암반 탱크 저장소	황(유황)만을 저장·취급하는 것	물분무 소화설비
	인화점 70℃ 이상의 제4류 위험물만을 저장·취급하는 것	물분무 소화설비 또는 고정식 포 소화설비
	그 밖의 것	고정식 포 소화설비(포 소화설비가 적응성이 없는 경우에는 분말 소화설비)

KEYWORD 26 탱크시험자의 기술능력

필수인력	• 위험물기능장·위험물산업기사 또는 위험물기능사 중 1명 이상 • 비파괴검사기술사 1명 이상 또는 초음파비파괴검사·자기비파괴검사 및 침투비파괴검사별로 기사 또는 산업기사 각 1명 이상
필요한 경우에 두는 인력	• 충·수압시험, 진공시험, 기밀시험 또는 내압시험: 누설비파괴검사 기사, 산업기사 또는 기능사 • 수직·수평도시험: 측량 및 지형공간정보 기술사, 기사, 산업기사 또는 측량기능사 • 방사선투과시험: 방사선비파괴검사 기사 또는 산업기사 • 필수인력의 보조: 방사선비파괴검사·초음파비파괴검사·자기비파괴검사 또는 침투비파괴검사 기능사

KEYWORD 27　위험물 안전교육

① 위험물 제조소등에 대하여 위험물 안전관리 업무 수행을 통해 화재·폭발 등 재난으로부터 인명 및 재산을 보호하기 위해 안전관리자를 선임하고 이에 업무 능력의 습득 및 향상을 위해 정기적인 교육을 실시한다.
② 교육 대상은 아래와 같다.
　　㉠ 안전관리자로 선임된 자
　　㉡ 탱크시험자의 기술인력으로 종사하는 자
　　㉢ 위험물운반자 및 운송자로 종사하는 자
③ 교육과정·교육대상자·교육시간·교육시기 및 교육기관은 아래와 같다.

교육과정	교육대상자	교육시간	교육시기	교육기관
강습교육	안전관리자가 되려는 사람	24시간	최초 선임되기 전	안전원
	위험물운반자가 되려는 사람	8시간	최초 종사하기 전	안전원
	위험물운송자가 되려는 사람	16시간	최초 종사하기 전	안전원
실무교육	안전관리자	8시간	• 제조소등의 안전관리자로 선임된 날부터 6개월 이내 • 위에 따른 교육을 받은 후 2년마다 1회	안전원
	위험물운반자	4시간	• 위험물운반자로 종사한 날부터 6개월 이내 • 위에 따른 교육을 받은 후 3년마다 1회	안전원
	위험물운송자	8시간	• 이동탱크저장소의 위험물운송자로 종사한 날부터 6개월 이내 • 위에 따른 교육을 받은 후 3년마다 1회	안전원
	탱크시험자의 기술인력	8시간	• 탱크시험자의 기술인력으로 등록한 날부터 6개월 이내 • 위에 따른 교육을 받은 후 2년마다 1회	기술원

※ 안전관리자, 위험물운반자 및 위험물운송자 강습·실무교육의 공통과목에 대하여 어느 하나의 강습·실무교육 과정에서 교육을 받은 경우에는 나머지 강습·실무교육 과정에서도 교육을 받은 것으로 본다.
※ 안전관리자 및 위험물운송자의 실무교육 시간 중 일부(4시간 이내)를 사이버교육의 방법으로 실시할 수 있다. 다만, 교육대상자가 사이버교육의 방법으로 수강하는 것에 동의하는 경우에 한정한다.

KEYWORD 28　사고 대응

① 위험물 취급부서(환경·안전관리팀 등)에 신속히 신고한다.
② 위험물의 유해성을 파악하고 직접 보호장구를 착용할 수 있는 경우, 신고자는 신속히 보호장구를 착용하고 응급조치를 취한다. 그렇지 못한 경우, 위험물 관리자(또는 안전관리자)가 올 때까지 안전한 장소로 대피한다.
③ 초기 비상조직 및 관련 사내 부서에 상황을 알리고 그에 따라 비상경보를 발령한다. 위험물 취급부서(환경·안전관리팀 등)는 사고대응 비상요원을 신속히 현장으로 투입시킨다.
④ 위험물 취급부서(환경·안전관리팀 등)는 비상대응 연락 체계에 따라 유관기관 보고 및 대외기관에 신고한다.
⑤ 사고대응 비상요원은 위험물의 유해성과 누출량, 누출시간, 오염확산경로 등을 파악하여 사고 대응 요령에 따라 행동한다.
　　㉠ 유출 위험물 적정 보호장구를 착용한 상태에서 유출이 신속히 차단 및 지연될 수 있도록 방제 조치한다.(작업 중지, 밸브정리, 펌프정지 등)
　　㉡ 가스상의 경우, 바람의 방향을 등지고 방제활동을 행하여야 한다.
　　㉢ 실내인 경우, 독성 또는 가연성 가스의 축적을 방지하기 위해 환기를 하되, 외부 오염에 유의하여야 한다.
　　㉣ 액상·고상인 경우 현장의 방제장비 및 흙(모래) 등을 이용하여 하수구 또는 하천으로의 유입을 차단한다.

KEYWORD 29 위험물 예방규정

(1) 작성 대상

① 제조소(지정수량 10배 이상)
② 옥외저장소(지정수량 100배 이상)
③ 옥내저장소(지정수량 150배 이상)
④ 옥외탱크저장소(지정수량 200배 이상)
⑤ 일반취급소(지정수량 10배 이상), 암반탱크저장소, 이송취급소

(2) 예방규정사항

예방규정은 「산업안전보건법」에 따른 안전보건관리규정, 공정안전보고서 또는 화학사고예방관리계획서와 통합하여 작성할 수 있고, 제조소등의 관계인은 예방규정을 제정하거나 변경한 경우에는 예방규정제출서에 제정 또는 변경한 예방규정 1부를 첨부하여 시·도지사 또는 소방서장에게 제출하여야 한다.
① 위험물의 안전관리업무를 담당하는 자의 직무 및 조직에 관한 사항
② 안전관리자가 여행·질병 등으로 인하여 그 직무를 수행할 수 없을 경우 그 직무의 대리자에 관한 사항
③ 자체소방대를 설치하여야 하는 경우에는 자체소방대의 편성과 화학소방자동차의 배치에 관한 사항
④ 위험물의 안전에 관계된 작업에 종사하는 자에 대한 안전교육 및 훈련에 관한 사항
⑤ 위험물시설 및 작업장에 대한 안전순찰에 관한 사항
⑥ 위험물시설·소방시설 그 밖의 관련시설에 대한 점검 및 정비에 관한 사항
⑦ 위험물시설의 운전 또는 조작에 관한 사항
⑧ 위험물 취급작업의 기준에 관한 사항
⑨ 이송취급소에 있어서는 배관공사 현장책임자의 조건 등 배관공사 현장에 대한 감독체제에 관한 사항과 배관주위에 있는 이송취급소 시설 외의 공사를 하는 경우 배관의 안전확보에 관한 사항
⑩ 재난 그 밖의 비상시의 경우에 취하여야 하는 조치에 관한 사항
⑪ 위험물의 안전에 관한 기록에 관한 사항
⑫ 제조소등의 위치·구조 및 설비를 명시한 서류와 도면의 정비에 관한 사항
⑬ 그 밖에 위험물의 안전관리에 관하여 필요한 사항

(3) 이행 실태 평가

평가	내용
최초평가	예방규정을 최초로 제출한 날부터 3년이 되는 날이 속하는 연도에 실시
정기평가	최초평가 또는 직전 정기평가를 실시한 날을 기준으로 4년마다 실시. 다만, 수시평가를 실시한 경우에는 수시평가를 실시한 날을 기준으로 4년마다 실시
수시평가	위험물의 누출·화재·폭발 등의 사고가 발생한 경우 소방청장이 제조소등의 관계인 또는 종업원의 예방규정 준수 여부를 평가할 필요가 있다고 인정하는 경우에 실시

KEYWORD 30　위험물 정기점검

(1) 정기점검의 횟수

대통령령이 정하는 제조소 등의 관계인은 그 제조소 등에 대하여 연 1회 이상 행정안전부령이 정하는 바에 따라 규정에 따른 기술기준에 적합한지의 여부를 정기적으로 점검하고 점검결과를 기록하여 30일 이내로 제출해야 하며, 3년간 보존하여야 한다.(특정·준특정옥외저장탱크 구조안전점검의 경우 25년)

(2) 정기점검 및 정기검사의 내용

규정에 따른 정기점검의 대상이 되는 제조소 등의 관계인 가운데 대통령령이 정하는 제조소 등의 관계인은 행정안전부령이 정하는 바에 따라 소방본부장 또는 소방서장으로부터 해당 제조소 등이 규정에 따른 기술기준에 적합하게 유지되고 있는지의 여부에 대하여 정기적으로 검사를 받아야 한다.

(3) 정기점검 결과서 제출 대상

① 지정수량 10배 이상의 제조소, 일반취급소
② 지정수량 100배 이상의 옥외저장소
③ 지정수량 150배 이상의 옥내저장소
④ 지정수량 200배 이상의 옥외탱크저장소
⑤ 지하에 매설된 탱크가 있는 제조소, 일반취급소, 주유취급소
⑥ 암반탱크저장소
⑦ 이송취급소
⑧ 지하탱크저장소
⑨ 이동탱크저장소

KEYWORD 31　제조소등의 설치 및 변경의 허가

제조소등의 설치허가 또는 변경허가를 받으려는 자는 설치허가 또는 변경허가신청서에 행정안전부령으로 정하는 서류를 첨부하여 특별시장·광역시장·특별자치시장·도지사 또는 특별자치도지사에게 제출하여야 한다. 시·도지사는 제조소등의 설치허가 또는 변경허가 신청 내용이 다음 기준에 적합하다고 인정하는 경우에는 허가를 하여야 한다.
① 제조소등의 위치·구조 및 설비가 법 규정에 의한 기술기준에 적합할 것
② 제조소등에서의 위험물의 저장 또는 취급이 공공의 안전유지 또는 재해의 발생방지에 지장을 줄 우려가 없다고 인정될 것
③ 다음의 제조소등은 「소방산업의 진흥에 관한 법률」에 따른 한국소방산업기술원(이하 "기술원"이라 한다)의 기술검토를 받고 그 결과가 행정안전부령으로 정하는 기준에 적합한 것으로 인정될 것. 다만, 보수 등을 위한 부분적인 변경으로서 소방청장이 정하여 고시하는 사항에 대해서는 기술원의 기술검토를 받지 않을 수 있으나 행정안전부령으로 정하는 기준에는 적합해야 한다.(설치계획에 관하여 미리 기술원의 기술검토를 받아 그 결과를 설치허가 또는 변경허가신청서류와 함께 제출할 수 있다.)
　㉠ 지정수량의 1천배 이상의 위험물을 취급하는 제조소 또는 일반취급소: 구조·설비에 관한 사항
　㉡ 옥외탱크저장소(저장용량이 50만 리터 이상인 것만 해당한다) 또는 암반탱크저장소: 위험물탱크의 기초·지반, 탱크 본체 및 소화설비에 관한 사항

KEYWORD 32 위험물 신고

신고	내용
지위승계의 신고	제조소등의 설치자의 지위승계를 신고하려는 자는 신고서(전자문서로 된 신고서를 포함한다)에 제조소등의 완공검사합격확인증과 지위승계를 증명하는 서류(전자문서를 포함한다)를 첨부하여 시·도지사 또는 소방서장에게 제출해야 한다.
용도폐지의 신고	제조소등의 용도폐지신고를 하려는 자는 신고서(전자문서로 된 신고서를 포함한다)에 제조소등의 완공검사합격확인증을 첨부하여 시·도지사 또는 소방서장에게 제출해야 한다.
사용 중지신고 또는 재개신고 등	제조소등의 사용 중지신고 또는 재개신고를 하려는 자는 신고서(전자문서로 된 신고서를 포함한다)에 해당 제조소등의 완공검사합격확인증을 첨부하여 14일 전까지 시·도지사 또는 소방서장에게 제출해야 한다.
안전관리자의 선임신고 등	제조소등의 관계인은 안전관리자의 선임을 신고하려는 경우에는 신고서(전자문서로 된 신고서를 포함한다)에 다음의 해당 서류(전자문서를 포함한다)를 첨부하여 소방본부장 또는 소방서장에게 제출하여야 한다. 1. 위험물안전관리업무대행계약서(안전관리대행기관에 한정한다) 2. 위험물안전관리교육 수료증(안전관리자 강습교육을 받은 자에 한정한다) 3. 위험물안전관리자를 겸직할 수 있는 관련 안전관리자로 선임된 사실을 증명할 수 있는 서류(「기업활동 규제완화에 관한 특별조치법」에서 해당하는 사람으로서 위험물의 취급에 관한 국가기술자격자가 아닌 사람으로 한정한다) 4. 소방공무원 경력증명서(소방공무원 경력자에 한정한다)
변경사항의 신고 등	탱크시험자는 다음 중 하나에 해당하는 중요사항을 변경한 경우에는 신고서(전자문서로 된 신고서를 포함한다)를 다음에 해당하는 첨부서류와 함께 시·도지사에게 제출하여야 한다. 1. 영업소 소재지의 변경: 사무소의 사용을 증명하는 서류와 위험물탱크안전성능시험자등록증 2. 기술능력의 변경: 변경하는 기술인력의 자격증과 위험물탱크안전성능시험자등록증 3. 대표자의 변경: 위험물탱크안전성능시험자등록증 4. 상호 또는 명칭의 변경: 위험물탱크안전성능시험자등록증
품명 등의 변경신고서	저장 또는 취급하는 위험물의 품명·수량 또는 지정수량의 배수에 관한 변경신고를 하려는 자는 신고서(전자문서로 된 신고서를 포함한다)에 제조소등의 완공검사합격확인증을 첨부하여 시·도지사 또는 소방서장에게 제출해야 한다.

KEYWORD 33 위험물취급자격자의 자격

위험물취급자격자의 구분	취급할 수 있는 위험물
「국가기술자격법」에 따라 위험물기능장, 위험물산업기사, 위험물기능사의 자격을 취득한 사람	위험물안전관리법 시행령 별표 1의 모든 위험물
안전관리자교육이수자(법 28조제1항에 따라 소방청장이 실시하는 안전관리자교육을 이수한 자를 말한다.)	위험물안전관리법 시행령 별표 1의 위험물 중 제4류 위험물
소방공무원 경력자(소방공무원으로 근무한 경력이 3년 이상인 자를 말한다.)	위험물안전관리법 시행령 별표 1의 위험물 중 제4류 위험물

빈출문제

학습 Point

위험물산업기사 실기시험은 2020년부터 작업형 시험이 사라져 필답형 20문항으로 치러지고 있습니다. 바뀐 필답형 시험에서는 법과 관련된 신유형의 문제가 등장했고 계산문제가 늘어나는 등 많은 변화가 있었습니다. 에듀윌 위험물산업기사 실기 2주끝장 교재에서는 최신 출제경향을 분석하여 실제 시험에 자주 출제되는 문제들을 엄선하여 빈출문제 3회분을 제공했습니다.

최신 출제방식 완벽 반영!
자주 출제되는
문제만 엄선했다

제 1 회 빈출문제	74
제 2 회 빈출문제	79
제 3 회 빈출문제	85

제 1 회 빈출문제

01
위험물의 화재 시 소화방법에 대하여 물음에 답하시오.
(1) 물의 증발잠열에 의한 소화방법을 무엇이라고 하는지 쓰시오.
(2) 산소를 차단하는 소화방법을 무엇이라고 하는지 쓰시오.
(3) 가연물이 통과하는 부분의 밸브를 잠그는 소화방법을 무엇이라고 하는지 쓰시오.

정답
(1) 냉각소화
(2) 질식소화
(3) 제거소화

02
「위험안전관리법령」상 옥외소화전설비에 대한 물음에 답하시오.
(1) 수원의 수량은 옥외소화전이 가장 많이 설치된 층의 옥외소화전 설치개수(설치개수가 4개 이상인 경우에는 4개의 옥외소화전)에 얼마를 곱한 양 이상이 되도록 설치해야 하는지 쓰시오.
(2) 모든 옥외소화전을 동시에 사용할 경우 각 노즐 끝부분의 방수압력은 얼마이어야 하는지 쓰시오.

정답
(1) $13.5m^3$
(2) 350kPa 이상

03
칼륨이 다음 물질과 반응하는 반응식을 각각 쓰시오.
(1) 물
(2) 이산화탄소

정답
(1) $2K + 2H_2O \rightarrow 2KOH + H_2$
(2) $4K + 3CO_2 \rightarrow 2K_2CO_3 + C$

04
다음 위험물의 운반용기 외부에 표기해야 하는 주의사항을 모두 쓰시오. (단, 「위험물안전관리법령」 기준을 따른다.)
(1) 과염소산
(2) 금속분
(3) 경유

정답
(1) 가연물 접촉주의
(2) 화기주의 및 물기엄금
(3) 화기엄금

상세해설
운반용기 외부에 표시해야 하는 주의사항
- 과염소산은 제6류 위험물이기 때문에 '가연물 접촉주의'를 표시해야 한다.
- 금속분은 제2류 위험물로 '화기주의 및 물기엄금'을 표시해야 한다.
- 경유는 제4류 위험물로 '화기엄금'을 표시해야 한다.

05

제3류 위험물 중 황린을 제외한 위험등급 Ⅰ등급 위험물에 적응성이 있는 소화설비를 2가지 적으시오.

정답

마른 모래, 팽창질석, 팽창진주암

관련개념

위험등급 Ⅰ의 위험물의 종류
- 제1류 위험물 중 아염소산염류, 염소산염류, 과염소산염류, 무기과산화물
- 제3류 위험물 중 칼륨, 나트륨, 알킬알루미늄, 알킬리튬, 황린
- 제4류 위험물 중 특수인화물
- 제5류 위험물 중 지정수량이 10kg인 위험물
- 제6류 위험물

상세해설

금수성 물질의 소화방법

위험등급 Ⅰ의 위험물 중 제3류 위험물에서 황린을 제외한 것은 금수성물질이다. 금수성 물질은 물과 반응하여 가연성 가스를 발생하고 발열하므로 주수소화가 불가능하며 적응성이 있는 소화설비로는 분말소화설비(탄산수소염류 등, 그 밖의 것), 건조사(마른 모래), 팽창질석 또는 팽창진주암이 있다.

06

트리메틸알루미늄이 물과 반응하는 반응식을 쓰시오.

정답

$(CH_3)_3Al + 3H_2O \rightarrow Al(OH)_3 + 3CH_4$

07

다음 [보기]의 위험물이 연소할 경우 이산화황이 생성되는 물질을 모두 골라 쓰시오.

보기

적린, 삼황화인(삼황화린), 오황화인(오황화린), 황(유황), 철, 마그네슘

정답

삼황화인(삼황화린), 오황화인(오황화린), 황(유황)

상세해설

연소할 경우 이산화황이 생성되는 물질

① 삼황화인(삼황화린): 연소 시 오산화인(P_2O_5)과 이산화황(SO_2)이 생성된다.

$P_4S_3 + 8O_2 \rightarrow 2P_2O_5 + 3SO_2$

② 오황화인(오황화린): 연소 시 오산화인(P_2O_5)과 이산화황(SO_2)이 생성된다.

$2P_2S_5 + 15O_2 \rightarrow 2P_2O_5 + 10SO_2$

③ 황(유황): 연소 시 이산화황(SO_2)이 생성된다.

$S + O_2 \rightarrow SO_2$

08

다음 [보기] 중 제2류 위험물의 일반적인 성질에 해당하는 것을 모두 골라 번호를 쓰시오.

> **보기**
> ① 물에 잘 녹는다.
> ② 상온에서 액체 상태로 존재한다.
> ③ 산화되기 쉽다.
> ④ 연소속도가 빠르고, 연소열도 크다.
> ⑤ 분해되면 산소를 발생한다.

정답
③, ④

상세해설
① 제2류 위험물은 일반적으로 물에 녹지 않는다.
② 제2류 위험물은 가연성 고체로 상온에서 고체 상태로 존재한다.
⑤ 분해되면 산소를 발생하는 것은 제1류 위험물의 일반적인 성질이다.

09

탄화칼슘은 구리용기에서 물과 반응하여 위험성을 띤다.
(1) 이때의 반응식을 두 단계로 쓰고, (2) 위험한 이유를 적으시오.

정답
(1) $CaC_2 + 2H_2O \rightarrow Ca(OH)_2 + C_2H_2$
  $C_2H_2 + 2Cu \rightarrow Cu_2C_2 + H_2$
(2) 발생한 아세틸렌가스와 구리가 반응하여 폭발성인 구리아세틸라이드와 가연성 수소 가스를 생성하기 때문이다.

관련개념
탄화칼슘(CaC_2)
- 제3류 위험물이다.
- 물과 반응하여 수산화칼슘[$Ca(OH)_2$]과 아세틸렌가스(C_2H_2)가 생성된다.
- 아세틸렌 가스는 금속(Cu, Ag, Hg 등)과 반응하여 폭발성 화합물인 금속아세틸라이드(M_2C_2)와 가연성인 수소가스를 생성한다.

10

흑색화약의 원료에 대한 물음에 답하시오.
(1) 흑색화약을 제조할 때 사용되는 원료를 3가지 쓰시오.
(2) 위의 (1)번 답에 해당하는 원료 중 「위험물안전관리법령」상 위험물에 해당하는 것의 지정수량을 합하면 얼마인지 쓰시오.

정답
(1) 질산칼륨, 황(유황), 숯(탄소)
(2) 400kg

관련개념
흑색화약
- 질산칼륨, 숯가루, 황(유황)가루를 혼합하여 만든다.
- 질산칼륨은 제1류 위험물 중 질산염류에 해당하며 지정수량은 300kg이다.
- 황(유황)은 제2류 위험물에 해당되며 지정수량은 100kg이다.
- 숯가루는 위험물에 해당하지 않는다.

11

과산화수소와 물의 반응과 관련하여 다음 물음에 답하시오.
(1) 과산화수소와 물이 반응하여 물속에 수포가 발생되는데, 이것은 무엇인지 쓰시오.
(2) 과산화수소가 분해될 때의 반응식을 쓰고, 이때 생성되는 가스의 특성을 쓰시오.

정답
(1) 산소(O_2)
(2) $2H_2O_2 \rightarrow 2H_2O + O_2$, 조연성

관련개념
과산화수소(H_2O_2)
- 제6류 위험물이다.
- 농도 36wt% 이상이 위험물에 속한다.
- 상온에서 $2H_2O_2 \rightarrow 2H_2O + O_2$로 서서히 분해되어 산소를 방출한다.
- 용기의 내압상승을 방지하기 위해서 과산화수소의 저장용기는 구멍 뚫린 마개를 사용한다.
※ 산소와 같이 자신은 연소하지 않지만 다른 물질이 잘 연소하도록 도와주는 가스를 조연성 가스라고 한다.

12

염소산칼륨의 열분해식과 관련하여 다음 물음에 답하시오. (단, 이산화망간이 가해진 상태에서 반응한다.)

(1) 이산화망간은 반응 중 어떤 역할을 하는지 쓰시오.
(2) 완전분해식은 2( ) → ( )+( )이다. 빈칸을 채우시오.

정답

(1) 정촉매
(2) $KClO_3$, $2KCl$, $3O_2$

관련개념

염소산칼륨($KClO_3$)
- 제1류 위험물이다.
- 열분해하여 산소를 발생한다.
- $2KClO_3 \rightarrow KClO_4 + KCl + O_2$(400℃)
  $KClO_4 \rightarrow KCl + 2O_2$(540~560℃)
  $2KClO_3 \rightarrow 2KCl + 3O_2$(완전분해식)
- 이산화망간이 존재하면 분해가 더 촉진된다. 이산화망간과 같이 반응속도를 더 빠르게 하는 것을 정촉매라고 한다.

13

다음 불활성가스 소화약제의 구성성분을 쓰시오.

(1) IG-541
(2) IG-55

정답

(1) $N_2(52\%) + Ar(40\%) + CO_2(8\%)$
(2) $N_2(50\%) + Ar(50\%)$

관련개념

불활성가스 소화약제
- IG-541: $N_2(52\%) + Ar(40\%) + CO_2(8\%)$
- IG-55: $N_2(50\%) + Ar(50\%)$
- IG-100: $N_2(100\%)$

14

다음 물질의 물과의 반응식을 쓰시오.

(1) K_2O_2
(2) Mg

정답

(1) $2K_2O_2 + 2H_2O \rightarrow 4KOH + O_2$
(2) $Mg + 2H_2O \rightarrow Mg(OH)_2 + H_2$

15

다이에틸에터(디에틸에테르) 속의 과산화물의 존재 유무를 확인하기 위하여 사용하는 시약(용액)은 무엇인지 쓰시오.

정답

10% 아이오딘화(요오드화)칼륨용액(KI 10% 수용액)

관련개념

과산화물이 있을 경우 10%의 아이오딘화(요오드화)칼륨 수용액으로 가하면 황색으로 변한다.

16

제3류 위험물인 황린 10kg이 표준상태에서 연소할 때 필요한 공기의 부피(m^3)는 얼마인지 구하시오. (단, 공기 중 산소의 농도는 20%이고, 황린의 분자량은 124이다.)

정답

$45.15m^3$

관련개념

① 비례식을 이용한 풀이

$P_4 + 5O_2 \rightarrow 2P_2O_5$

황린 1mol이 연소할 때 산소는 5mol이 필요하다.

인(P)의 원자량은 31이므로 황린(P_4)의 분자량은 124g/mol이다.

표준상태(0℃, 1atm)에서 기체 1mol의 부피는 22.4L이다.

이 관계를 이용하여 비례식을 만들면 다음과 같다.

$10,000g : x = 124g : 5 \times 22.4L$

$x = 9,032.26L = 9.03m^3 (1m^3 = 1,000L)$

이론공기량 $= \dfrac{\text{이론산소량}}{\text{공기 중 산소의 농도}} = \dfrac{9.03}{0.2} = 45.15m^3$

② 이상기체상태방정식을 이용한 풀이

이상기체상태방정식 $PV = \dfrac{w}{M}RT \rightarrow V = \dfrac{wRT}{PM}$ 을 이용하여 황린 10kg의 부피를 구한다.

w(질량) = 10kg = 10,000g
R(기체상수) = 0.082L·atm·K^{-1}·mol^{-1}
T(절대온도) = 273K
P(압력) = 1atm
M(분자량) = 124g/mol

$V = \dfrac{10,000 \times 0.082 \times 273}{1 \times 124} = 1,805.32L$

황린 1mol이 연소할 때 산소는 5mol이 필요하다.

산소의 부피 $= 5 \times 1,805.32 = 9,026.6L = 9.03m^3 (1m^3 = 1,000L)$

이론공기량 $= \dfrac{\text{이론산소량}}{\text{공기 중 산소의 농도}} = \dfrac{9.03}{0.2} = 45.15m^3$

※ 두 가지 풀이방법에 따라 정답에 근소한 차이가 있을 수 있으나 모두 옳은 풀이법입니다.

17

황린 저장 시 보호액의 pH를 9 정도로 유지하여 보관하는 이유는 어떤 물질의 생성을 방지하기 위한 것인지 해당 물질의 화학식을 쓰시오.

정답

PH_3

관련개념

황린(P_4)

- 제3류 위험물이다.
- 강알칼리 용액과 반응하여 pH9 이상이 되면 가연성, 유독성의 포스핀 가스(PH_3)가 발생한다.
  $P_4 + 3KOH + 3H_2O \rightarrow PH_3 + 3KH_2PO_2$

18

HCN에 대한 물음에 답하시오.

(1) 품명을 쓰시오.
(2) 지정수량을 쓰시오.

정답

(1) 제1석유류
(2) 400L

관련개념

시안화수소(HCN)

- 제4류 위험물 중 제1석유류이다.
- 수용성으로 지정수량은 400L이다.
- 맹독성 물질이므로 취급할 때 주의해야 한다.

19

다음 [보기]에 있는 동식물유류를 요오드값에 따라 건성유, 반건성유, 불건성유로 각각 분류하여 쓰시오.

| 보기 |
| ① 아마인유   ② 야자유   ③ 들기름 |
| ④ 쌀겨유   ⑤ 목화씨유   ⑥ 땅콩유 |

정답

(1) 건성유: ①, ③ (2) 반건성유: ④, ⑤ (3) 불건성유: ②, ⑥

관련개념

동식물유류의 분류

- 건성유: 요오드값이 130 이상인 것
  예) 해바라기기름, 동유, 정어리기름, 아마인유, 들기름, 대구유, 상어유 등
- 반건성유: 요오드값이 100~130인 것
  예) 채종유, 면실유(목화씨유), 참기름, 옥수수기름, 콩기름, 쌀겨유, 청어유 등
- 불건성유: 요오드값이 100 이하인 것
  예) 땅콩유, 야자유, 소기름, 고래기름, 피마자유, 올리브유 등

20

다음 위험물의 품명과 지정수량을 쓰시오.

(1) KIO_3
(2) $AgNO_3$
(3) $KMnO_4$

정답

(1) 아이오딘산염류(요오드산염류), 300kg
(2) 질산염류, 300kg
(3) 과망가니즈산염류(과망간산염류), 1,000kg

관련개념

아이오딘산염류(요오드산염류)

- 아이오딘산칼륨(요오드산칼륨, KIO_3), 아이오딘산칼슘[요오드산칼슘, $Ca(IO_3)_2 \cdot 6H_2O$]
- 지정수량 300kg

질산염류

- 질산칼륨(KNO_3), 질산암모늄(NH_4NO_3), 질산은($AgNO_3$)
- 지정수량 300kg

과망가니즈산염류(과망간산염류)

- 과망가니즈산(과망간산)칼륨($KMnO_4$), 과망가니즈산(과망간산)나트륨($NaMnO_4$), 과망가니즈산(과망간산)칼슘[$Ca(MnO_4)_2$]
- 지정수량 1,000kg

※ 아이오딘산염류(요오드산염류)염류, 질산염류, 과망가니즈산염류(과망간산염류)는 모두 제1류 위험물로 산화성 고체이다.

제 2 회 빈출문제

01

에틸렌과 산소를 $CuCl_2$의 촉매 하에 반응시켜 생성된 물질로 인화점이 $-38°C$, 비점이 $21°C$, 연소범위가 4.1~57%인 (1) 특수인화물의 명칭, (2) 증기밀도, (3) 증기비중을 구하시오.

정답

(1) 특수인화물의 명칭: 아세트알데하이드(아세트알데히드, CH_3CHO)

(2) 증기밀도 $= \dfrac{\text{성분 기체의 분자량}}{22.4L} = \dfrac{44g}{22.4L} = 1.96g/L$

(3) 증기비중 $= \dfrac{\text{성분기체의 분자량}}{\text{공기의 평균분자량}} = \dfrac{44}{28.84} = 1.53$

※ 공기의 평균분자량은 29로 계산해도 되지만, 28.84가 더 정확한 값이다. 실기 교재에서는 더 정확한 증기비중을 구하기 위해 공기의 평균분자량을 28.84로 계산했다.

02

제1류 위험물인 염소산칼륨의 완전 열분해 반응식을 쓰시오.

정답

$2KClO_3 \rightarrow 2KCl + 3O_2 \uparrow$

관련개념

염소산칼륨($KClO_3$)의 열분해 반응식

- $(400°C)\ 2KClO_3 \rightarrow KClO_4 + KCl + O_2$
- $(540 \sim 560°C)\ KClO_4 \rightarrow KCl + 2O_2$
- 완전 열분해 반응식: $2KClO_3 \rightarrow 2KCl + 3O_2$

03

인화성 액체 위험물인 휘발유를 저장하기 위한 옥외저장탱크저장소를 설치하고자 한다. 방유제 내의 면적이 $79,900m^2$일 때 방유제 1개 안에 (1) 설치할 수 있는 탱크의 개수와 (2) 방유제의 높이는 얼마인가?

정답

(1) 10기 이하

(2) 0.5m 이상 3m 이하

관련개념

옥외탱크저장소의 방유제

- 방유제 내의 면적은 $80,000m^2$ 이하로 할 것
- 방유제 내에 설치하는 옥외저장탱크의 수는 10(방유제 내에 설치하는 모든 옥외저장탱크의 용량이 20만L 이하이고, 해당 옥외저장탱크에 저장 또는 취급하는 위험물의 인화점이 70°C 이상 200°C 미만인 경우에는 20) 이하로 한다.
- 방유제는 높이 0.5m 이상 3m 이하, 두께 0.2m 이상, 지하매설깊이 1m 이상으로 해야 한다.

04

다음 위험물에 대하여 운반용기 외부에 표시하여야 하는 주의사항을 모두 쓰시오.

(1) 제1류 위험물 중 알칼리금속의 과산화물 또는 이를 함유한 것
(2) 제2류 위험물 중 인화성 고체
(3) 제5류 위험물
(4) 제6류 위험물

정답

(1) 화기·충격주의, 물기엄금 및 가연물 접촉주의
(2) 화기엄금
(3) 화기엄금 및 충격주의
(4) 가연물 접촉주의

관련개념

위험물 운반용기 외부에 표기해야 하는 주의사항

- 제1류 위험물 중 알칼리금속의 과산화물 또는 이를 함유한 것에 있어서는 '화기·충격주의', '물기엄금' 및 '가연물 접촉주의', 그 밖의 것에 있어서는 '화기·충격주의' 및 '가연물 접촉주의'
- 제2류 위험물 중 철분·금속분·마그네슘 또는 이들 중 어느 하나 이상을 함유한 것에 있어서는 '화기주의' 및 '물기엄금', 인화성 고체에 있어서는 '화기엄금', 그 밖의 것에 있어서는 '화기주의'
- 제3류 위험물 중 자연발화성 물질에 있어서는 '화기엄금' 및 '공기접촉엄금', 금수성 물질에 있어서는 '물기엄금'
- 제4류 위험물에 있어서는 '화기엄금'
- 제5류 위험물에 있어서는 '화기엄금' 및 '충격주의'
- 제6류 위험물에 있어서는 '가연물 접촉주의'

05

아염소산나트륨이 강산과 접촉하였을 때 발생하는 폭발성 물질의 명칭을 쓰시오.

정답

이산화염소(ClO_2)

관련개념

- 아염소산나트륨과 염산의 반응식
  $5NaClO_2 + 4HCl \rightarrow 4ClO_2 + 5NaCl + 2H_2O$
- 아염소산나트륨과 황산의 반응식
  $5NaClO_2 + 2H_2SO_4 \rightarrow 4ClO_2 + 2Na_2SO_4 + NaCl + 2H_2O$

06

아세트알하이드(아세트알데히드)에 암모니아성 질산은 용액을 반응시키면 은이 석출되는데 이 반응을 무엇이라 하는지 쓰시오.

정답

은거울반응

관련개념

은거울반응은 암모니아성 질산은 용액에 아세트알데하이드(아세트알데히드, CH_3CHO)를 가하면 용액 속의 은이 거울처럼 석출되는 현상이다.
$2Ag(NH_3)_2OH + CH_3CHO \rightarrow 2Ag\downarrow + CH_3COOH + 4NH_3 + H_2O$

07

[보기]에서 나트륨에서 화재가 발생했을 때 사용할 수 있는 소화설비를 모두 고르시오.

| 보기 |
| ① 팽창질석　　② 건조사
| ③ 포소화설비　　④ 불활성가스 소화설비
| ⑤ 인산염류 소화기

정답

①, ②

관련개념

나트륨

- 제3류 위험물로 지정수량은 10kg이다.
- 물과 반응하면 수소가 발생되기 때문에 물을 이용한 소화설비는 사용할 수 없다.
- 탄산수소염류 분말 소화기, 건조사, 팽창질석, 팽창진주암 등으로 소화한다.

08

인화성 액체 위험물 옥외탱크저장소의 탱크 주위에 설치해야 하는 방유제에 관한 내용이다. 다음 빈칸에 알맞은 말을 쓰시오.

(1) 방유제의 높이는 (　　)m 이상, (　　)m 이하로 할 것
(2) 방유제 내의 면적은 (　　)m² 이하로 할 것
(3) 방유제 내에 설치하는 옥외저장탱크의 수는 (　　) 이하로 할 것

> 정답
(1) 0.5, 3
(2) 8만
(3) 10기

09

다음은 위험물의 운반기준에 대한 내용이다. 빈칸에 알맞은 말을 쓰시오. (단, 「위험물안전관리법령」상의 기준을 따른다.)

(1) 고체 위험물은 운반용기 내용적의 (　　)% 이하의 수납률로 수납한다.
(2) 액체 위험물은 운반용기 내용적의 98% 이하의 수납률로 수납하되, (　　)℃의 온도에서 누설되지 아니하도록 충분한 공간용적을 유지해야 한다.
(3) 알킬리튬, 알킬알루미늄은 운반용기 내용적의 (　　)% 이하의 수납률로 수납하되, 50℃의 온도에서 5% 이상의 공간용적을 유지해야 한다.

> 정답
(1) 95, (2) 55, (3) 90

> 관련개념
위험물의 운반기준
- 고체 위험물은 운반용기 내용적의 95% 이하의 수납률로 수납한다.
- 액체 위험물은 운반용기 내용적의 98% 이하의 수납률로 수납하되, 55℃의 온도에서 누설되지 아니하도록 충분한 공간용적을 유지해야 한다.
- 알킬리튬, 알킬알루미늄은 운반용기 내용적의 90% 이하의 수납률로 수납하되, 50℃의 온도에서 5% 이상의 공간용적을 유지해야 한다.

10

다음 [보기]의 위험물을 위험등급 Ⅰ, 위험등급 Ⅱ, 위험등급 Ⅲ으로 각각 분류하여 쓰시오.

> 보기
아세트알데하이드(아세트알데히드), 칼륨, 적린, 황(유황), 에틸알코올, 다이크로뮴산(중크롬산)칼륨, 나트륨

> 정답
(1) 위험등급 Ⅰ : 아세트알데하이드(아세트알데히드), 칼륨, 나트륨
(2) 위험등급 Ⅱ : 적린, 황(유황), 에틸알코올
(3) 위험등급 Ⅲ : 다이크로뮴산(중크롬산)칼륨

> 상세해설
- 아세트알데하이드(아세트알데히드)는 제4류 위험물 중 특수인화물에 속하고, 칼륨, 나트륨은 제3류 위험물에 속하며 위험등급 Ⅰ이다.
- 적린, 황(유황)은 제2류 위험물에 속하고, 에틸알코올은 제4류 위험물 중 알코올류에 속하며 위험등급 Ⅱ이다.
- 다이크로뮴산(중크롬산)칼륨은 제1류 위험물 중 다이크로뮴산염류(중크롬산염류)에 해당되며 지정수량이 1,000kg이기 때문에 위험등급 Ⅲ이다.

11

제2류 위험물을 제조하는 장소는 저장 또는 취급하는 위험물에 따라 주의사항을 표시한 게시판을 설치해야 한다. 이때 게시판에 써야 할 주의사항을 쓰시오. (단, 인화성 고체는 제외한다.)

> 정답
화기주의

> 관련개념
제조소에 설치해야 하는 게시판의 주의사항
- 제1류 위험물 중 알칼리금속의 과산화물과 이를 함유한 것 또는 제3류 위험물 중 금수성 물질에 있어서는 '물기엄금'
- 제2류 위험물(인화성 고체를 제외함)에 있어서는 '화기주의'
- 제2류 위험물 중 인화성 고체, 제3류 위험물 중 자연발화성 물질, 제4류 위험물 또는 제5류 위험물에 있어서는 "화기엄금"

12

적갈색의 고체로 분자량이 182이고, 건조한 공기 중에서 안정하나 300°C 이상에서 산화하는 물질로서 물과 반응하여 맹독성의 포스핀 가스를 발생하는 제3류 위험물의 (1) 화학식과 (2) 지정수량을 쓰시오.

정답

(1) Ca_3P_2
(2) 300kg

관련개념

인화칼슘(Ca_3P_2)
- 제3류 위험물로 지정수량은 300kg이다.
- 건조한 공기 중에서는 안정하나 300°C 이상에서 산화한다.
- 취급 시 습기에 주의해야 한다.
- 물과 반응하면 유독성, 가연성의 포스핀(PH_3)과 수산화칼슘[$Ca(OH)_2$]이 발생된다.
  $Ca_3P_2 + 6H_2O \rightarrow 3Ca(OH)_2 + 2PH_3$

13

제조소 등의 안전거리의 단축기준에서 옥내저장소에 취급하는 위험물의 최대수량이 5배인 경우 방화상 유효한 담을 설치할 때에 주거용 건축물과의 안전거리는 얼마인지 쓰시오.

정답

4.5m 이상

관련개념

방화상 유효한 담을 설치한 경우의 안전거리

구분	취급하는 위험물의 최대수량	안전거리(이상)(단위: m)		
		주거용 건축물	학교·유치원 등	국가유산
제조소·일반취급소	10배 미만	6.5	20	35
	10배 이상	7.0	22	38
옥내저장소	5배 미만	4.0	12.0	23.0
	5배 이상 10배 미만	4.5	12.0	23.0
	10배 이상 20배 미만	5.0	14.0	26.0
	20배 이상 50배 미만	6.0	18.0	32.0
	50배 이상 200배 미만	7.0	22.0	38.0

14

글리세린(Glycerin), 질산, 황산을 이용한 반응에 관한 설명이다. 다음 물음에 답하시오.

(1) 실험실에서 3종류의 시약을 반응시켜 질산에스터류(질산에스테르류)를 제조하였다. 이때 생성된 물질 중 위험물질에 해당하는 것의 명칭을 쓰시오.
(2) 생성된 물질을 운반할 때 어떤 물질에 흡수시켜 운반하는가?

정답

(1) 나이트로(니트로)글리세린
(2) 규조토(다공성 물질)

관련개념

나이트로(니트로)글리세린[$C_3H_5(ONO_2)_3$]
- 글리세린에 질산과 진한 황산의 혼합물을 작용시켜 얻는다.
- 제5류 위험물의 자기반응성 물질에 해당된다.
- 순수한 것은 겨울철에 동결될 수 있다.
- 알코올, 에테르, 벤젠 등 유기용매에 잘 녹는다.
- 가열, 마찰, 충격에 민감하여 폭발하기 쉽다.
- 나이트로(니트로)글리세린을 규조토에 흡수시키면 충격에 대하여 비교적 안전하면서 폭발력은 그대로 유지된다.

15

다음 [보기] 중 지정수량이 10kg이 아닌 위험물을 모두 고르시오.

| 보기 |
| 황린, 황화인(황화린), 질산은, 바륨, 라듐, 나트륨, 칼륨, 알킬리튬 |

정답

황린, 황화인(황화린), 질산은, 바륨, 라듐

관련개념

- 황린: 제3류 위험물로 지정수량은 20kg이다.
- 황화인(황화린): 제2류 위험물로 지정수량은 100kg이다.
- 질산은: 제1류 위험물의 질산염류에 해당되며 지정수량은 300kg이다.
- 바륨, 라듐: 제3류 위험물의 알칼리토금속에 해당되며 지정수량은 50kg이다.
- 나트륨, 칼륨, 알킬리튬: 제3류 위험물로 지정수량은 모두 10kg이다.

16

10m³의 압력탱크에 프로판과 부탄의 혼합가스가 5kg/cm²의 압력으로 들어 있다. 각각의 가스의 분압을 계산식을 포함해서 쓰시오. (단, 프로판 : 부탄의 몰비는 4 : 6이다.)

정답

(1) 프로판의 분압 = $5 \times \frac{4}{10} = 2\text{kg/cm}^2$

(2) 부탄의 분압 = $5 \times \frac{6}{10} = 3\text{kg/cm}^2$

관련개념

분압 = 전체 압력 × $\frac{\text{성분 기체의 몰수}}{\text{전체 기체의 몰수}}$

17

100kg의 이황화탄소와 물이 반응하여 발생하는 독가스의 체적은 800mmHg, 30℃에서 몇 m³인지 구하시오.

정답

62.16m³

관련개념

① 비례식을 이용한 풀이법

연소 반응식: $CS_2 + 2H_2O \rightarrow 2H_2S + CO_2$

76kg : 2×22.4m³ = 100kg : xm³

$76 \times x = 100 \times 2 \times 22.4$

$x = 58.95\text{m}^3$

보일샤를의 법칙을 이용해 온도와 압력을 보정한다.

$\frac{P_1 V_1}{T_1} = \frac{P_2 V_2}{T_2}$

$\frac{760 \times 58.95}{273+0} = \frac{800 \times y}{273+30}$ $y = 62.16\text{m}^3$

② 이상기체상태방정식을 이용한 풀이법

$PV = \frac{w}{M}RT \rightarrow V = \frac{wRT}{PM}$ 이다.

w(질량) = 100kg = 100,000g

P(압력) = 1.052632atm(760mmHg=1atm)

M(분자량) = 76g/mol

R(기체상수) = 0.082L·atm·K⁻¹·mol⁻¹

T(절대온도) = 303K

$V = \frac{100,000 \times 0.082 \times 303}{1.052632 \times 76} = 31,057.49\text{L}$

이황화탄소 1mol이 물과 반응하면 2몰의 황화수소가 발생한다.

황화수소의 부피 = 31,057.49 × 2 = 62,114.98L ≒ 62.11m³

※ 1L = 0.001m³

※ 황화수소는 독가스이고, 이황화탄소의 분자량은 76g/mol이다.(황의 원자량: 32, 탄소의 원자량: 12)

18

제4류 위험물인 아세트알데하이드(아세트알데히드)에 대하여 다음 물음에 답하시오.

(1) 옥외저장탱크(압력탱크 제외)에 저장할 경우 저장소의 온도를 쓰시오.

(2) 아세트알데하이드(아세트알데히드)의 연소범위가 4.1~57%일 경우 위험도를 구하시오.

(3) 아세트알데하이드(아세트알데히드)가 공기 중에서 산화 시 생성되는 물질의 명칭을 쓰시오.

정답

(1) 15℃ 이하

(2) 12.9

(3) 아세트산(CH_3COOH)

관련개념

아세트알데하이드(아세트알데히드)의 저장기준

옥외저장탱크, 옥내저장탱크 또는 지하저장탱크 중 압력탱크 외의 탱크에 저장하는 다이에틸에터(디에틸에테르) 등 또는 아세트알데하이드(아세트알데히드) 등의 온도는 산화프로필렌과 이를 함유한 것 또는 다이에틸에터(디에틸에테르) 등에 있어서는 30℃ 이하로, 아세트알데하이드(아세트알데히드) 또는 이를 함유한 것에 있어서는 15℃ 이하로 각각 유지해야 한다.

아세트알데하이드(아세트알데히드)의 위험도 구하기

위험도 = $\frac{\text{연소상한 값} - \text{연소하한 값}}{\text{연소하한 값}} = \frac{57 - 4.1}{4.1} = 12.90$

아세트알데하이드(아세트알데히드, H_3CHO)의 산화반응

아세트알데하이드(아세트알데히드)는 산소에 의해 쉽게 산화되어 아세트산(CH_3COOH)이 된다.

$2CH_3CHO + O_2 \rightarrow 2CH_3COOH$

19

제4류 위험물 중 분자량이 27, 끓는점이 26℃이며 맹독성인 물질의 (1) 화학식과 (2) 증기비중을 쓰시오.

정답

(1) 화학식: HCN
(2) 증기비중: 0.94

관련개념

시안화수소(HCN)
- 제4류 위험물이고, 청산이라고도 부른다.
- 분자량은 27g(1+12+14)이다.
- 맹독성 물질이다.
- 저온에서는 안정하나 소량의 수분 또는 알칼리와 혼합하면 중합폭발의 우려가 있다.
- 증기비중 $= \dfrac{분자량}{공기의\ 평균\ 분자량} = \dfrac{27}{28.84} = 0.94$

20

옥내저장소와 관련하여 다음 물음에 답하시오.

(1) 저장창고는 지면에서 처마까지의 높이가 얼마인 단층건물로 해야 하는가? (단, 제2류 또는 제4류 위험물만을 저장하는 창고가 아니다.)
(2) 저장 또는 취급하는 위험물이 지정수량의 25배일 때, 2개의 옥내저장소 사이의 너비는 보유너비의 몇 분의 몇으로 할 수 있는가?

정답

(1) 6m 미만
(2) $\dfrac{1}{3}$

관련개념

옥내저장소의 기준
- 저장창고는 지면에서 처마까지의 높이가 6m 미만인 단층건물로 하고 그 바닥을 지반면보다 높게 하여야 한다.
- 옥내저장소의 주위에는 그 저장 또는 취급하는 위험물의 최대수량에 따라 다음 표에 의한 너비의 공지를 보유하여야 한다. 다만, 지정수량의 20배를 초과하는 옥내저장소와 동일한 부지 내에 있는 다른 옥내저장소와의 사이에는 동표에 정하는 공지의 너비의 3분의 1(해당 수치가 3m 미만인 경우에는 3m)의 공지를 보유할 수 있다.

저장 또는 취급하는 위험물의 최대수량	공지의 너비	
	벽·기둥 및 바닥이 내화구조로 된 건축물	그 밖의 건축물
지정수량의 5배 이하		0.5m 이상
지정수량의 5배 초과 10배 이하	1m 이상	1.5m 이상
지정수량의 10배 초과 20배 이하	2m 이상	3m 이상
지정수량의 20배 초과 50배 이하	3m 이상	5m 이상
지정수량의 50배 초과 200배 이하	5m 이상	10m 이상
지정수량의 200배 초과	10m 이상	15m 이상

제 3 회 빈출문제

01

특수인화물 중 보호액으로 물을 사용하는 무색투명한 액체 위험물에 대하여 다음 물음에 답하시오.

(1) 인화점을 쓰시오.
(2) 연소 시 발생하는 유독가스의 명칭을 쓰시오.
(3) 150℃ 이상에서 보호액인 물과 반응할 경우 화학반응식을 쓰시오.

정답

(1) $-30℃$
(2) 이산화황
(3) 고온의 물(150℃ 이상)과 반응하면 이산화탄소와 황화수소가 발생한다.
$CS_2 + 2H_2O \rightarrow CO_2 + 2H_2S$

관련개념

이황화탄소(CS_2)

- 제4류 위험물 중 특수인화물이다.
- 인화점은 $-30℃$, 연소범위는 1~50%이다.
- 연소하면 자극성이 강하고 유독한 이산화황(SO_2)을 발생시킨다.
$CS_2 + 3O_2 \rightarrow CO_2 + 2SO_2$
- 150℃ 이상에서 물과 반응하면 이산화탄소와 황화수소를 발생한다.
$CS_2 + 2H_2O \rightarrow CO_2 + 2H_2S$
- 용기나 탱크에 저장할 때에는 가연성 증기의 발생을 억제하기 위해 물속에 보관해야 한다.

02

제6류 산화성 액체 위험물로 강산화제 또는 환원제로 작용하고 벤젠, 석유 등에 용해되지 않는 물질의 (1) 화학식을 쓰고 (2) 위험물에 해당되는 농도는 얼마 이상인지 쓰시오.

정답

(1) H_2O_2
(2) 36wt% 이상이 위험물에 속한다.

관련개념

과산화수소(H_2O_2)

- 제6류 위험물로 산화성 액체이다.
- 산화제 및 환원제로도 사용되며 표백, 살균작용을 한다.
- 물, 알코올, 에테르에는 녹지만 벤젠, 석유에는 녹지 않는다.
- 농도 36wt% 이상이 위험물에 속한다.
- 상온에서 서서히 분해되어 산소를 방출하므로 용기의 내압상승을 방지하기 위해 저장용기의 마개는 구멍이 뚫린 것을 사용해야 한다.

03

다음 [보기]의 괄호를 채우시오.

| 보기 |

알칼리금속의 과산화물은 (①)과 심하게 (②)반응하여 (③)를 발생시키며 발생량이 많을 경우 (④)하게 된다.

정답

① 물, ② 발열, ③ 산소, ④ 폭발

04

다음 위험물의 지정수량을 각각 쓰시오.

(1) 중유
(2) 경유
(3) 아세톤

정답
(1) 2,000L
(2) 1,000L
(3) 400L

관련개념
- 중유는 제3석유류, 비수용성이다.
- 경유는 제2석유류, 비수용성이다.
- 아세톤은 제1석유류, 수용성이다.

05

소화난이도등급Ⅰ의 위험물 제조소 또는 일반취급소에 설치해야 할 소화설비의 종류를 3가지 쓰시오.

정답
① 옥내소화전설비
② 옥외소화전설비
③ 스프링클러설비

관련개념
소화난이도등급Ⅰ의 제조소 및 일반취급소에 설치해야 하는 소화설비
옥내소화전설비, 옥외소화전설비, 스프링클러설비 또는 물분무 등 소화설비(화재 발생 시 연기가 충만할 우려가 있는 장소에는 스프링클러설비 또는 이동식 외의 물분무 등 소화설비에 한함)를 설치해야 한다.

06

$KMnO_4$에 대한 다음 물음에 답하시오.

(1) 지정수량을 쓰시오.
(2) 가열분해 시 발생하는 조연성 가스의 명칭을 쓰시오.
(3) 염산과 반응 시 발생하는 가스의 명칭을 쓰시오.

정답
(1) 1,000kg
(2) 산소(O_2)
(3) 염소(Cl_2)

관련개념
과망가니즈산칼륨(과망간산칼륨, $KMnO_4$)
- 제1류 위험물 중 과망가니즈산염류(과망간산염류)에 해당된다.
- 지정수량은 1,000kg이다.
- 가열하면 분해되어 산소가 방출된다.
  $2KMnO_4 \rightarrow K_2MnO_4 + MnO_2 + O_2$
- 염산(HCl)과 반응하면 염소(Cl_2)를 발생시킨다.
  $2KMnO_4 + 16HCl \rightarrow 2MnCl_2 + 2KCl + 8H_2O + 5Cl_2 \uparrow$

07

주유취급소와 관련하여 다음 물음에 답하시오.

(1) 고정주유설비의 주유관의 길이기준을 쓰시오.
(2) 고정주유설비와 도로경계선과의 거리기준을 쓰시오.
(3) 고정주유설비와 부지경계선과의 거리기준을 쓰시오.

정답
(1) 5m 이내
(2) 4m 이상
(3) 2m 이상

관련개념
주유취급소의 설치기준
- 고정주유설비 또는 고정급유설비의 주유관의 길이(끝부분의 개폐밸브를 포함함)는 5m 이내로 하고 그 끝부분에는 축적된 정전기를 유효하게 제거할 수 있는 장치를 설치하여야 한다.
- 고정주유설비의 중심선을 기점으로 하여 도로경계선까지 4m 이상, 부지경계선, 담 및 건축물의 벽까지 2m(개구부가 없는 벽까지는 1m) 이상의 거리를 유지한다.
- 고정급유설비의 중심선을 기점으로 하여 도로경계선까지 4m 이상, 부지경계선 및 담까지 1m 이상, 건축물의 벽까지 2m(개구부가 없는 벽까지는 1m) 이상의 거리를 유지해야 한다.
- 고정주유설비와 고정급유설비의 사이에는 4m 이상의 거리를 유지해야 한다.

08

BaO₂와 반응하여 산소를 방출하는 물질을 [보기]에서 고르시오.

> 보기
>
> HCl, H₂SO₄, H₂O

정답

H_2O

관련개념

$BaO_2 + 2HCl \rightarrow BaCl_2 + H_2O_2$
$BaO_2 + H_2SO_4 \rightarrow BaSO_4 + H_2O_2$
$2BaO_2 + 2H_2O \rightarrow 2Ba(OH)_2 + O_2$

09

피뢰침은 위험물을 취급하는 제조소에서 (1) 지정수량의 얼마 이상일 때 설치해야 하는지 쓰고, (2) 피뢰침 설치대상 위험물을 모두 쓰시오.

정답

(1) 10배 이상
(2) 제1류, 제2류, 제3류, 제4류, 제5류 위험물(제6류 위험물은 피뢰설비를 설치하지 않음)

관련개념

피뢰설비 설치기준

지정수량의 10배 이상의 위험물을 취급하는 제조소(제6류 위험물을 취급하는 위험물제조소는 제외함)에는 피뢰침을 설치하여야 한다. 다만, 제조소의 주위의 상황에 따라 안전상 지장이 없는 경우에는 피뢰침을 설치하지 아니할 수 있다.

10

다음 금속분말이 위험물에 해당하지 않는 경우를 빈칸을 채워 완성하시오.

(1) 철의 분말이 (   )μm의 체를 통과하는 것이 (   )wt% 미만인 것
(2) 마그네슘이 (   )mm 체를 통과하지 못하거나 지름이 (   )mm 이상인 막대 모양의 것

정답

(1) 53, 50
(2) 2, 2

11

수소화칼슘 84g이 물과 반응할 때 생성되는 기체의 몰수를 계산식과 함께 구하시오. (단, 1기압, 30℃이다.)

정답

수소화칼슘과 물의 반응식은 다음과 같다.
$CaH_2 + 2H_2O \rightarrow Ca(OH)_2 + 2H_2$
수소화칼슘 1몰이 물과 반응하면 수소 기체 2몰이 발생한다.
수소화칼슘의 분자량 = 40 + (1 × 2) = 42g/mol
수소화칼슘 84g은 2몰이기 때문에 수소화칼슘 2몰이 물과 반응하면 4몰의 수소 기체가 발생된다.
발생되는 기체의 몰수: 4몰

※ 문제에 주어진 1기압, 30℃ 조건은 몰수를 구하는 데는 필요하지 않고, 부피를 구할 때 필요하다.

12

염소산염류 중 300℃에서 분해하며 철제 용기에 저장해서는 안 되는 물질의 화학식을 쓰시오.

정답

$NaClO_3$

관련개념

염소산나트륨($NaClO_3$)

- 제1류 위험물 중 염소산염류에 해당된다.
- 300℃에서 분해되어 산소를 발생한다.
  $2NaClO_3 \rightarrow 2NaCl + 3O_2$
- 알코올, 에테르, 물에 잘 녹는다.
- 철을 부식시키므로 철제용기에 저장하지 말고 유리용기에 저장한다.

13

다이에틸에터(디에틸에테르)와 10%의 아이오딘(요오드)칼륨 수용액을 넣었더니 하부에 황색 물질이 생기면서 층분리가 일어났다. 다음 물음에 답하시오.

(1) 이 실험을 통하여 다이에틸에터(디에틸에테르)에 어떤 물질이 존재하는지 확인할 수 있는지 쓰시오.
(2) (1)에서 답한 이 물질이 위험한 이유를 쓰시오.

정답
(1) 과산화물
(2) 가열 및 농축으로 심하게 폭발할 수 있기 때문이다.

14

분자량 117.5, 분해온도 130℃, 비중이 1.87인 제1류 위험물인 과염소산염류의 화학식을 쓰시오.

정답
NH_4ClO_4(과염소산암모늄)

15

제5류 위험물의 화재 시 질식소화하면 안 되는 일반적인 이유를 쓰시오.

정답
자기반응성 물질로 분자 내 다량의 산소를 포함하고 있기 때문에 질식소화는 효과가 없다.

16

다음 물질과 물의 반응식을 쓰시오.

(1) K_2O_2
(2) Mg
(3) Na

정답
(1) $2K_2O_2 + 2H_2O \rightarrow 4KOH + O_2$
(2) $Mg + 2H_2O \rightarrow Mg(OH)_2 + H_2$
(3) $2Na + 2H_2O \rightarrow 2NaOH + H_2$

17

알루미늄은 공기 속에서 치밀한 산화막을 형성하여 내부를 보호하기 때문에 건축재료로 널리 쓰인다. 이때 산화막 구성 성분의 화학식을 쓰시오.

정답
Al_2O_3

관련개념
알루미늄은 연소하면 많은 열을 발생시키고, 공기 중에서 표면에 치밀한 산화막(Al_2O_3)을 형성하여 내부를 보호한다.
$4Al + 3O_2 \rightarrow 2Al_2O_3 + 399kcal$

18

과산화마그네슘이 공기 중에 습기를 만나면 어떻게 변하는지 화학반응식을 쓰시오.

정답
$2MgO_2 + 2H_2O \rightarrow 2Mg(OH)_2 + O_2$

19

취급하는 위험물이 지정수량의 1/10을 초과할 경우 다음 각 류별에 따른 혼재가 가능한 위험물을 쓰시오. (단, 「위험물안전관리법령」에서 정한 위험물 운반에 대한 기준에 따른다.)

(1) 제2류 위험물
(2) 제3류 위험물
(3) 제4류 위험물

정답

(1) 제4류 위험물, 제5류 위험물
(2) 제4류 위험물
(3) 제2류 위험물, 제3류 위험물, 제5류 위험물

상세해설

혼재 가능 위험물
- 423 → 제4류와 제2류, 제4류와 제3류는 서로 혼재 가능
- 524 → 제5류와 제2류, 제5류와 제4류는 서로 혼재 가능
- 61 → 제6류와 제1류는 서로 혼재 가능

20

다음 내용은 「위험물안전관리법령」에서 정한 인화점 측정방법이다. 각 번호에 해당하는 인화점 측정 시험방법의 종류를 쓰시오.

(1) (   ) 인화점 측정기
- 시험장소는 1기압, 무풍의 장소로 할 것
- 시료컵을 설정온도까지 가열 또는 냉각하여 시험물품(설정온도가 상온보다 낮은 온도인 경우에는 설정온도까지 냉각한 것) 2mL를 시료컵에 넣고 즉시 뚜껑 및 개폐기를 닫을 것

(2) (   ) 인화점 측정기
- 시험장소는 1기압, 무풍의 장소로 할 것
- 시료컵에 시험물품 $50cm^3$를 넣고 시험물품의 표면의 기포를 제거한 후 뚜껑을 덮을 것

(3) (   ) 인화점 측정기
- 시험장소는 1기압, 무풍의 장소로 할 것
- 시료컵의 표선까지 시험물품을 채우고 시험물품의 표면의 기포를 제거할 것
- 시험불꽃을 점화하고 화염의 크기를 직경 4mm가 되도록 조정할 것

정답

(1) 신속평형법
(2) 태그밀폐식
(3) 클리브랜드 개방컵

PART 03

기출문제 & 실전 모의고사

합격 공식

2020년부터 위험물산업기사 실기시험은 작업형 시험이 사라지고 필답형 시험의 문항 수가 늘어났지만 대부분의 문제는 필답형 기출문제에서 출제되고 있습니다. 최근 10개년 기출문제를 반복해서 풀어본 후 실전 모의고사를 통해 마지막으로 실력을 점검하고 부족한 부분을 찾아 마무리하는 것이 좋습니다. 에듀윌 위험물산업기사 실전 모의고사는 기출문제와 최신 출제경향을 분석하여 실제 시험에 나올 수 있는 문제들로 구성되어 있습니다. 시간을 측정하여 실제 시험을 본다는 생각으로 실전 모의고사를 풀어봄으로써 실제 시험 준비를 할 수 있습니다.

최신 10개년 기출문제와 실전 모의고사 3회분

2025년 기출문제		92
2024년 기출문제		116
2023년 기출문제		140
2022년 기출문제		164
2021년 기출문제		192
2020년 기출문제		218
2019년 기출문제		253
2018년 기출문제		263
2017년 기출문제		274
2016년 기출문제		285

※ 4회 시험은 3회 시험으로 표기함

제1회 실전 모의고사		298
제2회 실전 모의고사		302
제3회 실전 모의고사		306
정답과 해설		310

2025년 1회 기출문제

2025년 4월 20일 시행

01
염소산칼륨에 대한 다음 물음에 답하시오.

(1) 완전분해 반응식을 쓰시오.
(2) 표준상태에서 염소산칼륨 50kg이 완전분해할 경우 발생되는 산소의 부피는 몇 m³인가?

정답

(1) $2KClO_3 \rightarrow 2KCl + 3O_2 \uparrow$
(2) $13.71m^3$

상세해설

염소산칼륨(KClO₃) 50kg이 완전분해할 경우 생성되는 산소의 부피(m³) 구하기

염소산칼륨의 분자량은 다음과 같다.

$39 + 35.5 + (16 \times 3) = 122.5 kg/kmol$

$2KClO_3 \rightarrow 2KCl + 3O_2$

염소산칼륨의 분해반응식상 염소산칼륨 2kmol이 분해되면 산소 3kmol이 발생한다.

이 관계를 이용하여 비례식으로 발생하는 산소의 부피를 구한다.

$2 \times 122.5kg : 3 \times 22.4m^3 = 50kg : xm^3$

$x = 13.71m^3$

02
다음 위험물의 시성식을 쓰시오.

(1) 질산메틸
(2) 트리나이트로(니트로)페놀
(3) 트리나이트로(니트로)톨루엔
(4) 나이트로(니트로)글리세린
(5) 아조벤젠

정답

(1) CH_3ONO_2
(2) $C_6H_2OH(NO_2)_3$
(3) $C_6H_2CH_3(NO_2)_3$
(4) $C_3H_5(ONO_2)_3$
(5) $C_6H_5N = NC_6H_5$

03
다음 위험물의 증기비중을 각각 계산하시오.

(1) 이황화탄소
(2) 아세트알데하이드(아세트알데히드)
(3) 벤젠

정답

(1) 2.64
(2) 1.53
(3) 2.71

상세해설

증기비중은 다음 식으로 구한다.

증기비중 = $\dfrac{\text{성분 기체의 분자량}}{\text{공기의 평균분자량}}$

공기의 평균분자량은 문제에 주어지지 않으면 29 또는 28.84로 구한다. 실기 교재에서는 더 정확한 증기비중을 구하기 위해 공기의 평균분자량을 28.84로 계산했다.

(1) **이황화탄소(CS_2)의 증기비중**

분자량 = $12 + (32 \times 2) = 76$

증기비중 = $\dfrac{76}{28.84} = 2.635$

(2) **아세트알데하이드(아세트알데히드, CH_3CHO)의 증기비중**

분자량 = $(12 \times 2) + (1 \times 4) + 16 = 44$

증기비중 = $\dfrac{44}{28.84} = 1.526$

(3) **벤젠(C_6H_6)의 증기비중**

분자량 = $(12 \times 6) + (1 \times 6) = 78$

증기비중 = $\dfrac{78}{28.84} = 2.705$

04

다음 분말소화약제의 주성분을 화학식으로 각각 쓰시오.

(1) 제1종 분말소화약제
(2) 제2종 분말소화약제
(3) 제3종 분말소화약제

정답

(1) $NaHCO_3$
(2) $KHCO_3$
(3) $NH_4H_2PO_4$

관련개념

분말소화약제의 주성분

종별	소화약제	약제의 착색
제1종	탄산수소나트륨($NaHCO_3$)	백색
제2종	탄산수소칼륨($KHCO_3$)	담회색
제3종	제1인산암모늄($NH_4H_2PO_4$)	담홍색
제4종	탄산수소칼륨＋요소 [$KHCO_3$＋$(NH_2)_2CO$]	회색

05

과산화수소가 하이드라진(히드라진)과 만나면 격렬하게 반응하며 폭발한다. 다음 물음에 답하시오.

(1) 과산화수소가 위험물에 해당하는 조건을 쓰시오.
(2) 과산화수소와 하이드라진(히드라진)의 폭발반응식을 쓰시오.

정답

(1) 과산화수소는 농도가 36wt% 이상인 것이 위험물이다.
(2) $2H_2O_2 + N_2H_4 \rightarrow 4H_2O + N_2$

관련개념

과산화수소는 강력한 산화제로 스스로 분해되어 서서히 산소를 방출한다. 과산화수소가 하이드라진(히드라진)과 만나면 급격히 반응하여 폭발하며 물과 질소가 생성된다.

06

다음 설명에 해당되는 위험물에 대한 물음에 답하시오.

- 제3류 위험물에 해당되며, 지정수량은 300kg이다.
- 분자량이 64이며, 비중은 약 2.2이다.
- 고온에서 질소와 반응하면 석회질소(칼슘시안아미드)와 탄소가 생성된다.

(1) 해당 위험물과 물의 반응식을 쓰시오.
(2) 해당 위험물과 물의 반응으로 생성되는 기체의 연소반응식을 쓰시오.

정답

(1) $CaC_2 + 2H_2O \rightarrow Ca(OH)_2 + C_2H_2$
(2) $2C_2H_2 + 5O_2 \rightarrow 4CO_2 + 2H_2O$

관련개념

탄화칼슘(CaC_2)

- 제3류 위험물 중 칼슘 또는 알루미늄의 탄화물로 지정수량은 300kg이다.
- 물과 반응하면 수산화칼슘[$Ca(OH)_2$]과 아세틸렌 가스(C_2H_2)가 발생한다.
- 물과 반응하여 생성된 아세틸렌 가스는 연소범위(2.5~81%)가 대단히 넓고 분해폭발을 일으킨다.
- 탄화칼슘은 고온에서 질소와 반응하여 석회질소라고 불리는 칼슘시안아미드($CaCN_2$)와 탄소(C)를 생성한다.

07

탄화알루미늄에 대한 물음에 답하시오.

(1) 탄화알루미늄과 물의 반응식을 쓰시오.
(2) 물과 반응 시 생성되는 가스의 완전연소반응식을 쓰시오.

> **정답**
> (1) $Al_4C_3 + 12H_2O \rightarrow 4Al(OH)_3 + 3CH_4$
> (2) $CH_4 + 2O_2 \rightarrow CO_2 + 2H_2O$

> **관련개념**
> **탄화알루미늄(Al_4C_3)**
> • 제3류 위험물 중 칼슘 또는 알루미늄의 탄화물로 지정수량은 300kg이다.
> • 물과 반응하여 메탄(CH_4)가스를 발생시킨다.

08

취급하는 위험물이 지정수량의 1/10을 초과할 경우 다음 각 류별에 따른 혼재가 가능한 위험물을 쓰시오. (단, 「위험물안전관리법령」에서 정한 위험물 운반에 대한 기준에 따른다.)

(1) 제2류 위험물
(2) 제3류 위험물
(3) 제4류 위험물

> **정답**
> (1) 제4류 위험물, 제5류 위험물
> (2) 제4류 위험물
> (3) 제2류 위험물, 제3류 위험물, 제5류 위험물

> **상세해설**
> **혼재 가능 위험물**
> • 423 → 제4류와 제2류, 제4류와 제3류는 서로 혼재 가능
> • 524 → 제5류와 제2류, 제5류와 제4류는 서로 혼재 가능
> • 61 → 제6류와 제1류는 서로 혼재 가능

09

다음은 위험물안전관리법에서 고시한 자동화재탐지설비 설치기준이다. 다음 ( ) 안에 알맞은 답을 쓰시오.

> • 자동화재탐지설비의 경계구역은 건축물, 그 밖의 공작물의 2 이상의 층에 걸치지 아니하도록 할 것. 다만, 하나의 경계구역의 면적이 (①)m^2 이하이면서 해당 경계구역이 두 개의 층에 걸치는 경우이거나 계단, 경사로, 승강기의 승강로, 그 밖에 이와 유사한 장소에 연기감지기를 설치하는 경우에는 그러하지 아니하다.
> • 하나의 경계구역의 면적은 (②)m^2 이하로 하고 한 변의 길이는 (③)m(광전식분리형 감지기를 설치할 경우에는 (④)m) 이하로 할 것. 다만, 해당 건축물, 그 밖의 공작물의 주요한 출입구에서 그 내부의 전체를 볼 수 있는 경우에 있어서는 그 면적을 (⑤)m^2 이하로 할 수 있다.

> **정답**
> ① 500
> ② 600
> ③ 50
> ④ 100
> ⑤ 1,000

10

다음 위험물의 완전연소반응식을 각각 쓰시오.

(1) 알루미늄분
(2) 삼황화인
(3) 오황화인

정답

(1) $4Al + 3O_2 \rightarrow 2Al_2O_3$
(2) $P_4S_3 + 8O_2 \rightarrow 2P_2O_5 + 3SO_2$
(3) $2P_2S_5 + 15O_2 \rightarrow 2P_2O_5 + 10SO_2$

관련개념

알루미늄분(Al)

- 제2류 위험물 중 금속분류에 해당되며 지정수량은 500kg이다.
- 연소하면 많은 열을 발생시키고, 공기 중에서 표면에 치밀한 산화막을 형성하여 내부를 보호한다.
  $4Al + 3O_2 \rightarrow 2Al_2O_3$
- 물(수증기)과 반응하여 수소를 발생시킨다.
  $2Al + 6H_2O \rightarrow 2Al(OH)_3 + 3H_2 \uparrow$

황화인(황화린)

- 제2류 위험물인 가연성 고체로, 황화인(황화린)에는 3가지{삼황화인(삼황화린, P_4S_3), 오황화인(오황화린, P_2S_5), 칠황화인(칠황화린, P_4S_7)}의 중요한 형태가 있다.
- 삼황화인(삼황화린, P_4S_3)이 연소하면 오산화인(P_2O_5)과 이산화황(SO_2)이 생성된다.
  $P_4S_3 + 8O_2 \rightarrow 2P_2O_5 + 3SO_2$
- 오황화인(오황화린, P_2S_5)이 연소하면 오산화인(P_2O_5)과 이산화황(SO_2)이 생성된다.
  $2P_2S_5 + 15O_2 \rightarrow 2P_2O_5 + 10SO_2$

11

다음 위험물의 명칭과 지정수량을 쓰시오.

(1) $CH_2=CHCOOH$
(2) $C_6H_5NO_2$
(3) CH_3COCH_3
(4) C_6H_{12}
(5) C_6H_5Cl

정답

(1) 아크릴산, 2,000L
(2) 나이트로(니트로)벤젠, 2,000L
(3) 아세톤, 400L
(4) 사이클로헥세인, 200L
(5) 클로로벤젠, 1,000L

관련개념

구분	유별	품명	지정수량
아크릴산 ($C_3H_4O_2$)	제4류 위험물	제2석유류	2,000L
나이트로(니트로)벤젠 ($C_6H_5NO_2$)	제4류 위험물	제3석유류	2,000L
아세톤 (CH_3COCH_3)	제4류 위험물	제1석유류	400L
사이클로헥세인 (C_6H_{12})	제4류 위험물	제1석유류	200L
클로로벤젠 (C_6H_5Cl)	제4류 위험물	제2석유류	1,000L

12

다음의 위험물안전관리법상 산화성고체의 정의에 언급된 (1) **액체**와 (2) **기체**의 정의를 각각 서술하시오.

> "산화성고체"라 함은 고체[(1) 액체 또는 (2) 기체]로서 산화력의 잠재적인 위험성 또는 충격에 대한 민감성을 판단하기 위하여 소방청장이 정하여 고시하는 시험에서 고시로 정하는 성질과 상태를 나타내는 것을 말한다.

정답
(1) 액체: 1기압 및 20℃에서 액상인 것 또는 20℃ 초과 40℃ 이하에서 액상인 것
(2) 기체: 1기압 및 20℃에서 기상인 것

관련개념 산화성고체

「위험물안전관리법 시행령 별표1」
"산화성고체"라 함은 고체[액체(1기압 및 섭씨 20도에서 액상인 것 또는 섭씨 20도 초과 섭씨 40도 이하에서 액상인 것을 말한다.) 또는 기체(1기압 및 섭씨 20도에서 기상인 것을 말한다) 외의 것을 말한다.]로서 산화력의 잠재적인 위험성 또는 충격에 대한 민감성을 판단하기 위하여 소방청장이 정하여 고시하는 시험에서 고시로 정하는 성질과 상태를 나타내는 것을 말한다. 이 경우 "액상"이라 함은 수직으로 된 시험관(안지름 30밀리미터, 높이 120밀리미터의 원통형 유리관을 말한다)에 시료를 55밀리미터까지 채운 다음 당해 시험관을 수평으로 하였을 때 시료액면의 선단이 30밀리미터를 이동하는데 걸리는 시간이 90초 이내에 있는 것을 말한다.

13

위험물안전관리법령상 기계에 의하여 하역하는 구조로 된 운반용기의 기준에 대하여 다음 물음에 답하시오.

(1) 소방청장이 정하여 고시한 운반용기 시험의 종류를 3가지 쓰시오.
(2) 다음 [보기]에서 (1)의 시험을 적용하지 않아도 되는 위험물을 쓰시오.

> **보기**
> 과산화수소, 금속의 인화물, 칼륨, 제3석유류, 동식물유류, 아조화합물

정답
(1) 낙하시험, 기밀시험, 내압시험, 겹쳐쌓기 시험, 파열전파시험, 아랫부분 인상시험, 윗부분 인상시험, 넘어뜨리기시험, 일으키기시험
(2) 제3석유류, 동식물유류

상세해설
시험기준이 적용되지 않는 운반용기
- 제4류 위험물 중 제2석유류(인화점이 61℃ 이상의 것에 한한다), 제3석유류, 제4석유류 또는 동식물유류를 수납하는 운반용기
- 제1류, 제2류 또는 제4류 위험물 중 위험등급 I의 위험물 외의 것을 수납하는 최대용적 500mL 이하의 내장용기(지대 및 플라스틱필름대를 제외한다)를 최대수용중량 30kg 이하의 외장용기에 수납하는 운반용기

시험기준이 적용되지 않는 기계에 의하여 하역하는 구조로 된 운반용기
제4류 위험물 중 제2석유류(인화점이 61℃ 이상의 것에 한한다), 제3석유류, 제4석유류 또는 동식물유류를 수납하는 운반용기

14

다음은 제2류 위험물의 지정수량에 대한 표이다. 빈칸에 들어갈 알맞은 말을 쓰시오. (단, 「위험물안전관리법령」상 기준을 따른다.)

품명	지정수량
철분	500kg
(①)	500kg
인화성 고체	(②)kg
적린	(③)kg
(④)	100kg
황화인(황화린)	(⑤)kg
금속분류	500kg

정답

① 마그네슘 ② 1,000 ③ 100 ④ 황 ⑤ 100

15

다음은 「위험물안전관리법령」에서 정한 주유취급소에 대한 내용이다. 물음에 답하시오.

(1) 고정주유설비와 부지경계선까지의 거리를 쓰시오.
(2) 고정급유설비와 부지경계선까지의 거리를 쓰시오.
(3) 고정주유설비와 도로경계선까지의 거리를 쓰시오.
(4) 고정급유설비와 도로경계선까지의 거리를 쓰시오.
(5) 고정주유설비와 개구부가 없는 벽까지의 거리를 쓰시오.

정답

(1) 2m 이상 (2) 1m 이상 (3) 4m 이상 (4) 4m 이상 (5) 1m 이상

16

다음과 같은 용량의 지하저장탱크 2기를 인접하여 설치할 때, 두 저장탱크 상호간의 거리는 각각 몇 m 이상으로 해야 하는지 쓰시오.

(1) 벤젠 15,000L와 톨루엔 8,000L 지하저장탱크를 설치하는 경우
(2) 등유 14,000L와 휘발유 8,000L 지하저장탱크를 설치하는 경우

정답

(1) 1m 이상
(2) 0.5m 이상

상세해설

지하저장탱크를 2기 이상 인접해 설치하는 경우 그 상호간에 1m 이상의 간격을 유지하여야 한다. (단, 2기 이상의 지하저장탱크의 용량의 합계가 지정수량의 100배 이하인 경우에는 0.5m 이상)

(1) **벤젠 15,000L와 톨루엔 8,000L 지하저장탱크**
- 벤젠의 지정수량: 200L
- 톨루엔의 지정수량: 200L

$$\frac{15,000}{200} + \frac{8,000}{200} = 115배$$

따라서, 상호 간의 거리는 1m 이상으로 한다.

(2) **등유 14,000L와 휘발유 8,000L 지하저장탱크**
- 등유의 지정수량: 1,000L
- 휘발유의 지정수량: 200L

$$\frac{14,000}{1,000} + \frac{8,000}{200} = 54배$$

지정수량의 합계가 100배 이하이므로 상호 간의 거리는 0.5m 이상으로 한다.

17

유기과산화물 옥내저장소의 기준에 대하여 물음에 답하시오. (단, 「위험물안전관리법령」에서 정한 기준을 따르며, 1종이다.)

(1) 유기과산화물의 위험등급을 쓰시오.
(2) 유기과산화물 옥내저장소의 바닥면적은 몇 m^2 이하로 하여야 하는지 쓰시오.
(3) 저장창고의 외벽을 철근콘크리트조로 할 경우 두께는 몇 cm 이상으로 하여야 하는지 쓰시오.

정답

(1) 위험등급 I
(2) 1,000m^2
(3) 20cm

관련개념

위험물의 위험등급

위험등급 I	• 제1류 위험물 중 아염소산염류, 염소산염류, 과염소산염류, 무기과산화물, 그 밖에 지정수량이 50kg인 위험물 • 제3류 위험물 중 칼륨, 나트륨, 알킬알루미늄, 알킬리튬, 황린, 그 밖에 지정수량이 10kg 또는 20kg인 위험물 • 제4류 위험물 중 특수인화물 • 제5류 위험물 중 지정수량이 10kg인 위험물 • 제6류 위험물
위험등급 II	• 제1류 위험물 중 브로민산염류(브롬산염류), 질산염류, 아이오딘산염류(요오드산염류), 그 밖에 지정수량이 300kg인 위험물 • 제2류 위험물 중 황화인(황화린), 적린, 황(유황), 그 밖에 지정수량이 100kg인 위험물 • 제3류 위험물 중 알칼리금속(칼륨 및 나트륨을 제외함) 및 알칼리토금속, 유기금속화합물(알킬알루미늄 및 알킬리튬을 제외함), 그 밖에 지정수량이 50kg인 위험물 • 제4류 위험물 중 제1석유류 및 알코올류 • 제5류 위험물 중 위험등급 I 에 정하는 위험물 외의 것
위험등급 III	위험등급 I, 위험등급 II에 해당하지 않는 것

옥내저장소의 바닥면적을 1,000m^2 이하로 해야 하는 위험물

• 제1류 위험물 중 아염소산염류, 염소산염류, 과염소산염류, 무기과산화물, 그 밖에 지정수량이 50kg인 위험물
• 제3류 위험물 중 칼륨, 나트륨, 알킬알루미늄, 알킬리튬, 그 밖에 지정수량이 10kg인 위험물 및 황린
• 제4류 위험물 중 특수인화물, 제1석유류 및 알코올류
• 제5류 위험물 중 유기과산화물, 질산에스터류(질산에스테르류), 그 밖에 지정수량이 10kg인 위험물
• 제6류 위험물

지정과산화물을 저장 또는 취급하는 옥내저장소의 저장창고 기준

• 저장창고는 150m^2 이내마다 격벽으로 완전하게 구획할 것. 이 경우 해당 격벽은 두께 30cm 이상의 철근콘크리트조 또는 철골철근콘크리트조로 하거나 두께 40cm 이상의 보강콘크리트블록조로 하고, 해당 저장창고의 양측의 외벽으로부터 1m 이상, 상부의 지붕으로부터 50cm 이상 돌출하게 하여야 한다.
• 저장창고의 외벽은 두께 20cm 이상의 철근콘크리트조나 철골철근콘크리트조 또는 두께 30cm 이상의 보강콘크리트블록조로 할 것

18

다음 [보기] 중에서 분해하거나 물과 반응 시 공통으로 산소가 발생하는 위험물에 대하여 물과의 반응식을 모두 쓰시오.

보기
과염소산암모늄, 질산암모늄, 과염소산칼륨, 과산화나트륨, 과망가니즈산(과망간산)칼륨, 과산화바륨, 아이오딘(요오드)산칼륨

정답

$2Na_2O_2 + 2H_2O \rightarrow 4NaOH + O_2$,
$2BaO_2 + 2H_2O \rightarrow 2Ba(OH)_2 + O_2$

상세해설

과산화나트륨(Na_2O_2)

• 제1류 위험물 중 무기과산화물로 지정수량은 50kg이다.
• 상온에서 물과 격렬하게 반응하며 열을 발생하고 산소를 방출한다.
• 과산화나트륨은 다음과 같이 물과 반응하여 수산화나트륨이 되고, 산소를 방출한다.
$2Na_2O_2 + 2H_2O \rightarrow 4NaOH + O_2 \uparrow$

과산화바륨(BaO_2)

• 제1류 위험물 중 무기과산화물로 지정수량은 50kg이다.
• 물에는 약간 녹고, 알코올, 에터, 아세톤에는 녹지 않는다.
• 물과 반응하여 수산화바륨이 되고 산소를 방출한다.
$2BaO_2 + 2H_2O \rightarrow 2Ba(OH)_2 + O_2 \uparrow$

19

다음은 위험물안전관리법령상 불활성가스 소화설비의 기준이다. ( ) 안에 알맞은 답을 쓰시오.

- 가압용 또는 축압용 가스는 (①) 또는 이산화탄소로 할 것
- 가압용가스로 질소를 사용하는 것은 소화약제 1kg 당 35℃에서 0MPa의 상태로 환산한 체적 (②)L 이상, 이산화탄소를 사용하는 것은 소화약제 1kg당 20g에 배관의 청소에 필요한 양을 더한 양 이상일 것
- 축압용가스로 질소가스를 사용하는 것은 소화약제 1kg 당 35℃에서 0MPa의 상태로 환산한 체적 (③)L에 배관의 청소에 필요한 양을 더한 양 이상, 이산화탄소를 사용하는 것은 소화약제 1kg 당 20g에 (④)의 청소에 필요한 양을 더한 양 이상일 것

정답

① 질소 ② 40 ③ 10 ④ 배관

상세해설

가압용가스 또는 축압용가스는 다음 기준에 따라 설치한다.
- 가압용가스 또는 축압용가스는 질소가스 또는 이산화탄소로 할 것
- 가압용가스를 질소가스로 사용하는 것의 질소가스는 소화약제 1킬로그램마다 40리터(섭씨 35도에서 1기압의 압력상태로 환산한 것) 이상, 이산화탄소를 사용하는 것의 이산화탄소는 소화약제 1킬로그램에 대하여 20그램에 배관의 청소에 필요한 양을 가산한 양 이상으로 할 것
- 축압용가스에 질소가스를 사용하는 것의 질소가스는 소화약제 1킬로그램에 대하여 10리터(섭씨 35도에서 1기압의 압력상태로 환산한 것) 이상, 이산화탄소를 사용하는 것의 이산화탄소는 소화약제 1킬로그램에 대하여 20그램에 배관의 청소에 필요한 양을 가산한 양 이상으로 할 것
- 배관의 청소에 필요한 가스는 별도의 용기에 저장할 것

20

다음 설명에 해당되는 제4류 위험물에 대한 물음에 답하시오.

- 분자량이 76이며, 가연성이다.
- 비중 1.26, 인화점 −30℃, 비점 46℃
- 물에 녹지 않으나 유기용제에는 녹는다.
- 불쾌한 냄새가 난다.

(1) 해당 위험물의 명칭을 쓰시오.
(2) 해당 위험물의 화학식을 쓰시오.
(3) 해당 위험물의 완전연소반응식을 쓰시오.

정답

(1) 이황화탄소
(2) CS_2
(3) $CS_2 + 3O_2 \rightarrow CO_2 + 2SO_2$

상세해설

이황화탄소(CS_2)
- 제4류 위험물 중 특수인화물에 해당되며 지정수량은 50L이다.
- 인화점: −30℃, 발화점: 90℃, 비점: 46℃, 비중: 1.26, 증기비중: 2.6
- 가연성 증기의 발생을 억제하기 위하여 용기나 탱크에 저장할 때에는 물 속에 저장한다.
- 연소하면 자극성이 강한 유독가스인 이산화황(SO_2)을 발생한다.
  $CS_2 + 3O_2 \rightarrow CO_2 + 2SO_2 \uparrow$

2025년 2회 기출문제

2025년 7월 19일 시행

01

과산화나트륨(Na_2O_2) 1kg이 물과 반응할 때 생성된 기체는 350℃, 1atm에서 체적이 몇 L인지 (1) 계산식과 함께 (2) 정답을 쓰시오.

정답

(1) $V = \dfrac{6.4103 \times 0.082 \times 623}{1} = 327.477\text{L}$

(2) 327.48L

상세해설

과산화나트륨과 물의 반응식은 다음과 같다.

$2Na_2O_2 + 2H_2O \rightarrow 4NaOH + O_2$

과산화나트륨이 물과 반응할 때 생성되는 기체는 산소(O_2)이다.

과산화나트륨의 분자량 = 78g/mol

※ Na의 원자량: 23, O의 원자량: 16

과산화나트륨 1kg의 몰수 = $\dfrac{1,000\text{g}}{78\text{g/mol}} = 12.8205\text{mol}$

과산화나트륨과 물의 반응식에서 과산화나트륨과 산소의 비는 2 : 1이므로 과산화나트륨 12.8205mol이 반응할 때 생성되는 산소의 몰수는 6.4103mol이다.

이상기체상태방정식으로 산소의 부피를 구한다.

$PV = nRT$

$V = \dfrac{nRT}{P} = \dfrac{6.4103 \times 0.082 \times 623}{1} = 327.477\text{L}$

02

다음 물질에 대하여 화학식과 지정수량을 각각 쓰시오.

(1) 과염소산
(2) 수소화칼슘
(3) 염화아세틸

정답

(1) $HClO_4$, 300kg
(2) CaH_2, 300kg
(3) CH_3COCl, 200L

상세해설

구분	유별	품명	지정수량
과염소산 ($HClO_4$)	제6류 위험물	과염소산	300kg
수소화칼슘 (CaH_2)	제3류 위험물	금속의 수소화물	300kg
염화아세틸 (CH_3COCl)	제4류 위험물	제1석유류	200L

03

[보기]는 옥외저장탱크의 외부구조 및 설비의 기준이다. 다음 물음에 답하시오.

보기
옥외저장탱크는 벽 및 바닥의 두께가 0.2m 이상이고 누수가 되지 아니하는 철근콘크리트의 수조에 넣어 보관하여야 한다. 이 경우 보유공지·통기관 및 자동계량장치는 생략할 수 있다.

(1) [보기]에 해당하는 위험물의 연소반응식을 쓰시오.
(2) [보기]에 해당하는 위험물을 저장할 경우 방유제의 설치 유무를 쓰시오.

정답

(1) $CS_2 + 3O_2 \rightarrow CO_2 + 2SO_2$
(2) 해당없음

04

다음에 주어진 위험물의 경우 옥내저장소의 바닥면적을 몇 m^2 이하로 해야 하는지 쓰시오.

(1) 염소산염류
(2) 제2석유류
(3) 유기과산화물

정답

(1) 1,000m^2
(2) 2,000m^2
(3) 1,000m^2

관련개념

옥내저장소의 바닥면적

가. 다음의 위험물을 저장하는 창고: 1,000m^2 이하
  1) 제1류 위험물 중 아염소산염류, 염소산염류, 과염소산염류, 무기과산화물, 그 밖에 지정수량이 50kg인 위험물
  2) 제3류 위험물 중 칼륨, 나트륨, 알킬알루미늄, 알킬리튬, 그 밖에 지정수량이 10kg인 위험물 및 황린
  3) 제4류 위험물 중 특수인화물, 제1석유류 및 알코올류
  4) 제5류 위험물 중 유기과산화물, 질산에스터류(질산에스테르류), 그 밖에 지정수량이 10kg인 위험물
  5) 제6류 위험물

나. 가목의 위험물 외의 위험물을 저장하는 창고: 2,000m^2 이하

다. 가목의 위험물과 나목의 위험물을 내화구조의 격벽으로 완전히 구획된 실에 각각 저장하는 창고: 1,500m^2 이하(가목의 위험물을 저장하는 실의 면적은 500m^2를 초과할 수 없음)

05

트리나이트로(니트로)페놀에 대한 다음 물음에 답하시오.

(1) 구조식을 쓰시오.
(2) 품명을 쓰시오.
(3) 지정수량(1종)을 쓰시오.

정답

(1)

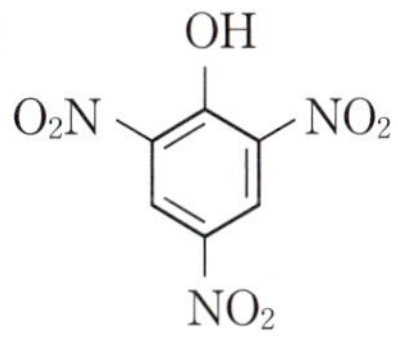

O_2N — (benzene ring with OH at top, NO_2 at top-right, NO_2 at bottom)

(2) 나이트로(니트로)화합물
(3) 10kg

관련개념

트리나이트로(니트로)페놀[$C_6H_2OH(NO_2)_3$]

- 제5류 위험물 중 나이트로화합물(니트로화합물)에 속한다.
- 피크르산, 피크린산, TNP라고도 한다.
- 구리, 아연, 납과 반응하여 피크린산염을 만들고 단독으로는 잘 폭발하지 않는다.
- 화재 발생 시 다량의 물로 소화한다.

제5류 위험물 지정수량

제5류 자기반응성 물질	• 유기과산화물 • 질산에스터류 • 나이트로화합물 • 나이트로소화합물 • 아조화합물 • 다이아조화합물 • 하이드라진 유도체 • 하이드록실아민 • 하이드록실아민염류 • 그 밖에 행정안전부령으로 정하는 것	제1종: 10kg 제2종: 100kg

06

벤젠(C_6H_6) 16g이 완전 증발 시 1atm, 90℃에서 부피는 몇 L인지 구하시오.

정답

6.11L

상세해설

벤젠(C_6H_6)의 분자량 $=(12 \times 6)+(1 \times 6)=78g/mol$

※ C의 원자량: 12, H의 원자량: 1

벤젠 16g의 몰수 $=\dfrac{16}{78}=0.2051mol$

이상기체상태방정식을 이용하여 벤젠 16g의 부피를 구한다.

$PV=nRT$

$V=\dfrac{nRT}{P}=\dfrac{0.2051 \times 0.082 \times 363}{1}=6.105L$

n(벤젠의 몰수) $=0.2051mol$

R(기체상수) $=0.082 L \cdot atm \cdot mol^{-1} \cdot K^{-1}$

T(절대온도) $=90+273=363K$

07

다음 위험물이 열분해하여 산소가 생성되는 반응식을 쓰시오. (단, 해당이 없으면 해당 없음으로 표기하시오.)

(1) 다이크로뮴(중크롬산)칼륨

(2) 과산화나트륨

(3) 질산암모늄

정답

(1) $4K_2Cr_2O_7 \rightarrow 4K_2CrO_4+2Cr_2O_3+3O_2$

(2) $2Na_2O_2 \rightarrow 2Na_2O+O_2$

(3) $2NH_4NO_3 \rightarrow 2N_2+4H_2O+O_2$

08

다음은 위험물의 저장에 관한 기준이다. ( ) 안에 들어갈 알맞은 말을 쓰시오.

> 유별을 달리하는 위험물은 동일한 저장소에 저장하지 아니하여야 한다. 다만, 옥내저장소 또는 옥외저장소에 있어서 다음의 위험물을 서로 1m 이상의 간격을 두는 경우에는 그러하지 아니하다.
> - 제1류 위험물(알칼리금속의 과산화물 또는 이를 함유한 것을 제외한다)과 (①) 위험물
> - 제1류 위험물과 (②) 위험물
> - 제2류 위험물 중 인화성 고체와 (③) 위험물
> - 제3류 위험물 중 알킬알루미늄 등과 (④) 위험물(알킬알루미늄 또는 알킬리튬을 함유한 것에 한한다)
> - (⑤) 위험물 중 유기과산화물 또는 이를 함유하는 것과 제5류 위험물 중 유기과산화물 또는 이를 함유한 것

정답

① 제5류, ② 제6류, ③ 제4류, ④ 제4류, ⑤ 제4류

관련개념

유별을 달리하는 위험물은 동일한 저장소에 저장하지 아니하여야 한다. 다만, 옥내저장소 또는 옥외저장소에 있어서 다음 규정에 의한 위험물을 저장하는 경우로서 위험물을 유별로 정리하여 저장하는 한편, 서로 1m 이상의 간격을 두는 경우에는 그러하지 아니하다.

- 제1류 위험물(알칼리금속의 과산화물 또는 이를 함유한 것을 제외)과 제5류 위험물을 저장하는 경우
- 제1류 위험물과 제6류 위험물을 저장하는 경우
- 제1류 위험물과 제3류 위험물 중 자연발화성 물질(황린 또는 이를 함유한 것에 한함)을 저장하는 경우
- 제2류 위험물 중 인화성 고체와 제4류 위험물을 저장하는 경우
- 제3류 위험물 중 알킬알루미늄 등과 제4류 위험물(알킬알루미늄 또는 알킬리튬을 함유한 것에 한한다)을 저장하는 경우
- 제4류 위험물 중 유기과산화물 또는 이를 함유하는 것과 제5류 위험물 중 유기과산화물 또는 이를 함유한 것을 저장하는 경우

09

다음 설명에 해당되는 위험물에 대한 물음에 답하시오.

- 제6류 위험물이다.
- 유독성 및 자극성, 부식성이 강한 휘발성 액체이다.
- 천, 실, 솜, 나무, 톱밥 등에 스며들고 방치하면 자연발화한다.
- 햇빛에 의해 일부 분해되어 적갈색의 연기를 낸다.
- 갈색병에 보관해야 하며, 직사광선을 차단하고 통풍이 잘 되는 찬 곳에 저장해야 한다.

(1) 해당 위험물의 산소가 발생하는 분해반응식을 쓰시오.
(2) 해당 위험물 3,000kg을 옥내저장소에 저장하는 경우 안전거리의 기준을 쓰시오. (단, 해당이 없으면 해당 없음으로 표기하시오.)

정답

(1) $4HNO_3 \rightarrow 4NO_2 + 2H_2O + O_2$
(2) 해당없음

관련개념

질산(HNO_3)

- 제6류 위험물로 지정수량은 300kg이다.
- 「위험물안전관리법령」상 비중이 1.49 이상인 것에 한하여 위험물로 본다.
- 공기 중에서 햇빛에 의해 적갈색의 연기(NO_2)를 내며 분해하므로 갈색병에 보관해야 한다.

10

제3류 위험물에 대하여 다음 표의 빈칸에 품명과 지정수량을 쓰시오.

품명	지정수량(kg)
칼륨	( )
나트륨	( )
알킬알루미늄	( )
( )	10
( )	20
알칼리금속(K, Na 제외) 및 알칼리토금속(Mg 제외)	( )
유기금속화합물	( )

정답

품명	지정수량(kg)
칼륨	(10)
나트륨	(10)
알킬알루미늄	(10)
(알킬리튬)	10
(황린)	20
알칼리금속(K, Na 제외) 및 알칼리토금속(Mg 제외)	(50)
유기금속화합물	(50)

11

다음은 「위험물안전관리법령」상 위험물 제조소의 배출설비에 대한 설명이다. ( ) 안에 알맞은 답을 쓰시오.

- 국소방식 배출설비의 배출능력은 1시간당 배출장소 용적의 (①)배 이상인 것으로 하여야 한다. 다만, 전역방식의 경우에는 바닥면적 $1m^2$당 (②)m^3 이상으로 할 수 있다.
- 배출설비의 배출구는 지상 (③)m 이상으로서 연소의 우려가 없는 장소에 설치하고, (④)가 관통하는 벽부분의 바로 가까이에 화재 시 자동으로 폐쇄되는 (⑤)를 설치할 것

정답

① 20, ② 18, ③ 2, ④ 배출덕트, ⑤ 방화댐퍼

관련개념

제조소의 배출설비 설치기준

가연성의 증기 또는 미분이 체류할 우려가 있는 건축물에는 그 증기 또는 미분을 옥외의 높은 곳으로 배출할 수 있도록 다음 각호의 기준에 의하여 배출설비를 설치하여야 한다.
1. 배출설비는 국소방식으로 하여야 한다. 다만, 다음의 하나에 해당하는 경우에는 전역방식으로 할 수 있다.
   가. 위험물취급설비가 배관이음 등으로만 된 경우
   나. 건축물의 구조·작업장소의 분포 등의 조건에 의하여 전역방식이 유효한 경우
2. 배출설비는 배풍기·배출 덕트(duct)·후드 등을 이용하여 강제적으로 배출하는 것으로 해야 한다.
3. 배출능력은 1시간당 배출장소 용적의 20배 이상인 것으로 하여야 한다. 다만, 전역방식의 경우에는 바닥면적 $1m^2$당 $18m^3$ 이상으로 할 수 있다.
4. 배출설비의 급기구 및 배출구는 다음 각목의 기준에 의하여야 한다.
   가. 급기구는 높은 곳에 설치하고, 가는 눈의 구리망 등으로 인화방지망을 설치할 것
   나. 배출구는 지상 2m 이상으로서 연소의 우려가 없는 장소에 설치하고, 배출덕트가 관통하는 벽부분의 바로 가까이에 화재 시 자동으로 폐쇄되는 방화댐퍼를 설치할 것
5. 배풍기는 강제배기방식으로 하고, 옥내 덕트의 내압이 대기압 이상이 되지 아니하는 위치에 설치하여야 한다.

12

다음 위험물의 연소반응식을 쓰시오.

(1) 오황화인(오황화린)
(2) 마그네슘
(3) 알루미늄

정답

(1) $2P_2S_5 + 15O_2 \rightarrow 2P_2O_5 + 10SO_2$
(2) $2Mg + O_2 \rightarrow 2MgO$
(3) $4Al + 3O_2 \rightarrow 2Al_2O_3$

관련개념

보기에 있는 위험물의 분류

구분	유별	품명	지정수량
오황화인 (오황화린, P_2S_5)	제2류 위험물	황화인(황화린)	100kg
마그네슘(Mg)	제2류 위험물	마그네슘	500kg
알루미늄분(Al)	제2류 위험물	금속분	500kg

13

트리에틸알루미늄에 대한 물음에 답하시오.

(1) 물과 반응하여 생성되는 기체의 명칭을 쓰시오.
(2) 물과의 반응식을 쓰시오.

정답

(1) 에탄(C_2H_6)
(2) $(C_2H_5)_3Al + 3H_2O \rightarrow Al(OH)_3 + 3C_2H_6$

관련개념

트리에틸알루미늄{$(C_2H_5)_3Al$}
- 제3류 위험물 중 알킬알루미늄으로 지정수량은 10kg이다.
- 무색, 투명한 액체로 물과 접촉하면 폭발적으로 반응하여 에탄(C_2H_6)을 발생시킨다.
- 알코올과 반응해도 에탄(C_2H_6)을 발생시킨다.
  $(C_2H_5)_3Al + 3CH_3OH \rightarrow (CH_3O)_3Al + 3C_2H_6$

14

제3류 위험물 중 다음과 같은 특징을 가지는 물질에 대한 다음 물음에 알맞은 답을 쓰시오.

- 물과 반응하지 않는다.
- 공기 중에서 반응하여 흰 연기가 발생된다.

(1) 문제에서 설명하는 물질의 명칭을 쓰시오.
(2) (1)의 물질을 저장하는 옥내저장소의 바닥면적은 몇 m^2 이하로 하여야 하는지 쓰시오.
(3) (1)의 물질이 수산화칼륨과 같은 강알칼리성 용액과 반응하면 생성되는 맹독성의 기체를 화학식으로 쓰시오.

정답

(1) 황린
(2) $1,000m^2$
(3) PH_3

관련개념

황린(P_4)

- 제3류 위험물이며 지정수량은 20kg이다.
- 물과 반응하지 않기 때문에 물속에 저장한다.
- 공기 중에서 반응하면 오산화인(P_2O_5)이라는 흰 연기가 발생한다.
- 강알칼리성 용액과 반응하여 pH 9 이상이 되면 가연성이고 독성이 있는 포스핀(PH_3) 기체가 발생한다.
  $P_4 + 3KOH + 3H_2O \rightarrow PH_3 + 3KH_2PO_2$

옥내저장소에서 바닥면적을 $1,000m^2$ 이하로 해야 하는 경우

- 제1류 위험물 중 아염소산염류, 염소산염류, 과염소산염류, 무기과산화물, 그 밖에 지정수량이 50kg인 위험물
- 제3류 위험물 중 칼륨, 나트륨, 알킬알루미늄, 알킬리튬, 그 밖에 지정수량이 10kg인 위험물 및 황린
- 제4류 위험물 중 특수인화물, 제1석유류 및 알코올류
- 제5류 위험물 중 유기과산화물, 질산에스터류(질산에스테르류), 그 밖에 지정수량이 10kg인 위험물
- 제6류 위험물

15

다음 [보기] 중 수용성인 위험물을 골라 지정수량의 배수의 합을 구하시오. (단, 수용성과 비수용성의 구분은 위험물안전관리법에서 정한 기준을 따른다.)

보기

- 아세톤: 1,200L
- 휘발유: 1,800L
- 에틸알코올: 1,600L
- 피리딘: 2,000L
- 폼산메틸: 1,200L

정답

11배

상세해설

보기 중 수용성 위험물은 아세톤(지정수량: 400L), 피리딘(지정수량: 400L), 폼산메틸(지정수량: 400L)이다.

따라서, 지정수량 배수의 합은

$\frac{1,200}{400} + \frac{2,000}{400} + \frac{1,200}{400} = 11$배

※ 에틸알코올의 경우 일반적으로 수용성이 있다고 보지만, 위험물관리법상 에틸알코올의 수용성에 대해 명확히 규정하고 있지 않으므로 배수의 총합에서 제외함

16

산화프로필렌에 대한 물음에 답하시오.

(1) 산화프로필렌의 증기비중을 구하시오.
(2) 산화프로필렌의 위험등급을 쓰시오.
(3) 보냉장치가 없는 이동저장탱크에 산화프로필렌을 저장할 경우 온도를 몇 ℃ 이하로 해야 하는지 쓰시오.

정답

(1) 2.01
(2) I등급
(3) 40℃ 이하

상세해설

(1) 산화프로필렌(CH_3CHOCH_2)의 증기비중

분자량 $=(12\times 3)+(1\times 6)+16=58$

증기비중 $=\dfrac{\text{성분 기체의 분자량}}{\text{공기의 평균분자량}}=\dfrac{58}{28.84}=2.011$

공기의 평균분자량은 문제에 주어지지 않으면 29 또는 28.84로 구한다. 실기 교재에서는 더 정확한 증기비중을 구하기 위해 공기의 평균분자량을 28.84로 계산했다.

(2) 산화프로필렌(CH_3CHOCH_2)의 위험등급
- 산화프로필렌은 제4류 위험물 중 특수인화물이다.
- 제4류 위험물 중 특수인화물은 위험등급 I이다.

(3) 산화프로필렌의 저장 시 온도
- 제4류 위험물 중 특수인화물의 아세트알데이드(아세트알데히드)·산화프로필렌 또는 이 중 어느 하나 이상을 함유하는 것을 아세트알데하이드(아세트알데히드) 등이라고 한다.
- 보냉장치가 있는 이동저장탱크에 저장하는 아세트알데하이드(아세트알데히드) 등 또는 다이에틸에터(디에틸에테르) 등의 온도는 해당 위험물의 비점 이하로 유지해야 한다.
- 보냉장치가 없는 이동저장탱크에 저장하는 아세트알데하이드(아세트알데히드) 등 또는 다이에틸에터(디에틸에테르) 등의 온도는 40℃ 이하로 유지해야 한다.

17

다음 [보기]의 물질을 각 화재별로 알맞게 구분하시오. (단, 없으면 없음으로 표기하시오.)

| 보기 |
| 일반섬유, 고무, 등유, 알코올, 나무, 종이 |

(1) A급 화재
(2) B급 화재
(3) C급 화재

정답

(1) 일반섬유, 고무, 나무, 종이
(2) 등유, 알코올
(3) 없음

관련개념 화재의 종류

구분	명칭	가연물
A급 화재	일반 화재	목재, 종이, 섬유, 석탄 등
B급 화재	유류·가스 화재	각종 유류 및 가스
C급 화재	전기 화재	전기기기, 기계, 전선 등
D급 화재	금속 화재	Mg 분말, Al 분말 등

18

다음 [보기] 중 무기과산화물을 골라 다음 물음의 물질과의 반응식을 쓰시오. (단, 해당이 없으면 해당 없음으로 표기하시오.)

| 보기 |
| KIO_3, BaO_2, NH_4NO_3, $KMnO_4$, $Pb(NO_3)_2$ |

(1) HCl
(2) O_2

정답

(1) $BaO_2+2HCl \rightarrow BaCl_2+H_2O_2$
(2) 해당없음

※ 보기 중에서 무기과산화물은 과산화바륨(BaO_2)이다.

19

[보기]에 있는 할로젠(할로겐)화합물 소화약제의 한글 명칭에 대해 다음 소화약제에 알맞은 것을 찾아 번호를 쓰시오.

보기
① 브로모트라이플루오로메탄
② 브로모클로로다이플루오로메탄
③ 트라이플루오로메탄
④ 펜타플루오로에탄
⑤ 다이브로모테트라플루오로에탄

(1) Halon1301
(2) Halon2402
(3) Halon1211
(4) HFC-23
(5) HFC-125

정답

(1) ①
(2) ⑤
(3) ②
(4) ③
(5) ④

20

다음은 「위험물안전관리법령」상 아세트알데하이드등을 취급하는 제조소 특례 기준이다. 빈칸에 들어갈 알맞은 말을 쓰시오.

- 제4류 위험물 중 특수인화물의 아세트알데하이드·(①) 또는 이 중 어느 하나 이상을 함유하는 것(이하 "아세트알데하이드등"이라 한다)
- 아세트알데하이드등을 취급하는 설비에는 연소성 혼합기체의 생성에 의한 폭발을 방지하기 위한 (②) 또는 (③)를 봉입하는 장치를 갖출 것
- 아세트알데하이드등을 취급하는 탱크(옥외에 있는 탱크 또는 옥내에 있는 탱크로서 그 용량이 지정수량의 5분의 1 미만의 것을 제외한다)에는 (④) 또는 저온을 유지하기 위한 장치(이하 "(⑤)"라 한다) 및 연소성 혼합기체의 생성에 의한 폭발을 방지하기 위한 불활성기체를 봉입하는 장치를 갖출 것. 다만, 지하에 있는 탱크가 아세트알데하이드등의 온도를 저온으로 유지할 수 있는 구조인 경우에는 (④) 및 (⑤)를 갖추지 아니할 수 있다.

정답

① 산화프로필렌 ② 불활성기체 ③ 수증기 ④ 냉각장치 ⑤ 보냉장치

관련개념 아세트알데하이드(아세트알데히드) 등을 취급하는 제조소의 특례

- 설비에 사용하는 금속의 제한: 아세트알데하이드(아세트알데히드) 등을 취급하는 설비에는 은, 수은, 동, 마그네슘 또는 이러한 것을 성분으로 하는 합금을 사용하면 해당 위험물이 금속 등과 반응해서 폭발성 화합물을 만들 우려가 있기 때문에 제한한다.
- 불활성기체 또는 수증기 봉입장치: 연소성 혼합기체의 생성에 의한 폭발을 방지하기 위한 불활성기체 또는 수증기를 봉입하는 장치를 갖추어야 한다.
- 취급 탱크: 아세트알데하이드(아세트알데히드) 등을 취급하는 탱크(옥외에 있는 탱크 또는 옥내에 있는 탱크로서 그 용량이 지정수량의 5분의 1 미만의 것을 제외함)에는 냉각장치 또는 저온을 유지하기 위한 장치(보냉장치) 및 연소성 혼합기체의 생성에 의한 폭발을 방지하기 위한 불활성기체를 봉입하는 장치를 갖추어야 한다.

2025년 3회 기출문제

2025년 11월 2일 시행

01

다음 제2류 위험물에 대하여 물음에 답하시오.

구분	화학식	물에 대한 용해성
①	P_4S_3	②
오황화인(오황화린)	③	④
칠황화인(칠황화린)	⑤	조해성

정답

① 삼황화인
② 비조해성
③ P_2S_5
④ 조해성
⑤ P_4S_7

상세해설

황화인(황화린)

- 제2류 위험물이고 지정수량은 100kg이다.
- 삼황화인(삼황화린, P_4S_3), 오황화인(오황화린, P_2S_5), 칠황화인(칠황화린, P_4S_7)이 있다.
- 삼황화인(삼황화린)은 조해성이 없지만 오황화인(오황화린), 칠황화인(칠황화린)은 조해성이 있다.

02

다음은 「위험물안전관리법령」에서 정한 소화설비의 소요단위에 관한 내용이다. 물음에 답하시오.

> - 옥내저장소이다.
> - 외벽이 내화구조이다.
> - 연면적은 150m²이다.
> - 에탄올 1,000L, 등유 1,500L, 동식물유류 20,000L, 특수인화물 500L

(1) 옥내저장소의 소요단위를 구하시오.
(2) 위의 위험물을 저장할 경우 위험물의 소요단위는 몇 단위인지 구하시오.

정답

(1) 1소요단위
(2) 1.6소요단위=2소요단위

※ 소요단위가 소수로 나온 경우 절상하여 정수로 표현하는 것이 더 정확한 표현방법입니다.

상세해설

옥내저장소의 소요단위 구하기

- 저장소의 건축물은 외벽이 내화구조인 것은 연면적 150m²를 1소요단위로 하고, 외벽이 내화구조가 아닌 것은 연면적 75m²를 1소요단위로 한다.
- 문제에서 옥내저장소이고 외벽이 내화구조이며 연면적은 150m²라고 했으므로 1소요단위이다.

위험물의 소요단위 구하기

- 위험물은 지정수량의 10배를 1소요단위로 한다.
- 에탄올(제4류 위험물 중 알코올류)의 지정수량: 400L
- 등유(제4류 위험물 중 제2석유류)의 지정수량: 1,000L
- 동식물유류(제4류 위험물 중 동식물유류)의 지정수량: 10,000L
- 특수인화물(제4류 위험물 중 특수인화물)의 지정수량: 50L
- $\dfrac{1,000}{400 \times 10} + \dfrac{1,500}{1,000 \times 10} + \dfrac{20,000}{10,000 \times 10} + \dfrac{500}{50 \times 10} = 1.6$

03

제5류 위험물인 트리나이트로(니트로)톨루엔에 대한 다음 물음에 답하시오.

(1) 시성식을 쓰시오.
(2) 트리나이트로(니트로)톨루엔 1,000kg 저장할 경우 지정수량 배수를 구하시오. (단, 1종이다.)

정답

(1) $C_6H_2CH_3(NO_2)_3$
(2) 100배

상세해설

트리나이트로(니트로)톨루엔의 지정수량은 1종이므로 10kg이다.

지정수량 배수 $= \dfrac{1,000}{10} = 100$배

04

메탄올과 에탄올의 비교에 대해 옳은 것을 골라 쓰시오.

(1) 메탄올이 에탄올보다 분자량이 (크다/작다).
(2) 메탄올이 에탄올보다 끓는점이 (높다/낮다).
(3) 메탄올이 에탄올보다 연소상한값이 (크다/작다).
(4) 메탄올이 에탄올보다 증기비중이 (크다/작다).
(5) 메탄올이 에탄올보다 발화점이 (높다/낮다).

정답

(1) 작다
(2) 낮다
(3) 크다
(4) 작다
(5) 높다

상세해설

명칭	비중	증기비중	끓는점	인화점	발화점	연소범위
메탄올 (CH_3OH)	0.791	1.1	65℃	11℃	464℃	6~36%
에탄올 (C_2H_5OH)	0.789	1.59	78.3℃	13℃	400℃	3.1~27.7%

05

「위험물안전관리법령」상 보기의 위험물을 적재할 때 차광성이 있는 피복으로 가려야 하고 방수성의 피복으로도 덮어야 하는 것을 보기에서 모두 골라 번호를 쓰시오. (단, 없으면 해당 없음이라고 쓰시오.)

① 알칼리금속의 과산화물
② 특수인화물
③ 금속분
④ 제5류 위험물
⑤ 제6류 위험물
⑥ 인화성 고체

정답

①

상세해설

위험물을 적재할 때 해야 할 조치사항

제1류 위험물 중 알칼리금속의 과산화물은 차광성이 있는 피복으로 가려야 하고, 방수성이 있는 피복으로도 덮어야 한다.

구분	내용
차광성이 있는 피복으로 가려야 하는 위험물	• 제1류 위험물 • 제3류 위험물 중 자연발화성 물질 • 제4류 위험물 중 특수인화물 • 제5류 위험물 • 제6류 위험물
방수성이 있는 피복으로 덮어야 하는 위험물	• 제1류 위험물 중 알칼리금속의 과산화물 또는 이를 함유한 것 • 제2류 위험물 중 철분·금속분·마그네슘 또는 이들 중 어느 하나 이상을 함유한 것 • 제3류 위험물 중 금수성 물질

06

다음 반응식에 대해 물음에 답하시오.

$$2(\quad) \rightarrow 2N_2 + 4H_2O + O_2$$

(1) 빈칸에 들어갈 물질의 화학식을 쓰시오.
(2) 빈칸에 들어갈 물질의 명칭을 쓰시오.
(3) 빈칸에 들어갈 물질이 물과 반응 시 흡열반응인지 발열반응인지 쓰시오.
(4) 해당 위험물을 취급하는 제조소의 표지판에 게시하여야 하는 주의사항을 쓰시오. (단, 해당사항이 없으면 "해당없음"이라고 쓰시오.)

정답

(1) NH_4NO_3
(2) 질산암모늄
(3) 흡열반응
(4) 해당없음

관련개념

질산암모늄(NH_4NO_3)
- 제1류 위험물 중 질산염류로 지정수량은 300kg이다.
- 충격을 주면 단독으로도 폭발하여 질소, 산소, 물을 발생시킨다.
  $2NH_4NO_3 \rightarrow 2N_2 + O_2 + 4H_2O$
- 물에 용해되며 흡열반응을 한다.
- 화재발생 시 물을 이용하여 소화한다.

제조소의 게시판에 표기해야 하는 주의사항
- 제1류 위험물 중 알칼리금속의 과산화물과 이를 함유한 것 또는 제3류 위험물 중 금수성 물질에 있어서는 '물기엄금'
- 제2류 위험물(인화성 고체를 제외함)에 있어서는 '화기주의'
- 제2류 위험물 중 인화성 고체, 제3류 위험물 중 자연발화성 물질, 제4류 위험물 또는 제5류 위험물에 있어서는 '화기엄금'
※ 질산암모늄은 제1류 위험물 중 질산염류에 해당하므로 표지판에 게시하여야 할 주의사항에 해당하지 않는다.

07

다음은 「위험물안전관리법령」에서 규정한 제조소에서 위험물을 저장 및 취급하는 것에 관한 기준이다. 빈칸을 채우시오.

- 위험물을 저장 또는 취급하는 건축물, 그 밖의 공작물 또는 설비는 해당 위험물의 성질에 따라 차광 또는 (①)를 실시해야 한다.
- 위험물은 온도계, 습도계, 압력계, 그 밖의 계기를 감시하여 해당 위험물의 성질에 맞는 적정한 온도, 습도 또는 (②)을 유지하도록 저장 또는 취급하여야 한다.
- 위험물을 용기에 수납하여 저장 또는 취급할 때에는 그 용기는 해당 위험물의 성질에 적응하고 파손, (③), 균열 등이 없는 것으로 하여야 한다.
- (④)의 액체, 증기 또는 가스가 새거나 체류할 우려가 있는 장소 또는 (④)의 미분이 현저하게 부유할 우려가 있는 장소에서는 전선과 전기기구를 완전히 접속하고 불꽃을 발하는 기계·기구·공구·신발 등을 사용하지 아니하여야 한다.
- 위험물을 (⑤) 중에 보존하는 경우에는 해당 위험물이 보호액으로부터 노출되지 아니하도록 하여야 한다.

정답

① 환기 ② 압력 ③ 부식 ④ 가연성 ⑤ 보호액

관련개념

제조소 등에서의 위험물의 저장 및 취급에 관한 규정은 「위험물안전관리법 시행규칙」 별표 18에 규정되어 있고, 별표 18에 있는 내용이 그대로 괄호 넣기로 출제된 문제이다.

08

알루미늄에 대한 다음 각 물음에 답하시오.

(1) 알루미늄의 산화반응식을 쓰시오.
(2) 알루미늄과 염산의 반응식을 쓰시오.
(3) 알루미늄과 물의 반응식을 쓰시오.

정답

(1) $4Al + 3O_2 \rightarrow 2Al_2O_3$
(2) $2Al + 6HCl \rightarrow 2AlCl_3 + 3H_2$
(3) $2Al + 6H_2O \rightarrow 2Al(OH)_3 + 3H_2$

09

다음 [보기]의 위험물 중 인화점이 21℃ 이상 70℃ 미만이고, 수용성인 것을 모두 골라 쓰시오.

보기
메틸알코올, 아세트산, 글리세린, 나이트로벤젠(니트로벤젠), 포름산

정답

아세트산, 포름산

상세해설 보기에 있는 제4류 위험물의 분류

구분	품명	인화점	수용성 여부
메틸알코올	알코올류	11℃	수용성
아세트산	제2석유류	39℃	수용성
글리세린	제3석유류	160℃	수용성
나이트로벤젠(니트로벤젠)	제3석유류	88℃	비수용성
포름산	제2석유류	55℃	수용성

관련개념

제2석유류의 정의

제2석유류는 1atm에서 인화점이 21℃ 이상 70℃ 미만인 것이다. 문제의 조건에 제시된 인화점 범위는 제2석유류에 해당되므로 이 문제는 제2석유류 중 수용성 물질을 고르라는 것이다.

10

다음 지정수량의 배수에 따른 제조소의 보유공지를 각각 쓰시오. (단, 「위험물안전관리법령」의 기준을 따른다.)

(1) 1배 (2) 5배
(3) 10배 (4) 20배
(5) 200배

정답

(1) 3m 이상, (2) 3m 이상, (3) 3m 이상, (4) 5m 이상, (5) 5m 이상

관련개념

제조소의 보유공지

취급하는 위험물의 최대수량	보유공지의 너비
지정수량의 10배 이하	3m 이상
지정수량의 10배 초과	5m 이상

11

다음 [보기] 중 황린에 대한 설명으로 옳은 것을 모두 골라 번호를 쓰시오.

보기
① 물에 녹는다.
② 연소하면 유독성의 포스핀 가스가 발생한다.
③ 증기의 경우 비중이 공기보다 가볍다.
④ 무색, 무취의 투명한 고체이다.
⑤ 공기를 차단하고 가열하면 적린이 발생할 수 있다.

정답

⑤

관련개념

황린(P_4)

- 백색 또는 담황색의 자연발화성 고체이다.
- 착화점 34℃, 비점 280℃, 비중 1.83, 증기비중 4.4
- 포스핀(PH_3)의 생성을 막기 위해서 pH=9(약알칼리) 정도의 물속에 저장하며 보호액이 증발되지 않도록 한다.
- 벤젠, 알코올에는 일부 용해하고, 이황화탄소(CS_2), 삼염화린, 염화황에는 잘 녹는다.
- 증기는 공기보다 무겁고 자극적이며 맹독성인 물질이다.
- 강알칼리 용액과 반응하면 유독성의 포스핀 가스(PH_3)를 발생한다.
- 공기를 차단하고 260℃로 가열하면 적린이 된다.
- 황린이 연소하면 오산화인(오산화린)이 생성된다.

$$P_4 + 5O_2 \rightarrow 2P_2O_5$$

12

「위험물안전관리법령」상 동식물유류에 대해 다음 물음에 답하시오.

(1) 요오드값의 정의를 쓰시오.
(2) 동식물유류의 요오드값에 따른 분류와 범위를 쓰시오.

정답

(1) 요오드가(값): 유지 100g에 부가(첨가)되는 아이오딘(요오드, I_2)의 g수
(2) 건성유: 요오드값이 130 이상인 것
 반건성유: 요오드값이 100~130인 것
 불건성유: 요오드값이 100 이하인 것

관련개념

동식물유류는 요오드값에 따라서 건성유, 반건성유, 불건성유로 나뉜다.
- 건성유: 요오드값이 130 이상인 것
 예 해바라기기름, 동유, 정어리기름, 아마인유(아마씨유), 들기름, 대구유, 상어유(요오드값: 아마인유>해바라기유)
- 반건성유: 요오드값이 100~130인 것
 예 채종유, 면실유(목화씨유), 참기름, 옥수수기름, 콩기름, 쌀겨기름, 청어유 등
- 불건성유: 요오드값이 100 이하인 것
 예 땅콩기름, 야자유, 소기름, 고래기름, 피마자유, 올리브유

13

제조소 등에 설치하는 배출설비에 대하여 배출장소의 용적이 100m³일 경우 국소방출방식의 배출설비의 1시간당 배출능력을 구하시오.

정답

2,000m³/hr 이상

상세설명

제조소 등에 설치하는 배출설비의 배출능력은 1시간당 배출장소 용적의 20배 이상인 것으로 하여야 한다. 다만, 전역방식의 경우에는 바닥면적 1m²당 18m² 이상으로 할 수 있다.
100m³/hr × 20 = 2,000m³/hr

14

다음 위험물에 대한 물음에 답하시오.

- 분자량은 34이다.
- 표백 및 살균작용을 한다.
- 물, 알코올에 녹고 분해 방지를 위해 안정제를 사용한다.
- 저장용기는 밀봉하지 않고 구멍이 있는 마개를 사용하여야 한다.

(1) 해당 위험물의 시성식을 쓰시오.
(2) 해당 위험물의 분해반응식을 쓰시오.
(3) 해당 위험물이 분해하면 발생하는 기체의 명칭을 쓰시오.
(4) 해당 위험물을 운반하는 경우 운반용기 외부에 표시하여야 할 주의사항을 쓰시오.

정답

(1) H_2O_2
(2) $2H_2O_2 \rightarrow 2H_2O + O_2$
(3) 산소
(4) 가연물접촉주의

상세해설

과산화수소(H_2O_2)

- 제6류 위험물로 지정수량은 300kg이다.
- 농도가 36wt% 이상인 것이 위험물에 속한다.
- 저장용기 마개는 구멍 뚫린 마개 사용하며, 환기가 잘 되는 냉암소에 저장하여 용기의 내압 상승을 방지한다.
- 직사일광에 의한 분해 방지하기 위해 갈색의 차광성 착색병에 보관하여야 한다.
- 안정제로는 인산(H_3PO_4), 요산($C_5H_4N_4O_3$)이 있다.
- 표백 및 살균작용을 한다.
- 분해반응식: $2H_2O_2 \rightarrow 2H_2O + O_2$
- 운반용기 외부에 '가연물접촉주의'를 표시해야 한다.

15

다음은 「위험물안전관리법령」에 따른 자체소방대에 관한 내용이다. 물음에 알맞은 답을 쓰시오.

(1) 자체소방대를 두어야 하는 경우를 [보기]에서 모두 고르시오.

> **보기**
> ① 염소산염류 250톤 제조소
> ② 염소산염류 250톤 일반취급소
> ③ 특수인화물 250kL 제조소
> ④ 특수인화물 250kL를 충전하는 일반취급소

(2) 자체소방대에 두는 화학소방자동차 1대당 필요한 소방대원 인원수는 몇 명인지 쓰시오.

(3) 다음 중 틀린 것을 고르시오. (단, 없으면 없음이라고 표기하시오.)

> **보기**
> ① 다른 사업소 등과 상호응원에 관한 협정을 체결한 경우 그 모든 사업소를 하나의 사업소로 본다.
> ② 포수용액 방사차에는 소화약액탱크 및 소화약액혼합장치를 비치해야 한다.
> ③ 포수용액을 방사하는 화학소방자동차는 화학소방자동차의 대수의 2/3 이상이어야 하고 포수용액의 방사능력은 매분 3,000L 이상이어야 한다.
> ④ 포수용액 방사차에는 10만L 이상의 포수용액을 방사할 수 있는 양의 소화약제를 비치해야 한다.

(4) 자체소방대를 설치하지 않을 경우 어떤 처벌을 받는지 쓰시오.

정답

(1) ③
(2) 5명
(3) ③
(4) 1년 이하의 징역 또는 1천만 원 이하의 벌금

상세해설

자체소방대를 두어야 하는 경우

제조소 또는 일반취급소에서 취급하는 제4류 위험물의 최대수량의 합이 지정수량의 3천 배 이상인 경우 자체소방대를 두어야 한다.
제시된 보기에서 염소산염류는 제1류 위험물이기 때문에 염소산염류를 취급하는 제조소 또는 일반취급소는 자체소방대를 두지 않아도 된다.
특수인화물은 지정수량이 50L이기 때문에 250kL는 지정수량의 5,000배이므로 특수인화물 250kL를 취급하는 제조소 또는 일반취급소는 자체소방대를 두어야 한다. 다만, ④번의 경우 「위험물안전관리법 시행규칙」 제73조에서 이동저장탱크, 그 밖에 이와 유사한 것에 위험물을 주입하는 일반취급소는 자체소방대의 설치대상에서 제외된다고 명시되어 있기 때문에 자체소방대 설치대상에서 제외된다.

자체소방대에 두어야 하는 화학소방자동차와 자체소방대원의 수

사업소의 구분	화학소방자동차	자체소방대원의 수
제조소 또는 일반취급소에서 취급하는 제4류 위험물의 최대수량의 합이 지정수량의 3천 배 이상 12만 배 미만인 사업소	1대	5인
제조소 또는 일반취급소에서 취급하는 제4류 위험물의 최대수량의 합이 지정수량의 12만 배 이상 24만 배 미만인 사업소	2대	10인
제조소 또는 일반취급소에서 취급하는 제4류 위험물의 최대수량의 합이 지정수량의 24만 배 이상 48만 배 미만인 사업소	3대	15인
제조소 또는 일반취급소에서 취급하는 제4류 위험물의 최대수량의 합이 지정수량의 48만 배 이상인 사업소	4대	20인
옥외탱크저장소에 저장하는 제4류 위험물의 최대수량이 지정수량의 50만 배 이상인 사업소	2대	10인

화학소방자동차 중 포수용액 방사차가 갖추어야 할 기준

- 포수용액의 방사능력이 매분 2,000L 이상이어야 한다.
- 소화약액탱크 및 소화약액혼합장치를 비치해야 한다.
- 10만L 이상의 포수용액을 방사할 수 있는 양의 소화약제를 비치해야 한다.

벌칙

자체소방대를 두지 아니한 관계인은 1년 이하의 징역 또는 1천만 원 이하의 벌금에 처한다.(「위험물안전관리법」 제35조)

16

다음 소화약제의 1차 열분해 반응식을 쓰시오.

(1) 제1종 분말 소화약제
(2) 제2종 분말 소화약제

정답

(1) $2NaHCO_3 \rightarrow Na_2CO_3 + CO_2 + H_2O$
(2) $2KHCO_3 \rightarrow K_2CO_3 + CO_2 + H_2O$

관련개념

분말 소화약제의 열분해 반응식

종별	열분해 반응식
제1종 분말	$2NaHCO_3 \rightarrow Na_2CO_3 + CO_2 + H_2O$
제2종 분말	$2KHCO_3 \rightarrow K_2CO_3 + CO_2 + H_2O$
제3종 분말	$NH_4H_2PO_4 \rightarrow NH_3 + HPO_3 + H_2O$
제4종 분말	$2KHCO_3 + (NH_2)_2CO \rightarrow K_2CO_3 + 2NH_3 + 2CO_2$

17

다음은 제1류 위험물인 염소산칼륨에 대한 내용이다. 물음에 답하시오.

(1) 화학식을 쓰시오.
(2) 지정수량을 쓰시오.
(3) 완전분해반응식을 쓰시오.
(4) 분해시 발생하는 기체의 명칭을 쓰시오.

정답

(1) $KClO_3$
(2) 50kg
(3) $2KClO_3 \rightarrow 2KCl + 3O_2$
(4) 산소

18

인화성액체 위험물 옥외탱크저장소의 탱크 주위에는 방유제를 설치해야 한다. 이 방유제에 대한 다음 물음에 답하시오. (단, 이황화탄소는 제외한다.)

(1) 방유제 내의 면적은 몇 m^2 이하로 해야 하는지 쓰시오.
(2) 어떤 경우에 방유제 내의 옥외저장탱크의 개수에 제한을 두지 않을 수 있는지 쓰시오. (단, 인화점을 중심으로 쓰시오.)
(3) 방유제 내에 제1석유류를 저장하는 모든 옥외저장탱크의 용량이 15만L일 경우 옥외저장탱크는 최대 몇 기까지 설치할 수 있는지 쓰시오.

정답

(1) 8만m^2
(2) 인화점이 200℃ 이상인 위험물을 저장 또는 취급하는 경우
(3) 10기

상세해설

(1) **방유제 내의 면적**

방유제 내의 면적은 8만m^2 이하로 해야 한다.

(2) **방유제 내의 옥외저장탱크의 개수**

방유제 내의 옥외저장탱크의 개수는 10기 이하 또는 20기 이하로 해야 한다. 하지만 인화점이 200℃ 이상인 위험물을 저장 또는 취급하는 옥외저장탱크에 있어서는 옥외저장탱크의 개수에 제한을 두지 않을 수 있다.

(3) **방유제 내에 제1석유류를 15만L 저장할 경우**

방유제 내에 설치하는 옥외저장탱크의 기본적인 개수는 10기 이하이다. 예외조항으로는 방유제 내에 설치하는 모든 옥외저장탱크의 용량이 20만L 이하이고, 저장 또는 취급하는 위험물의 인화점이 70℃ 이상 200℃ 미만인 경우에는 20기 이하로 할 수 있다.

문제의 조건을 보면 용량은 예외조항에 충족되지만 제1석유류(인화점이 21℃ 미만)로 인화점 기준이 예외조항에 충족되지 않기 때문에 옥외저장탱크는 최대 10기까지 설치할 수 있다.

19

다음 위험물에 적응성이 있는 소화설비를 [보기]에서 모두 찾아 쓰시오. (단, 없으면 해당 없음으로 표기하시오.)

―| 보기 |―――――――――――――――――――
옥내소화전설비, 옥외소화전설비,
불활성가스소화설비, 스프링클러소화설비
――――――――――――――――――――――

(1) 과산화나트륨
(2) 철분
(3) 인화성고체
(4) 탄화칼슘
(5) 과산화수소

정답

(1) 해당 없음
(2) 해당 없음
(3) 옥내소화전설비, 옥외소화전설비, 불활성가스소화설비, 스프링클러소화설비
(4) 해당 없음
(5) 옥내소화전설비, 옥외소화전설비, 스프링클러소화설비

상세해설

(1) 과산화나트륨: 제1류 위험물 알칼리금속 과산화물
(2) 철분: 제2류 위험물 철분
(3) 인화성고체: 제2류 위험물 인화성고체
(4) 탄화칼슘: 제3류 위험물 금수성물질
(5) 과산화수소: 제6류 위험물

소화설비의 구분			건축물·그 밖의 공작물	전기설비	제1류 위험물		제2류 위험물			제3류 위험물		제4류 위험물	제5류 위험물	제6류 위험물
					알칼리금속과산화물등	그 밖의 것	철분·금속분·마그네슘등	인화성고체	그 밖의 것	금수성물질	그 밖의 것			
옥내소화전 또는 옥외소화전설비			○			○		○	○		○		○	○
스프링클러설비			○			○		○	○		△	○	○
물분무등소화설비	물분무소화설비		○	○		○		○	○		○	○	○
	포소화설비		○			○		○	○		○	○	○
	불활성가스소화설비			○				○			○		
	할로젠화합물소화설비			○				○			○		
	분말소화설비	인산염류등	○	○		○		○	○			○	○
		탄산수소염류등		○	○		○	○		○		○	
		그 밖의 것			○		○			○			

20

제3류 위험물인 트리에틸알루미늄과 트리메틸알루미늄에 대한 물음에 답하시오.

(1) 트리메틸알루미늄과 물의 반응식을 쓰시오.
(2) 트리메틸알루미늄의 완전연소반응식을 쓰시오.
(3) 트리에틸알루미늄과 물의 반응식을 쓰시오.
(4) 트리에틸알루미늄의 완전연소반응식을 쓰시오.

정답

(1) $(CH_3)_3Al + 3H_2O \rightarrow Al(OH)_3 + 3CH_4$
(2) $2(CH_3)_3Al + 12O_2 \rightarrow Al_2O_3 + 6CO_2 + 9H_2O$
(3) $(C_2H_5)_3Al + 3H_2O \rightarrow Al(OH)_3 + 3C_2H_6$
(4) $2(C_2H_5)_3Al + 21O_2 \rightarrow Al_2O_3 + 12CO_2 + 15H_2O$

2024년 1회 기출문제

2024년 4월 27일 시행

01

과산화벤조일에 대해 다음 물음에 답하시오.

(1) 구조식을 그리시오.
(2) 위험등급을 쓰시오.
(3) 옥내저장소에 저장 시 옥내저장소의 바닥면적(m^2)은 얼마 이하인지 쓰시오.

정답

(1)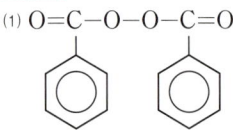
O=C-O-O-C=O (벤젠고리 2개)

(2) I등급
(3) 1,000m^2 이하

관련개념

옥내저장소의 바닥면적을 1,000m^2 이하로 해야 하는 위험물
- 제1류 위험물 중 아염소산염류, 염소산염류, 과염소산염류, 무기과산화물, 그 밖에 지정수량이 50kg인 위험물
- 제3류 위험물 중 칼륨, 나트륨, 알킬알루미늄, 알킬리튬, 그 밖에 지정수량이 10kg인 위험물 및 황린
- 제4류 위험물 중 특수인화물, 제1석유류 및 알코올류
- 제5류 위험물 중 유기과산화물, 질산에스터류(질산에스테르류), 그 밖에 지정수량이 10kg인 위험물
- 제6류 위험물

02

다음 반응에서 생성되는 유독가스의 명칭을 쓰시오. (단, 해당 사항이 없으면 해당 없음이라고 쓰시오.)

(1) 아염소산나트륨과 염산의 반응
(2) 염소산칼륨과 황산의 반응
(3) 과산화칼륨과 물의 반응
(4) 질산칼륨과 물의 반응
(5) 질산암모늄과 물의 반응

정답

(1) 이산화염소(ClO_2)
(2) 이산화염소(ClO_2)
(3) 해당 없음
(4) 해당 없음
(5) 해당 없음

상세해설

(1) $3NaClO_2 + 2HCl \rightarrow 3NaCl + 2ClO_2 + H_2O_2$
(2) $6KClO_3 + 3H_2SO_4 \rightarrow 3K_2SO_4 + 4ClO_2 + 2H_2O + 2HClO_4$
(3) $2K_2O_2 + 2H_2O \rightarrow 4KOH + O_2 \uparrow$
(4) 질산칼륨(KNO_3)은 물에 녹는다.
(5) 질산암모늄(NH_4NO_3)은 물에 녹는다.

03

제2류 위험물인 알루미늄에 대하여 다음 물음에 답하시오.

(1) 알루미늄과 물의 반응식을 쓰시오.
(2) 알루미늄과 물의 반응으로 생성되는 기체의 연소반응식을 쓰시오.
(3) 알루미늄과 물의 반응으로 생성되는 기체의 위험도를 구하시오.

정답

(1) $2Al + 6H_2O \rightarrow 2Al(OH)_3 + 3H_2\uparrow$
(2) $2H_2 + O_2 \rightarrow 2H_2O$
(3) $\dfrac{(75-4)}{4} = 17.75$

상세해설

수소(H_2)의 위험도 구하기

수소의 연소범위는 4~75vol%이다.

위험도 $= \dfrac{\text{연소상한 값} - \text{연소하한 값}}{\text{연소하한 값}} = \dfrac{(75-4)}{4} = 17.75$

관련개념

알루미늄분(Al)

- 제2류 위험물 중 금속분류에 해당되며 지정수량은 500kg이다.
- 염산과 반응하여 수소를 발생시킨다.
  $2Al + 6HCl \rightarrow 2AlCl_3 + 3H_2\uparrow$
- 물(수증기)과 반응하여 수소를 발생시킨다.
  $2Al + 6H_2O \rightarrow 2Al(OH)_3 + 3H_2\uparrow$

04

다음 [보기]에 있는 동식물유류를 요오드값에 따라 건성유, 반건성유, 불건성유로 각각 분류하여 쓰시오.

┤보기├

① 야자유　② 실린더유　③ 들기름
④ 동유　　⑤ 기어유　　⑥ 올리브유

정답

(1) 건성유: ③, ④
(2) 반건성유: 없음
(3) 불건성유: ①, ⑥

상세해설

동식물유류는 요오드값에 따라서 건성유, 반건성유, 불건성유로 나뉜다.

- 건성유(요오드값이 130 이상): 해바라기기름, 동유, 정어리기름, 아마인유(아마씨유), 들기름, 대구유, 상어유 등
- 반건성유(요오드값이 100~130): 채종유, 면실유(목화씨유), 참기름, 옥수수기름, 콩기름, 쌀겨기름, 청어유 등
- 불건성유(요오드값이 100 이하): 땅콩기름, 야자유, 소기름, 고래기름, 피마자유, 올리브유

※ 기어유, 실린더유는 제4석유류에 해당한다.

05

제3류 위험물인 트리에틸알루미늄의 (1) 연소반응식과 (2) 물과의 반응식을 쓰시오.

정답

(1) $2(C_2H_5)_3Al + 21O_2 \rightarrow Al_2O_3 + 12CO_2 + 15H_2O$
(2) $(C_2H_5)_3Al + 3H_2O \rightarrow Al(OH)_3 + 3C_2H_6$

관련개념

트리에틸알루미늄[$(C_2H_5)_3Al$]

- 제3류 위험물 중 알킬알루미늄으로 지정수량은 10kg이다.
- 무색, 투명한 액체로 물 또는 에탄올과 접촉하면 폭발적으로 반응하여 에탄(C_2H_6)을 발생시킨다.
- 물보다 가벼우며 자극적인 냄새와 독성이 있다.

06

다음은 「위험물안전관리법령」상 옥외탱크저장소 중 지중탱크에 대한 기준이다. 다음 물음에 답하시오. (단, 인화점 10℃인 제4류 위험물이다.)

| 보기 |
- 내경 100m
- 높이 20m

(1) 옥외탱크저장소가 보유하는 부지의 경계선에서 지중탱크의 지반면의 옆판까지 사이의 거리(m)를 구하시오. (단, 계산과정을 포함하여 쓰시오.)
(2) 지중탱크 주위에 보유해야 할 보유공지 너비(m)를 구하시오. (단, 계산과정을 포함하여 쓰시오.)

정답

(1) ① 계산과정
옥외탱크저장소가 보유하는 부지의 경계선에서 지중탱크의 지반면의 옆판까지 사이의 거리는 지중탱크의 밑판표면에서 지반면까지 높이의 수치(20m)이고 인화점이 10℃라는 조건을 고려할 때, 아래와 같다.
부지의 경계선에서 지중탱크의 지반면의 옆판까지 사이의 거리＝해당 지중탱크 수평단면의 안지름의 수치(100m)×0.5＝50m 또는 규정상 50m 중 큰 것과 동일한 거리를 유지해야 하므로 50m이다.
② 답: 50m 이상

(2) ① 계산과정
지중탱크 주위에 보유해야 할 보유공지 너비＝지중탱크 수평단면의 안지름의 수치(100m)×0.5＝50m 또는 지중탱크의 밑판표면에서 지반면까지 높이(20m)의 수치 중 큰 것과 동일한 거리를 유지해야 하므로 50m이다.
② 답: 50m 이상

관련개념

지중탱크의 보유거리 및 보유공지 너비의 기준
- 지중탱크의 옥외탱크저장소의 위치는 Ⅰ의 규정에 의하는 것 외에 해당 옥외탱크저장소가 보유하는 부지의 경계선에서 지중탱크의 지반면의 옆판까지의 사이에, 해당 지중탱크 수평단면의 안지름의 수치에 0.5를 곱하여 얻은 수치(해당 수치가 지중탱크의 밑판표면에서 지반면까지 높이의 수치보다 작은 경우에는 해당 높이의 수치) 또는 50m(해당 지중탱크에 저장 또는 취급하는 위험물의 인화점이 21℃ 이상 70℃ 미만의 경우에 있어서는 40m, 70℃ 이상의 경우에 있어서는 30m) 중 큰 것과 동일한 거리 이상의 거리를 유지할 것
- 지중탱크(위험물을 이송하기 위한 배관 그 밖의 이에 준하는 공작물을 제외한다)의 주위에는 해당 지중탱크 수평단면의 안지름의 수치에 0.5를 곱하여 얻은 수치 또는 지중탱크의 밑판표면에서 지반면까지 높이의 수치 중 큰 것과 동일한 거리 이상의 너비의 공지를 보유할 것

07

다음 [보기]의 위험물에서 지정수량의 단위가 L인 것 중 지정수량이 큰 것부터 작은 것 순으로 쓰시오.

| 보기 |
하이드라진(히드라진), 글리세린, 클로로벤젠, 다이나이트로(디니트로)아닐린, 피크르산, 피리딘

정답

글리세린, 하이드라진(히드라진), 클로로벤젠, 피리딘

상세해설

구분	유별	품명	지정수량
하이드라진(히드라진)	제4류 위험물	제2석유류	2,000L
글리세린	제4류 위험물	제3석유류	4,000L
클로로벤젠	제4류 위험물	제2석유류	1,000L
다이나이트로(디니트로)아닐린	제5류 위험물	나이트로(니트로)화합물	–
피크르산	제5류 위험물	나이트로(니트로)화합물	–
피리딘	제4류 위험물	제1석유류	400L

08

다음 [보기]에 주어진 위험물을 인화점이 낮은 것부터 큰 것 순서대로 나열하시오. (단, 인화점이 없는 위험물은 제외하시오.)

| 보기 |
① 아세트산 ② 나이트로(니트로)셀룰로오스
③ 벤젠 ④ 아세트알데하이드(알데히드)
⑤ 과염소산

정답

④, ③, ②, ①

관련개념

인화점
- 아세트산: 40℃
- 나이트로(니트로)셀룰로오스: 12℃
- 벤젠: −11℃
- 아세트알데하이드(알데히드): −39℃
- 과염소산: 불연성이므로 제외

09

다음 설명에 해당되는 위험물에 대한 물음에 답하시오.

┤ 보기 ├
- 담황색의 결정이며 분자량이 227이다.
- 폭약을 만드는 데 사용된다.
- 물에 녹지 않는다.
- 알코올, 벤젠, 아세톤에 녹는다.

(1) 해당 위험물의 구조식을 쓰시오.
(2) 해당 위험물의 운반용기 외부에 표기해야 하는 주의사항을 모두 쓰시오.
(3) 해당 위험물의 제조소등의 표지판에 표기해야 하는 주의사항을 쓰시오.

정답

(1)
$$\underset{\underset{NO_2}{}}{\underset{}{O_2N}}\diagdown\hspace{-0.3em}\bigcirc\hspace{-0.3em}\diagup\overset{CH_3}{\underset{}{}}NO_2$$

(구조식: 2,4,6-트리니트로톨루엔, 벤젠고리에 CH_3, 그리고 NO_2 3개가 결합)

(2) 화기엄금, 충격주의
(3) 화기엄금

상세해설

트리나이트로(니트로)톨루엔은 제5류 위험물 중 나이트로화합물(니트로화합물)에 해당한다.

위험물 운반용기 외부에 표기해야 하는 주의사항
- 제1류 위험물 중 알칼리금속의 과산화물 또는 이를 함유한 것에 있어서는 '화기·충격주의', '물기엄금' 및 '가연물 접촉주의', 그 밖의 것에 있어서는 '화기·충격주의' 및 '가연물 접촉주의'
- 제2류 위험물 중 철분·금속분·마그네슘 또는 이들 중 어느 하나 이상을 함유한 것에 있어서는 '화기주의' 및 '물기엄금', 인화성 고체에 있어서는 '화기엄금', 그 밖의 것에 있어서는 '화기주의'
- 제3류 위험물 중 자연발화성 물질에 있어서는 '화기엄금' 및 '공기접촉엄금', 금수성 물질에 있어서는 '물기엄금'
- 제4류 위험물에 있어서는 '화기엄금'
- 제5류 위험물에 있어서는 '화기엄금' 및 '충격주의'
- 제6류 위험물에 있어서는 '가연물 접촉주의'

제조소의 게시판에 표기해야 하는 주의사항
- 제1류 위험물 중 알칼리금속의 과산화물과 이를 함유한 것 또는 제3류 위험물 중 금수성 물질에 있어서는 '물기엄금'
- 제2류 위험물(인화성 고체를 제외함)에 있어서는 '화기주의'
- 제2류 위험물 중 인화성 고체, 제3류 위험물 중 자연발화성 물질, 제4류 위험물 또는 제5류 위험물에 있어서는 '화기엄금'

※ 위험물의 운반용기 외부에 표기해야 하는 주의사항과 위험물을 취급하는 제조소의 게시판에 표기해야 하는 주의사항은 다르다.

10

다음 주어진 [보기] 중 소화난이도등급 I에 해당하는 것을 모두 골라 기호로 쓰시오.

┤ 보기 ├
① 지하탱크저장소
② 연면적 $1,000m^2$인 제조소
③ 처마 높이 6m인 옥내저장소
④ 제2종 판매취급소
⑤ 간이탱크저장소
⑥ 이송취급소
⑦ 이동탱크저장소

정답

②, ③, ⑥

상세해설
- 지하탱크저장소: 소화난이도등급 Ⅲ
- 제2종 판매취급소: 소화난이도등급 Ⅱ
- 간이탱크저장소: 소화난이도등급 Ⅲ
- 이동탱크저장소: 소화난이도등급 Ⅲ

11

제4류 위험물인 특수인화물 중 물속에 저장하는 위험물에 대하여 다음 물음에 답하시오.

(1) 이 물질이 연소 시 생성되는 유독성의 물질을 화학식으로 쓰시오.
(2) 이 물질의 증기비중을 구하시오.
(3) 이 물질을 옥외저장탱크에 저장할 경우 철근콘크리트 수조의 두께는 몇 m 이상으로 하여야 하는지 쓰시오.

정답

(1) SO_2
(2) 2.64
(3) 0.2m

관련개념

이황화탄소(CS_2)

- 제4류 위험물 중 특수인화물에 해당되며 지정수량은 50L이다.
- 가연성 증기의 발생을 억제하기 위하여 용기나 탱크에 저장할 때에는 물속에 저장한다.
- 연소하면 자극성이 강한 유독가스인 이산화황(SO_2)을 발생한다.
  $CS_2 + 3O_2 \rightarrow CO_2 + 2SO_2 \uparrow$
- 이황화탄소의 옥외저장탱크는 벽 및 바닥의 두께가 0.2m 이상이고 누수가 되지 아니하는 철근콘크리트의 수조에 넣어 보관하여야 한다.

상세해설

이황화탄소의 증기비중 구하기

증기비중 = $\dfrac{해당\ 기체의\ 분자량}{공기의\ 평균분자량}$ = $\dfrac{76}{28.84}$ = 2.635

이황화탄소의 분자량 = $12 + (32 \times 2) = 76$ g/mol

※ C의 원자량: 12, S의 원자량: 32
※ 공기의 평균분자량은 28.84 또는 29로 계산해도 모두 정답 처리된다.

12

다음 [보기] 중에서 염산과 반응하여 제6류 위험물을 생성하는 물질이 물과 반응하는 반응식을 쓰시오.

---보기---
과염소산암모늄, 과망가니즈산칼륨(과망간산칼륨),
과산화나트륨, 마그네슘
---

(1) 제6류 위험물을 생성하는 물질
(2) 물과 반응하는 반응식

정답

(1) 과산화나트륨
(2) $2Na_2O_2 + 2H_2O \rightarrow 4NaOH + O_2 \uparrow$

관련개념

과산화나트륨(Na_2O_2)

- 제1류 위험물 중 무기과산화물로 지정수량은 50kg이다.
- 산과 반응하면 제6류 위험물인 과산화수소를 발생시킨다.
  $Na_2O_2 + 2HCl \rightarrow H_2O_2 + 2NaCl$
- 상온에서도 물과 격렬하게 반응하며 많은 열과 함께 산소를 방출시킨다.
  $2Na_2O_2 + 2H_2O \rightarrow 4NaOH + O_2 \uparrow$

13

다음 표는 지정수량 $\frac{1}{10}$ 이상의 위험물에 대하여 적용하는 유별을 달리하는 위험물의 혼재 기준이다. 혼재가 되는 것은 ○, 혼재가 불가능한 것은 ×를 하시오.

구분	제1류	제2류	제3류	제4류	제5류	제6류
제1류						
제2류						
제3류						
제4류						
제5류						
제6류						

정답

혼재 가능 위험물

구분	제1류	제2류	제3류	제4류	제5류	제6류
제1류		×	×	×	×	○
제2류	×		×	○	○	×
제3류	×	×		○	×	×
제4류	×	○	○		○	×
제5류	×	○	×	○		×
제6류	○	×	×	×	×	

14

톨루엔을 저장하기 위한 옥외저장탱크저장소를 설치하고자 한다. 용량이 50만L, 30만L, 20만L 각각 1기씩 저장할 경우, 방유제의 용량(m^3)을 구하시오.

정답

$550m^3$

상세해설

방유제의 용량은 방유제 안에 설치된 탱크가 2기 이상인 때에는 그 탱크 중 용량이 최대인 것의 용량의 110% 이상이므로 50만L×1.1=55만L=$550m^3$ 이상이다.

관련개념

방유제는 위험물 탱크가 흘러넘쳤을 때 외부확산을 방지하기 위한 둑으로 옥외탱크저장소 방유제의 설치기준은 다음과 같다.

- 재질: 철근콘크리트
- 높이: 0.5m 이상 3m 이하
- 두께: 0.2m 이상
- 지하매설깊이: 1m 이상
- 계단: 방유제의 높이가 1m를 넘을 경우 50m 간격으로 설치
- 면적: 80,000m^2 이하
- 방유제 내에 설치하는 옥외저장탱크의 수: 10(방유제 내에 설치하는 모든 옥외저장탱크의 용량이 20만L 이하이고, 해당 옥외저장탱크에 저장 또는 취급하는 위험물의 인화점이 70℃ 이상 200℃ 미만인 경우에는 20) 이하로 할 것. 하지만 인화점이 200℃ 이상인 위험물을 저장 또는 취급하는 옥외저장탱크에 있어서는 옥외저장탱크의 개수에 제한을 두지 않을 수 있음
- 방유제의 용량: 방유제 안에 설치된 탱크가 하나인 때에는 그 탱크 용량의 110% 이상, 2기 이상인 때에는 용량이 최대인 것의 용량의 110% 이상으로 함

15

탄화알루미늄이 물과 반응하여 생성되는 기체에 대하여 다음 물음에 답하시오.

(1) 생성되는 기체의 명칭을 쓰시오.
(2) 생성되는 기체의 완전연소반응식을 쓰시오.
(3) 생성되는 기체의 증기비중을 구하시오.

정답

(1) 메탄(CH_4)
(2) $CH_4 + 2O_2 \rightarrow 2H_2O + CO_2$
(3) 0.55

관련개념

탄화알루미늄(Al_4C_3)

- 제3류 위험물 중 칼슘 또는 알루미늄의 탄화물로 지정수량은 300kg이다.
- 물과 반응하여 가연성인 메탄가스를 발생시킨다.
  $Al_4C_3 + 12H_2O \rightarrow 4Al(OH)_3 + 3CH_4$
- 증기비중 = $\dfrac{\text{메탄의 분자량}}{\text{공기의 평균분자량}} = \dfrac{16}{28.84} = 0.55$

16

다음 표의 빈칸을 알맞게 채우시오.

구분	화학식	지정수량
(①)	$C_6H_3(NO_2)_2CH_3$	(②) kg
과망가니즈산(과망간산)암모늄	(③)	1,000kg
인화아연	(④)	(⑤) kg

정답

① 다이나이트로(디니트로)톨루엔 ② 정답없음 ③ NH_4MnO_4
④ Zn_3P_2 ⑤ 300

관련개념

구분	유별	품명	지정수량
다이나이트로(디니트로)톨루엔($C_6H_3(NO_2)_2CH_3$)	제5류 위험물	나이트로(니트로)화합물	-
과망가니즈산(과망간산)암모늄(NH_4MnO_4)	제1류 위험물	과망가니즈산(과망간산)염류	1,000kg
인화아연(Zn_3P_2)	제3류 위험물	금속의 인화물	300kg

※ 위 문제는 최신 법령이 개정된 문제입니다. 관련 개정사항은 제5류 위험물 지정수량 개정사항(p.2) 참고

17

다음 표를 보고 물음에 답하시오.

(1) 제조소, 취급소, 저장소 등을 모두 포함하는 명칭으로 ①에 들어갈 내용을 쓰시오. (단, 「위험물안전관리법령」의 기준을 따른다.)
(2) ②에 들어갈 명칭을 쓰시오.
(3) ③에 들어갈 명칭을 쓰시오.
(4) 위험물 안전관리자를 선임할 필요가 없는 저장소의 종류를 모두 쓰시오. (단, 해당사항이 없을 경우 '해당 없음'이라 적으시오.)
(5) 일반취급소 중 액체 위험물을 용기에 옮겨 담는 취급소의 명칭을 쓰시오.

정답
(1) 제조소 등
(2) 간이탱크저장소
(3) 이송취급소
(4) 이동탱크저장소
(5) 충전하는 일반취급소

18

다음은 「위험물안전관리법령」에 따른 자체소방대에 대한 설명이다. 빈칸을 채우시오.

사업소의 구분	화학소방자동차	자체소방대원의 수
제조소 또는 일반취급소에서 취급하는 제4류 위험물의 최대수량의 합이 지정수량의 (①)천 배 이상 12만 배 미만인 사업소	1대	5인
제조소 또는 일반취급소에서 취급하는 제4류 위험물의 최대수량의 합이 지정수량의 12만 배 이상 (②)만 배 미만인 사업소	2대	10인
제조소 또는 일반취급소에서 취급하는 제4류 위험물의 최대수량의 합이 지정수량의 (②)만 배 이상 (③)만 배 미만인 사업소	3대	15인
제조소 또는 일반취급소에서 취급하는 제4류 위험물의 최대수량의 합이 지정수량의 (③)만 배 이상인 사업소	4대	20인
옥외탱크저장소에 저장하는 제4류 위험물의 최대수량이 지정수량의 50만배 이상인 사업소	(④)대	(⑤)인

정답
① 3 ② 24 ③ 48 ④ 2 ⑤ 10

관련개념
자체소방대에 두어야 하는 화학소방자동차와 자체소방대원의 수

사업소의 구분	화학소방자동차	자체소방대원의 수
제조소 또는 일반취급소에서 취급하는 제4류 위험물의 최대수량의 합이 지정수량의 3천 배 이상 12만 배 미만인 사업소	1대	5인
제조소 또는 일반취급소에서 취급하는 제4류 위험물의 최대수량의 합이 지정수량의 12만 배 이상 24만 배 미만인 사업소	2대	10인
제조소 또는 일반취급소에서 취급하는 제4류 위험물의 최대수량의 합이 지정수량의 24만 배 이상 48만 배 미만인 사업소	3대	15인
제조소 또는 일반취급소에서 취급하는 제4류 위험물의 최대수량의 합이 지정수량의 48만 배 이상인 사업소	4대	20인
옥외탱크저장소에 저장하는 제4류 위험물의 최대수량이 지정수량의 50만배 이상인 사업소	2대	10인

19

다음 위험물의 완전분해반응식을 쓰시오.

(1) 과산화칼슘
(2) 과염소산칼륨
(3) 아염소산나트륨

정답

(1) $2CaO_2 \rightarrow 2CaO + O_2$
(2) $KClO_4 \rightarrow KCl + 2O_2$
(3) $NaClO_2 \rightarrow NaCl + O_2$

관련개념

(1) 과산화칼슘(CaO_2)
- 제1류 위험물 중 무기과산화물에 해당되는 산화성 고체이다.
- 물에 거의 녹지 않으며, 물과 만나면 산소 기체가 발생한다.
  $2CaO_2 + 2H_2O \rightarrow 2Ca(OH)_2 + O_2$
- 금속분말, 과망가니즈산(과망간산) 염료 등 유기물 및 가연물과 격리하여야 하며, 직사광선을 피하여 냉암소에 보관하여야 한다.
- 열분해하여 산소를 발생한다.
  $2CaO_2 \rightarrow 2CaO + O_2$

(2) 과염소산칼륨($KClO_4$)
- 제1류 위험물 중 과염소산염류에 해당되며 지정수량은 50kg이다.
- 무색, 무취의 결정으로 마찰을 일으키면 크게 폭발하며, 피부와 접촉하면 피부를 부식시킨다.
- 가열하면 400℃에서 분해하여 과염소산칼륨($KClO_4$)과 염화칼륨(KCl)이 발생하고 그 이상 가열하면 산소를 방출한다.
  $KClO_4 \rightarrow KCl + 2O_2$

(3) 아염소산나트륨($NaClO_2$)
- 제1류 위험물 중 아염소산염류에 해당되며 지정수량은 50kg이다.
- 불연성, 무색의 결정성 분말로 조해성이 있다.
- 강산과 접촉하였을 때 폭발성 물질 이산화염소(ClO_2)가 발생한다.
  - 아염소산나트륨과 염산의 반응식
    $5NaClO_2 + 4HCl \rightarrow 4ClO_2 + 5NaCl + 2H_2O$
  - 아염소산나트륨과 황산의 반응식
    $5NaClO_2 + 2H_2SO_4 \rightarrow 4ClO_2 + 2Na_2SO_4 + NaCl + 2H_2O$

20

다음은 「위험물안전관리법령」에 따른 지하탱크저장소(탱크전용실)에 대한 그림이다. 다음 물음에 알맞은 답을 쓰시오.

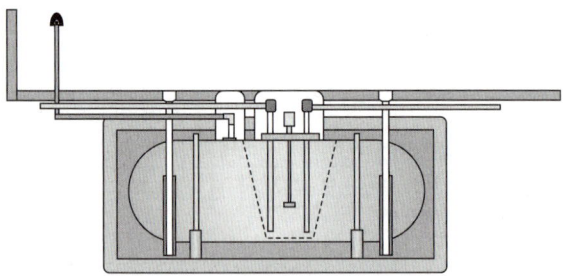

(1) 탱크전용실의 벽의 두께는 몇 m 이상으로 하여야 하는지 쓰시오.
(2) 통기관의 끝부분은 지면으로부터 몇 m 이상의 높이에 설치해야 하는지 쓰시오.
(3) 액체 위험물의 누설을 검사하기 위한 관을 몇 개소 이상 설치해야 하는지 쓰시오.
(4) 탱크 주위에는 어떤 물질로 채워야 하는지 쓰시오.
(5) 지하저장탱크의 윗부분은 지면으로부터 몇 m 이상 아래에 있어야 하는지 쓰시오.

정답

(1) 0.3m
(2) 4m
(3) 4개소
(4) 마른 모래 또는 자갈분
(5) 0.6m

관련개념

지하탱크저장소의 위치·구조 및 설비의 기준
- 탱크전용실의 벽, 바닥 및 뚜껑의 두께는 0.3m 이상이어야 한다.
- 통기관의 끝부분은 지면으로부터 4m 이상의 높이로 설치한다.
- 지하저장탱크 주위에는 해당 탱크로부터 액체 위험물의 누설을 검사하기 위한 관을 기준에 따라 4개소 이상 적당한 위치에 설치하여야 한다.
- 탱크의 주위에는 마른 모래 또는 습기 등에 의하여 응고되지 아니하는 입자지름 5mm 이하의 자갈분을 채워야 한다.
- 지하저장탱크의 윗부분은 지면으로부터 0.6m 이상 아래에 있어야 한다.

2024년 2회 기출문제

2024년 7월 28일 시행

01

다음 [보기]의 설명에 해당하는 물질에 대해 답하시오.

┤ 보기 ├
- 이소프로필알코올을 산화시켜 만든다.
- 제1석유류에 속한다.
- 아이오딘포름(요오드포름) 반응을 한다.

(1) [보기]의 설명에 해당되는 물질의 명칭을 쓰시오.
(2) 아이오딘포름(요오드포름)의 화학식을 쓰시오.
(3) 아이오딘포름(요오드포름)의 색깔을 쓰시오.

정답
(1) 아세톤(CH_3COCH_3)
(2) CHI_3
(3) 노란색

관련개념
아세톤의 아이오딘포름(요오드포름) 반응

아세톤과 같이 아세틸기(CH_3CO^-)를 가지고 있는 물질은 염기성일 경우 아이오딘(요오드, I_2)과 반응하여 아이오딘포름(요오드포름, CHI_3)을 생성한다.

$CH_3COCH_3 + 3I_2 + 4NaOH \rightarrow CH_3COONa + CHI_3 + 3NaI + 3H_2O$

아이오딘포름(요오드포름, CHI_3)은 노란색 침전물의 형태로 나타나므로 눈으로 아이오딘포름(요오드포름)이 생성된 것을 쉽게 확인할 수 있다.

02

다음 위험물에 대하여 운반용기 외부에 표시하여야 하는 주의사항을 모두 쓰시오.

(1) 제1류 위험물 중 알칼리금속의 과산화물 또는 이를 함유한 것
(2) 제3류 위험물 중 자연발화성 물질
(3) 제5류 위험물

정답
(1) 화기주의, 충격주의, 물기엄금, 가연물 접촉주의
(2) 화기엄금, 공기접촉엄금
(3) 화기엄금, 충격주의

관련개념
수납하는 위험물에 따른 주의사항
- 제1류 위험물 중 알칼리금속의 과산화물 또는 이를 함유한 것에 있어서는 '화기·충격주의', '물기엄금' 및 '가연물 접촉주의', 그 밖의 것에 있어서는 '화기·충격주의' 및 '가연물 접촉주의'
- 제2류 위험물 중 철분·금속분·마그네슘 또는 이들 중 어느 하나 이상을 함유한 것에 있어서는 '화기주의' 및 '물기엄금', 인화성 고체에 있어서는 '화기엄금', 그 밖의 것에 있어서는 '화기주의'
- 제3류 위험물 중 자연발화성 물질에 있어서는 '화기엄금' 및 '공기접촉엄금', 금수성 물질에 있어서는 '물기엄금'
- 제4류 위험물에 있어서는 '화기엄금'
- 제5류 위험물에 있어서는 '화기엄금' 및 '충격주의'
- 제6류 위험물에 있어서는 '가연물 접촉주의'

03

다음은 「위험물안전관리법령」에 따른 소화설비의 능력단위이다. 물음에 답하시오.

(1) 기타 소화설비의 능력단위에 대하여 ( ) 안에 들어갈 알맞은 답을 쓰시오.

소화설비	용량	능력단위
소화전용 물통	(①)L	0.3
수조(소화전용 물통 3개 포함)	80L	(②)
수조(소화전용 물통 6개 포함)	(③)L	2.5

(2) 다음의 소요단위를 각각 구하시오. (단, 계산식도 쓰시오.)
  ① 면적이 200m²이고 외벽이 내화구조인 제조소
  ② 과산화수소 6,000kg

정답

(1) ① 8 ② 1.5 ③ 190

(2) ① $\dfrac{200}{100} = 2$

  ② $\dfrac{6{,}000}{300 \times 10} = 2$

상세해설

소요단위 계산방법
- 위험물은 지정수량의 10배를 1소요단위로 한다.
- 저장소의 건축물은 외벽이 내화구조인 것은 연면적 150m²를 1소요단위로 하고, 외벽이 내화구조가 아닌 것은 연면적 75m²를 1소요단위로 한다.
- 제조소 또는 취급소의 건축물은 외벽이 내화구조인 것은 연면적 100m²를 1소요단위로 하고, 외벽이 내화구조가 아닌 것은 연면적 50m²를 1소요단위로 한다.
- ※ 과산화수소는 제6류 위험물로 지정수량은 300kg이다.

04

인화성 액체 위험물 옥외탱크저장소의 탱크 주위에 설치해야 하는 방유제에 관한 내용이다. 다음 빈칸에 알맞은 말을 쓰시오.

(1) 방유제의 높이는 0.5m 이상 (①)m 이하, 두께는 (②)m 이상으로 할 것
(2) 방유제 내의 면적은 (③)m² 이하로 할 것
(3) 방유제 안에 설치된 탱크가 하나인 때에는 그 탱크 용량의 (④) 이상, 2기 이상인 때에는 용량이 최대인 것의 용량의 (⑤) 이상으로 할 것

정답

① 3 ② 0.2 ③ 80,000 ④ 110% ⑤ 110%

관련개념

옥외탱크저장소의 방유제
- 방유제 내의 면적은 80,000m² 이하로 할 것
- 방유제 내에 설치하는 옥외저장탱크의 수는 10(방유제 내에 설치하는 모든 옥외저장탱크의 용량이 20만L 이하이고, 해당 옥외저장탱크에 저장 또는 취급하는 위험물의 인화점이 70℃ 이상 200℃ 미만인 경우에는 20) 이하로 한다.
- 방유제는 높이 0.5m 이상 3m 이하, 두께 0.2m 이상, 지하매설깊이 1m 이상으로 해야 한다.
- 방유제의 용량은 방유제 안에 설치된 탱크가 하나인 때에는 그 탱크 용량의 110% 이상, 2기 이상인 때에는 용량이 최대인 것의 용량의 110% 이상으로 한다.

05

위험물안전관리법령상 위험물을 취급함에 있어서 정전기 발생을 방지하기 위한 방안 3가지를 쓰시오.

정답

① 접지에 의한 방법
② 공기를 이온화하는 방법
③ 공기 중의 상대습도를 70% 이상으로 하는 방법

06

다음 탱크의 내용적(m³)을 계산하시오.

(1)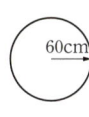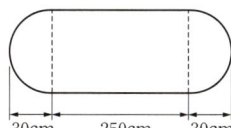

(2)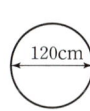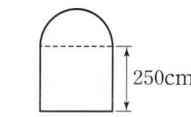

정답

(1) $\pi \times 60^2 \times \left(250 + \dfrac{30+30}{3}\right) = 3{,}053{,}628.06\,\text{cm}^3 = 3.06\,\text{m}^3$

(2) $\pi \times 60^2 \times 250 = 2{,}827{,}433.388\,\text{cm}^3 = 2.83\,\text{m}^3$

상세해설

(1) 원통형 탱크 중 다음과 같이 횡으로 설치한 것의 내용적은 다음 식으로 구한다.

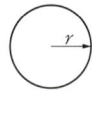 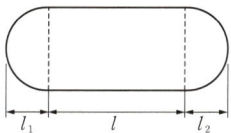

탱크의 내용적 $= \pi r^2 \left(l + \dfrac{l_1 + l_2}{3}\right)$

내용적 $= \pi \times 60^2 \times \left(250 + \dfrac{30+30}{3}\right) = 3{,}053{,}628.06\,\text{cm}^3 = 3.06\,\text{m}^3$

(2) 원통형 탱크 중 다음과 같이 세로로 설치한 것의 내용적은 다음 식으로 구한다.

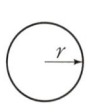 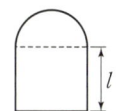

탱크의 내용적 $= \pi \times r^2 \times l$

내용적 $= \pi \times 60^2 \times 250 = 2{,}827{,}433.388\,\text{cm}^3 = 2.83\,\text{m}^3$

07

다음 [보기]의 유별 위험물에 대해 불활성가스 소화설비에 적응성이 있는 위험물을 모두 고르시오. (단, 없으면 '없음'이라고 표기할 것)

┤보기├
① 제1류 위험물
② 제2류 위험물 중 인화성 고체
③ 제3류 위험물
④ 제4류 위험물
⑤ 제5류 위험물
⑥ 제6류 위험물

정답

②, ④

관련개념

불활성가스 소화설비의 적응성

소화설비의 구분	건축물·그 밖의 공작물	전기설비	제1류 위험물		제2류 위험물			제3류 위험물		제4류 위험물	제5류 위험물	제6류 위험물
			알칼리금속 과산화물 등	그 밖의 것	철분·금속분·마그네슘 등	인화성 고체	그 밖의 것	금수성 물품	그 밖의 것			
불활성가스 소화설비		○				○				○		

08

다음 위험물의 저장 또는 취급하는 위험물의 수량에 따른 제조소의 보유공지를 각각 쓰시오. (단, 「위험물안전관리법령」의 기준을 따른다.)

위험물	저장 또는 취급하는 위험물 수량	공지의 너비
톨루엔	10,000L	(①)m
아세톤	400L	(②)m
시안화수소	100,000L	(③)m
클로로벤젠	15,000L	(④)m
메탄올	8,000L	(⑤)m

정답

① 5 ② 3 ③ 5 ④ 5 ⑤ 5

상세해설

① 톨루엔 지정수량: 200L
② 아세톤 지정수량: 400L
③ 시안화수소 지정수량: 400L
④ 클로로벤젠 지정수량: 1,000L
⑤ 메탄올 지정수량: 400L

관련개념

제조소의 보유공지 기준

제조소에는 취급하는 위험물의 지정수량이 10배 이하일 경우 3m 이상, 지정수량의 10배 초과일 경우 5m 이상의 보유공지를 두어야 한다.

09

아세톤, 아닐린, 이황화탄소, 메틸알코올, 글리세린을 인화점이 낮은 것부터 높은 순으로 쓰시오.

정답

이황화탄소 < 아세톤 < 메틸알코올 < 아닐린 < 글리세린

상세해설

인화점
- 이황화탄소: $-30℃$
- 아세톤: $-18℃$
- 메틸알코올: $11℃$
- 아닐린: $70℃$
- 글리세린: $160℃$

10

다음은 「위험물안전관리법령」상 제5류 위험물이다. 다음 물음에 답하시오.

> **보기**
> 나이트로(니트로)글리세린, 트리나이트로(니트로)톨루엔,
> 트리나이트로(니트로)페놀, 과산화벤조일,
> 다이나이트로(디니트로)벤젠

(1) [보기]에서 질산에스터류(질산에스테르류)에 속하는 물질을 한 가지 골라 쓰시오.
(2) 상온에서는 액체이지만 겨울철에는 동결하는 물질의 분해폭발반응식을 쓰시오.

정답

(1) 나이트로(니트로)글리세린
(2) $4C_3H_5(ONO_2)_3 \rightarrow 12CO_2 + 10H_2O + 6N_2 + O_2$

관련개념

- 질산에스터류(질산에스테르류)란 질산(HNO_3)의 수소(H) 원자가 떨어져 나가고 알킬기 등으로 치환된 화합물의 총칭으로 질산메틸, 질산에틸, 나이트로(니트로)셀룰로오스, 나이트로(니트로)글리세린, 나이트로(니트로)글리콜 등이 있다.
- 나이트로(니트로)글리세린은 상온에서 무색투명한 기름 모양의 액체이며, 자기반응성 물질로 자기연소를 한다. 공업용 제품은 8℃ 부근에서 동결하기 때문에 겨울철에는 동결하는 경우가 많다.

11

제4류 위험물인 피리딘에 대하여 다음 물음에 답하시오.

(1) 시성식을 쓰시오.
(2) 증기비중을 계산하시오.

정답

(1) C_5H_5N
(2) 2.74

관련개념

피리딘(C_5H_5N)
- 제4류 위험물 중 제1석유류에 속하며, 지정수량은 400L이다.
- 무색, 악취를 가진 액체로 비중은 약 0.98이다.
- 약알칼리성을 나타내며, 수용액 상태에서도 인화의 위험성이 있으므로 화기에 주의해야 한다.
- 증기비중 = $\dfrac{\text{피리딘 분자량}}{\text{공기의 평균 분자량}} = \dfrac{79}{28.84} = 2.74$

12

다음 [보기]에 있는 설명 중 모든 제1류 위험물 품목에 대해 공통된 특징에 해당되는 것을 모두 고르시오.

| 보기 |

① 가연성이 강하다.
② 고체이다.
③ 물과 반응한다.
④ 탄소를 함유하고 있다.
⑤ 산소를 함유하고 있다.

정답

②, ⑤

상세해설

제1류 위험물(산화성 고체)은 색이 없는 결정 형태이거나 가루 형태로 존재하는 화합물로, 불에 잘 타지 않는 불연성 성질을 갖고 있다. 화합물 구조 내 산소를 갖고 있으므로 반응 시 분해되고 산소를 방출하기 때문에 화재발생 시 화재 확대 위험성이 있다.

13

인화칼슘에 대하여 각 물음에 답하시오.

(1) 제 몇 류 위험물인지 쓰시오.
(2) 지정수량을 쓰시오.
(3) 물과의 반응식을 쓰시오.
(4) 물과의 반응 후 생성되는 가스의 명칭을 쓰시오.

정답

(1) 제3류 위험물
(2) 300kg
(3) $Ca_3P_2 + 6H_2O \rightarrow 3Ca(OH)_2 + 2PH_3$
(4) 포스핀

관련개념

인화칼슘(Ca_3P_2)
- 제3류 위험물 중 금속의 인화물로 지정수량은 300kg이다.
- 물과 반응하면 유독성, 가연성의 포스핀(PH_3)가스가 발생된다.
  $Ca_3P_2 + 6H_2O \rightarrow 3Ca(OH)_2 + 2PH_3$
- 저장하거나 취급할 때 습기나 수분을 주의해야 한다.

14

다음은 제2류 위험물 중 오황화인(오황화린)에 대한 내용이다. 물음에 알맞은 답을 쓰시오.

(1) 오황화인(오황화린)과 물이 반응하는 반응식을 쓰시오.
(2) 오황화인(오황화린)이 물과 반응하여 생성되는 기체의 완전연소식을 쓰시오.

정답

(1) $P_2S_5 + 8H_2O \rightarrow 5H_2S + 2H_3PO_4$
(2) $2H_2S + 3O_2 \rightarrow 2SO_2 + 2H_2O$

상세해설

오황화인(오황화린, P_2S_5)이 물과 반응하면 황화수소(H_2S)와 인산(H_3PO_4)이 생성된다. 황화수소(H_2S)가 완전연소하면 이산화황(SO_2)과 물(H_2O)이 생성된다.

15

제3류 위험물 중 다음과 같은 특징을 가지는 물질에 대한 다음 물음에 알맞은 답을 쓰시오.

> - 물과 반응하지 않으며, 이황화탄소에는 녹는다.
> - 공기 중에서 반응하면 오산화인이라는 흰 연기가 발생된다.

(1) 문제에서 설명하는 물질의 명칭을 쓰시오.
(2) (1)의 물질을 저장하는 옥내저장소의 바닥면적은 몇 m^2 이하로 하여야 하는지 쓰시오.
(3) (1)의 물질의 위험등급을 쓰시오.
(4) (1)의 물질이 수산화칼륨과 같은 강알칼리성 용액과 반응하면 생성되는 맹독성의 기체를 화학식으로 쓰시오.
(5) (4)에서 생성되는 기체의 연소반응식을 쓰시오.

정답

(1) 황린
(2) $1,000m^2$
(3) I 등급
(4) PH_3
(5) $2PH_3 + 4O_2 \rightarrow P_2O_5 + 3H_2O$

관련개념

황린(P_4)

- 제3류 위험물로 지정수량은 20kg이다.
- 발화점이 34℃로 낮은 자연발화성 물질이다.
- 물과 반응하지 않아 물속에 저장한다.
- 금수성 물질이 아니다.
- 황린(P_4)이 수산화칼륨(KOH) 수용액과 반응하면 유독성, 가연성이 있는 포스핀(PH_3)이 발생한다.
  $P_4 + 3KOH + 3H_2O \rightarrow 3KH_2PO_4 + PH_3\uparrow$

옥내저장소에서 바닥면적을 $1,000m^2$ 이하로 해야 하는 경우

- 제1류 위험물 중 아염소산염류, 염소산염류, 과염소산염류, 무기과산화물, 그 밖에 지정수량이 50kg인 위험물
- 제3류 위험물 중 칼륨, 나트륨, 알킬알루미늄, 알킬리튬, 그 밖에 지정수량이 10kg인 위험물 및 황린
- 제4류 위험물 중 특수인화물, 제1석유류 및 알코올류
- 제5류 위험물 중 유기과산화물, 질산에스터류(질산에스테르류), 그 밖에 지정수량이 10kg인 위험물
- 제6류 위험물

16

이동탱크저장소의 주유호스 재질에 대하여 다음 ( ) 안에 알맞은 말을 쓰시오. (단, 「위험물안전관리법령」의 기준을 따른다.)

> - 위험물이 샐 우려가 없고 화재예방상 안전한 구조로 할 것
> - 주입설비의 길이는 (①)m 이내로 하고, 그 끝부분에 축적되는 (②)를 유효하게 제거할 수 있는 장치를 할 것
> - 분당 배출량은 (③)L 이하로 할 것
> - 주입호스는 내경이 (④)mm 이상이고, (⑤)MPa 이상의 압력에 견딜 수 있는 것으로 하며, 필요 이상으로 길게 하지 아니할 것

정답

① 50 ② 정전기 ③ 200 ④ 23 ⑤ 0.3

관련개념

이동탱크저장소의 주입설비 기준

- 위험물이 샐 우려가 없고 화재예방상 안전한 구조로 할 것
- 주입설비의 길이는 50m 이내로 하고, 그 끝부분에 축적되는 정전기를 유효하게 제거할 수 있는 장치를 할 것
- 분당 배출량은 200L 이하로 할 것
- 주입호스는 내경이 23mm 이상이고, 0.3MPa 이상의 압력에 견딜 수 있는 것으로 하며, 필요 이상으로 길게 하지 아니할 것

17

다음 [보기]의 위험물 중 지정수량이 같은 품명 3가지를 쓰시오.

> ┤ 보기 ├
> 알칼리토금속, 철분, 황(유황), 황화인(황화린), 브로민산염류(브롬산염류), 과염소산, 적린, 마그네슘

정답

황(유황), 황화인(황화린), 적린

상세해설

위험물의 지정수량

알칼리토금속(50kg), 철분(500kg), 황(유황, 100kg), 황화인(황화린, 100kg), 브로민산염류(브롬산염류, 300kg), 과염소산(300kg), 적린(100kg), 마그네슘(500kg)

18

「위험물안전관리법령」에 따라 위험물을 운반하는 경우 혼재가 불가능한 위험물에 대한 물음에 답하시오. (단, 위험물은 지정수량의 10배 이상이다.)

(1) 제1류 위험물
(2) 제3류 위험물
(3) 제6류 위험물

정답

(1) 제2류 위험물, 제3류 위험물, 제4류 위험물, 제5류 위험물
(2) 제1류 위험물, 제2류 위험물, 제5류 위험물, 제6류 위험물
(3) 제2류 위험물, 제3류 위험물, 제4류 위험물, 제5류 위험물

관련개념

혼재 가능한 위험물

구분	제1류	제2류	제3류	제4류	제5류	제6류
제1류		×	×	×	×	○
제2류	×		×	○	○	×
제3류	×	×		○	×	×
제4류	×	○	○		○	×
제5류	×	○	×	○		×
제6류	○	×	×	×	×	

○ 표시는 혼재할 수 있음, × 표시는 혼재할 수 없음을 나타냄

19

다음 위험물이 열분해하여 산소가 생성되는 반응식을 쓰시오.

(1) 질산칼륨
(2) 과염소산칼륨
(3) 과산화칼륨

정답

(1) $2KNO_3 \rightarrow 2KNO_2 + O_2$
(2) $KClO_4 \rightarrow KCl + 2O_2$
(3) $2K_2O_2 \rightarrow 2K_2O + O_2$

20

「위험물안전관리법령」상 주유취급소의 항공기주유취급소에 관한 내용이다. 다음 물음에 답하시오.

(1) 항공기의 연료 탱크의 주유설비를 갖춘 이동탱크저장소의 명칭을 쓰시오.
(2) 다음 표의 내용을 보고 빈칸에 O, X를 쓰시오.

비행장에서의 항공기, 소속 차량 등을 주유하는 주유취급소에 대하여 항공기 주유특급소 특례 적용이 가능하다.	(①)
주유호스차 또는 주유탱크차에 의하여 주유하는 때에는 주유호스의 끝부분을 항공기의 연료탱크의 급유구에 긴밀히 결합할 것	(②)
고정주유설비에는 해당 주유설비에 접속한 전용탱크 또는 위험물을 저장 또는 취급하는 탱크의 배관외의 것을 통하여서는 위험물을 주입하지 아니할 것	(③)
주유호스차 또는 주유탱크차에서 주유하는 때에는 주유호스차의 호스기기 또는 주유탱크차의 주유설비를 항공기와 전기적으로 접속할 것	(④)

정답

(1) 주유탱크차
(2) ① O ② O ③ O ④ O

관련개념

항공기주유취급소에서의 취급기준

- 항공기에 주유하는 때에는 고정주유설비, 주유배관의 끝부분에 접속한 호스기기, 주유호스차 또는 주유탱크차를 사용하여 직접 주유할 것
- 고정주유설비에는 해당 주유설비에 접속한 전용탱크 또는 위험물을 저장 또는 취급하는 탱크의 배관외의 것을 통하여서는 위험물을 주입하지 아니할 것
- 주유호스차 또는 주유탱크차에 의하여 주유하는 때에는 주유호스의 끝부분을 항공기의 연료탱크의 급유구에 긴밀히 결합할 것. 다만, 주유탱크차에서 주유호스 끝부분에 수동개폐장치를 설치한 주유노즐에 의하여 주유하는 때에는 그러하지 아니하다.
- 주유호스차 또는 주유탱크차에서 주유하는 때에는 주유호스차의 호스기기 또는 주유탱크차의 주유설비를 항공기와 전기적으로 접속할 것

01

다음 [보기] 중에서 분해하거나 물과 반응 시 공통으로 산소가 발생하는 위험물에 대하여 다음 물음에 답하시오.

> 보기
> 과염소산암모늄, 질산암모늄, 과염소산칼륨, 과산화나트륨, 과망가니즈산(과망간산)칼륨, 아이오딘(요오드)산칼륨

(1) 해당 위험물의 분해반응식을 쓰시오.
(2) 해당 위험물의 물과 반응하는 반응식을 쓰시오

정답
(1) $2Na_2O_2 \rightarrow 2Na_2O + O_2$
(2) $2Na_2O_2 + 2H_2O \rightarrow 4NaOH + O_2$

상세해설
과산화나트륨(Na_2O_2)
- 제1류 위험물 중 무기과산화물로 지정수량은 50kg이다.
- 상온에서 물과 격렬하게 반응하며 열을 발생하고 산소를 방출시킨다.
- 과산화나트륨은 다음과 같이 물과 반응하여 수산화나트륨이 되고, 산소를 방출한다.
  $2Na_2O_2 + 2H_2O \rightarrow 4NaOH + O_2 \uparrow$

02

다음과 같은 위험물 저장 탱크에 위험물을 저장할 경우 탱크의 용량(m^3)을 최대값과 최소값으로 구분하여 계산하시오. (단, a는 2m, b는 1.5m, l은 3m, l_1, l_2는 0.3m이다.)

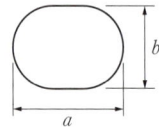 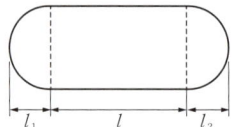

(1) 최대값
(2) 최소값

정답
(1) $7.16m^3$
(2) $6.79m^3$

상세해설
양쪽이 볼록한 타원형 탱크의 내용적 구하기

내용적 공식 $= \dfrac{\pi ab}{4} \times \left(l + \dfrac{l_1 + l_2}{3} \right)$

$= \dfrac{\pi \times 2 \times 1.5}{4} \times \left(3 + \dfrac{0.3 + 0.3}{3} \right) = 7.5398 m^3$

공간용적을 고려하여 탱크의 용량 구하기

탱크의 공간용적은 탱크의 내용적의 5/100 이상 10/100 이하의 용적으로 한다.
이 문제에서는 탱크의 공간용적이 주어지지 않았으므로 탱크의 공간용적의 최대값과 최소값을 적용하여 탱크의 용량의 최대값과 최소값을 계산한다.
탱크 용량의 최대값 $= 7.5398 \times 0.95 = 7.163 m^3$
탱크 용량의 최소값 $= 7.5398 \times 0.90 = 6.786 m^3$

03

염소산칼륨에 대한 다음 물음에 답하시오.

(1) 완전분해 반응식을 쓰시오.
(2) 표준상태에서 염소산칼륨 24.5kg이 완전분해할 경우 발생되는 산소의 부피는 몇 m^3인가?

정답

(1) $2KClO_3 \rightarrow 2KCl + 3O_2 \uparrow$
(2) $6.72m^3$

상세해설

염소산칼륨($KClO_3$) 24.5kg이 완전분해할 경우 생성되는 산소의 부피(m^3) 구하기

염소산칼륨의 분자량은 다음과 같다.

$39 + 35.5 + (16 \times 3) = 122.5kg/kmol$

염소산칼륨의 분해반응식상 염소산칼륨 2kmol이 분해되면 산소 3kmol이 발생한다.

$2KClO_3 \rightarrow 2KCl + 3O_2$

이 관계를 이용하여 비례식으로 발생하는 산소의 부피를 구한다.

$2 \times 122.5kg : 3 \times 22.4m^3 = 24.5kg : x$

$x = 6.72m^3$

04

금속나트륨에 대한 물음에 답하시오.

(1) 지정수량을 쓰시오.
(2) 보호액을 1가지 쓰시오.
(3) 물과 만났을 때 화학반응식을 쓰시오.

정답

(1) 10kg
(2) 등유, 경유, 유동파라핀 중 1가지
(3) $2Na + 2H_2O \rightarrow 2NaOH + H_2 \uparrow$

관련개념

나트륨(Na)

- 제3류 위험물에 해당되며 지정수량은 10kg이다.
- 공기 중의 수분과 반응하여 수소를 발생하며 자연발화를 일으키기 쉬우므로 등유, 경유, 유동파라핀 속에 저장해야 한다.
- 알코올과 반응해도 다음과 같이 수소가 발생한다.

  $2Na + 2C_2H_5OH \rightarrow 2C_2H_5ONa + H_2 \uparrow$

05

다음에서 설명하는 물질에 대한 알맞은 답을 쓰시오.

- 인화점이 11℃이다.
- 지정수량이 400L이다.
- 독성이 있어 흡입 시 시신경을 마비시킨다.

(1) 연소반응식을 쓰시오.
(2) 옥내저장소에 저장할 경우 옥내저장소의 바닥면적(m^2)을 쓰시오.
(3) 산화하면 최종적으로 생성되는 제2석유류 물질의 명칭을 쓰시오.

정답

(1) $2CH_3OH + 3O_2 \rightarrow 2CO_2 + 4H_2O$
(2) $1,000m^2$ 이하
(3) 포름산($HCOOH$)

관련개념

메틸알코올(메탄올[CH_3OH], 지정수량: 400L)

- 인화점: 11℃, 발화점: 464℃, 비등점: 65℃, 비중: 0.8
- 무색 투명한 휘발성 액체로서 물, 에테르에 잘 녹고, 알코올류 중에서 수용성이 가장 높다.
- 독성이 있어 흡입 시 시신경을 마비시키며, 눈이 멀게 된다.

옥내저장소의 바닥면적을 1,000m^2 이하로 해야 하는 위험물

- 제1류 위험물 중 아염소산염류, 염소산염류, 과염소산염류, 무기과산화물, 그 밖에 지정수량이 50kg인 위험물
- 제3류 위험물 중 칼륨, 나트륨, 알킬알루미늄, 알킬리튬, 그 밖에 지정수량이 10kg인 위험물 및 황린
- 제4류 위험물 중 특수인화물, 제1석유류 및 알코올류
- 제5류 위험물 중 유기과산화물, 질산에스터류(질산에스테르류), 그 밖에 지정수량이 10kg인 위험물
- 제6류 위험물

06

다음 위험물의 품명을 쓰시오.

(1) 이소프로필알코올
(2) 부틸알코올
(3) t-부탄올
(4) n-부탄올
(5) 1-프로판올

정답

(1) 알코올류
(2) 제2석유류
(3) 제1석유류
(4) 제2석유류
(5) 알코올류

관련개념

구분	유별	품명	지정수량
이소프로필알코올	제4류	알코올류	400L
부틸알코올	제4류	제2석유류	1,000L
t-부탄올	제4류	제1석유류	400L
n-부탄올	제4류	제2석유류	1,000L
1-프로판올	제4류	알코올류	400L

07

다음의 제6류 위험물에 대하여 위험물이 될 수 있는 조건을 농도 및 비중으로 설명하시오. (단, 없으면 '없음'이라고 쓰시오.)

(1) 과산화수소
(2) 과염소산
(3) 질산

정답

(1) 농도가 36wt% 이상인 것
(2) 없음
(3) 비중이 1.49 이상인 것

08

다음은 「위험물안전관리법령」에서 정한 안전관리자에 대한 내용이다. 물음에 답하시오.

(1) 안전관리자를 선임해야 하는 주체를 [보기]에서 1가지 고르시오.

> **보기**
> ① 제조소 등의 관계인   ② 제조소 등의 설치자
> ③ 소방서장   ④ 소방청장
> ⑤ 시, 도지사

(2) 안전관리자의 해임 후 재선임 기간을 쓰시오. (단, 제한이 없으면 제한 없음이라 표기한다.)
(3) 안전관리자의 퇴직 후 재선임 기간을 쓰시오. (단, 제한이 없으면 제한 없음이라 표기한다.)
(4) 안전관리자의 선임 후 신고기간을 쓰시오. (단, 제한이 없으면 제한 없음이라 표기한다.)
(5) 안전관리자가 여행, 질병, 그 밖의 사유로 인하여 일시적으로 직무를 수행할 수 없게 되었을 때 대리자가 직무를 대행할 수 있는 기간을 쓰시오. (단, 제한이 없으면 제한 없음이라 표기한다.)

정답

(1) ① 제조소 등의 관계인   (2) 30일 이내
(3) 30일 이내   (4) 14일 이내
(5) 30일을 초과할 수 없음

관련개념

「위험물안전관리법」 제15조

- 제조소 등의 관계인은 위험물의 안전관리에 관한 직무를 수행하게 하기 위하여 제조소 등마다 대통령령이 정하는 위험물의 취급에 관한 자격이 있는 자를 위험물안전관리자로 선임하여야 한다.
- 규정에 따라 안전관리자를 선임한 제조소 등의 관계인은 그 안전관리자를 해임하거나 안전관리자가 퇴직한 때에는 해임하거나 퇴직한 날부터 30일 이내에 다시 안전관리자를 선임하여야 한다.
- 제조소 등의 관계인은 안전관리자를 선임한 경우에는 선임한 날부터 14일 이내에 행정안전부령으로 정하는 바에 따라 소방본부장 또는 소방서장에게 신고하여야 한다.
- 안전관리자를 선임한 제조소 등의 관계인은 안전관리자가 여행·질병 그 밖의 사유로 인하여 일시적으로 직무를 수행할 수 없거나 안전관리자의 해임 또는 퇴직과 동시에 다른 안전관리자를 선임하지 못하는 경우에는 행정안전부령이 정하는 자를 대리자로 지정하여 그 직무를 대행하게 하여야 한다. 이 경우 대리자가 안전관리자의 직무를 대행하는 기간은 30일을 초과할 수 없다.

09

옥내저장소에 위험물을 저장하는 경우에는 다음의 규정에 의한 높이를 초과하여 용기를 겹쳐 쌓아서는 안 된다. 괄호 안을 알맞게 채우시오.

(1) 기계에 의하여 하역하는 구조로 된 용기만을 겹쳐 쌓는 경우에는 ( )m
(2) 제4류 위험물 중 제3석유류, 제4석유류 및 동식물유류를 수납하는 용기만을 겹쳐 쌓는 경우에는 ( )m
(3) 그 밖의 경우에는 ( )m

정답

(1) 6 (2) 4 (3) 3

관련개념

옥내저장소에서 위험물을 저장하는 경우 다음 규정에 의한 높이를 초과하여 용기를 겹쳐 쌓지 아니하여야 한다.

- 기계에 의하여 하역하는 구조로 된 용기만을 겹쳐 쌓는 경우에 있어서는 6m
- 제4류 위험물 중 제3석유류, 제4석유류 및 동식물유류를 수납하는 용기만을 겹쳐 쌓는 경우에 있어서는 4m
- 그 밖의 경우에 있어서는 3m

10

다음 [보기]의 위험물을 인화점이 낮은 것부터 높은 순서로 나열하여 번호를 쓰시오.

보기
① $C_6H_5C_2H_5$
② C_6H_6
③ $C_6H_5CH=CH_2$
④ $C_6H_5CH_3$

정답

②, ④, ①, ③

관련개념

보기에 있는 물질의 분류

구분	유별	지정수량	인화점
에틸벤젠 ($C_6H_5C_2H_5$)	제1석유류	200L	18℃
벤젠 (C_6H_6)	제1석유류	200L	−11℃
스틸렌 ($C_6H_5CH=CH_2$)	제2석유류	1,000L	31℃
톨루엔 ($C_6H_5CH_3$)	제1석유류	200L	4℃

11

「위험물안전관리법령」에 따른 다음 각 소화약제의 화학식을 쓰시오.

(1) 하론 1211
(2) 하론 2402
(3) HFC-23
(4) HFC-125
(5) FK-5-1-12

정답

(1) CF_2ClBr
(2) $C_2F_4Br_2$
(3) CHF_3
(4) CHF_2CF_3
(5) $CF_3CF_2C(O)CF(CF_3)_2$

관련개념

Halon 번호와 화학식

하론 뒤에 있는 숫자에서 천의 자리의 숫자는 C의 개수, 백의 자리의 숫자는 F의 개수, 십의 자리의 숫자는 Cl의 개수, 일의 자리의 숫자는 Br의 개수를 나타낸다.

HFC 번호와 화학식

HFC 뒤에 있는 숫자에 90을 더한 수에서 백의 자리의 숫자는 C의 개수, 십의 자리의 숫자는 H의 개수, 일의 자리의 숫자는 F의 개수를 나타낸다.

할로젠(할로겐)화합물 청정소화약제

소화약제	화학식
HCFC-124	$CHClCF_3$
FC-3-1-10	C_4F_{10}
FK-5-1-12	$CF_3CF_2C(O)CF(CF_3)_2$

12

제5류 위험물에 대하여 다음 [보기]의 물질을 보고, 품명에 맞게 구분하시오. (단, 없으면 없음이라고 쓰시오.)

> **보기**
> 다이나이트로(디니트로)벤젠, 나이트로(니트로)글리콜, 나이트로(니트로)글리세린, 나이트로(니트로)메탄, 나이트로(니트로)에탄, 나이트로(니트로)셀룰로오스, 벤조퍼옥사이드

(1) 유기과산화물
(2) 질산에스터류(질산에스테르류)
(3) 나이트로(니트로)화합물
(4) 아조화합물
(5) 하이드라진(히드라진) 유도체

정답

(1) 벤조퍼옥사이드
(2) 나이트로(니트로)글리콜, 나이트로(니트로)글리세린, 나이트로(니트로)셀룰로오스
(3) 다이나이트로(디니트로)벤젠, 나이트로(니트로)메탄, 나이트로(니트로)에탄
(4) 없음
(5) 없음

13

다음은 「위험물안전관리법령」상 옥외탱크저장소의 보유공지에 관한 내용이다. 빈칸에 알맞은 기준을 쓰시오.

저장 또는 취급하는 위험물의 최대수량	공지의 너비
지정수량의 500배 이하	3m 이상
지정수량의 500배 초과 1,000배 이하	(①)m 이상
지정수량의 1,000배 초과 2,000배 이하	9m 이상
지정수량의 2,000배 초과 3,000배 이하	(②)m 이상
지정수량의 3,000배 초과 (③)배 이하	15m 이상
지정수량의 (③)배 초과	해당 탱크의 수평단면의 최대지름(가로형인 경우에는 긴 변)과 높이 중 큰 것과 같은 거리 이상으로 하여야 한다. 다만, 30m 초과의 경우에는 (④)m 이상으로 할 수 있고, 15m 미만의 경우에는 (⑤)m 이상으로 하여야 한다.

정답

① 5 ② 12 ③ 4,000 ④ 30 ⑤ 15

관련개념

옥외탱크저장소의 보유공지에 관한 기준

저장 또는 취급하는 위험물의 최대수량	공지의 너비
지정수량의 500배 이하	3m 이상
지정수량의 500배 초과 1,000배 이하	5m 이상
지정수량의 1,000배 초과 2,000배 이하	9m 이상
지정수량의 2,000배 초과 3,000배 이하	12m 이상
지정수량의 3,000배 초과 4,000배 이하	15m 이상

※ 지정수량의 4,000배를 초과한 경우 보유공지는 해당 탱크의 수평단면의 최대지름(가로형인 경우에는 긴 변)과 높이 중 큰 것과 같은 거리 이상으로 하여야 한다. 다만, 30m 초과의 경우에는 30m 이상으로 할 수 있고, 15m 미만의 경우에는 15m 이상으로 하여야 한다.

14

제1종, 제2종, 제3종 분말소화약제에 대한 표이다. 빈칸에 알맞은 답을 쓰시오.

종별	소화약제	약제의 착색	화재의 적용
제1종 분말	탄산수소나트륨 (NaHCO$_3$)	백색	(①)
제2종 분말	(②)	(③)	B, C
제3종 분말	(④)	담홍색	(⑤)

정답

① B, C
② 탄산수소칼륨(KHCO$_3$)
③ 담회색
④ 제1인산암모늄(NH$_4$H$_2$PO$_4$)
⑤ A, B, C

관련개념

분말 소화약제의 종류

종별	소화약제	약제의 착색	열분해 반응식
제1종 분말	탄산수소나트륨 (NaHCO$_3$)	백색	2NaHCO$_3$ → CO$_2$ + H$_2$O + Na$_2$CO$_3$
제2종 분말	탄산수소칼륨 (KHCO$_3$)	담회색	2KHCO$_3$ → CO$_2$ + H$_2$O + K$_2$CO$_3$
제3종 분말	제1인산암모늄 (NH$_4$H$_2$PO$_4$)	담홍색	NH$_4$H$_2$PO$_4$ → NH$_3$ + HPO$_3$ + H$_2$O
제4종 분말	탄산수소칼륨+요소 KHCO$_3$ + (NH$_2$)$_2$CO	회색	2KHCO$_3$ + (NH$_2$)$_2$CO → K$_2$CO$_3$ + 2NH$_3$ + 2CO$_2$

15

다음 [보기]의 위험물에 대하여 다음 물음에 답하시오. (단, 해당이 없으면 해당 없음으로 표기하시오.)

─┤ 보기 ├─
인화알루미늄, 황린, 황(유황), 부틸리튬, 나트륨

(1) 이동저장탱크로부터 꺼낼 때 동시에 200kPa 이하의 압력으로 불활성의 기체를 봉입하는 위험물을 쓰시오.
(2) 옥내저장소의 바닥면적 1,000m^2 이하로 저장해야 하는 위험물을 쓰시오.
(3) 물과 반응할 경우 수소를 발생하는 위험물을 쓰시오.

정답

(1) 부틸리튬
(2) 황린, 부틸리튬, 나트륨
(3) 나트륨

상세해설

알킬알루미늄등의 이동탱크저장소에 있어서 이동저장탱크로부터 알킬알루미늄등을 꺼낼 때에는 동시에 200kPa 이하의 압력으로 불활성의 기체를 봉입할 것
※ 알킬알루미늄등은 제3류 위험물 중 알킬알루미늄·알킬리튬 또는 이중 어느 하나 이상을 함유하는 것을 말한다.

옥내저장소의 바닥면적을 1,000m^2 이하로 해야 하는 위험물

- 제1류 위험물 중 아염소산염류, 염소산염류, 과염소산염류, 무기과산화물, 그 밖에 지정수량이 50kg인 위험물
- 제3류 위험물 중 칼륨, 나트륨, 알킬알루미늄, 알킬리튬, 그 밖에 지정수량이 10kg인 위험물 및 황린
- 제4류 위험물 중 특수인화물, 제1석유류 및 알코올류
- 제5류 위험물 중 유기과산화물, 질산에스터류(질산에스테르류), 그 밖에 지정수량이 10kg인 위험물
- 제6류 위험물

나트륨(Na)과 물과의 반응식

$2Na + 2H_2O \rightarrow 2NaOH + H_2$

16

다음은 제4류 위험물에 대한 설명이다. 빈칸을 채우시오.

- 제1석유류: 인화점이 섭씨 (①)도 미만인 것
- 제2석유류: 인화점이 섭씨 (①)도 이상 섭씨 (②)도 미만인 것
- 제3석유류: 인화점이 섭씨 (②)도 이상 섭씨 (③)도 미만인 것
- 제4석유류: 인화점이 섭씨 (③)도 이상 섭씨 (④)도 미만인 것. 다만, 도료류 그밖의 물품은 가연성 액체량이 (⑤)중량퍼센트 이하인 것은 제외함

[정답]

① 21 ② 70 ③ 200 ④ 250 ⑤ 40

[관련개념]

제4류 위험물의 정의
- 특수인화물은 이황화탄소, 다이에틸에터(디에틸에테르), 그 밖에 1기압에서 발화점이 섭씨 100도 이하인 것 또는 인화점이 섭씨 영하 20도 이하이고 비점이 섭씨 40도 이하인 것이다.
- 제1석유류는 아세톤, 휘발유 그 밖에 1기압에서 인화점이 섭씨 21도 미만인 것이다.
- 제2석유류는 등유, 경유, 그 밖에 1기압에서 인화점이 섭씨 21도 이상 70도 미만인 것이다. 다만, 도료류, 그 밖의 물품에 있어서 가연성 액체량이 40중량퍼센트 이하이면서 인화점이 섭씨 40도 이상인 동시에 연소점이 섭씨 60도 이상인 것은 제외한다.
- 제3석유류는 중유, 크레오소트유(클레오소트유), 그 밖에 1기압에서 인화점이 섭씨 70도 이상 섭씨 200도 미만인 것이다. 다만, 도료류 그 밖의 물품은 가연성 액체량이 40중량퍼센트 이하인 것은 제외한다.
- 제4석유류는 기어유, 실린더유 그 밖에 1기압에서 인화점이 섭씨 200도 이상 섭씨 250도 미만인 것이다. 다만 도료류, 그 밖의 물품은 가연성 액체량이 40중량퍼센트 이하인 것은 제외한다.

17

다음은 「위험물안전관리법」에서 정한 위험물의 운반에 관한 기준이다. 지정수량의 10배 이상을 취급하는 경우 위험물의 혼재에 관하여 빈칸에 ○, ×표를 하시오.

구분	제1류	제2류	제3류	제4류	제5류	제6류
제1류						○
제2류				○		
제3류						
제4류		○				
제5류						
제6류	○					

[정답]

구분	제1류	제2류	제3류	제4류	제5류	제6류
제1류		×	×	×	×	○
제2류	×		×	○	○	×
제3류	×	×		○	×	×
제4류	×	○	○		○	×
제5류	×	○	×	○		×
제6류	○	×	×	×	×	

18

탄화알루미늄이 물과 반응하여 생성되는 기체에 대하여 다음 물음에 답하시오.

(1) 생성되는 기체의 완전연소반응식을 쓰시오.
(2) 생성되는 기체의 연소범위를 쓰시오.
(3) 생성되는 기체의 위험도를 구하시오.

[정답]

(1) $CH_4 + 2O_2 \rightarrow CO_2 + 2H_2O$
(2) 5~15%
(3) 2

[관련개념]

탄화알루미늄(Al_4C_3)
- 제3류 위험물 중 칼슘 또는 알루미늄의 탄화물로 지정수량은 300kg이다.
- 물과 반응하여 가연성인 메탄가스를 발생시킨다.
  $Al_4C_3 + 12H_2O \rightarrow 4Al(OH)_3 + 3CH_4$
- 메탄의 연소범위는 약 5~15%이다.
- 메탄의 위험도 $= \dfrac{\text{연소범위의 상한값} - \text{연소범위의 하한값}}{\text{연소범위의 하한값}} = \dfrac{15-5}{5} = 2$

19

「위험물안전관리법령」에서 정한 주유취급소의 기준이다. 다음 물음에 알맞은 답을 쓰시오.

(1) 정전기에 의한 재해가 발생할 우려가 있는 액체위험물의 옥외저장탱크의 주입구 부근에는 정전기를 유효하게 제거하기 위해 무엇을 설치하여야 하는지 쓰시오.
(2) 셀프주유취급소에서 휘발유의 1회 연속주유량의 상한은 몇 L 이하인지 쓰시오.
(3) 셀프주유취급소에서 휘발유의 1회 주유시간의 상한은 몇 분 이하인지 쓰시오.
(4) 이동저장탱크의 상부로부터 위험물을 주입할 때에는 위험물의 액표면이 주입관의 끝부분을 넘는 높이가 될 때까지 그 주입관의 유속은 몇 m/s 이하인지 쓰시오.
(5) 이동저장탱크의 밑부분으로부터 위험물을 주입할 때에는 위험물의 액표면이 주입관의 정상부분을 넘는 높이가 될 때까지 그 주입관 내의 유속은 몇 m/s 이하인지 쓰시오.

정답

(1) 접지전극
(2) 100L
(3) 4분
(4) 1m/s
(5) 1m/s

관련개념

옥외저장탱크의 위치·구조 및 설비
액체위험물의 옥외저장탱크의 주입구는 다음 각목의 기준에 의하여야 한다.
- 화재예방상 지장이 없는 장소에 설치할 것
- 주입호스 또는 주입관과 결합할 수 있고, 결합하였을 때 위험물이 새지 아니할 것
- 주입구에는 밸브 또는 뚜껑을 설치할 것
- 휘발유, 벤젠 그 밖에 정전기에 의한 재해가 발생할 우려가 있는 액체위험물의 옥외저장탱크의 주입구 부근에는 정전기를 유효하게 제거하기 위한 접지전극을 설치할 것

고객이 직접 주유하는 주유취급소의 특례
- 주유호스의 선단부에 수동개폐장치를 부착한 주유노즐을 설치할 것
- 주유노즐은 자동차 등의 연료탱크가 가득 찬 경우 자동적으로 정지시키는 구조일 것
- 주유호스는 20kg중 이하의 하중에 의하여 파단(破斷) 또는 이탈되어야 하고, 파단 또는 이탈된 부분으로부터의 위험물 누출을 방지할 수 있는 구조일 것
- 휘발유와 경유 상호간의 오인에 의한 주유를 방지할 수 있는 구조일 것
- 1회의 연속주유량 및 주유시간의 상한을 미리 설정할 수 있는 구조일 것. 이 경우 주유량의 상한은 휘발유는 100L 이하로 하며, 주유시간의 상한은 4분 이하, 경유는 600L 이하로 하며, 주유시간의 상한은 12분 이하로 한다.
- 휘발유를 저장하던 이동저장탱크에 등유나 경유를 주입할 때 또는 등유나 경유를 저장하던 이동저장탱크에 휘발유를 주입할 때에는 다음의 기준에 따라 정전기등에 의한 재해를 방지하기 위한 조치를 할 것

주유취급소·판매취급소·이송취급소 또는 이동탱크저장소에서의 위험물의 취급기준
- 이동저장탱크의 상부로부터 위험물을 주입할 때에는 위험물의 액표면이 주입관의 끝부분을 넘는 높이가 될 때까지 그 주입관내의 유속을 초당 1m 이하로 할 것
- 이동저장탱크의 밑부분으로부터 위험물을 주입할 때에는 위험물의 액표면이 주입관의 정상부분을 넘는 높이가 될 때까지 그 주입배관 내의 유속을 초당 1m 이하로 할 것
- 그 밖의 방법에 의한 위험물의 주입은 이동저장탱크에 가연성증기가 잔류하지 아니하도록 조치하고 안전한 상태로 있음을 확인한 후에 할 것

20

제4류 위험물인 에틸알코올에 대하여 다음의 답을 쓰시오.

(1) 칼륨과 반응 시 발생하는 기체의 명칭을 쓰시오.
(2) 진한 황산과 축합반응 후 발생하는 제4류 위험물을 쓰시오.
(3) 산화할 경우 생성되는 특수인화물의 명칭을 쓰시오.

정답

(1) 수소(H_2)
  ※ 칼륨과 에틸알코올의 반응식: $2K + 2C_2H_5OH \rightarrow 2C_2H_5OK + H_2 \uparrow$
(2) 다이에틸에터(디에틸에테르, $C_2H_5OC_2H_5$)
(3) 아세트알데하이드(아세트알데히드, CH_3CHO)

2023년 1회 기출문제

2023년 4월 23일 시행

01

제6류 위험물인 과산화수소에 대하여 아래 물음에 답하시오.

(1) 과산화수소 저장 및 취급 시 분해를 막기 위해 넣어 주는 안정제 한 가지를 쓰시오.
(2) 과산화수소의 분해반응식을 쓰시오.
(3) 지정수량 이상의 해당 물질을 옥외저장소에 저장이 가능한지 여부를 쓰시오.

정답

(1) 인산, 요산
(2) $2H_2O_2 \rightarrow 2H_2O + O_2$
(3) 가능

관련개념

(1) 과산화수소는 농도가 클수록 위험성이 크므로 분해방지 안정제(인산, 요산 등)를 첨가하여 산소분해를 억제한다.
(2) 과산화수소는 상온에서 $2H_2O_2 \rightarrow 2H_2O + O_2$로 서서히 분해되어 산소를 방출한다.
(3) 옥외저장소에 저장할 수 있는 위험물
 - 제2류 위험물 중 황(유황) 또는 인화성 고체(인화점이 섭씨 0도 이상인 것에 한함)
 - 제4류 위험물 중 제1석유류(인화점이 섭씨 0도 이상인 것에 한함) · 알코올류 · 제2석유류 · 제3석유류 · 제4석유류 및 동식물유류
 - 제6류 위험물
 - 제2류 위험물 및 제4류 위험물 중 특별시 · 광역시 또는 도의 조례에서 정하는 위험물
 - 「국제해사기구에 관한 협약」에 의하여 설립된 국제해사기구가 채택한 「국제해상위험물규칙」(IMDG Code)에 적합한 용기에 수납된 위험물

02

제조소 등에 설치하는 배출설비에 대하여 아래 물음에 답하시오.

(1) 배출장소의 용적이 300m³일 경우 국소방출방식의 배출설비의 1시간당 배출능력을 구하시오.
(2) 바닥면적이 100m²일 경우 전역방출방식의 배출설비의 1시간당 배출능력을 구하시오.

정답

(1) 300m³ × 20배 = 6,000m³ 이상
(2) 100m² × 18m³/m² = 1,800m³ 이상

관련개념

제조소의 배출설비 설치기준

가연성의 증기 또는 미분이 체류할 우려가 있는 건축물에는 그 증기 또는 미분을 옥외의 높은 곳으로 배출할 수 있도록 다음 각호의 기준에 의하여 배출설비를 설치하여야 한다.

1. 배출설비는 국소방식으로 하여야 한다. 다만, 다음의 하나에 해당하는 경우에는 전역방식으로 할 수 있다.
 가. 위험물취급설비가 배관이음 등으로만 된 경우
 나. 건축물의 구조 · 작업장소의 분포 등의 조건에 의하여 전역방식이 유효한 경우
2. 배출설비는 배풍기 · 배출 덕트(duct) · 후드 등을 이용하여 강제적으로 배출하는 것으로 해야 한다.
3. 배출능력은 1시간당 배출장소 용적의 20배 이상인 것으로 하여야 한다. 다만, 전역방식의 경우에는 바닥면적 1m²당 18m³ 이상으로 할 수 있다.
4. 배출설비의 급기구 및 배출구는 다음 각목의 기준에 의하여야 한다.
 가. 급기구는 높은 곳에 설치하고, 가는 눈의 구리망 등으로 인화방지망을 설치할 것
 나. 배출구는 지상 2m 이상으로서 연소의 우려가 없는 장소에 설치하고, 배출덕트가 관통하는 벽부분의 바로 가까이에 화재 시 자동으로 폐쇄되는 방화댐퍼를 설치할 것
5. 배풍기는 강제배기방식으로 하고, 옥내 덕트의 내압이 대기압 이상이 되지 아니하는 위치에 설치하여야 한다.

03

[보기]의 위험물을 참고하여 다음 물음에 답하시오.

> **보기**
> 에틸알코올, 칼륨, 질산메틸, 톨루엔, 과산화나트륨

(1) 지정수량 400L인 제4류 위험물을 쓰시오.
(2) 제조소 등의 게시판에 설치하여야 할 주의사항이 '화기엄금' 및 '물기엄금' 동시에 해당하는 물질을 쓰시오.
(3) (1)과 (2)의 물질의 화학반응식을 쓰시오. (단, 해당이 없으면 해당 없음으로 표기하시오.)

정답

(1) 에틸알코올
(2) 칼륨
(3) $2K + 2C_2H_5OH \rightarrow 2C_2H_5OK + H_2$

상세해설

에틸알코올(C_2H_5OH)은 제4류 위험물 중 알코올류로 지정수량이 400L이다. 제3류 위험물인 칼륨(K)은 자연발화성 물질이면서 금수성 물질이므로 위험물 운반용기 외부에 "화기엄금", "물기엄금"을 표기해야 한다.
칼륨(K)으로 화학적 활성이 크며 알코올(C_2H_5OH)과 반응하여 칼륨알코올레이트(C_2H_5OK)와 수소(H_2)를 발생시킨다.
$2K + 2C_2H_5OH \rightarrow 2C_2H_5OK + H_2 \uparrow$

관련개념

물질	유별	품명	지정수량
칼륨(K)	제3류	칼륨	10kg
질산메틸(CH_3ONO_2)	제5류	질산에스터류 (질산에스테르류)	—
톨루엔($C_6H_5CH_3$)	제4류	제1석유류(비수용성)	200L
과산화나트륨(Na_2O_2)	제1류	무기과산화물	50kg

제조소의 게시판에 표기해야 하는 주의사항

- 제1류 위험물 중 알칼리금속의 과산화물과 이를 함유한 것 또는 제3류 위험물 중 금수성 물질에 있어서는 '물기엄금'
- 제2류 위험물(인화성 고체를 제외함)에 있어서는 '화기주의'
- 제2류 위험물 중 인화성 고체, 제3류 위험물 중 자연발화성 물질, 제4류 위험물 또는 제5류 위험물에 있어서는 '화기엄금'

※ 위험물의 운반용기 외부에 표기해야 하는 주의사항과 위험물을 취급하는 제조소의 게시판에 표기해야 하는 주의사항은 다르다.

04

「위험물안전관리법령」에 따른 다음 각 소화약제의 화학식을 쓰시오.

(1) IG-541의 구성성분과 비율
(2) IG-55의 구성성분과 비율
(3) IG-100의 구성성분과 비율
(4) 제2종 분말소화약제
(5) 제3종 분말소화약제

정답

(1) $N_2(52\%)$, $Ar(40\%)$, $CO_2(8\%)$
(2) $N_2(50\%)$, $Ar(50\%)$
(3) $N_2(100\%)$
(4) $KHCO_3$
(5) $NH_4H_2PO_4$

상세해설

불활성가스 소화약제

- IG-541: $N_2(52\%) + Ar(40\%) + CO_2(8\%)$
- IG-55: $N_2(50\%) + Ar(50\%)$
- IG-100: $N_2(100\%)$

분말 소화약제의 종류

종별	소화약제	약제의 착색	열분해 반응식
제1종 분말	탄산수소나트륨 ($NaHCO_3$)	백색	$2NaHCO_3 \rightarrow CO_2 + H_2O + Na_2CO_3$
제2종 분말	탄산수소칼륨 ($KHCO_3$)	담회색	$2KHCO_3 \rightarrow CO_2 + H_2O + K_2CO_3$
제3종 분말	제1인산암모늄 ($NH_4H_2PO_4$)	담홍색	$NH_4H_2PO_4 \rightarrow NH_3 + HPO_3 + H_2O$
제4종 분말	탄산수소칼륨+요소 $KHCO_3 + (NH_2)_2CO$	회색	$2KHCO_3 + (NH_2)_2CO \rightarrow K_2CO_3 + 2NH_3 + 2CO_2$

05

다음 제2류 위험물에 대하여 물음에 답하시오.

(1) 아래 빈칸에 들어갈 알맞은 답을 쓰시오.

구분	화학식	연소 시 공통으로 발생되는 기체의 화학식
삼황화인(삼황화린)	①	④
오황화인(오황화린)	②	
칠황화인(칠황화린)	③	

(2) 표의 물질 중 1몰 당 산소 7.5몰을 필요로 하는 황화인(황화린)의 종류를 선택하여 완전연소반응식을 쓰시오.
(3) 황화인(황화린)을 수납 시 운반용기 외부에 표시하여야 할 주의사항을 쓰시오.

정답

(1) ① P_4S_3 ② P_2S_5 ③ P_4S_7 ④ P_2O_5, SO_2
(2) $2P_2S_5 + 15O_2 \rightarrow 2P_2O_5 + 10SO_2$
(3) 화기주의

상세해설

(1) • 삼황화인(삼황화린, P_4S_3)의 연소반응식
  $P_4S_3 + 8O_2 \rightarrow \underline{2P_2O_5}\uparrow + \underline{3SO_2}\uparrow$
• 오황화인(오황화린, P_2S_5)의 연소반응식
  $2P_2S_5 + 15O_2 \rightarrow \underline{2P_2O_5}\uparrow + \underline{10SO_2}\uparrow$
• 칠황화인(칠황화린, P_4S_7)의 연소반응식
  $P_4S_7 + 12O_2 \rightarrow \underline{2P_2O_5}\uparrow + \underline{7SO_2}\uparrow$

(2) 오황화인(오황화린)의 연소식에서 오황화인(오황화린) 2몰 연소 시 산소 15몰이 필요하므로 계수비는 1 : 7.5이다.
(3) 황화인(황화린) 연소 시 오산화인(P_2O_5)과 이산화황(SO_2)이 공통으로 발생한다.

관련개념

황화인(황화린)

• 제2류 위험물인 가연성 고체이며 지정수량은 100kg이다.
• 황화인(황화린)에는 3가지(삼황화인(삼황화린), 오황화인(오황화린), 칠황화인(칠황화린))의 중요한 형태가 있다.
• 분해하면 유독하고 가연성인 황화수소(H_2S) 가스를 발생시키고 연소 시에는 이산화황을 발생시킨다.

운반용기 외부에 표시해야 하는 주의사항

• 제1류 위험물 중 알칼리금속의 과산화물 또는 이를 함유한 것에 있어서는 '화기 · 충격주의', '물기엄금' 및 '가연물 접촉주의', 그 밖의 것에 있어서는 '화기 · 충격주의' 및 '가연물 접촉주의'
• 제2류 위험물 중 철분 · 금속분 · 마그네슘 또는 이들 중 어느 하나 이상을 함유한 것에 있어서는 '화기주의' 및 '물기엄금', 인화성 고체에 있어서는 '화기엄금', 그 밖의 것에 있어서는 '화기주의'
• 제3류 위험물 중 자연발화성 물질에 있어서는 '화기엄금' 및 '공기접촉엄금', 금수성 물질에 있어서는 '물기엄금'
• 제4류 위험물에 있어서는 '화기엄금'
• 제5류 위험물에 있어서는 '화기엄금' 및 '충격주의'
• 제6류 위험물에 있어서는 '가연물 접촉주의'

06

인화알루미늄 580g이 표준상태에서 물과 반응하여 생성되는 기체의 부피(L)를 구하시오.

정답

224L

상세해설

인화알루미늄과 물의 반응식은 다음과 같다.
$AlP + 3H_2O \rightarrow Al(OH)_3 + PH_3$
인화알루미늄 1몰이 물과 반응하면 1몰의 포스핀(PH_3)가스가 발생한다.
인화알루미늄의 분자량 = 27 + 31 = 58g/mol
※ 알루미늄(Al)의 원자량 = 27, 인(P)의 원자량 = 31
인화알루미늄 580g은 인화알루미늄 10mol이다.
인화알루미늄 10mol이 물과 반응하면 10mol의 포스핀 가스가 발생한다. 아보가드로의 법칙에 의해 표준상태에서 기체 1mol의 부피는 22.4L이므로 포스핀 10mol의 부피는 224L이다.

07

위험물 수납에 대해 다음 물음에 답하시오.

(1) 옥외저장소에 선반을 설치하여 위험물을 수납한 용기를 선반에 저장하는 경우 선반의 높이는 몇 m를 초과해서는 아니 되는가?
(2) 옥내저장소에 기계에 의하여 하역하는 구조로 된 용기만을 겹쳐 쌓는 경우 몇 m를 초과해서는 아니 되는가?
(3) 옥내저장소에 중유만을 저장할 경우 저장높이는 몇 m를 초과해서는 아니 되는가?

> **정답**

(1) 6m
(2) 6m
(3) 4m

> **관련개념**

옥외저장소에 선반을 설치하는 경우
- 선반은 불연재료로 만들고 견고한 지반면에 고정할 것
- 선반은 해당 선반 및 그 부속설비의 자중·저장하는 위험물의 중량·풍하중·지진의 영향 등에 의하여 생기는 응력에 대하여 안전할 것
- 선반의 높이는 6m를 초과하지 아니할 것
- 선반에는 위험물을 수납한 용기가 쉽게 낙하하지 아니하는 조치를 강구할 것

옥내저장소에서 위험물을 저장하는 경우 높이 기준
- 기계에 의하여 하역하는 구조로 된 용기만을 겹쳐 쌓는 경우에 있어서는 6m를 초과하지 않을 것
- 제4류 위험물 중 제3석유류, 제4석유류 및 동식물유류를 수납하는 용기만을 겹쳐 쌓는 경우에 있어서는 4m를 초과하지 않을 것
- 그 밖의 경우에 있어서는 3m를 초과하지 않을 것

※ 중유는 제4류 위험물 중 제3석유류이다.

08

리튬 2몰이 물과 반응할 때 (1) 반응식을 쓰고, (2) 반응 시 발생하는 기체의 부피(L)를 쓰시오. (단, 1atm, 25℃이다.)

> **정답**

(1) $2Li + 2H_2O \rightarrow 2LiOH + H_2 \uparrow$
(2) 24.44L

> **상세해설**

반응식에서 리튬 2몰이 반응할 때 생성되는 수소의 몰수는 1몰이다.
주어진 조건($T = 25℃ = 298K$, $P = 1atm$, 기체상수 $R = 0.082$, $n = $몰수)을 이상기체 상태방정식에 대입한다.

$$PV = nRT \rightarrow V = \frac{nRT}{P}$$

$$V = \frac{nRT}{P} = \frac{1 \times 0.082 \times 298}{1} = 24.436 ≒ 24.44L$$

n(수소의 몰수) = 1mol
R(기체상수) = $0.082 L \cdot atm \cdot K^{-1} \cdot mol^{-1}$
T(절대온도) = $25 + 273 = 298K$
P(압력) = 1atm

09

제4류 위험물인 아세트산, 메탄올, 메틸에틸케톤에 대한 물음에 답하시오.

(1) 아세트산의 완전연소반응식을 쓰시오.
(2) 메탄올의 완전연소반응식을 쓰시오.
(3) 메틸에틸케톤의 완전연소반응식을 쓰시오.

> **정답**

(1) $CH_3COOH + 2O_2 \rightarrow 2CO_2 + 2H_2O$
(2) $2CH_3OH + 3O_2 \rightarrow 2CO_2 + 4H_2O$
(3) $2CH_3COC_2H_5 + 11O_2 \rightarrow 8CO_2 + 8H_2O$

10

제1류 위험물인 과망가니즈산(과망간산)칼륨에 대한 물음에 답하시오.

(1) 과망가니즈산(과망간산)칼륨의 지정수량을 쓰시오.
(2) 과망가니즈산(과망간산)칼륨이 묽은 황산과 반응할 경우와 열분해 할 경우 공통으로 생성되는 기체의 품명 또는 명칭을 쓰시오.
(3) 과망가니즈산(과망간산)칼륨의 위험등급을 쓰시오.

정답

(1) 1,000kg
(2) 산소
(3) Ⅲ

상세해설

(1) 제1류 위험물 중 과망가니즈산염류(과망간산염류)로 지정수량은 1,000kg이다.
(2) 과망가니즈산(과망간산)칼륨을 가열하면 240℃에서 분해하여 산소를 방출시키고 아세톤, 메틸알코올, 빙초산에 잘 녹는다.
$2KMnO_4 \rightarrow K_2MnO_4 + MnO_2 + O_2 \uparrow$
과망가니즈산(과망간산)칼륨은 묽은 황산과 반응하여 산소를 방출시킨다.
$4KMnO_4 + 6H_2SO_4 \rightarrow 2K_2SO_4 + 4MnSO_4 + 6H_2O + 5O_2 \uparrow$
과망가니즈산(과망간산)칼륨이 묽은 황산과 반응할 경우와 열분해 할 경우 공통으로 생성되는 기체는 산소이다.
(3) 과망가니즈산(과망간산)염류는 위험등급 Ⅰ, Ⅱ를 제외한 위험물이기 때문에 위험등급 Ⅲ이다.

관련개념 제1류 위험물의 위험등급

- 위험등급 Ⅰ: 아염소산염류, 염소산염류, 과염소산염류, 무기과산화물, 그 밖에 지정수량이 50kg인 위험물
- 위험등급 Ⅱ: 브로민산염류(브롬산염류), 질산염류, 아이오딘산염류(요오드산염류), 그 밖에 지정수량이 300kg인 위험물
- 위험등급 Ⅲ: 위험등급 Ⅰ, Ⅱ를 제외한 위험물

11

「위험물안전관리법」상 제5류 위험물인 트리나이트로(니트로)톨루엔에 대해 다음 물음에 답하시오.

(1) 구조식을 쓰시오.
(2) 원료를 중심으로 제조과정을 설명하시오.

정답

(1)

$$\underset{}{\underset{NO_2}{\overset{CH_3}{\underset{}{\bigcirc}}}} \begin{array}{c} O_2N \quad \quad NO_2 \\ \end{array}$$

(2) 톨루엔과 질산을 황산 촉매 하에 반응(＝나이트로화(니트로화) 반응)시켜 생성되는 물질이 트리나이트로(니트로)톨루엔이다.

$$C_6H_5CH_3 + 3HNO_3 \xrightarrow{H_2SO_4} C_6H_2CH_3(NO_2)_3 + 3H_2O$$

12

적린의 완전연소에 대하여 다음 물음에 답하시오.

(1) 생성되는 물질의 명칭을 쓰시오.
(2) 생성되는 물질의 화학식을 쓰시오.
(3) 생성되는 물질의 색상을 쓰시오.

정답

(1) 오산화인
(2) P_2O_5
(3) 백색

관련개념

적린(P)

- 제2류 위험물로 지정수량은 100kg이다.
- 연소 시 오산화인(P_2O_5)이 생성된다.($4P + 5O_2 \rightarrow 2P_2O_5$)
- 황린의 동소체로 자연발화성이 없어 공기 중에서 안전하다.
- 염소산칼륨과 같은 제1류 위험물과 혼합되면 폭발할 수 있다.

오산화인(P_2O_5)

- 인이 연소할 때 생기는 백색의 가루이다.
- 물과 반응하면 인산(H_3PO_4)이 된다.

13

다음 ( ) 안을 채우시오.

- 옥외저장탱크·옥내저장탱크 또는 지하저장탱크 중 압력탱크 외의 탱크에 저장하는 다이에틸에터(디에틸에테르) 등 또는 아세트알데하이드(아세트알데히드) 등의 온도는 산화프로필렌과 이를 함유한 것 또는 다이에틸에터(디에틸에테르) 등에 있어서는 (①)℃ 이하로, 아세트알데하이드(아세트알데히드) 또는 이를 함유한 것에 있어서는 (②)℃ 이하로 각각 유지할 것
- 옥외저장탱크·옥내저장탱크 또는 지하저장탱크 중 압력탱크에 저장하는 아세트알데하드(아세트알데히드) 등 또는 다이에틸에터(디에틸에테르) 등의 온도는 (③)℃ 이하로 유지할 것
- 보냉장치가 있는 이동저장탱크에 저장하는 아세트알데하이드(아세트알데히드) 등 또는 다이에틸에터(디에틸에테르) 등의 온도는 해당 위험물의 (④) 이하로 유지할 것
- 보냉장치가 없는 이동저장탱크에 저장하는 아세트알데하이드(아세트알데히드) 등 또는 다이에틸에터(디에틸에테르) 등의 온도는 (⑤)℃ 이하로 유지할 것

정답

① 30 ② 15 ③ 40 ④ 비점 ⑤ 40

관련개념

알킬알루미늄, 아세트알데하이드(아세트알데히드) 및 다이에틸에터(디에틸에테르) 등의 저장기준

- 옥외저장탱크·옥내저장탱크 또는 지하저장탱크 중 압력탱크 외의 탱크에 저장하는 다이에틸에터(디에틸에테르) 등 또는 아세트알데하이드(아세트알데히드) 등의 온도는 산화프로필렌과 이를 함유한 것 또는 다이에틸에터(디에틸에테르) 등에 있어서는 30℃ 이하로, 아세트알데하이드(아세트알데히드) 또는 이를 함유한 것에 있어서는 15℃ 이하로 각각 유지할 것
- 옥외저장탱크·옥내저장탱크 또는 지하저장탱크 중 압력탱크에 저장하는 아세트알데하이드(아세트알데히드) 등 또는 다이에틸에터(디에틸에테르) 등의 온도는 40℃ 이하로 유지할 것
- 보냉장치가 있는 이동저장탱크에 저장하는 아세트알데하이드(아세트알데히드) 등 또는 다이에틸에터(디에틸에테르) 등의 온도는 해당 위험물의 비점 이하로 유지할 것
- 보냉장치가 없는 이동저장탱크에 저장하는 아세트알데하이드(아세트알데히드) 등 또는 다이에틸에터(디에틸에테르) 등의 온도는 40℃ 이하로 유지할 것

14

[보기]는 「위험물안전관리법령」상 주유취급소에 관한 내용이다. 다음 물음에 답하시오.

보기

㉠ 주유공지를 확보하지 않아도 된다.
㉡ 지하저장탱크에서 직접 주유하는 경우 탱크 용량에 제한을 두지 않아도 된다.
㉢ 고정주유설비 또는 고정급유설비의 주유관의 길이에 제한을 두지 않아도 된다.
㉣ 담 또는 벽을 설치하지 않아도 된다.
㉤ 캐노피를 설치하지 않아도 된다.

(1) 항공기 주유취급소 특례에 해당하는 것을 모두 고르시오.
(2) 자가용 주유취급소 특례에 해당하는 것을 모두 고르시오.
(3) 선박 주유취급소 특례에 해당하는 것을 모두 고르시오.

정답

(1) ㉠, ㉡, ㉢, ㉣, ㉤
(2) ㉠
(3) ㉠, ㉡, ㉢, ㉣

상세해설

1. **항공기 주유취급소의 특례**
    ① 주유공지 및 급유공지를 확보하지 않아도 된다.
    ② 지하저장탱크에서 직접 주유하는 경우 탱크 용량에 제한을 두지 않아도 된다.
    ③ 고정주유설비 또는 고정급유설비의 주유관의 길이에 제한을 두지 않아도 된다.
    ④ 담 또는 벽을 설치하지 않아도 된다.
    ⑤ 캐노피를 설치하지 않아도 된다.
2. **자가용 주유취급소의 특례**
    ① 주유공지 및 급유공지를 확보하지 않아도 된다.
3. **선박 주유취급소의 특례**
    ① 주유공지 및 급유공지를 확보하지 않아도 된다.
    ② 지하저장탱크에서 직접 주유하는 경우 탱크 용량에 제한을 두지 않아도 된다.
    ③ 고정주유설비 또는 고정급유설비의 주유관의 길이에 제한을 두지 않아도 된다.
    ④ 담 또는 벽을 설치하지 않아도 된다.

※ 위험물안전관리법 시행규칙 별표 13 중 특례에 대한 내용을 묻는 문제로 난이도가 대단히 높은 문제입니다.

15

다음은 「위험물안전관리법령」에서 정한 소화설비의 소요단위에 관한 내용이다. 물음에 답하시오.

- 옥내저장소이다.
- 외벽이 내화구조이다.
- 연면적은 150m²이다.
- 에탄올 1,000L, 등유 1,500L, 동식물유류 20,000L, 특수인화물 500L

(1) 옥내저장소의 소요단위를 구하시오.
(2) 위의 위험물을 저장할 경우 위험물의 소요단위는 몇 단위인지 구하시오.

정답

(1) 1소요단위
(2) 1.6소요단위=2소요단위
※ 소요단위가 소수로 나온 경우 절상하여 정수로 표현하는 것이 더 정확한 표현방법입니다.

상세해설

옥내저장소의 소요단위 구하기
- 저장소의 건축물은 외벽이 내화구조인 것은 연면적 150m²를 1소요단위로 하고, 외벽이 내화구조가 아닌 것은 연면적 75m²를 1소요단위로 한다.
- 문제에서 옥내저장소이고 외벽이 내화구조이며 연면적은 150m²라고 했으므로 1소요단위이다.

위험물의 소요단위 구하기
- 위험물은 지정수량의 10배를 1소요단위로 한다.
- 에탄올(제4류 위험물 중 알코올류)의 지정수량: 400L
- 등유(제4류 위험물 중 제2석유류)의 지정수량: 1,000L
- 동식물유류(제4류 위험물 중 동식물유류)의 지정수량: 10,000L
- 특수인화물(제4류 위험물 중 특수인화물)의 지정수량: 50L
- $\frac{1,000}{400 \times 10} + \frac{1,500}{1,000 \times 10} + \frac{20,000}{10,000 \times 10} + \frac{500}{50 \times 10} = 1.6$

16

[보기]는 옥외저장탱크의 외부구조 및 설비의 기준이다. 다음 물음에 답하시오.

| 보기 |
옥외저장탱크는 벽 및 바닥의 두께가 0.2m 이상이고 누수가 되지 아니하는 철근콘크리트의 수조에 넣어 보관하여야 한다. 이 경우 보유공지·통기관 및 자동계량장치는 생략할 수 있다.

(1) [보기]에 해당하는 위험물의 연소반응식을 쓰시오.
(2) [보기]에 해당하는 위험물의 품명을 쓰시오.
(3) [과염소산, 과산화나트륨, 과망가니즈산(과망간산)칼륨, 삼불화브로민(삼불화브롬)] 중 (2)의 위험물과 혼재가 가능한 위험물을 모두 고르시오.(없을 경우 해당 없음이라고 쓰시오.)

정답

(1) $CS_2 + 3O_2 \rightarrow CO_2 + 2SO_2$
(2) 특수인화물
(3) 해당 없음

상세해설

[보기]에 해당하는 위험물은 이황화탄소이다.
이황화탄소는 제4류 위험물로 과염소산(제6류), 과산화나트륨(제1류), 과망가니즈산(과망간산)칼륨(제1류), 삼불화브로민(삼불화브롬, 제6류)과 혼재할 수 없다.

관련개념

이황화탄소(CS_2)
- 제4류 위험물 중 특수인화물에 해당되며 지정수량은 50L이다.
- 가연성 증기의 발생을 억제하기 위하여 용기나 탱크에 저장할 때에는 물속에 저장한다.
- 연소하면 자극성이 강한 유독가스인 이산화황(SO_2)을 발생한다.
  $CS_2 + 3O_2 \rightarrow CO_2 + 2SO_2 \uparrow$
- 이황화탄소의 옥외저장탱크는 벽 및 바닥의 두께가 0.2m 이상이고 누수가 되지 아니하는 철근콘크리트의 수조에 넣어 보관하여야 한다.

혼재 가능 위험물
- 423 → 제4류와 제2류, 제4류와 제3류는 서로 혼재 가능
- 524 → 제5류와 제2류, 제5류와 제4류는 서로 혼재 가능
- 61 → 제6류와 제1류는 서로 혼재 가능

17

다음은 「위험물안전관리법령」상 알코올류에 대한 설명이다. [보기]에서 틀린 부분을 찾고 모두 알맞게 수정하시오.

> **보기**
> ① 1분자를 구성하는 탄소원자의 수가 1개부터 3개까지인 포화 1가 알코올(변성알코올을 포함)을 말한다.
> ② 가연성 액체량이 60vol% 미만인 것은 제외한다.
> ③ 모든 알코올류는 지정수량이 400L이다.
> ④ 위험등급이 Ⅱ이다.
> ⑤ 옥내저장소에서 저장창고의 바닥면적이 1,000m^2 이하이다.

정답
② 가연성 액체량이 60wt% 미만인 것은 제외한다.

상세해설
- 제4류 위험물 중 알코올류의 위험등급은 Ⅱ이고 지정수량은 400L이다.
- 알코올류라 함은 1분자를 구성하는 탄소원자의 수가 1개부터 3개까지인 포화 1가 알코올(변성알코올을 포함함)을 말한다. 다만, 다음에 해당하는 것은 제외한다.
  - 1분자를 구성하는 탄소원자의 수가 1개 내지 3개의 포화 1가 알코올의 함유량이 60(중량)% 미만인 수용액
  - 가연성 액체량이 60(중량)% 미만이고 인화점 및 연소점(태그개방식 인화점 측정기에 의한 연소점을 말함)이 에틸알코올 60(중량)% 수용액의 인화점 및 연소점을 초과하는 것

18

제3류 위험물인 탄화칼슘에 대해 다음 물음에 답하시오.

(1) 탄화칼슘과 물의 반응식을 쓰시오.
(2) 생성된 기체와 구리와의 반응식을 쓰시오.
(3) 구리와 반응하면 위험한 이유를 쓰시오.

정답
(1) $CaC_2 + 2H_2O \rightarrow Ca(OH)_2 + C_2H_2 \uparrow$
(2) $C_2H_2 + 2Cu \rightarrow Cu_2C_2 + H_2 \uparrow$
(3) 아세틸렌가스는 구리와 반응하여 폭발성 화합물인 구리아세틸라이드와 가연성의 수소가스를 발생시키기 때문이다.

19

「위험물안전관리법령」상 동식물유류에 대하여 아래 물음에 답하시오.

(1) 요오드값의 정의를 쓰시오.
(2) 동식물유류를 요오드값의 크기에 따라 각각 분류하고, 그 범위를 쓰시오.

정답
(1) 유지 100g에 부가(첨가)되는 아이오딘(요오드, I_2)의 g수
(2) 건성유: 요오드값이 130 이상인 것
   반건성유: 요오드값이 100~130인 것
   불건성유: 요오드값이 100 이하인 것

상세해설
동식물유류를 건성유, 반건성유, 불건성유로 분류할 때 사용하는 요오드값의 기준은 「위험물안전관리법령」에 정확하게 명시되어 있지는 않다.
법에 이상, 이하, 초과 등이 정확하게 명시되어 있다면 법에 따라 정확하게 답을 해야 하지만 법에 요오드값 기준이 명시되어 있지 않아 대략적인 수치만 맞으면 정답 처리된다.

20

다음은 「위험물안전관리법령」에 따른 옥외탱크저장소의 특례기준이다. 빈칸에 들어갈 알맞은 말을 쓰시오.

> (1) (①) 등의 옥외탱크저장소
> - 불활성기체를 봉입하는 장치를 설치할 것
> - 누설된 (①) 등을 안전한 장소에 설치된 조에 이끌어 들일 수 있는 설비를 설치할 것
>
> (2) (②) 등의 옥외탱크저장소
> - 옥외저장탱크의 설비는 동·마그네슘·은·수은 또는 이들을 성분으로 하는 합금으로 만들지 아니할 것
> - 불활성의 기체를 봉입하는 장치를 설치할 것
>
> (3) (③) 등의 옥외탱크저장소
> - (③) 등의 온도 및 농도 상승에 따른 위험반응을 방지하기 위한 조치를 강구할 것
> - 철 이온 등의 혼입에 따른 위험한 반응을 방지하기 위한 조치를 강구할 것

정답

① 알킬알루미늄, ② 아세트알데하이드(아세트알데히드), ③ 하이드록실아민(히드록실아민)

관련개념

위험물의 성질에 따른 옥외탱크저장소의 특례

알킬알루미늄 등, 아세트알데하이드(아세트알데히드) 등 및 하이드록실아민(히드록실아민) 등을 저장 또는 취급하는 옥외탱크저장소는 해당 위험물의 성질에 따라 다음 각호에 정하는 기준에 의하여야 한다.

(1) 알킬알루미늄 등의 옥외탱크저장소
- 옥외저장탱크의 주위에는 누설범위를 국한하기 위한 설비 및 누설된 알킬알루미늄 등을 안전한 장소에 설치된 조에 이끌어 들일 수 있는 설비를 설치할 것
- 옥외저장탱크에는 불활성의 기체를 봉입하는 장치를 설치할 것

(2) 아세트알데하이드(아세트알데히드) 등의 옥외탱크저장소
- 옥외저장탱크의 설비는 동·마그네슘·은·수은 또는 이들을 성분으로 하는 합금으로 만들지 아니할 것
- 옥외저장탱크에는 냉각장치 또는 보냉장치, 그리고 연소성 혼합기체의 생성에 의한 폭발을 방지하기 위한 불활성의 기체를 봉입하는 장치를 설치할 것

(3) 하이드록실아민(히드록실아민) 등의 옥외탱크저장소
- 옥외탱크저장소에는 하이드록실아민(히드록실아민) 등의 온도의 상승에 의한 위험한 반응을 방지하기 위한 조치를 강구할 것
- 옥외탱크저장소에는 철 이온 등의 혼입에 의한 위험한 반응을 방지하기 위한 조치를 강구할 것

2023년 2회 기출문제

2023년 7월 22일 시행

01

트리에틸알루미늄에 대한 다음 물음에 답하시오.

(1) 트리에틸알루미늄과 물의 반응식을 쓰시오.
(2) 트리에틸알루미늄 1몰이 물과 반응할 때 발생하는 가스의 부피(L)를 계산하시오. (단, 표준상태이고, 알루미늄의 원자량은 27이다.)
(3) 트리에틸알루미늄 저장 시 옥내 저장창고의 바닥면적(m^2)은 얼마 이하인가?

정답

(1) $(C_2H_5)_3Al + 3H_2O \rightarrow Al(OH)_3 + 3C_2H_6$
(2) 67.2L
(3) 1,000m^2

상세해설

(2) 트리에틸알루미늄 1몰이 물과 반응할 때 기체 에탄 3몰이 생성된다. 표준상태에서 기체 1몰의 부피는 22.4L이므로 에탄 3몰의 부피는 22.4×3=67.2L가 된다.
(3) 트리에틸알루미늄은 제3류 위험물 중 알킬알루미늄에 해당한다.

관련개념

옥내저장소의 바닥면적을 1,000m^2 이하로 해야 하는 위험물
- 제1류 위험물 중 아염소산염류, 염소산염류, 과염소산염류, 무기과산화물, 그 밖에 지정수량이 50kg인 위험물
- 제3류 위험물 중 칼륨, 나트륨, 알킬알루미늄, 알킬리튬, 그 밖에 지정수량이 10kg인 위험물 및 황린
- 제4류 위험물 중 특수인화물, 제1석유류 및 알코올류
- 제5류 위험물 중 유기과산화물, 질산에스터류(질산에스테르류), 그 밖에 지정수량이 10kg인 위험물
- 제6류 위험물

02

다음 [보기]에서 설명하는 물질에 대해 다음 물음에 답하시오.

보기
- 환원성이 크며, 은거울반응을 하고, 산화시키면 아세트산이 된다.
- 물, 에테르, 알코올에 잘 녹는다.

(1) 명칭을 쓰시오.
(2) 시성식을 쓰시오.
(3) 지정수량을 쓰시오.
(4) 위험등급을 쓰시오.

정답

(1) 아세트알데하이드(아세트알데히드)
(2) CH_3CHO
(3) 50L
(4) I등급

상세해설

아세트알데하이드(아세트알데히드, CH_3CHO)
- 제4류 위험물 중 특수인화물(수용성)로 지정수량은 50L이고, 위험등급이 I이다.
- 무색의 액체로 인화성이 강하다.
- 물, 에테르, 알코올에 잘 녹으며 유기물을 잘 녹인다.
- 과망가니즈산(과망간산)칼륨에 의해 쉽게 산화되는 유기화합물이다.
- 환원성이 크고 은거울반응을 한다.
- 산소에 의해 산화되면 초산(아세트산)이 된다.

03

다음은 지하탱크저장소에 대한 설명이다. 다음 (   ) 안에 알맞은 말을 각각 쓰시오. (단, 「위험물안전관리법령」의 기준을 따른다.)

- 지하저장탱크의 윗부분은 지면으로부터 (㉠)m 이상 아래에 있어야 한다.
- 지하저장탱크를 2 이상 인접해 설치하는 경우에는 그 상호간에 (㉡)m 이상의 간격을 유지하여야 한다.
- 지하저장탱크는 용량에 따라 정하는 기준에 적합하게 강철판 또는 동등 이상의 성능이 있는 금속재질로 (㉢)용접 또는 (㉣)용접으로 틈이 없도록 만드는 동시에, 압력탱크(최대상용압력이 46.7kPa 이상인 탱크를 말한다) 외의 탱크에 있어서는 70kPa의 압력으로, 압력탱크에 있어서는 최대상용압력의 (㉤)배의 압력으로 각각 (㉥)분간 수압시험을 실시하여 새거나 변형되지 아니하여야 한다.

정답

(1) (㉠): 0.6
(2) (㉡): 1
(3) (㉢): 완전용입
(4) (㉣): 양면겹침이음
(5) (㉤): 1.5
(6) (㉥): 10

상세해설

지하탱크저장소의 위치·구조 및 설비의 기준(위험물안전관리법 시행규칙 별표 8)

- 지하저장탱크의 윗부분은 지면으로부터 <u>0.6m</u> 이상 아래에 있어야 한다.
- 지하저장탱크를 2 이상 인접해 설치하는 경우에는 그 상호간에 <u>1m(해당 2 이상의 지하저장탱크의 용량의 합계가 지정수량의 100배 이하인 때에는 0.5m)</u> 이상의 간격을 유지하여야 한다. 다만, 그 사이에 탱크전용실의 벽이나 두께 20cm 이상의 콘크리트 구조물이 있는 경우에는 그러하지 아니하다.
- 지하저장탱크는 용량에 따라 정하는 기준에 적합하게 강철판 또는 동등 이상의 성능이 있는 금속재질로 <u>완전용입용접</u> 또는 <u>양면겹침이음용접</u>으로 틈이 없도록 만드는 동시에, 압력탱크(최대상용압력이 46.7kPa 이상인 탱크를 말한다) 외의 탱크에 있어서는 70kPa의 압력으로, 압력탱크에 있어서는 최대상용압력의 <u>1.5배</u>의 압력으로 각각 <u>10분간</u> 수압시험을 실시하여 새거나 변형되지 아니하여야 한다. 이 경우 수압시험은 소방청장이 정하여 고시하는 기밀시험과 비파괴시험을 동시에 실시하는 방법으로 대신할 수 있다.

04

다음 위험물의 지정수량 배수의 합을 계산하시오.

─| 보기 |─
- 기어유 6,000L
- 스틸렌 2,000L
- 아닐린 4,000L
- 올리브유 20,000L
- 톨루엔 1,000L

정답

12

상세해설

구분	유별	품명	지정수량
기어유	제4류	제4석유류	6,000L
스틸렌	제4류	제2석유류(비수용성)	1,000L
아닐린	제4류	제3석유류(비수용성)	2,000L
올리브유	제4류	동식물유류	10,000L
톨루엔	제4류	제1석유류(비수용성)	200L

따라서 보기에서 주어진 양에 대한 지정수량 배수의 합은 다음과 같이 구할 수 있다.

$$\frac{6,000}{6,000} + \frac{2,000}{1,000} + \frac{4,000}{2,000} + \frac{20,000}{10,000} + \frac{1,000}{200} = 12$$

05

「위험물안전관리법령」에서 규정하는 인화점 측정 방법을 3가지 쓰시오.

정답

① 신속평형법
② 태그밀폐식
③ 클리브랜드 개방컵

관련개념

인화점 측정 방법(위험물안전관리에 관한 세부기준)

- 신속평형법: 시료컵에 시험물품 2mL를 넣고, 1분간 설정온도를 유지한 다음 인화점을 측정한다.
- 태그밀폐식: 시료컵에 시험물품 50cm³를 넣고 시험불꽃을 점화하고 화염의 크기를 직경이 4mm가 되도록 조정한 후 시험불꽃을 시료컵에 1초간 노출시키고 닫는 조작을 반복하는 방법으로 인화점을 측정한다.
- 클리브랜드 개방컵: 시료컵의 표선까지 시험물품을 채우고 시험불꽃을 점화하고 화염의 크기를 직경이 4mm가 되도록 조정한 후 시험불꽃을 시료컵의 중심을 횡단하여 일직선으로 1초간 통과시키는 조작을 반복하여 인화점을 측정한다.

06

다음은 「위험물안전관리법령」에서 정한 완공검사에 대한 내용이다. 물음에 답하시오.

(1) 위험물을 저장 또는 취급하는 탱크로서 대통령령이 정하는 탱크가 있는 제조소 등의 설치, 변경에 관하여 완공검사를 받기 전에 받아야 하는 검사는 무엇인지 쓰시오.
(2) 다음 시설의 완공검사 신청시기를 쓰시오.
   ① 지하탱크가 있는 제조소 등
   ② 이동탱크저장소
(3) 완공검사를 실시한 결과 해당 제조소 등이 규정에 의한 기술기준에 적합하다고 인정하는 때에 시, 도지사는 어떤 서류를 교부해야 하는지 쓰시오.

정답
(1) 탱크안전성능검사
(2) ① 해당 지하탱크를 매설하기 전
    ② 이동저장탱크를 완공하고 상시 설치 장소를 확보한 후
(3) 완공검사합격확인증

관련개념
탱크안전성능검사
위험물을 저장 또는 취급하는 탱크로서 대통령령이 정하는 탱크가 있는 제조소 등의 설치 또는 그 위치·구조 또는 설비의 변경에 관하여 (중간 생략) 규정에 따른 기술기준에 적합한지의 여부를 확인하기 위하여 시·도지사가 실시하는 탱크안전성능검사를 받아야 한다.

완공검사의 신청시기
- 지하탱크가 있는 제조소 등의 경우: 해당 지하탱크를 매설하기 전
- 이동탱크저장소의 경우: 이동저장탱크를 완공하고 상시 설치 장소(상치장소)를 확보한 후

완공검사의 신청 등
규정에 의한 신청을 받은 시·도지사는 제조소 등에 대하여 완공검사를 실시하고, 완공검사를 실시한 결과 해당 제조소 등이 법의 규정에 의한 기술기준에 적합하다고 인정하는 때에는 완공검사합격확인증을 교부하여야 한다.

07

다음은 제1류 위험물인 염소산칼륨에 관한 내용이다. 물음에 답하시오.

(1) 염소산칼륨의 완전분해반응식을 쓰시오.
(2) 염소산칼륨 1kg이 표준상태에서 완전분해 시 생성되는 산소의 부피(m^3)를 구하시오. (단, 염소산칼륨의 분자량은 123이다.)

정답
(1) $2KClO_3 \rightarrow 2KCl + 3O_2$
(2) $0.27 m^3$

상세해설
염소산칼륨($KClO_3$)이 완전연소할 때 발생하는 산소(O_2)의 부피 구하기
염소산칼륨의 분해반응식상 염소산칼륨 2kmol이 분해되면 산소는 3kmol이 발생한다.
$2KClO_3 \rightarrow 2KCl + 3O_2$
문제에서 염소산칼륨의 분자량이 123으로 주어졌으므로 비례식으로 생성되는 산소의 부피(m^3)를 구한다.
$2 \times 123 kg : 3 \times 22.4 m^3 = 1 kg : x$
$x = 0.273 m^3$
※ 질량을 kg 단위로 대입하면 부피는 m^3 단위로 계산된다.

08

탄화칼슘이 고온에서 질소와 반응할 때 (1) 생성되는 물질 두 가지와 (2) 산화반응 할 경우 연소반응식을 쓰시오.

(1) 생성되는 물질
(2) 연소반응식

정답
(1) 칼슘시안아미드($CaCN_2$), 탄소(C)
(2) $2CaC_2 + 5O_2 \rightarrow 2CaO + 4CO_2$

상세해설
(1) 질소와의 반응식
   $CaC_2 + N_2 \rightarrow CaCN_2$(칼슘시안아미드) + C(탄소)
(2) 연소반응식
   $2CaC_2 + 5O_2 \rightarrow 2CaO + 4CO_2$

09

과산화칼륨과 아세트산이 반응 시 생성되는 위험물에 관한 다음 물음에 답하시오.

(1) 분해반응식을 적으시오.
(2) 운반용기 외부에 표시해야 하는 주의사항을 쓰시오.
(3) 제조소와 학교의 안전거리(m)를 쓰시오. 해당하지 않을 경우 해당 없음으로 표기하시오.

정답

(1) $2H_2O_2 \rightarrow 2H_2O + O_2$
(2) 가연물접촉주의
(3) 해당 없음

상세해설

(1) 과산화칼륨과 아세트산의 분해반응($K_2O_2 + 2CH_3COOH \rightarrow 2CH_3COOK + H_2O_2$) 시 초산칼륨($CH_3COOK$)과 과산화수소($H_2O_2$)가 발생한다.
(2) 과산화수소는 제6류 위험물에 해당하며 제6류 위험물의 운반용기 외부에 표시해야 하는 주의사항은 "가연물접촉주의"이다.
(3) 과산화수소는 제6류 위험물로 안전거리 기준에서 제외된다.

관련개념

제조소의 안전거리 기준
제조소는 학교, 병원, 극장, 그 밖에 다수인을 수용하는 시설 등으로부터 30m 이상 안전거리를 두어야 하지만 <u>제6류 위험물을 취급하는 제조소는 예외조항이 있어 안전거리를 두지 않아도 된다.</u>

10

클로로벤젠에 대하여 다음 물음에 답하시오.

(1) 시성식을 쓰시오.
(2) 품명을 쓰시오.
(3) 지정수량을 쓰시오.

정답

(1) C_6H_5Cl
(2) 제2석유류
(3) 1,000L

상세해설 클로로벤젠(C_6H_5Cl)

· 구조식: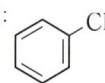

· 마취성이 있는 석유와 비슷한 냄새가 나는 무색액체이다.
· 물에 녹지 않고 알코올, 에테르 등 유기용제에 녹는다.
· 연소 시 염화수소가스가 발생한다.
· 제4류 위험물 제2석유류에 해당하며 지정수량은 1,000L이다.

11

제1종 분말 소화약제 주성분의 (1) 270℃에서의 열분해 반응식을 쓰고, (2) 이 물질 10kg이 분해 시 생성되는 이산화탄소의 부피(m^3)를 계산하시오.

정답

(1) $2NaHCO_3 \rightarrow Na_2CO_3 + CO_2 + H_2O$
(2) $1.34m^3$

상세해설

(1) 제1종 분말소화약제의 주성분은 탄산수소나트륨으로 분해반응식은 다음과 같다.
 $2NaHCO_3 \rightarrow Na_2CO_3 + CO_2 + H_2O$
(2) 탄산수소나트륨의 분자량은 84kg/kmol로 10kg의 몰수는 10/84 ≒ 0.12kmol이다.
 탄산수소나트륨 분해식에서 이산화탄소와의 반응비는 2:1이므로 탄산수소나트륨 0.12kmol 분해 시 생성되는 이산화탄소의 몰수는 약 0.06kmol이다.
 표준상태에서 기체 1kmol의 부피는 $22.4m^3$이므로 기체 0.06kmol의 부피는 $22.4 \times 0.06 = 1.344$, 약 $1.34m^3$이다.

※ 문제에 언급이 없으면 표준상태로 가정하고, 계산한다.

12

다음 위험물의 운반용기 외부에 표기해야 하는 주의사항을 모두 쓰시오. (단, 「위험물안전관리법령」 기준을 따른다.)

(1) 벤조일퍼옥사이드
(2) 마그네슘
(3) 과산화나트륨
(4) 인화성 고체

정답

(1) 화기엄금, 충격주의
(2) 화기주의, 물기엄금
(3) 화기주의, 충격주의, 물기엄금, 가연물접촉주의
(4) 화기엄금

상세해설

보기의 물질을 운반용기 외부 표기 주의사항 기준에 따라 표현하면 다음과 같다.

(1) 벤조일퍼옥사이드 → 제5류 위험물
(2) 마그네슘 → 제2류 위험물 중 마그네슘
(3) 과산화나트륨 → 제1류 위험물 중 알칼리금속의 과산화물
(4) 인화성 고체 → 제2류 위험물 중 인화성 고체

관련개념

위험물 운반용기 외부에 표기해야 하는 주의사항

구분		주의사항
제1류 위험물	알칼리금속의 과산화물	화기주의, 충격주의, 물기엄금, 가연물접촉주의
	그 밖의 것	화기주의, 충격주의, 가연물접촉주의
제2류 위험물	철분, 금속분, 마그네슘	화기주의, 물기엄금
	인화성 고체	화기엄금
	그 밖의 것	화기주의
제3류 위험물	자연발화성 물질	화기엄금, 공기접촉엄금
	금수성 물질	물기엄금
제4류 위험물		화기엄금
제5류 위험물		화기엄금, 충격주의
제6류 위험물		가연물접촉주의

13

다음 위험물을 지정수량 이상으로 운반할 때 혼재가 불가능한 위험물을 모두 쓰시오. (단, 「위험물안전관리법령」에서 정한 위험물의 운반에 관한 기준을 따른다.)

(1) 제1류 위험물
(2) 제2류 위험물
(3) 제3류 위험물
(4) 제4류 위험물
(5) 제5류 위험물

정답

(1) 제2류 위험물, 제3류 위험물, 제4류 위험물, 제5류 위험물
(2) 제1류 위험물, 제3류 위험물, 제6류 위험물
(3) 제1류 위험물, 제2류 위험물, 제5류 위험물, 제6류 위험물
(4) 제1류 위험물, 제6류 위험물
(5) 제1류 위험물, 제3류 위험물, 제6류 위험물

관련개념

혼재 가능한 위험물

구분	제1류	제2류	제3류	제4류	제5류	제6류
제1류		×	×	×	×	○
제2류	×		×	○	○	×
제3류	×	×		○	×	×
제4류	×	○	○		○	×
제5류	×	○	×	○		×
제6류	○	×	×	×	×	

○ 표시는 혼재할 수 있음, × 표시는 혼재할 수 없음을 나타냄

14

비중이 0.53, 불꽃반응색이 적색이며, 은백색 광택이 있는 무른 경금속 물질에 대한 다음 물음에 답하시오.

(1) 해당 물질과 물의 반응식을 쓰시오.
(2) 위험등급을 쓰시오.
(3) 제조소에서 해당 위험물을 1,000kg 취급할 때 제조소의 보유공지를 쓰시오. (해당하지 않을 경우 해당 없음으로 표기하시오.)

정답

(1) $2Li + 2H_2O \rightarrow 2LiOH + H_2\uparrow$
(2) II등급
(3) 5m 이상

상세해설

(1) 문제에서 설명하는 물질은 리튬(Li)이다.
(2) 리튬은 알칼리금속에 해당하며 지정수량은 50kg이고 위험등급은 II에 해당한다.
(3) 지정수량이 50kg이므로 1,000kg은 지정수량의 20배에 해당한다.

취급하는 위험물의 최대수량	공지의 너비
지정수량의 10배 이하	3m 이상
지정수량의 10배 초과	5m 이상

관련개념

리튬(Li)

- 제3류 위험물의 알칼리금속에 해당하며 지정수량은 50kg이다.
- 은백색의 연한 고체이다.
- 원자량: 6.94, 융점: 180°C, 비중: 0.53
- 물과 접촉하면 수소를 발생시킨다.
  $2Li + 2H_2O \rightarrow 2LiOH + H_2\uparrow$
- 2차 전지로 사용한다.

15

흑색화약의 원료 3가지의 화학식과 품명을 쓰시오. (위험물에 해당하지 않을 경우 해당 없음으로 표기하시오.)

화학식	품명
①	②
③	④
⑤	⑥

정답

① KNO_3 ② 질산염류
③ S   ④ 황(유황)
⑤ C   ⑥ 해당 없음

관련개념

흑색화약

- 질산칼륨, 황(유황)가루, 숯가루를 혼합하면 흑색화약이 된다.
- 질산칼륨은 제1류 위험물 중 질산염류에 해당되며 지정수량은 300kg이다.
- 황(유황)은 제2류 위험물에 해당되며 지정수량은 100kg이다.
- 숯가루는 가연성 물질이지만 「위험물안전관리법」상 위험물로 분류하지는 않는다.

16

20°C의 물 10kg으로 주수소화 할 경우 100°C의 수증기로 만드는 데 필요한 에너지량(kcal)을 구하시오. (단, 물의 비열은 1kcal/kg·°C이고, 증발잠열은 539kcal/kg이다.)

정답

6,190kcal

상세해설

20°C의 물이 100°C의 수증기로 변화하기 위해서는 총 두 번의 과정이 필요하다.
① 20°C에서 100°C로 온도 상승
② 물에서 수증기로의 상변화
따라서 20°C 물 10kg이 100°C 수증기로 변화하는 과정에서 필요한 에너지량은 다음과 같이 계산할 수 있다.

①: $1kcal/kg \cdot °C \times (100-20)°C \times 10kg = 800kcal$
②: $539kcal/kg \times 10kg = 5,390kcal$
∴ ① + ② = 6,190kcal

17

옥외저장탱크 30만L 3기, 20만L(인화점 50℃) 9기에 인화성 액체가 저장되어있다고 할 때, 다음 물음에 답하시오.

(1) 설치해야 하는 방유제의 최소 개수를 구하시오.
(2) 탱크의 용량은 30만L 2기, 20만L 2기가 있을 시 방유제의 용량(L)을 구하시오.
(3) 인화성 액체가 아닌 제6류 위험물 질산을 저장할 경우 방유제의 최소 개수를 구하시오.

정답

(1) 2개
(2) 33만L 이상
(3) 1개

상세해설

(1) 방유제 내에 설치하는 옥외저장탱크의 수는 10 이하이므로 방유제의 최소 개수는 2개이다.
(2) 방유제의 용량은 방유제 안에 설치된 탱크가 2기 이상인 때에는 그 탱크 중 용량이 최대인 것의 용량의 110% 이상이므로 30만L × 1.1 = 33만L 이상이다.
(3) 인화성이 없는 액체 위험물의 경우 방유제 내의 탱크수에 대한 기준이 적용되지 않으므로 최소 개수는 1개가 된다.

관련개념

방유제는 위험물 탱크가 흘러넘쳤을 때 외부확산을 방지하기 위한 둑으로 옥외탱크저장소 방유제의 설치기준은 다음과 같다.

- 재질: 철근콘크리트
- 높이: 0.5m 이상 3m 이하
- 두께: 0.2m 이상
- 지하매설깊이: 1m 이상
- 계단: 방유제의 높이가 1m를 넘을 경우 50m 간격으로 설치
- 면적: 80,000m² 이하
- 방유제 내에 설치하는 옥외저장탱크의 수: 10(방유제 내에 설치하는 모든 옥외저장탱크의 용량이 20만L 이하이고, 해당 옥외저장탱크에 저장 또는 취급하는 위험물의 인화점이 70℃ 이상 200℃ 미만인 경우에는 20) 이하로 할 것. 하지만 인화점이 200℃ 이상인 위험물을 저장 또는 취급하는 옥외저장탱크에 있어서는 옥외저장탱크의 개수에 제한을 두지 않을 수 있음.
- 방유제의 용량: 방유제 안에 설치된 탱크가 하나인 때에는 그 탱크 용량의 110% 이상, 2기 이상인 때에는 용량이 최대인 것의 용량의 110% 이상으로 함.

18

제5류 위험물로서 규조토에 흡수시켜 다이너마이트를 제조하는 물질에 대하여 다음 물음에 알맞은 답을 쓰시오.

(1) 구조식을 그리시오.
(2) 품명 및 지정수량을 쓰시오.
(3) 이산화탄소, 수증기, 질소, 산소가 발생하는 완전분해 반응식을 쓰시오.

정답

(1)
$$\begin{array}{c} H\quad H\quad H \\ | \quad\; | \quad\; | \\ H-C-C-C-H \\ | \quad\; | \quad\; | \\ O\quad O\quad O \\ | \quad\; | \quad\; | \\ NO_2\; NO_2\; NO_2 \end{array}$$

(2) 질산에스터류(질산에스테르류)
(3) $4C_3H_5(ONO_2)_3 \rightarrow 12CO_2 + 10H_2O + 6N_2 + O_2$

관련개념

나이트로(니트로)글리세린[$C_3H_5(ONO_2)_3$]

- 제5류 위험물 중 질산에스터류(질산에스테르류)에 해당한다.
- 상온에서는 무색투명한 기름 모양의 액체이다.
- 규조토에 흡수시켜 다이너마이트를 제조한다.
- 분해되면 이산화탄소, 수증기, 질소, 산소가 발생된다.

※ 위 문제는 최신 법령이 개정된 문제입니다. 관련 개정사항은 제5류 위험물 지정수량 개정사항(p.2) 참고

19

「위험물안전관리법령」에 따른 다음 각 소화약제의 화학식을 쓰시오.

(1) 하론 1301
(2) IG-100
(3) 제2종 분말소화약제

정답

(1) CF_3Br
(2) N_2
(3) $KHCO_3$

관련개념

Halon 번호와 화학식

하론 1301에서 천의 자리의 숫자는 C의 개수, 백의 자리의 숫자는 F의 개수, 십의 자리의 숫자는 Cl의 개수, 일의 자리의 숫자는 Br의 개수를 나타낸다.

불활성가스 소화약제

- IG-541: $N_2(52\%)+Ar(40\%)+CO_2(8\%)$
- IG-55: $N_2(50\%)+Ar(50\%)$
- IG-100: $N_2(100\%)$

분말 소화약제의 종류

종별	소화약제	약제의 착색	열분해 반응식
제1종 분말	탄산수소나트륨 ($NaHCO_3$)	백색	$2NaHCO_3$ → $CO_2 + H_2O + Na_2CO_3$
제2종 분말	탄산수소칼륨 ($KHCO_3$)	담회색	$2KHCO_3$ → $CO_2 + H_2O + K_2CO_3$
제3종 분말	제1인산암모늄 ($NH_4H_2PO_4$)	담홍색	$NH_4H_2PO_4$ → $NH_3 + HPO_3 + H_2O$
제4종 분말	탄산수소칼륨+요소 $KHCO_3 + (NH_2)_2CO$	회색	$2KHCO_3 + (NH_2)_2CO$ → $K_2CO_3 + 2NH_3 + 2CO_2$

20

다음의 소화방법 중 옳은 것을 모두 쓰시오.

> **보기**
> ① 제1류 위험물에는 주수소화가 가능한 물질, 불가능한 물질 모두 있다.
> ② 제6류 위험물은 저장된 곳에 폭발의 우려가 없는 경우에 한하여 이산화탄소 소화기에 적응성이 있다.
> ③ 마그네슘은 화재 시 물분무소화에 적응성이 없고 이산화탄소 소화기에 적응성이 있다.
> ④ 건조사는 모든 위험물에 소화 적응성이 있다.
> ⑤ 에탄올은 물보다 비중이 높으므로 주수소화 시 화재 확대의 우려가 있다.

정답

①, ②, ④

상세해설

① 제1류 위험물에는 주수소화가 가능한 물질, 불가능한 물질 모두 있다.
② 제6류 위험물을 저장 또는 취급하는 장소로서 폭발의 위험이 없는 장소에 한하여 이산화탄소 소화기가 제6류 위험물에 대하여 적응성이 있다.
③ 제2류 위험물인 마그네슘은 화재 시 물분무소화설비 및 이산화탄소 소화기에 적응성이 없다.
④ 건조사(마른 모래)는 제1류~제6류 위험물 모두에 적응성이 있다.
⑤ 에탄올의 비중은 약 0.789로 물(1.0)보다 비중이 낮다.

관련개념

소화설비의 적응성 관련 표는 「위험물안전관리법 시행규칙」 별표 17에 나와 있고, 본 교재의 KEYWORD 23에도 나와 있다.
2020년도부터 실기시험문제에서 소화설비의 적응성 관련 표가 그대로 출제되는 경우가 있으므로 해당 표의 내용은 숙지하는 것이 좋다.

2023년 3회 기출문제

2023년 11월 5일 시행

01

탄화칼슘 32g이 물과 반응하여 생성되는 기체가 완전연소하기 위한 산소의 부피(L)를 구하시오.

정답

28L

상세해설

탄화칼슘(CaC_2)과 물의 반응식

$CaC_2 + 2H_2O \rightarrow Ca(OH)_2 + C_2H_2 \uparrow$

탄화칼슘(CaC_2)이 물과 반응했을 때 생성되는 기체는 아세틸렌(C_2H_2)이다.

탄화칼슘의 분자량 $= 40 + (12 \times 2) = 64g/mol$

탄화칼슘 32g의 몰수 $= \dfrac{32}{64} = 0.5 mol$

탄화칼슘과 물의 반응식에서 탄화칼슘 1mol이 물과 반응할 때 1mol의 아세틸렌 가스가 발생되므로 탄화칼슘 0.5mol이 물과 반응하면 0.5mol의 아세틸렌 가스가 발생된다.

아세틸렌의 완전연소반응식

$2C_2H_2 + 5O_2 \rightarrow 4CO_2 + 2H_2O$

아세틸렌 가스의 연소반응식에서 2mol의 아세틸렌 가스가 완전연소할 때 5mol의 산소가 필요하다.

이 관계를 이용하여 0.5mol의 아세틸렌 가스가 완전연소할 때 필요한 산소의 몰수를 구할 수 있다.

$2mol : 5mol = 0.5mol : x$

$x = 1.25mol$

0.5mol의 아세틸렌 가스가 연소하려면 1.25mol의 산소가 필요하다.

아보가드로의 법칙에 의해 기체 1mol의 부피는 22.4L이다.

산소 1.25mol의 부피 $= 22.4 \times 1.25 = 28L$

※ 문제에 언급이 없으면 표준상태로 가정하고, 계산한다.

02

다음 주어진 유별 위험물이 지정수량 10배 이상인 경우 혼재 불가능한 유별 위험물을 모두 쓰시오.

(1) 제1류 위험물
(2) 제2류 위험물
(3) 제3류 위험물
(4) 제4류 위험물
(5) 제5류 위험물

정답

(1) 제2류, 제3류, 제4류, 제5류 위험물
(2) 제1류, 제3류, 제6류 위험물
(3) 제1류, 제2류, 제5류, 제6류 위험물
(4) 제1류, 제6류 위험물
(5) 제1류, 제3류, 제6류 위험물

관련개념

혼재 가능 위험물

구분	제1류	제2류	제3류	제4류	제5류	제6류
제1류		×	×	×	×	○
제2류	×		×	○	○	×
제3류	×	×		○	×	×
제4류	×	○	○		○	×
제5류	×	○	×	○		×
제6류	○	×	×	×	×	

03

할로젠화합물(할로겐화합물) 소화설비에 대한 다음 물음에 답하시오.

(1) 할로젠화합물(할로겐화합물) 소화설비에 사용되는 소화약제 세 가지만 쓰시오.
(2) 전역방출방식의 할로젠화합물(할로겐화합물) 소화설비에 사용되는 소화약제를 한 가지만 쓰시오.
(3) 이동식 할로젠화합물(할로겐화합물) 소화설비에 사용되는 소화약제를 한 가지만 쓰시오.

정답
(1) 하론 1211, 하론 1301, 하론 2402
(2) 하론 1211, 하론 1301, 하론 2402 중 한 가지
(3) 하론 1211, 하론 1301, 하론 2402 중 한 가지

상세해설
할로젠화합물(할로겐화합물) 소화약제

하론 1001	하론 10001	하론 1011	하론 1202
하론 1211	하론 1301	하론 104	하론 2402

하론 1211, 하론 1301, 하론 2402 등은 전역방출방식, 국소방출방식, 이동식 소화설비에 모두 사용가능하다.

04

다음 [보기]의 동식물유류를 건성유, 반건성유, 불건성유로 구분하여 쓰시오.

보기
동유, 아마인유, 야자유, 면실유, 피마자유, 올리브유

정답
(1) 건성유: 아마인유, 동유
(2) 반건성유: 면실유
(3) 불건성유: 야자유, 피마자유, 올리브유

상세해설
동식물유류는 요오드값에 따라서 건성유, 반건성유, 불건성유로 나뉜다.
- 건성유(요오드값이 130 이상): 해바라기기름, 동유, 정어리기름, 아마인유(아마씨유), 들기름, 대구유, 상어유 등
- 반건성유(요오드값이 100~130): 채종유, 면실유(목화씨유), 참기름, 옥수수기름, 콩기름, 쌀겨기름, 청어유 등
- 불건성유(요오드값이 100 이하): 땅콩기름, 야자유, 소기름, 고래기름, 피마자유, 올리브유

05

다음 [보기]의 물질의 연소형태를 표면연소, 증발연소, 자기연소로 구분하여 쓰시오.

보기
① 나트륨 ② TNT
③ 에탄올 ④ 금속분
⑤ 다이에틸에터(디에틸에테르) ⑥ 피크르산

정답
- 표면연소: ①, ④
- 증발연소: ③, ⑤
- 자기연소: ②, ⑥

관련개념
- 고체의 표면연소: 목탄(숯), 코크스, 금속분 등이 열분해하여 고체의 표면이 고온을 유지하면서 가연성 가스를 발생하지 않고 그 물질 자체가 표면이 빨갛게 변하면서 연소하는 형태
- 액체의 증발연소: 알코올, 에테르, 석유, 아세톤 등과 같은 가연성 액체의 액면에서 증발하여 생긴 가연성 증기가 착화되어 화염을 내고, 이 화염이 액 표면의 온도를 상승시켜 증발을 촉진시켜 연소하는 형태
- 자기연소: 화약, 폭약의 원료인 제5류 위험물 TNT, 피크르산, 나이트로(니트로)셀룰로오스, 질산에스터류(질산에스테르류)에서 볼 수 있는 연소의 형태로서 공기 중의 산소를 필요로 하지 않고 그 물질 자체에 함유되어 있는 산소로부터 내부 연소하는 형태

06

아세트알데하이드(아세트알데히드)가 산화되어 발생하는 물질과 환원되어 발생하는 물질을 쓰고 이를 화학반응식으로 나타내시오.

(1) 산화 시 발생되는 물질과 화학반응식
(2) 환원 시 발생되는 물질과 화학반응식

정답
(1) 아세트산, $2CH_3CHO + O_2 \rightarrow 2CH_3COOH$
(2) 에탄올, $CH_3CHO + H_2 \rightarrow C_2H_5OH$

상세해설
제4류 위험물 중 특수인화물인 아세트알데하이드(아세트알데히드, CH_3CHO)가 산화되면 제4류 위험물인 아세트산(CH_3COOH)이 생성된다.
$2CH_3CHO + O_2 \rightarrow 2CH_3COOH$
아세트알데하이드(아세트알데히드)가 환원되면 제4류 위험물인 에탄올(C_2H_5OH)이 생성된다.
$CH_3CHO + H_2 \rightarrow C_2H_5OH$

07

「위험물안전관리법」상 제4류 위험물인 아세톤에 대하여 다음 물음에 답하시오.

(1) 시성식을 쓰시오.
(2) 품명을 쓰시오.
(3) 지정수량을 쓰시오.
(4) 증기비중을 쓰시오.

정답
(1) CH_3COCH_3
(2) 제1석유류(수용성)
(3) 400L
(4) 2.01

관련개념
아세톤(다이메틸케톤) [CH_3COCH_3](지정수량 400L)
- 인화점: $-18°C$, 비중: 0.8(물보다 가벼움)
- 증기비중 = $\dfrac{\text{아세톤의 분자량}}{\text{공기의 평균 분자량}} = \dfrac{58}{28.84} = 2.011$
- 무색의 휘발성 액체로 독특한 냄새가 있다.
- 제1석유류, 수용성이며 유기용제(알코올, 에테르)와 잘 혼합된다.
- 아세틸렌을 저장할 때 용제로 사용된다.

08

[보기]에서 나트륨에서 화재가 발생했을 때 사용할 수 있는 소화설비를 모두 고르시오.

┤보기├
① 팽창질석   ② 건조사
③ 포소화설비   ④ 불활성가스 소화설비
⑤ 인산염류 소화기

정답
①, ②

관련개념
나트륨
- 제3류 위험물로 지정수량은 10kg이다.
- 물과 반응하면 수소가 발생되기 때문에 물을 이용한 소화설비는 사용할 수 없다.
- 탄산수소염류 분말 소화기, 건조사(마른 모래), 팽창질석, 팽창진주암 등으로 소화한다.

09

「위험물안전관리법령」에서 정한 농도가 36wt% 미만일 경우 위험물에서 제외되는 제6류 위험물에 대하여 다음 물음에 답하시오.

(1) 이 물질이 분해하여 산소가 생성되는 반응식을 쓰시오.
(2) 이 물질을 운반하는 경우 운반용기 외부에 표시하여야 할 주의사항을 쓰시오.
(3) 이 물질의 위험등급을 쓰시오.

정답
(1) $2H_2O_2 \rightarrow 2H_2O + O_2$
(2) 가연물 접촉주의
(3) I등급

관련개념
과산화수소(H_2O_2)
- 제6류 위험물이고 지정수량은 300kg이다.
- 농도가 36wt% 이상인 것이 위험물에 속한다.
- 상온에서 서서히 분해되어 산소를 방출한다.
  $2H_2O_2 \rightarrow 2H_2O + O_2$
- 제6류 위험물이기 때문에 운반용기 외부에 '가연물 접촉주의'를 표기해야 한다.
- 과산화수소와 같은 제6류 위험물은 모두 위험등급 I에 해당된다.

10

다음 물질이 열분해하여 산소를 발생하는 반응식을 쓰시오.

(1) 아염소산나트륨
(2) 염소산나트륨
(3) 과염소산나트륨

정답
(1) $NaClO_2 \rightarrow NaCl + O_2$
(2) $2NaClO_3 \rightarrow 2NaCl + 3O_2$
(3) $NaClO_4 \rightarrow NaCl + 2O_2$

11

다음은 「위험물안전관리법령」에서 정한 완공검사에 대한 내용이다. 물음에 답하시오.

(1) 탱크 완공검사를 [보기]에서 순서대로 쓰시오.

보기
설치허가, 완공검사합격확인증 교부, 완공검사, 기술검토, 탱크안전성능검사

(2) 기술검토 위탁기관을 쓰시오.
(3) 기술검토 사항 1가지를 쓰시오.

정답
(1) 기술검토 → 설치허가 → 탱크안전성능검사 → 완공검사 → 완공검사합격확인증 교부
(2) 한국소방산업기술원
(3) 위험물탱크의 기초·지반에 관한 사항, 탱크본체에 관한 사항, 소화설비에 관한 사항 중 한 가지

관련개념
위험물시설 설치계획에서 사용개시까지의 흐름

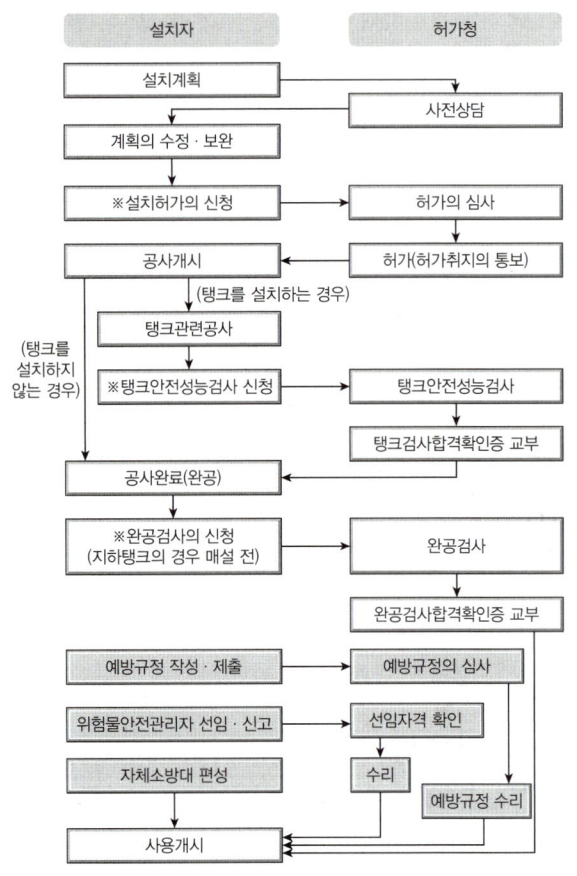

상세해설
다음의 제조소 등은 해당 목에서 정한 사항에 대하여 한국소방산업기술원의 기술검토를 받고 그 결과가 행정안전부령으로 정하는 기준에 적합한 것으로 인정될 것.
① 지정수량의 1천배 이상의 위험물을 취급하는 제조소 또는 일반취급소: 구조·설비에 관한 사항
② 옥외탱크저장소(저장용량이 50만L 이상인 것만 해당) 또는 암반탱크저장소: 위험물탱크의 기초·지반, 탱크본체 및 소화설비에 관한 사항

12

다음 [보기]에 주어진 위험물을 인화점이 낮은 것부터 순서대로 나열하시오.

보기
① 초산에틸　　② 메틸알코올
③ 나이트로벤젠(니트로벤젠)　　④ 에틸렌글리콜

정답
①, ②, ③, ④

관련개념
인화점
- 초산에틸: $-4°C$
- 메틸알코올: $11°C$
- 나이트로벤젠(니트로벤젠): $88°C$
- 에틸렌글리콜: $120°C$

13

다음에서 설명하는 물질에 대한 알맞은 답을 쓰시오.

- 분자량이 32이며, 로켓의 연료이다.
- 과산화수소와 격렬히 반응하여 물과 질소를 만들어낸다.
- 가연성 액체이며 에탄올과 벤젠 등에 녹는다.

(1) 이 물질의 시성식을 쓰시오.
(2) 이 물질과 산소와의 반응식을 쓰시오.

정답
(1) N_2H_4
(2) $N_2H_4 + O_2 \rightarrow N_2 + 2H_2O$

상세해설
문제는 하이드라진(히드라진, N_2H_4)에 대한 설명이다.
과산화수소 + 하이드라진(히드라진) → 물과 질소
$2H_2O_2 + N_2H_4 \rightarrow 4H_2O + N_2$

14

주유취급소와 관련된 기준으로 다음 중 옳은 것을 모두 고르시오.

> ① 수소충전설비는 옥내에 설치할 수 있다.
> ② 셀프용 고정주유설비를 일반주유설비로 변경 설치하는 경우 변경허가를 받아야 한다.
> ③ 옥내주유취급소는 건축물 안에 설치하는 것만 해당한다.
> ④ 태양광 발전설비의 집광판 및 그 부속설비는 캐노피의 상부 또는 건축물의 옥상에 설치할 것

정답

④

상세해설

① 옥내설치 불가: 전기를 원동력으로 하는 자동차 등에 수소를 충전하기 위한 설비를 설치하는 주유취급소는 옥내주유취급소 외의 주유취급소에 한정한다.
② 셀프용이 아닌 고정주유설비를 셀프용 고정주유설비로 변경하는 경우 변경허가를 받아야 한다.
③ 옥내주유취급소
  • 건축물 안에 설치하는 주유취급소
  • 캐노피·처마·차양·부연·발코니 및 루버의 수평투영면적이 주유취급소의 공지면적의 3분의 1을 초과하는 주유취급소

관련개념

태양광 발전설비

• 전기사업법의 관련 기술기준에 적합할 것
• 집광판 및 그 부속설비는 캐노피의 상부 또는 건축물의 옥상에 설치할 것
• 접속반, 인버터, 분전반 등의 전기설비는 주유를 위한 작업장 등 위험물 취급장소에 면하지 않는 방향에 설치할 것
• 가연성의 증기가 체류할 우려가 있는 장소에 설치하는 전기설비는 방폭구조로 할 것

15

다음 [보기]에서 설명하는 물질에 대한 알맞은 답을 쓰시오.

> **보기**
> • 제4류 위험물로 지정수량이 50L이다.
> • 증기비중이 2.6이다.

(1) 이 물질을 화학식으로 나타내시오.
(2) 이 물질의 연소반응식을 쓰시오.
(3) 옥외저장탱크를 벽 및 바닥의 두께가 0.2m 이상이고 누수가 되지 아니하는 철근콘크리트의 수조에 넣어 보관하는 경우 다음 보관방법 중 틀린 것을 옳게 고치시오. (없는 경우 해당 없음으로 쓰시오.)
  ① 통기관을 설치하지 않아도 된다.
  ② 보유공지가 있어야 한다.
  ③ 자동계량장치 설치하지 않아도 된다.

정답

(1) CS_2(이황화탄소)
(2) $CS_2 + 3O_2 \rightarrow CO_2 + 2SO_2$
(3) ② 보유공지를 설치하지 않아도 된다.

상세해설

보기의 설명은 이황화탄소에 대한 설명으로, 이황화탄소는 철근콘크리트 수조 형태의 옥외저장탱크에 넣어 보관할 경우 보유공지, 통기관, 자동계량장치를 생략할 수 있다.

관련개념

이황화탄소(CS_2)

• 제4류 위험물 중 특수인화물에 해당되며 지정수량은 50L이다.
• 인화점: -30℃, 발화점: 90℃, 비점: 46℃, 비중: 1.26, 증기비중: 2.6
• 연소하면 청색 불꽃을 발생하고 자극성이 강한 유독가스(이산화황)를 발생한다. ($CS_2 + 3O_2 \rightarrow CO_2 + 2SO_2 \uparrow$)
• 이황화탄소의 옥외저장탱크는 벽 및 바닥의 두께가 0.2m 이상이고 누수가 되지 아니하는 철근콘크리트의 수조에 넣어 보관하여야 한다. 이 경우 보유공지·통기관 및 자동계량장치는 생략할 수 있다.

16

제조소에 하이드록실아민(히드록실아민) 1톤이 있을 때 다음 물음에 답하시오.

(1) 학교와의 안전거리
(2) 위험물 게시판의 바탕색과 글자색
(3) 토제의 경사면 각도는 몇 도 미만인가?

정답

(1) ※ 위 문제는 최신 법령이 개정된 문제입니다. 관련 개정사항은 제5류 위험물 지정수량 개정사항(p.2) 참고
(2) 적색바탕에 백색문자
(3) 60도 미만

상세해설

(2) 하이드록실아민(히드록실아민)은 제5류 위험물로 제5류 위험물 제조소의 경우 적색바탕에 백색문자로 "화기엄금"이라고 주의사항을 표기한다.
(3) 하이드록실아민(히드록실아민) 제조소의 토제의 경사면 경사도는 60도 미만으로 한다.

17

「위험물안전관리법령」에서 규정하는 옥내소화전 수원의 수량을 구하시오.

(1) 옥내소화전이 1층에 1개, 2층에 3개, 총 4개 설치된 경우
(2) 옥내소화전이 1층에 1개, 2층에 6개, 총 7개 설치된 경우

정답

(1) $23.4m^3$ 이상
(2) $39m^3$ 이상

상세해설

(1) $7.8 \times 3 = 23.4m^3$ 이상
(2) $7.8 \times 5 = 39m^3$ 이상

관련개념

옥내소화전에서 수원의 수량은 옥내소화전이 가장 많이 설치된 층의 설치개수(설치개수가 5개 이상인 경우에는 5개)에 $7.8m^3$을 곱한 양 이상이 되도록 해야 한다.
※ 문제에 있는 총 설치개수는 무시하고, 옥내소화전이 가장 많이 설치된 층의 설치개수(5개 이상인 경우에는 5개)에 $7.8m^3$을 곱하면 된다.

18

(1) 불활성가스 소화설비, (2) 옥외소화전설비, (3) 포소화설비가 적응성이 있는 위험물을 [보기]에서 모두 찾아 쓰시오. (단, 「위험물안전관리법령」 기준에 따른다.)

| 보기 |

제1류 위험물 중 알칼리금속의 과산화물
제2류 위험물 중 인화성 고체
제3류 위험물(금수성 물질 제외)
제4류 위험물
제5류 위험물
제6류 위험물

정답

(1) 불활성가스 소화설비: 제2류 위험물 중 인화성 고체, 제4류 위험물
(2) 옥외소화전설비: 제2류 위험물 중 인화성 고체, 제3류 위험물(금수성 물질 제외), 제5류 위험물, 제6류 위험물
(3) 포소화설비: 제2류 위험물 중 인화성 고체, 제3류 위험물(금수성 물질 제외), 제4류 위험물, 제5류 위험물, 제6류 위험물

19

다음 물질이 연소할 경우 생성되는 물질을 쓰시오. (단, 없으면 해당 없음이라고 쓰시오.)

(1) 마그네슘
(2) 질산칼륨
(3) 황
(4) 황린
(5) 과염소산

정답

(1) MgO(산화마그네슘)
(2) 해당 없음
(3) SO_2(이산화황)
(4) P_2O_5(오산화인)
(5) 해당 없음

상세해설

(1) 마그네슘의 연소식: $2Mg+O_2 \rightarrow 2MgO$
(3) 황의 연소식: $S+O_2 \rightarrow SO_2$
(4) 황린의 연소식: $P_4+5O_2 \rightarrow 2P_2O_5$

20

「위험물안전관리법」상 유별을 달리하는 위험물은 동일한 저장소에 저장하지 않아야 한다. 다만, 옥내저장소 또는 옥외저장소에 있어서 서로 1m 이상의 간격을 두는 경우에는 위험물을 동일한 저장소에 저장할 수 있다. 다음 중 동일한 옥내저장소에 저장할 수 있는 종류의 위험물끼리 연결된 것을 모두 고르시오.

(1) 무기과산화물(알칼리금속의 과산화물 제외) – 유기과산화물
(2) 질산염류 – 과염소산
(3) 황린 – 제1류 위험물
(4) 인화성 고체 – 제1석유류
(5) 황(유황) – 제4류 위험물

정답

(1), (2), (3), (4)

상세해설

(1) 무기과산화물(알칼리금속의 과산화물 제외)은 제1류 위험물이므로 제5류 위험물인 유기과산화물과 동일한 옥내저장소에 저장할 수 있다.
(2) 질산염류는 제1류 위험물이므로 제6류 위험물인 과염소산과 동일한 옥내저장소에 저장할 수 있다.
(3) 제3류 위험물 중 황린은 제1류 위험물과 동일한 옥내저장소에 저장할 수 있다.
(4) 제2류 위험물 중 인화성 고체는 제1석유류와 같은 제4류 위험물과 동일한 옥내저장소에 저장할 수 있다.
(5) 황(유황)은 제2류 위험물이지만 인화성 고체가 아니기 때문에 제4류 위험물과 동일한 저장소에 저장할 수 없다.

관련개념

동일한 저장소에 저장할 수 있는 경우

유별을 달리하는 위험물은 동일한 저장소에 저장하지 아니하여야 한다. 다만, 옥내저장소 또는 옥외저장소에 있어서 다음 규정에 의한 위험물을 저장하는 경우로서 위험물을 유별로 정리하여 저장하는 한편, 서로 1m 이상의 간격을 두는 경우에는 그러하지 아니하다.

- 제1류 위험물(알칼리금속의 과산화물 또는 이를 함유한 것을 제외)과 제5류 위험물을 저장하는 경우
- 제1류 위험물과 제6류 위험물을 저장하는 경우
- 제1류 위험물과 제3류 위험물 중 자연발화성 물질(황린 또는 이를 함유한 것에 한함)을 저장하는 경우
- 제2류 위험물 중 인화성 고체와 제4류 위험물을 저장하는 경우
- 제3류 위험물 중 알킬알루미늄 등과 제4류 위험물(알킬알루미늄 또는 알킬리튬을 함유한 것에 한함)을 저장하는 경우
- 제4류 위험물 중 유기과산화물 또는 이를 함유하는 것과 제5류 위험물 중 유기과산화물 또는 이를 함유한 것을 저장하는 경우

2022년 1회 기출문제

2022년 5월 7일 시행

01

「위험물안전관리법령」에 따라 위험물을 운반하는 경우 혼재가 가능한 위험물에 대한 물음에 답하시오. (단, 위험물은 지정수량의 10배 이상이다.)

(1) 제2류 위험물과 혼재가 가능한 위험물의 유별을 쓰시오.
(2) 제4류 위험물과 혼재가 가능한 위험물의 유별을 쓰시오.
(3) 제6류 위험물과 혼재가 가능한 위험물의 유별을 쓰시오.

정답

(1) 제4류 위험물, 제5류 위험물
(2) 제2류 위험물, 제3류 위험물, 제5류 위험물
(3) 제1류 위험물

관련개념

혼재 가능한 위험물

구분	제1류	제2류	제3류	제4류	제5류	제6류
제1류		×	×	×	×	○
제2류	×		×	○	○	×
제3류	×	×		○	×	×
제4류	×	○	○		○	×
제5류	×	○	×	○		×
제6류	○	×	×	×	×	

02

다음 위험물의 증기비중을 각각 계산하시오.

(1) 이황화탄소
(2) 아세트알데하이드(아세트알데히드)
(3) 벤젠

정답

(1) 2.64
(2) 1.53
(3) 2.71

상세해설

증기비중은 다음 식으로 구한다.

$$증기비중 = \frac{성분\ 기체의\ 분자량}{공기의\ 평균분자량}$$

공기의 평균분자량은 문제에 주어지지 않으면 29 또는 28.84로 구한다. 실기 교재에서는 더 정확한 증기비중을 구하기 위해 공기의 평균분자량을 28.84로 계산했다.

(1) 이황화탄소(CS_2)의 증기비중

분자량 $= 12 + (32 \times 2) = 76$

증기비중 $= \dfrac{76}{28.84} = 2.635$

(2) 아세트알데하이드(아세트알데히드, CH_3CHO)의 증기비중

분자량 $= (12 \times 2) + (1 \times 4) + 16 = 44$

증기비중 $= \dfrac{44}{28.84} = 1.526$

(3) 벤젠(C_6H_6)의 증기비중

분자량 $= (12 \times 6) + (1 \times 6) = 78$

증기비중 $= \dfrac{78}{28.84} = 2.705$

03

에틸렌과 산소를 $CuCl_2$의 촉매 하에 반응시켜 생성된 물질로 특수인화물에 해당되는 위험물에 대한 물음에 답하시오.

(1) 증기비중을 계산하시오.
(2) 시성식을 쓰시오.
(3) 해당 위험물을 보냉장치가 없는 이동탱크저장소에 저장할 경우 온도는 몇 ℃ 이하로 유지해야 하는지 쓰시오.

정답

(1) 1.53
(2) CH_3CHO
(3) 40℃

상세해설

에틸렌(C_2H_4)을 $CuCl_2$ 촉매 하에 산소(O_2)와 반응시키면 아세트알데하이드(아세트알데히드, CH_3CHO)가 생성된다.

$2C_2H_4 + O_2 \rightarrow 2CH_3CHO$

아세트알데하이드(아세트알데히드)는 인화점이 -38℃로 제4류 위험물 중 특수인화물에 해당된다.

(1) **아세트알데하이드(아세트알데히드)의 증기비중 계산**

분자량 = $(12 \times 2) + (1 \times 4) + 16 = 44$

증기비중 = $\dfrac{44}{28.84} = 1.526$

(2) **아세트알데하이드(아세트알데히드)의 시성식**

시성식은 분자 내의 화학적 특성을 결정하는 원자단을 쉽게 알 수 있도록 나타낸 화학식이다.

아세트알데하이드(아세트알데히드)는 알데하이드기(알데히드기, -CHO)가 화학적 특성을 결정하는 원자단이므로 CH_3CHO로 답을 작성해야 한다.

(3) **아세트알데하이드(아세트알데히드)의 보관 온도**

보냉장치가 없는 이동저장탱크에 저장하는 아세트알데하이드(아세트알데히드) 등 또는 다이에틸에터(디에틸에테르) 등의 온도는 40℃ 이하로 유지해야 한다.

※ 보냉장치가 있는 경우 온도를 비점 이하로 유지해야 한다.

04

다음은 「위험물안전관리법령」에 따른 옥외저장소의 최소 보유공지에 대한 기준이다. 빈칸에 알맞은 말을 쓰시오.

저장 또는 취급하는 위험물의 최대수량	저장 또는 취급하는 위험물	공지의 너비
지정수량의 10배 이하	제1석유류	(①)m
	제2석유류	(②)m
지정수량의 20배 초과 50배 이하	제2석유류	(③)m
	제3석유류	(④)m
	제4석유류	(⑤)m

정답

① 3, ② 3, ③ 9, ④ 9, ⑤ 3

상세해설

옥외저장소의 경계표시의 주위에는 저장 또는 취급하는 위험물의 최대수량에 따라 다음 표에 의한 너비의 공지를 보유해야 한다.

제4류 위험물 중 제4석유류와 제6류 위험물을 저장 또는 취급하는 옥외저장소의 보유공지는 다음 표에 의한 공지의 너비의 3분의 1 이상의 너비로 할 수 있다.

저장 또는 취급하는 위험물의 최대수량	공지의 너비
지정수량의 10배 이하	3m 이상
지정수량의 10배 초과 20배 이하	5m 이상
지정수량의 20배 초과 50배 이하	9m 이상
지정수량의 50배 초과 200배 이하	12m 이상
지정수량의 200배 초과	15m 이상

①~④번의 경우 예외조항이 적용되지 않으므로 표에 있는 수치대로 답을 기입하면 된다.

⑤번의 경우 제4석유류이므로 표에 의한 공지의 너비의 3분의 1 이상으로 할 수 있다는 예외조항이 적용된다. 따라서 표에 있는 9m 이상의 3분의 1인 3m 이상이 답이 된다.

※ 법령에 명시되어 있는 예외조항을 해석해서 답을 해야 하는 문제로 난이도가 높은 문제입니다.

05

다음과 같은 성질을 가지는 제3류 위험물이 제1류 위험물의 과산화물이 되었을 경우 다음 물음에 답하시오.

- 분자량: 39
- 인화점: $-11°C$
- 불꽃반응색: 보라색

(1) 물과 만났을 때의 반응식을 쓰시오.
(2) 이산화탄소와 만났을 때의 반응식을 쓰시오.
(3) 옥내저장소에 저장할 경우 바닥면적은 몇 m^2 이하로 해야 하는지 쓰시오.

정답

(1) $2K_2O_2 + 2H_2O \rightarrow 4KOH + O_2 \uparrow$
(2) $2K_2O_2 + 2CO_2 \rightarrow 2K_2CO_3 + O_2 \uparrow$
(3) $1,000m^2$

상세해설

위험물의 유별 저장·취급의 공통기준

칼륨(K)은 제3류 위험물로 분자량이 39이고, 불꽃반응색이 보라색이다.
칼륨과 같은 제3류 위험물은 인화점이 중요하지 않고, 칼륨의 인화점에 대한 자료는 명확하지 않은 면이 있지만 문제에 주어진 조건으로 해당 물질이 칼륨을 의미하는 것은 충분히 알 수 있다.
칼륨과 같은 알칼리금속의 과산화물은 제1류 위험물 중 무기과산화물에 해당된다.
칼륨의 과산화물은 과산화칼륨(K_2O_2)이다.
과산화칼륨(K_2O_2)이 물과 만나면 산소 기체(O_2)가 발생한다.
$2K_2O_2 + 2H_2O \rightarrow 4KOH + O_2 \uparrow$
과산화칼륨(K_2O_2)이 이산화탄소와 만나면 산소 기체(O_2)가 발생한다.
$2K_2O_2 + 2CO_2 \rightarrow 2K_2CO_3 + O_2 \uparrow$
제1류 위험물 중 무기과산화물과 같이 지정수량이 50kg인 위험물을 옥내저장소에 저장할 경우 바닥면적을 $1,000m^2$ 이하로 해야 한다.

관련개념

옥내저장소에 저장할 경우 바닥면적을 $1,000m^2$ 이하로 해야 하는 위험물

- 제1류 위험물 중 아염소산염류, 염소산염류, 과염소산염류, 무기과산화물, 그 밖에 지정수량이 50kg인 위험물
- 제3류 위험물 중 칼륨, 나트륨, 알킬알루미늄, 알킬리튬, 그 밖에 지정수량이 10kg인 위험물 및 황린
- 제4류 위험물 중 특수인화물, 제1석유류 및 알코올류
- 제5류 위험물 중 유기과산화물, 질산에스터류(질산에스테르류), 그 밖에 지정수량이 10kg인 위험물
- 제6류 위험물

06

다음은 위험물의 유별과 지정수량을 나타낸 표이다. 빈칸에 알맞은 말을 쓰시오.

구분	유별	지정수량
황린	제3류	20kg
칼륨	①	⑥
질산	②	⑦
아조화합물	③	⑧
질산염류	④	⑨
나이트로화합물 (니트로화합물)	⑤	⑩

정답

① 제3류, ② 제6류, ③ 제5류, ④ 제1류, ⑤ 제5류
⑥ 10kg, ⑦ 300kg, ⑧ 정답 없음, ⑨ 300kg, ⑩ 정답 없음

※ 위 문제는 최신 법령이 개정된 문제입니다. 관련 개정사항은 제5류 위험물 지정수량 개정사항(p.2) 참고

07

다음 [보기] 중 금수성 물질이면서 자연발화성 물질인 것을 모두 골라 쓰시오. (단, 해당사항이 없으면 해당 없음이라고 쓰시오.)

> **보기**
> 황린, 칼륨, 나이트로벤젠(니트로벤젠), 글리세린, 수소화나트륨, 트리나이트로(니트로)페놀

정답
칼륨

상세해설
(1) 황린(P_4)
- 제3류 위험물로 지정수량은 20kg이다.
- 발화점이 34℃로 낮은 자연발화성 물질이다.
- 물과 반응하지 않아 물속에 저장한다.
- 금수성 물질이 아니다.

(2) 칼륨(K)
- 제3류 위험물로 지정수량은 10kg이다.
- 공기 중에 노출되면 자연발화 할 수 있는 자연발화성 물질이다.
- 물과 반응하여 수소 기체를 발생시키는 금수성 물질이다.

(3) 나이트로벤젠(니트로벤젠, $C_6H_5NO_2$)
- 제4류 위험물 중 제3석유류(비수용성)으로 지정수량은 2,000L이다.
- 금수성 물질이 아니고, 자연발화성 물질도 아니다.

(4) 글리세린[$C_3H_5(OH)_3$]
- 제4류 위험물 중 제3석유류(수용성)으로 지정수량은 4,000L이다.
- 금수성 물질이 아니고, 자연발화성 물질도 아니다.

(5) 수소화나트륨[NaH]
- 제3류 위험물 중 금속의 수소화물로 지정수량은 300kg이다.
- 물과 격렬하게 반응하여 수소 기체를 발생시키므로 금수성 물질이다.
- 자연발화성 물질은 아니다.

(6) 트리나이트로(니트로)페놀[$C_6H_2(OH)(NO_2)_3$]
- 제5류 위험물 중 나이트로화합물(니트로화합물)에 해당한다.
- 금수성 물질이 아니고, 자연발화성 물질도 아니다.

08

다음 위험물의 연소반응식을 각각 쓰시오.

(1) 메탄올
(2) 에탄올

정답
(1) $2CH_3OH + 3O_2 \rightarrow 2CO_2 + 4H_2O$
(2) $C_2H_5OH + 3O_2 \rightarrow 2CO_2 + 3H_2O$

09

다음 분말소화약제의 주성분을 화학식으로 각각 쓰시오.

(1) 제1종 분말소화약제
(2) 제2종 분말소화약제
(3) 제3종 분말소화약제

정답
(1) $NaHCO_3$
(2) $KHCO_3$
(3) $NH_4H_2PO_4$

관련개념
분말소화약제의 주성분

종별	소화약제	약제의 착색
제1종	탄산수소나트륨($NaHCO_3$)	백색
제2종	탄산수소칼륨($KHCO_3$)	담회색
제3종	제1인산암모늄($NH_4H_2PO_4$)	담홍색
제4종	탄산수소칼륨+요소 [$KHCO_3 + (NH_2)_2CO$]	회색

10

제3류 위험물 중 위험등급 I에 해당되는 위험물의 품명을 5가지 쓰시오.

정답

칼륨, 나트륨, 알킬알루미늄, 알킬리튬, 황린

관련개념

제3류 위험물의 위험등급
- 위험등급 I : 칼륨, 나트륨, 알킬알루미늄, 알킬리튬, 황린, 그 밖에 지정수량이 10kg 또는 20kg인 위험물
- 위험등급 II : 알칼리금속(칼륨 및 나트륨 제외) 및 알칼리토금속, 유기금속화합물(알킬알루미늄 및 알킬리튬 제외), 그 밖에 지정수량이 50kg인 위험물
- 위험등급 III : 위험등급 I, II를 제외한 위험물

11

동식물유류를 요오드값의 크기에 따라 각각 분류하고, 그 범위를 쓰시오.

정답

① 건성유 : 요오드값이 130 이상인 것
② 반건성유 : 요오드값이 100~130인 것
③ 불건성유 : 요오드값이 100 이하인 것

상세해설

동식물유류를 건성유, 반건성유, 불건성유로 분류할 때 사용하는 요오드값의 기준은 「위험물안전관리법령」에 정확하게 명시되어 있지는 않다.
법에 이상, 이하, 초과 등이 정확하게 명시되어 있다면 법에 따라 정확하게 답을 해야 하지만 법에 요오드값 기준이 명시되어 있지 않아 대략적인 수치만 맞으면 정답 처리된다.

12

다음 반응에서 생성되는 유독가스의 명칭을 쓰시오.
(단, 해당사항이 없으면 해당 없음이라고 쓰시오.)

(1) 황린의 연소반응
(2) 황린과 수산화칼륨 수용액의 반응
(3) 아세트산의 연소반응
(4) 인화칼슘과 물의 반응
(5) 과산화바륨과 물의 반응

정답

(1) 오산화인(P_2O_5)
(2) 포스핀(PH_3)
(3) 해당 없음
(4) 포스핀(PH_3)
(5) 해당 없음

상세해설

(1) **황린(P_4)의 연소반응**

황린(P_4)이 연소하면 유독성이 있는 오산화인(P_2O_5)이 발생된다.

$P_4 + 5O_2 \rightarrow 2P_2O_5 \uparrow$

(2) **황린(P_4)과 수산화칼륨 수용액의 반응**

황린(P_4)이 수산화칼륨(KOH) 수용액과 반응하면 유독성, 가연성이 있는 포스핀(PH_3)이 발생한다.

$P_4 + 3KOH + 3H_2O \rightarrow 3KH_2PO_2 + PH_3 \uparrow$

(3) **아세트산(CH_3COOH)의 연소반응**

아세트산(CH_3COOH)이 연소하면 이산화탄소(CO_2)와 물(H_2O)이 생성되는데 모두 유독가스는 아니다.

$CH_3COOH + 2O_2 \rightarrow 2CO_2 + 2H_2O$

(4) **인화칼슘(Ca_3P_2)과 물의 반응**

인화칼슘(Ca_3P_2)이 물과 반응하면 유독성, 가연성이 있는 포스핀(PH_3)이 발생한다.

$Ca_3P_2 + 6H_2O \rightarrow 3Ca(OH)_2 + 2PH_3 \uparrow$

(5) **과산화바륨(BaO_2)과 물의 반응**

과산화바륨은 물과 반응하면 산소(O_2)가 생성되는데 이는 유독가스가 아니다.

$2BaO_2 + 2H_2O \rightarrow 2Ba(OH)_2 + O_2$

13

제2류 위험물인 마그네슘에 대한 다음 물음에 답하시오.

(1) 다음 ( ) 안에 공통으로 들어갈 말을 쓰시오.

> 마그네슘은 다음의 하나에 해당되는 것은 위험물에서 제외된다.
> - ( ) 밀리미터의 체를 통과하지 아니하는 덩어리 상태의 것
> - 지름 ( ) 밀리미터 이상의 막대 모양의 것

(2) 위험등급을 쓰시오.
(3) 마그네슘과 염산과의 반응식을 쓰시오.
(4) 마그네슘과 물과의 반응식을 쓰시오.

정답

(1) 2
(2) Ⅲ등급
(3) $Mg + 2HCl \rightarrow MgCl_2 + H_2 \uparrow$
(4) $Mg + 2H_2O \rightarrow Mg(OH)_2 + H_2 \uparrow$

상세해설

(1) **마그네슘이 위험물이 되는 조건**
   마그네슘 및 마그네슘을 함유한 것에 있어서는 다음의 하나에 해당하는 것은 제외한다.
   - 2밀리미터의 체를 통과하지 아니하는 덩어리 상태의 것
   - 지름 2밀리미터 이상의 막대 모양의 것

(2) **제2류 위험물의 위험등급**
   - 위험등급 Ⅰ : 없음
   - 위험등급 Ⅱ : 황화인(황화린), 적린, 황(유황), 그 밖에 지정수량이 100kg인 위험물
   - 위험등급 Ⅲ : 위험등급 Ⅱ를 제외한 위험물
   - 마그네슘의 지정수량은 500kg으로 위험등급 Ⅲ이다.

(3) **마그네슘(Mg)과 염산의 반응**
   마그네슘(Mg)이 염산과 반응하면 수소(H_2)가 발생한다.
   $Mg + 2HCl \rightarrow MgCl_2 + H_2 \uparrow$

(4) **마그네슘(Mg)과 물의 반응**
   마그네슘(Mg)이 물과 반응하면 수소(H_2)가 발생한다.
   $Mg + 2H_2O \rightarrow Mg(OH)_2 + H_2 \uparrow$

14

인화성액체 위험물 옥외탱크저장소의 탱크 주위에는 방유제를 설치해야 한다. 이 방유제에 대한 다음 물음에 답하시오. (단, 이황화탄소는 제외한다.)

(1) 방유제 내의 면적은 몇 m^2 이하로 해야 하는지 쓰시오.
(2) 어떤 경우에 방유제 내의 옥외저장탱크의 개수에 제한을 두지 않을 수 있는지 쓰시오. (단, 인화점을 중심으로 쓰시오.)
(3) 방유제 내에 제1석유류를 저장하는 모든 옥외저장탱크의 용량이 15만L일 경우 옥외저장탱크는 최대 몇 기까지 설치할 수 있는지 쓰시오.

정답

(1) 8만m^2
(2) 인화점이 200℃ 이상인 위험물을 저장 또는 취급하는 경우
(3) 10기

상세해설

(1) **방유제 내의 면적**
   방유제 내의 면적은 8만m^2 이하로 해야 한다.

(2) **방유제 내의 옥외저장탱크의 개수**
   방유제 내의 옥외저장탱크의 개수는 10기 이하 또는 20기 이하로 해야 한다. 하지만 인화점이 200℃ 이상인 위험물을 저장 또는 취급하는 옥외저장탱크에 있어서는 옥외저장탱크의 개수에 제한을 두지 않을 수 있다.

(3) **방유제 내에 제1석유류를 15만L 저장할 경우**
   방유제 내에 설치하는 옥외저장탱크의 기본적인 개수는 10기 이하이다. 예외조항으로는 방유제 내에 설치하는 모든 옥외저장탱크의 용량이 20만L 이하이고, 저장 또는 취급하는 위험물의 인화점이 70℃ 이상 200℃ 미만인 경우에는 20기 이하로 할 수 있다.
   문제의 조건을 보면 용량은 예외조항에 충족되지만 제1석유류(인화점이 21℃ 미만)로 인화점 기준이 예외조항에 충족되지 않기 때문에 옥외저장탱크는 최대 10기까지 설치할 수 있다.

15

다음과 같은 용량인 지하저장탱크 2기를 인접하여 설치하는 경우 그 상호 간의 거리는 몇 m 이상으로 해야 하는지 각각 쓰시오.

(1) 용량이 경유 20,000L와 휘발유 8,000L인 지하저장탱크를 설치하는 경우
(2) 용량이 경유 8,000L와 휘발유 20,000L인 지하저장탱크를 설치하는 경우
(3) 용량이 경유 20,000L와 휘발유 20,000L인 지하저장탱크를 설치하는 경우

정답

(1) 0.5m, (2) 1m, (3) 1m

상세해설

지하저장탱크를 2기 이상 인접해 설치하는 경우에는 그 상호 간에 1m 이상의 간격을 유지해야 한다. 예외조항으로는 2기 이상의 지하저장탱크의 용량의 합계가 지정수량의 100배 이하인 때에는 0.5m 이상의 간격을 유지해야 한다.

경유는 제4류 위험물 중 제2석유류(비수용성)으로 지정수량은 1,000L이고, 휘발유는 제4류 위험물 중 제1석유류(비수용성)으로 지정수량은 200L이다. 지정수량을 이용하여 각각의 지하저장탱크의 용량의 합계를 계산한 후 예외조항에 해당되는지를 판단해야 한다.

(1)에 해당되는 지하저장탱크를 설치한 경우

$$\frac{20,000}{1,000} + \frac{8,000}{200} = 60배$$

2기 이상의 지하저장탱크의 용량이 지정수량의 100배 이하이므로 0.5m 이상의 간격을 유지해야 한다.

(2)에 해당되는 지하저장탱크를 설치한 경우

$$\frac{8,000}{1,000} + \frac{20,000}{200} = 108배$$

2기 이상의 지하저장탱크의 용량이 지정수량의 100배 이상이므로 1m 이상의 간격을 유지해야 한다.

(3)에 해당되는 지하저장탱크를 설치한 경우

$$\frac{20,000}{1,000} + \frac{20,000}{200} = 120배$$

2기 이상의 지하저장탱크의 용량이 지정수량의 100배 이상이므로 1m 이상의 간격을 유지해야 한다.

16

다음은 주유취급소의 탱크 용량에 관한 내용이다. ( ) 안에 알맞은 기준을 쓰시오. (단, 「위험물안전관리법령」의 기준을 따른다.)

(1) 자동차 등에 주유하기 위한 고정주유설비에 직접 접속하는 전용탱크로서 (   )L 이하의 것
(2) 고정급유설비에 직접 접속하는 전용탱크로서 (   )L 이하의 것
(3) 보일러 등에 직접 접속하는 전용탱크로서 (   )L 이하의 것
(4) 자동차 등을 점검·정비하는 작업장 등에서 사용하는 폐유·윤활유 등의 위험물을 저장하는 탱크로서 용량이 (   )L 이하인 탱크

정답

(1) 50,000, (2) 50,000, (3) 10,000, (4) 2,000

관련개념

주유취급소에 설치하는 전용탱크의 기준

- 자동차 등에 주유하기 위한 고정주유설비에 직접 접속하는 전용탱크로서 50,000L 이하의 것
- 고정급유설비에 직접 접속하는 전용탱크로서 50,000L 이하의 것
- 보일러 등에 직접 접속하는 전용탱크로서 10,000L 이하의 것
- 자동차 등을 점검·정비하는 작업장 등(주유취급소 안에 설치된 것에 한함)에서 사용하는 폐유·윤활유 등의 위험물을 저장하는 탱크로서 용량이 2,000L 이하인 탱크

17

다음은 「위험물안전관리법령」상 위험물의 운송에 대한 물음에 답하시오.

(1) 다음 중 운송책임자가 운전자를 감독하거나 지원할 수 있는 방법으로 옳은 것을 모두 고르시오.
   ① 이동탱크저장소에 동승하여 감독, 지원한다.
   ② 사무실에 대기하면서 감독, 지원한다.
   ③ 부득이한 경우 GPS를 이용하여 감독, 지원한다.
   ④ 다른 차량으로 따라 다니면서 감독, 지원한다.

(2) 위험물 운송 시 운전자가 장시간 운전할 경우에는 2명 이상이 운전해야 한다. 다만, 2명 이상이 운전하지 않아도 되는 경우를 모두 고르시오. (단, 없으면 해당 없음이라고 쓰시오.)
   ① 운송책임자가 동승하는 경우
   ② 제2류 위험물을 운반하는 경우
   ③ 제4류 위험물 중 제1석유류를 운반하는 경우
   ④ 2시간 이내마다 20분 이상씩 휴식하는 경우

(3) 위험물 운송 시 이동탱크저장소에 비치해야 하는 것을 모두 고르시오. (단, 없으면 해당 없음이라고 쓰시오.)
   ① 완공검사합격확인증
   ② 정기검사확인증
   ③ 설치허가확인증
   ④ 위험물안전카드

정답

(1) ①, ②
(2) ①, ②, ③, ④
(3) ①, ④

상세해설

(1) **운송책임자가 운전자를 감독하거나 지원할 수 있는 방법**
- 운송책임자가 이동탱크저장소에 동승하여 운전자에게 필요한 감독 또는 지원을 하는 방법
- 운송의 감독 또는 지원을 위하여 마련한 별도의 사무실에 운송책임자가 대기하면서 감독 또는 지원하는 방법
※ GPS를 이용하거나 다른 차량을 이용하는 방법은 현행 법령에 명시되어 있지 않다.

(2) **위험물운송자의 인원 기준**
위험물운송자는 장거리(고속국도에 있어서는 340km 이상, 그 밖의 도로에 있어서는 200km 이상)에 걸치는 운송을 할 때에는 2명 이상의 운전자로 해야 한다. 하지만 다음의 하나에 해당하는 경우에는 해당되지 않는다.
- 운송책임자를 동승시킨 경우
- 운송하는 위험물이 제2류 위험물·제3류 위험물(칼슘 또는 알루미늄의 탄화물과 이것만을 함유한 것에 한함) 또는 제4류 위험물(특수인화물을 제외)인 경우
- 운송도중에 2시간 이내마다 20분 이상씩 휴식하는 경우

(3) **위험물 운송 시 이동탱크저장소에 비치해야 하는 것**
- 이동탱크저장소에는 해당 이동탱크저장소의 완공검사합격확인증 및 정기점검기록을 비치하여야 한다.
- 위험물(제4류 위험물에 있어서는 특수인화물 및 제1석유류에 한함)을 운송하게 하는 자는 위험물안전카드를 위험물운송자로 하여금 휴대하게 해야 한다.

18

다음 [보기]의 위험물 중 인화점이 21℃ 이상 70℃ 미만이고, 수용성인 것을 모두 골라 쓰시오.

보기
메틸알코올, 아세트산, 글리세린, 나이트로벤젠(니트로벤젠), 포름산

정답

아세트산, 포름산

상세해설 보기에 있는 제4류 위험물의 분류

구분	품명	인화점	수용성 여부
메틸알코올	알코올류	11℃	수용성
아세트산	제2석유류	39℃	수용성
글리세린	제3석유류	160℃	수용성
나이트로벤젠(니트로벤젠)	제3석유류	88℃	비수용성
포름산	제2석유류	55℃	수용성

관련개념

제2석유류의 정의
제2석유류는 1atm에서 인화점이 21℃ 이상 70℃ 미만인 것이다. 문제의 조건에 제시된 인화점 범위는 제2석유류에 해당되므로 이 문제는 제2석유류 중 수용성 물질을 고르라는 것이다.

19

다음과 같은 옥외저장탱크에 대한 물음에 답하시오. (단, 저장용량은 50만L 이상이고, 지정수량의 200배 이상을 저장한다.)

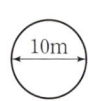 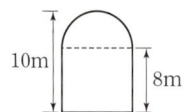

(1) 해당 탱크의 용량(L)을 계산하시오. (단, 공간용적은 10/100이다.)
(2) 해당 탱크의 기술검토를 받아야 하는지 쓰시오.
(3) 해당 탱크의 완공검사를 받아야 하는지 쓰시오.
(4) 해당 탱크의 정기검사를 받아야 하는지 쓰시오.

정답

(1) 565,486.68L
(2) 받아야 한다.
(3) 받아야 한다.
(4) 받아야 한다.

상세해설

(1) **원통형 탱크의 용량 계산**
내용적 공식 $=\pi r^2 l$

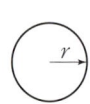 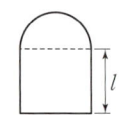

해당 탱크의 용량 $=(\pi \times 5^2 \times 8) \times 0.9$
$= 565.486677 m^3 = 565,486.677L$

문제에서 공간용적이 10/100이라고 했으므로 내용적을 구한 뒤 0.9를 곱해줘야 탱크의 용량이 된다.
용량을 구하면 단위가 m^3으로 나오는데 문제에서 묻고 있는 단위는 L이므로 단위를 변환해야 한다.
$1m^3 = 1,000L$

(2) **기술검토**
옥외탱크저장소(저장용량이 50만L 이상인 것에 한함) 또는 암반탱크저장소는 위험물탱크의 기초·지반, 탱크본체 및 소화설비에 관한 사항에 대해 한국소방산업기술원의 기술검토를 받아야 한다.

(3), (4) **완공검사, 정기검사**
옥외저장탱크를 포함하여「위험물안전관리법」에서 정한 제조소 등에 해당되는 것은 완공검사와 정기검사를 받아야 한다.

20

다음의 위험물에 대한 물음에 답하시오.

- 제4류 위험물 중 제1석유류이고 비수용성이다.
- 무색투명하다.
- 방향성을 갖고 휘발성이 강한 액체이다.
- 분자량: 78, 인화점: $-11℃$

(1) 해당 위험물의 명칭을 쓰시오.
(2) 해당 위험물의 구조식을 그리시오.
(3) 해당 위험물을 취급하는 펌프설비에 있어서 위험물이 직접 배수구에 들어가지 않도록 집유설비에 설치해야 하는 장치의 명칭을 쓰시오. (단, 해당사항이 없으면 해당 없음이라고 쓰시오.)

정답

(1) 벤젠(C_6H_6)
(2)
(3) 유분리 장치

상세해설

유분리 장치의 설치기준
펌프실 외의 장소에 설치하는 펌프설비의 최저부에는 집유설비를 설치해야 한다. 이 경우 제4류 위험물(온도 20℃의 물 100g에 용해되는 양이 1g 미만인 것에 한함)을 취급하는 펌프설비에 있어서는 해당 위험물이 직접 배수구에 유입하지 않도록 집유설비에 유분리 장치를 설치해야 한다.
벤젠(C_6H_6)은 제4류 위험물 중 제1석유류로 비수용성이다. 따라서 벤젠을 취급하는 펌프설비에는 유분리 장치를 설치해야 한다.

2022년 2회 기출문제

2022년 7월 24일 시행

01

다음은 「위험물안전관리법령」에 따른 기타 소화설비의 능력단위이다. ( ) 안에 들어갈 알맞은 답을 쓰시오.

소화설비	용량	능력단위
소화전용 물통	(①)L	0.3
수조(소화전용 물통 3개 포함)	80L	(②)
수조(소화전용 물통 6개 포함)	190L	(③)
마른 모래(삽 1개 포함)	(④)L	0.5
팽창질석 또는 팽창진주암 (삽 1개 포함)	(⑤)L	1.0

정답

① 8, ② 1.5, ③ 2.5, ④ 50, ⑤ 160

02

트리에틸알루미늄에 대한 물음에 답하시오.

(1) 트리에틸알루미늄과 메탄올의 반응식을 쓰시오.
(2) (1) 반응의 생성물 중 상온에서 기체 상태인 물질의 연소반응식을 쓰시오.

정답

(1) $(C_2H_5)_3Al + 3CH_3OH \rightarrow Al(CH_3O)_3 + 3C_2H_6 \uparrow$
(2) $2C_2H_6 + 7O_2 \rightarrow 4CO_2 + 6H_2O$

관련개념

트리에틸알루미늄[$(C_2H_5)_3Al$]
- 제3류 위험물 중 알킬알루미늄으로 지정수량은 10kg이다.
- 물 또는 알코올과 접촉하면 에탄(C_2H_6)을 발생시켜 위험성이 커진다.
- 소화약제로는 마른 모래 및 팽창질석과 팽창진주암이 효과적이다.

03

다음은 지정과산화물의 옥내저장소 저장창고의 지붕과 관련된 기준이다. ( ) 안에 알맞은 답을 쓰시오.

(1) 중도리 또는 서까래의 간격은 (①)cm 이하로 할 것
(2) 지붕의 아래쪽 면에는 한 변의 길이가 (②)cm 이하의 환강(丸鋼)·경량형강(輕量形鋼) 등으로 된 강제(鋼製)의 격자를 설치할 것
(3) 지붕의 아래쪽 면에 (③)을 쳐서 불연재료의 도리·보 또는 서까래에 단단히 결합을 할 것
(4) 두께 (④)cm 이상, 너비 (⑤)cm 이상의 목재로 만든 받침대를 설치할 것

정답

① 30, ② 45, ③ 철망, ④ 5, ⑤ 30

관련개념

지정과산화물을 저장 또는 취급하는 옥내저장소의 지붕과 관련된 기준(다음의 하나에 적합해야 함)
- 중도리(서까래 중간을 받치는 수평의 도리) 또는 서까래의 간격은 30cm 이하로 할 것
- 지붕의 아래쪽 면에는 한 변의 길이가 45cm 이하의 환강(丸鋼)·경량형강(輕量形鋼) 등으로 된 강제(鋼製)의 격자를 설치할 것
- 지붕의 아래쪽 면에 철망을 쳐서 불연재료의 도리(서까래를 받치기 위해 기둥과 기둥사이에 설치한 부재)·보 또는 서까래에 단단히 결합할 것
- 두께 5cm 이상, 너비 30cm 이상의 목재로 만든 받침대를 설치할 것

04

탄화알루미늄에 대한 물음에 답하시오.

(1) 탄화알루미늄과 물의 반응식을 쓰시오.
(2) 탄화알루미늄과 염산의 반응식을 쓰시오.

정답

(1) $Al_4C_3 + 12H_2O \rightarrow 4Al(OH)_3 + 3CH_4 \uparrow$
(2) $Al_4C_3 + 12HCl \rightarrow 4AlCl_3 + 3CH_4 \uparrow$

관련개념

탄화알루미늄(Al_4C_3)
- 제3류 위험물 중 칼슘 또는 알루미늄의 탄화물로 지정수량은 300kg이다.
- 물과 반응하여 메탄(CH_4)가스를 발생시킨다.

05

삼황화인(삼황화린)과 오황화인(오황화린)이 연소할 경우 공통적으로 생성되는 물질의 명칭을 모두 쓰시오.

정답

오산화인(P_2O_5), 이산화황(SO_2)

상세해설

삼황화인(삼황화린)의 연소반응식
삼황화인(삼황화린, P_4S_3)이 연소하면 오산화인(P_2O_5)과 이산화황(SO_2)이 생성된다.
$P_4S_3 + 8O_2 \rightarrow 2P_2O_5 + 3SO_2$

오황화인(오황화린)의 연소반응식
오황화인(오황화린, P_2S_5)이 연소하면 오산화인(P_2O_5)과 이산화황(SO_2)이 생성된다.
$2P_2S_5 + 15O_2 \rightarrow 2P_2O_5 + 10SO_2$

06

「위험물안전관리법령」에서 정한 다음 위험물의 정의를 쓰시오.

(1) 인화성 고체
(2) 철분
(3) 제2석유류

정답

(1) 인화성 고체는 고형알코올, 그 밖에 1기압에서 인화점이 섭씨 40도 미만인 고체이다.
(2) 철분은 철의 분말로서 53마이크로미터의 표준체를 통과하는 것이 50중량퍼센트 미만인 것은 제외한다.
(3) 제2석유류는 등유, 경유, 그 밖에 1기압에서 인화점이 섭씨 21도 이상 70도 미만인 것이다.

관련개념

제4류 위험물의 정의
- 특수인화물은 이황화탄소, 다이에틸에터(디에틸에테르), 그 밖에 1기압에서 발화점이 섭씨 100도 이하인 것 또는 인화점이 섭씨 영하 20도 이하이고 비점이 섭씨 40도 이하인 것이다.
- 제1석유류는 아세톤, 휘발유 그 밖에 1기압에서 인화점이 섭씨 21도 미만인 것이다.
- 제2석유류는 등유, 경유, 그 밖에 1기압에서 인화점이 섭씨 21도 이상 70도 미만인 것이다. 다만, 도료류, 그 밖의 물품에 있어서 가연성 액체량이 40중량퍼센트 이하이면서 인화점이 섭씨 40도 이상인 동시에 연소점이 섭씨 60도 이상인 것은 제외한다.
- 제3석유류는 중유, 크레오소트유(클레오소트유), 그 밖에 1기압에서 인화점이 섭씨 70도 이상 섭씨 200도 미만인 것이다. 다만, 도료류 그 밖의 물품은 가연성 액체량이 40중량퍼센트 이하인 것은 제외한다.
- 제4석유류는 기어유, 실린더유 그 밖에 1기압에서 인화점이 섭씨 200도 이상 섭씨 250도 미만인 것이다. 다만 도료류, 그 밖의 물품은 가연성 액체량이 40중량퍼센트 이하인 것은 제외한다.

07

다음 불활성가스 소화약제의 구성성분에 대하여 다음 ( ) 안에 알맞은 답을 쓰시오.

(1) IG-55 : (①) 50%, (②) 50%
(2) IG-541 : (③) 8%, (④) 40%, (⑤) 52%

정답

① N_2, ② Ar, ③ CO_2, ④ Ar, ⑤ N_2

08

다음과 같은 제조소와 저장소의 소요단위를 쓰시오. (단, 「위험물안전관리법령」상 기준을 따른다.)

(1) 면적이 300m^2이고 외벽이 내화구조인 제조소
(2) 면적이 300m^2이고 내화구조가 아닌 제조소
(3) 면적이 300m^2이고 외벽이 내화구조인 저장소

정답

(1) 3소요단위
(2) 6소요단위
(3) 2소요단위

관련개념 건축물의 소요단위 계산방법

구분	외벽이 내화구조인 것	외벽이 내화구조가 아닌 것
제조소 또는 취급소	연면적 100m^2를 1소요단위로 함	연면적 50m^2를 1소요단위로 함
저장소	연면적 150m^2를 1소요단위로 함	연면적 75m^2를 1소요단위로 함

09

염소산칼륨에 대한 다음 물음에 답하시오.

(1) 염소산칼륨의 완전분해반응식을 쓰시오.
(2) 염소산칼륨 24.5kg이 표준상태에서 완전분해되었을 때 생성되는 산소의 부피(m^3)를 계산하시오. (단, K의 원자량은 39, Cl의 원자량은 35.5이다.)

정답

(1) $2KClO_3 \rightarrow 2KCl + 3O_2$
(2) 6.72m^3

상세해설

염소산칼륨 24.5kg이 완전분해되었을 때 생성되는 산소의 부피(m^3) 계산하기

염소산칼륨($KClO_3$)의 분자량 계산
$39 + 35.5 + (16 \times 3) = 122.5$kg/kmol

다음 염소산칼륨($KClO_3$)의 완전분해반응식에서 염소산칼륨 2kmol이 분해되면 산소(O_2) 3kmol이 발생한다.

$2KClO_3 \rightarrow 2KCl + 3O_2$

기체 1kmol은 표준상태에서 22.4m^3이고, 이 관계를 이용하여 비례식을 만들면 다음과 같다.

2×122.5kg : $3 \times 22.4m^3 = 24.5$kg : x
$x = 6.72m^3$

관련개념

염소산칼륨($KClO_3$)

- 제1류 위험물 중 염소산염류로 지정수량은 50kg이다.
- 열분해되면 산소를 방출한다.
- 가열, 충격, 마찰에 주의하여 저장해야 한다.
- 화재 발생 시 물을 이용하여 소화한다.

10

제1류 위험물 중 위험등급 I에 해당되는 것의 품명을 3가지 쓰시오.

정답

① 아염소산염류
② 염소산염류
③ 과염소산염류
④ 무기과산화물

※ 위의 4가지 품명 중 3가지를 쓰면 정답 처리된다. 품명을 쓰라고 했으므로 염소산나트륨과 같이 위험물의 명칭을 쓰면 오답처리 된다.

관련개념

위험등급 I의 위험물

- 제1류 위험물 중 아염소산염류, 염소산염류, 과염소산염류, 무기과산화물, 그 밖에 지정수량이 50kg인 위험물
- 제3류 위험물 중 칼륨, 나트륨, 알킬알루미늄, 알킬리튬, 황린, 그 밖에 지정수량이 10kg 또는 20kg인 위험물
- 제4류 위험물 중 특수인화물
- 제5류 위험물 중 지정수량이 10kg인 위험물
- 제6류 위험물

11

다음 위험물이 물과 반응했을 경우 생성되는 기체의 명칭을 쓰시오. (단, 해당 없으면 해당 없음이라고 쓰시오.)

(1) 인화칼슘
(2) 질산암모늄
(3) 과산화칼륨
(4) 금속리튬
(5) 염소산칼륨

정답

(1) 포스핀(PH_3)
(2) 해당 없음
(3) 산소(O_2)
(4) 수소(H_2)
(5) 해당 없음

상세해설

(1) **인화칼슘과 물의 반응**

인화칼슘(Ca_3P_2)이 물(H_2O)과 반응하면 유독성, 가연성이 있는 포스핀(PH_3) 가스가 발생한다.

$Ca_3P_2 + 6H_2O \rightarrow 3Ca(OH)_2 + 2PH_3 \uparrow$

(2), (5) **질산암모늄(NH_4NO_3), 염소산칼륨($KClO_3$)**

질산암모늄과 염소산칼륨은 제1류 위험물로 물과 반응하여 기체를 발생시키지 않는다.
제1류 위험물은 무기과산화물을 제외하고는 대부분 물과 위험한 반응을 하지 않으므로 화재 시 물을 이용하여 소화한다.

(3) **과산화칼륨(K_2O_2)과 물의 반응**

과산화칼륨(K_2O_2)이 물(H_2O)과 반응하면 산소(O_2) 기체가 발생한다.

$2K_2O_2 + 2H_2O \rightarrow 4KOH + O_2$

(4) **금속리튬(Li)과 물의 반응**

금속리튬(Li)이 물(H_2O)과 반응하면 수소(H_2) 기체가 발생한다.

$2Li + 2H_2O \rightarrow 2LiOH + H_2 \uparrow$

12

나이트로(니트로)셀룰로오스에 대한 물음에 답하시오.

(1) 나이트로(니트로)셀룰로오스를 제조하는 방법을 쓰시오.
(2) 나이트로(니트로)셀룰로오스의 품명을 쓰시오.
(3) 나이트로(니트로)셀룰로오스의 지정수량을 쓰시오.
(4) 나이트로(니트로)셀룰로오스를 운반하는 경우 운반용기 외부에 표시하여야 할 주의사항을 모두 쓰시오.

정답

(1) 셀룰로오스에 진한 황산과 진한 질산을 혼합하여 제조한다.
(2) 질산에스터류(질산에스테르류)
(3) ※ 위 문제는 최신 법령이 개정된 문제입니다. 관련 개정사항은 제5류 위험물 지정수량 개정사항(p.2) 참고
(4) 화기엄금, 충격주의

관련개념

나이트로(니트로)셀룰로오스[$C_6H_7O_2(ONO_2)_3$]

- 셀룰로오스에 진한 질산과 진한 황산을 3:1의 비율로 혼합작용시키면 나이트로(니트로)셀룰로오스가 만들어진다.
- 제5류 위험물 중 질산에스터류(질산에스테르류)에 해당된다.
- 저장 또는 운반할 경우에는 폭발의 위험성을 감소시키기 위해 물 또는 알코올에 습면한다.

운반용기 외부에 표시해야 하는 주의사항

- 제1류 위험물 중 알칼리금속의 과산화물 또는 이를 함유한 것에 있어서는 '화기·충격주의', '물기엄금' 및 '가연물 접촉주의', 그 밖의 것에 있어서는 '화기·충격주의' 및 '가연물 접촉주의'
- 제2류 위험물 중 철분·금속분·마그네슘 또는 이들 중 어느 하나 이상을 함유한 것에 있어서는 '화기주의' 및 '물기엄금', 인화성 고체에 있어서는 '화기엄금', 그 밖의 것에 있어서는 '화기주의'
- 제3류 위험물 중 자연발화성 물질에 있어서는 '화기엄금' 및 '공기접촉엄금', 금수성 물질에 있어서는 '물기엄금'
- 제4류 위험물에 있어서는 '화기엄금'
- 제5류 위험물(나이트로(니트로)셀룰로오스)에 있어서는 '화기엄금' 및 '충격주의'
- 제6류 위험물에 있어서는 '가연물 접촉주의'

13

산화프로필렌에 대한 물음에 답하시오.

(1) 산화프로필렌의 증기비중을 구하시오.
(2) 산화프로필렌의 위험등급을 쓰시오.
(3) 보냉장치가 없는 이동저장탱크에 산화프로필렌을 저장할 경우 온도를 몇 ℃ 이하로 해야 하는지 쓰시오.

정답

(1) 2.01
(2) I등급
(3) 40℃ 이하

상세해설

(1) 산화프로필렌(CH_3CHOCH_2)의 증기비중

분자량 $= (12 \times 3) + (1 \times 6) + 16 = 58$

증기비중 $= \dfrac{\text{성분 기체의 분자량}}{\text{공기의 평균분자량}} = \dfrac{58}{28.84} = 2.011$

공기의 평균분자량은 문제에 주어지지 않으면 29 또는 28.84로 구한다. 실기 교재에서는 더 정확한 증기비중을 구하기 위해 공기의 평균분자량을 28.84로 계산했다.

(2) 산화프로필렌(CH_3CHOCH_2)의 위험등급

- 산화프로필렌은 제4류 위험물 중 특수인화물이다.
- 제4류 위험물 중 특수인화물은 위험등급 I이다.

(3) 산화프로필렌의 저장 시 온도

- 제4류 위험물 중 특수인화물의 아세트알데하이드(아세트알데히드)·산화프로필렌 또는 이 중 어느 하나 이상을 함유하는 것을 아세트알데하이드(아세트알데히드) 등이라고 한다.
- 보냉장치가 있는 이동저장탱크에 저장하는 아세트알데하이드(아세트알데히드) 등 또는 다이에틸에터(디에틸에테르) 등의 온도는 해당 위험물의 비점 이하로 유지해야 한다.
- 보냉장치가 없는 이동저장탱크에 저장하는 아세트알데하이드(아세트알데히드) 등 또는 다이에틸에터(디에틸에테르) 등의 온도는 40℃ 이하로 유지해야 한다.

14

금속칼륨에 대한 물음에 답하시오.

(1) 금속칼륨과 이산화탄소의 반응식을 쓰시오.
(2) 금속칼륨과 에탄올과의 반응식을 쓰시오.

정답

(1) $4K + 3CO_2 \rightarrow 2K_2CO_3 + C$
(2) $2K + 2C_2H_5OH \rightarrow 2C_2H_5OK + H_2 \uparrow$

관련개념

금속칼륨(K)
- 제3류 위험물로 지정수량은 10kg이다.
- 불꽃반응색은 보라색이다.
- 공기 중의 수분과 반응하여 수소를 발생시키므로 보호액(등유, 경유, 파라핀유 등)에 저장한다.

15

다음 옥내저장소 기준에 알맞은 말을 쓰시오. (단, 「위험물안전관리법령」상 기준을 따른다.)

(1) 옥내저장소에서 동일 품명의 위험물이더라도 자연발화할 우려가 있는 위험물 또는 재해가 현저하게 증대할 우려가 있는 위험물을 다량 저장하는 경우에는 지정수량의 (①) 이하마다 구분하여 상호간 (②) 이상의 간격을 두어 저장하여야 한다.
(2) 기계에 의하여 하역하는 구조로 된 용기만을 겹쳐 쌓는 경우에 있어서는 (③) 높이를 초과하지 아니하여야 한다.
(3) 제4류 위험물 중 제3석유류, 제4석유류 및 동식물유류를 수납하는 용기만을 겹쳐 쌓는 경우에 있어서는 (④) 높이를 초과하지 아니하여야 한다.
(4) 그 밖의 경우에 있어서는 (⑤) 높이를 초과하지 아니하여야 한다.

정답

① 10배, ② 0.3m, ③ 6m, ④ 4m, ⑤ 3m

16

다음은 위험물의 유별, 성질, 품명, 지정수량에 대한 표이다. 빈칸에 들어갈 알맞은 말을 쓰시오. (단, 「위험물안전관리법령」상 기준을 따른다.)

유별	성질	품명		지정수량
제1류	산화성 고체	질산염류		300kg
		아이오딘산염류 (요오드산염류)		(④)kg
		과망가니즈산염류 (과망간산염류)		1,000kg
		(②)		
제2류	(①)	철분		500kg
		금속분		
		마그네슘		
		(③)		1,000kg
제4류	인화성 액체	제2석유류	비수용성	(⑤)L
			수용성	2,000L
		제3석유류	비수용성	2,000L
			수용성	(⑥)L

정답

① 가연성 고체, ② 다이크로뮴산염류(중크롬산염류), ③ 인화성 고체, ④ 300, ⑤ 1,000, ⑥ 4,000

17

아세트알데하이드(아세트알데히드)가 산화되어 생성되는 제4류 위험물에 대한 물음에 답하시오.

(1) 시성식을 쓰시오.
(2) 완전연소반응식을 쓰시오.
(3) 이 위험물을 옥내저장소에 저장할 경우 바닥면적은 몇 m^2 이하로 해야 하는지 쓰시오.

정답

(1) CH_3COOH
(2) $CH_3COOH + 2O_2 \rightarrow 2CO_2 + 2H_2O$
(3) $2,000m^2$

상세해설

제4류 위험물 중 특수인화물인 아세트알데하이드(아세트알데히드, CH_3CHO)가 산화되면 제4류 위험물인 아세트산(CH_3COOH)이 생성된다.
$2CH_3CHO + O_2 \rightarrow 2CH_3COOH$
아세트산(CH_3COOH)이 완전연소하면 이산화탄소(CO_2) 2mol, 물(H_2O) 2mol이 발생한다.
$CH_3COOH + 2O_2 \rightarrow 2CO_2 + 2H_2O$
제4류 위험물 중 특수인화물, 제1석유류 및 알코올류를 저장하는 옥내저장소의 바닥면적은 $1,000m^2$ 이하로 해야 하고, 그 외의 제4류 위험물을 저장하는 옥내저장소의 바닥면적은 $2,000m^2$ 이하로 해야 한다.
아세트산은 제4류 위험물 중 제2석유류이므로 옥내저장소에 저장할 경우 바닥면적은 $2,000m^2$ 이하로 해야 한다.

관련개념

옥내저장소에 저장할 경우 바닥면적을 $1,000m^2$ 이하로 해야 하는 위험물

- 제1류 위험물 중 아염소산염류, 염소산염류, 과염소산염류, 무기과산화물, 그 밖에 지정수량이 50kg인 위험물
- 제3류 위험물 중 칼륨, 나트륨, 알킬알루미늄, 알킬리튬, 그 밖에 지정수량이 10kg인 위험물
- 제4류 위험물 중 특수인화물, 제1석유류 및 알코올류
- 제5류 위험물 중 유기과산화물, 질산에스터류(질산에스테르류), 그 밖에 지정수량이 10kg인 위험물
- 제6류 위험물
※ 위에서 정한 위험물 외의 위험물을 옥내저장소에서 저장할 경우 바닥면적을 $2,000m^2$ 이하로 해야 한다.

18

다음 위험물에 대한 물음에 답하시오.

- 분자량은 100.5이고, 비중은 1.76이다.
- 무색의 유동성이 있는 액체이다.
- 물과 반응하면 발열한다.

(1) 시성식을 쓰시오.
(2) 위험물의 유별을 쓰시오.
(3) 해당 위험물을 취급하는 제조소와 병원은 몇 m의 안전거리를 두어야 하는지 쓰시오. (단, 해당사항이 없으면 해당 없음이라고 쓰시오.)
(4) 제조소에서 해당 위험물을 5,000kg 취급할 때 제조소의 보유공지의 너비를 쓰시오.

정답

(1) $HClO_4$, (2) 제6류, (3) 해당 없음, (4) 5m 이상

상세해설

과염소산($HClO_4$)

- 제6류 위험물로 지정수량은 300kg이다.
- 매우 불안정한 강산으로 산화력이 강하다.
- 물과 접촉하면 발열한다.
- 분자량 $= 1 + 35.5 + (16 \times 4) = 100.5$

제조소의 안전거리 기준

제조소는 학교, 병원, 극장 등으로부터 30m 이상 안전거리를 두어야 하지만 과염소산과 같이 제6류 위험물을 취급하는 제조소는 예외조항이 있어 안전거리를 두지 않아도 된다.

제조소의 보유공지 기준

- 제조소에는 취급하는 위험물의 지정수량이 10배 이하일 경우 3m 이상, 지정수량의 10배 초과일 경우 5m 이상의 보유공지를 두어야 한다.
- 과염소산의 지정수량은 300kg으로 5,000kg은 지정수량의 약 16.67배이다.
- 과염소산 5,000kg을 취급하는 제조소는 지정수량의 10배 초과이므로 보유공지를 5m 이상 두어야 한다.

※ 제조소의 보유공지 기준에는 예외조항은 없으므로 제6류 위험물을 취급하는 제조소에도 적용된다.

19

제4류 위험물(이황화탄소는 제외함)을 취급하는 제조소의 옥외취급탱크에 다음과 같이 위험물 저장 탱크를 설치하려고 한다. 방유제 전체의 최소용량의 합계(L)를 계산하시오.

- 탱크의 용량은 100만L인 것이 1기, 50만L인 것이 2기, 10만L인 것이 3기가 있다.
- 용량이 50만L인 탱크 1기만 별도의 방유제 하나에 설치하고, 나머지 탱크를 하나의 방유제 내에 설치한다.

(1) 계산식
(2) 정답

정답
(1) (50만L×0.5)+{(100만L×0.5)+(80만L×0.1)}=83만L
(2) 83만L

상세해설

옥외에 있는 위험물취급탱크 주위의 방유제 설치기준

하나의 취급탱크 주위에 설치하는 방유제의 용량은 해당 탱크용량의 50% 이상으로 하고, 2 이상의 취급탱크 주위에 하나의 방유제를 설치하는 경우 그 방유제의 용량은 해당 탱크 중 용량이 최대인 것의 50%에 나머지 탱크 용량 합계의 10%를 가산한 양 이상이 되게 한다.

문제의 조건을 설치기준에 맞추어 계산하기

구분	방유제1	방유제2
저장하는 탱크	50만L 탱크 1개	• 100만L 탱크 1개 • 50만L 탱크 1개 • 10만L 탱크 3개

(1) **방유제1의 용량**
  탱크가 한 기이므로 탱크 용량의 50% 이상으로 한다.
  50만L×0.5

(2) **방유제2의 용량**
  탱크가 두 기 이상이므로 용량이 최대인 것의 50%에 나머지 탱크 용량 합계의 10%를 가산한 양 이상으로 한다.
  (100만L×0.5)+[{50만L+(10만×3)}×0.1]

(3) **방유제 전체의 최소 용량의 합계**
  (50만L×0.5)+{(100만L×0.5)+(80만L×0.1)}=83만L

20

다음과 같은 위험물 저장 탱크에 위험물을 저장할 경우 탱크의 용량(m^3)을 최대값과 최소값으로 구분하여 계산하시오. (단, a는 2m, b는 1.5m, l은 3m, l_1, l_2는 0.3m이다.)

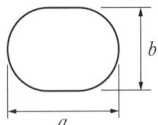 

(1) 최대값
(2) 최소값

정답
(1) $7.16m^3$
(2) $6.79m^3$

상세해설

양쪽이 볼록한 타원형 탱크의 내용적 구하기

내용적 공식 $= \dfrac{\pi ab}{4} \times \left(l + \dfrac{l_1+l_2}{3}\right)$

$= \dfrac{\pi \times 2 \times 1.5}{4} \times \left(3 + \dfrac{0.3+0.3}{3}\right) = 7.5398m^3$

공간용적을 고려하여 탱크의 용량 구하기

탱크의 공간용적은 탱크의 내용적의 5/100 이상 10/100 이하의 용적으로 한다.

이 문제에서는 탱크의 공간용적이 주어지지 않았으므로 탱크의 공간용적의 최대값과 최소값을 적용하여 탱크의 용량의 최대값과 최소값을 계산한다.

탱크 용량의 최대값 = $7.5398 \times 0.95 = 7.163m^3$
탱크 용량의 최소값 = $7.5398 \times 0.90 = 6.786m^3$

01

크실렌에 대한 물음에 답하시오.

(1) 크실렌 이성질체 3가지의 명칭을 쓰시오.
(2) 크실렌 이성질체 3가지의 구조식을 그리시오.

정답

(1) o-크실렌, m-크실렌, p-크실렌
(2)

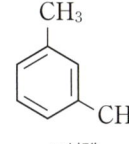
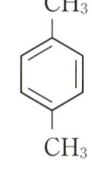

o-크실렌   m-크실렌   p-크실렌

02

다음 [보기]의 위험물을 인화점이 낮은 것부터 높은 순서로 나열하여 번호를 쓰시오.

| 보기 |
① 초산에틸, ② 이황화탄소, ③ 글리세린, ④ 클로로벤젠

정답

②, ①, ④, ③

관련개념

보기에 있는 제4류 위험물의 분류

구분	품명	지정수량	인화점
초산에틸	제1석유류	200L	-4℃
이황화탄소	특수인화물	50L	-30℃
글리세린	제3석유류	4,000L	160℃
클로로벤젠	제2석유류	1,000L	27℃

※ 제4류 위험물의 인화점은 특수인화물이 가장 낮고, 제1석유류, 제2석유류, 제3석유류로 갈수록 인화점이 높아진다.

03

다음 설명에 해당되는 위험물에 대한 물음에 답하시오.

- 제5류 위험물이다.
- 담황색의 결정이며 분자량이 227이다.
- 폭약을 만드는 데 사용된다.
- 물에 녹지 않는다.
- 알코올, 벤젠, 아세톤에 녹는다.

(1) 해당 위험물의 명칭을 화학식으로 쓰시오.
(2) 해당 위험물의 지정수량을 쓰시오.
(3) 해당 위험물의 제조과정을 설명하시오.

정답

(1) $C_6H_2CH_3(NO_2)_3$
(2) ※ 위 문제는 최신 법령이 개정된 문제입니다. 관련 개정사항은 제5류 위험물 지정수량 개정사항(p.2) 참고
(3) 톨루엔에 질산과 황산을 반응시켜 제조한다.

관련개념

트리나이트로(니트로)톨루엔[$C_6H_2CH_3(NO_2)_3$]

- 제5류 위험물 중 나이트로화합물(니트로화합물)에 해당된다.
- TNT라고도 부른다.
- 담황색의 결정이며 햇빛을 받으면 다갈색으로 변한다.
- 아세톤, 벤젠, 알코올에 잘 녹고 가열이나 충격을 주면 폭발할 수 있다.
- 폭약의 원료로 사용된다.
- 톨루엔에 질산, 황산을 반응시켜 제조한다.

$$C_6H_5CH_3 + 3HNO_3 \xrightarrow{\text{진한 } H_2SO_4} C_6H_2CH_3(NO_2)_3 + 3H_2O$$

상세해설

트리나이트로(니트로)톨루엔[$C_6H_2CH_3(NO_2)_3$]의 분자량 계산
$(12 \times 7) + (1 \times 5) + (14 \times 3) + (16 \times 6) = 227\text{g/mol}$

04

다음의 소화설비의 적응성에 대한 표에서 적응성이 있는 대상물에 ○표 하시오. (단, 「위험물안전관리법령」상 기준을 따른다.)

소화설비의 구분		대상물 구분											
		건축물·그 밖의 공작물	전기설비	제1류 위험물		제2류 위험물			제3류 위험물		제4류 위험물	제5류 위험물	제6류 위험물
				알칼리금속 과산화물 등	그 밖의 것	철분, 금속분, 마그네슘 등	인화성 고체	그 밖의 것	금수성 물품	그 밖의 것			
옥내소화전설비													
옥외소화전설비													
물분무 등 소화설비	물분무 소화설비												
	불활성가스 소화설비												
	할로젠화합물 (할로겐화합물) 소화설비												

정답

소화설비의 구분		대상물 구분											
		건축물·그 밖의 공작물	전기설비	제1류 위험물		제2류 위험물			제3류 위험물		제4류 위험물	제5류 위험물	제6류 위험물
				알칼리금속 과산화물 등	그 밖의 것	철분, 금속분, 마그네슘 등	인화성 고체	그 밖의 것	금수성 물품	그 밖의 것			
옥내소화전설비		○			○		○	○		○		○	○
옥외소화전설비		○			○		○	○		○		○	○
물분무 등 소화설비	물분무 소화설비	○	○		○		○	○		○	○	○	○
	불활성가스 소화설비		○				○				○		
	할로젠화합물 (할로겐화합물) 소화설비		○				○				○		

관련개념

소화설비의 적응성 관련 표는 「위험물안전관리법 시행규칙」 별표 17에 나와 있고, 본 교재의 KEYWORD 24에도 나와 있다.

2020년도부터 실기시험문제에서 소화설비의 적응성 관련 표가 그대로 출제되는 경우가 있으므로 해당 표의 내용은 숙지하는 것이 좋다.

05

트리에틸알루미늄에 대한 물음에 답하시오.

(1) 트리에틸알루미늄과 물의 반응식을 쓰시오.
(2) 트리에틸알루미늄 228g이 물과 반응할 때 생성되는 가연성 가스의 부피(L)를 계산하시오. (단, 표준상태이고, 알루미늄의 분자량은 27이다.)

정답

(1) $(C_2H_5)_3Al + 3H_2O \rightarrow Al(OH)_3 + 3C_2H_6$
(2) 134.4L

상세해설

트리에틸알루미늄이 물과 반응할 때 생성되는 가연성 가스의 부피(L) 계산하기

트리에틸알루미늄[$(C_2H_5)_3Al$]의 분자량은 다음과 같다.
$\{(24+5) \times 3\} + 27 = 114g/mol$
트리에틸알루미늄 228g은 2mol이다.
트리에틸알루미늄 1mol이 물과 반응하면 가연성 가스인 에탄(C_2H_6)이 3mol 발생한다.
$(C_2H_5)_3Al + 3H_2O \rightarrow Al(OH)_3 + 3C_2H_6$
트리에틸알루미늄 2mol이 물과 반응하면 6몰의 에탄(C_2H_6)이 발생한다.
표준상태에서 기체 1mol의 부피는 22.4L이다.
에탄 6mol의 부피 $= 22.4 \times 6 = 134.4L$

06

「위험물안전관리법령」상 기준에 따라 다음의 소요단위를 각각 구하시오. (단, 계산식도 쓰시오.)

(1) 다이에틸에터(디에틸에테르) 2,000L
(2) 면적이 1,500m²이고 외벽이 내화구조가 아닌 저장소
(3) 면적이 1,500m²이고 외벽이 내화구조인 제조소

정답

(1) $\dfrac{2,000}{50 \times 10}$, 4소요단위
(2) $\dfrac{1,500}{75}$, 20소요단위
(3) $\dfrac{1,500}{100}$, 15소요단위

관련개념

소요단위 계산방법

- 위험물은 지정수량의 10배를 1소요단위로 한다.
- 저장소의 건축물은 외벽이 내화구조인 것은 연면적 150m²를 1소요단위로 하고, 외벽이 내화구조가 아닌 것은 연면적 75m²를 1소요단위로 한다.
- 제조소 또는 취급소의 건축물은 외벽이 내화구조인 것은 연면적 100m²를 1소요단위로 하고, 외벽이 내화구조가 아닌 것은 연면적 50m²를 1소요단위로 한다.

※ 다이에틸에터(디에틸에테르)는 제4류 위험물 중 특수인화물로 지정수량은 50L이다.

07

다음 위험물의 시성식을 쓰시오.

(1) 아세톤
(2) 의산(포름산, 개미산)
(3) 트리나이트로(니트로)페놀(피크린산)
(4) 초산에틸(아세트산에틸)
(5) 아닐린

▶ 정답

(1) CH_3COCH_3
(2) $HCOOH$
(3) $C_6H_2OH(NO_2)_3$
(4) $CH_3COOC_2H_5$
(5) $C_6H_5NH_2$

▶ 관련개념

문제에 주어진 위험물의 분류

구분	유별	품명	지정수량
아세톤	제4류	제1석유류	400L
의산	제4류	제2석유류	2,000L
트리나이트로(니트로)페놀	제5류	나이트로화합물(니트로화합물)	–
초산에틸	제4류	제1석유류	200L
아닐린	제4류	제3석유류	2,000L

08

다음 탱크의 최대용량(L)을 계산하시오. (단, 소화설비의 소화약제방출구 아래 면으로부터 윗부분의 용적과 암반탱크는 제외한다.)

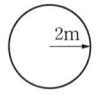
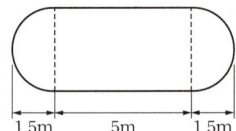

(1) 계산식
(2) 정답

▶ 정답

(1) $\pi \times 2^2 \times \left(5 + \dfrac{1.5+1.5}{3}\right) \times 0.95 = 71.628312 m^3 = 71,628.312 L$

(2) 71,628.31L

▶ 상세해설

원통형 탱크 중 다음과 같이 횡으로 설치한 것의 내용적은 다음 식으로 구한다.

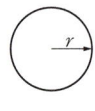
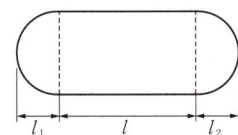

탱크의 내용적 $= \pi r^2 \times \left(l + \dfrac{l_1+l_2}{3}\right)$

탱크의 내용적에서 공간용적을 빼면 탱크의 용량이다.
탱크의 공간용적은 탱크의 내용적의 100분의 5 이상 100분의 10 이하의 용적으로 한다.
이 문제에서는 탱크의 공간용적이 주어지지 않았고 탱크의 최대용량을 구하라고 했으므로 탱크의 공간용적을 100분 5로 적용해야 최대용량이 된다.

$\pi r^2 \times \left(l + \dfrac{l_1+l_2}{3}\right) \times 0.95$
$= \pi \times 2^2 \times \left(5 + \dfrac{1.5+1.5}{3}\right) \times 0.95$
$= 71.628312 m^3 = 71,628.312 L$

09

금속칼륨이 다음 물질과 반응하는 반응식을 각각 쓰시오.
(단, 없으면 해당 없음이라고 쓰시오.)

(1) 물
(2) 경유
(3) 이산화탄소

정답

(1) $2K + 2H_2O \rightarrow 2KOH + H_2$
(2) 해당 없음
(3) $4K + 3CO_2 \rightarrow 2K_2CO_3 + C$

관련개념

칼륨(K)
- 제3류 위험물이고, 지정수량은 10kg이다.
- 공기 중의 수분과 반응하여 수소를 발생시키기 때문에 경유, 등유 등의 보호액 속에 보관한다.
- 은백색의 무른 경금속으로 불꽃반응색은 연보라색이다.

10

금속나트륨과 에탄올의 반응에 대한 물음에 답하시오.

(1) 에탄올과 금속나트륨의 반응식을 쓰시오.
(2) (1)의 반응에서 생성되는 가연성 기체의 위험도를 구하시오. (단, 계산식도 함께 쓰시오.)

정답

(1) $2Na + 2C_2H_5OH \rightarrow 2C_2H_5ONa + H_2 \uparrow$
(2) $\dfrac{75-4}{4} = 17.75$

상세해설

수소(H_2)의 위험도 구하기

수소의 연소범위는 4~75vol%이다.

위험도 = $\dfrac{\text{연소상한 값} - \text{연소하한 값}}{\text{연소하한 값}} = \dfrac{75-4}{4} = 17.75$

11

제1류 위험물인 질산암모늄은 분해하여 N_2, O_2, H_2O를 생성한다. 다음 물음에 답하시오.

(1) 질산암모늄의 분해반응식을 쓰시오.
(2) 질산암모늄 1mol이 0.9atm, 300℃에서 분해될 때 생성되는 H_2O의 부피(L)를 구하시오. (단, 계산식도 쓰시오.)

정답

(1) $2NH_4NO_3 \rightarrow 2N_2 + O_2 + 4H_2O$
(2) ① 계산식: $V = \dfrac{2 \times 0.082 \times 573}{0.9} = 104.413L$

② 정답: 104.41L

상세해설

질산암모늄이 분해될 때 생성되는 H_2O의 부피 계산

질산암모늄(NH_4NO_3)의 분해반응식상 질산암모늄 2mol이 분해되면 물(H_2O) 4mol이 발생한다.

$2NH_4NO_3 \rightarrow 2N_2 + O_2 + 4H_2O$

질산암모늄 1mol이 분해되면 물(H_2O) 2mol이 발생한다.
문제에 주어진 온도와 압력 수치를 대입하여 이상기체상태방정식으로 H_2O의 부피를 구한다.

$PV = nRT$

$V = \dfrac{nRT}{P} = \dfrac{2 \times 0.082 \times 573}{0.9} = 104.413L$

$n(H_2O의\ 몰수) = 2mol$
$R(기체상수) = 0.082L \cdot atm \cdot K^{-1} \cdot mol^{-1}$
$T(절대온도) = 273 + 300 = 573K$
$P(압력) = 0.9atm$

관련개념

질산암모늄(NH_4NO_3)
- 제1류 위험물 중 질산염류로 지정수량은 300kg이다.
- 충격을 주면 단독으로도 폭발하여 질소, 산소, 물을 발생시킨다.
  $2NH_4NO_3 \rightarrow 2N_2 + O_2 + 4H_2O$
- 화재발생 시 물을 이용하여 소화한다.

12

「위험물안전관리법령」상 보기의 위험물을 적재할 때 차광성이 있는 피복으로 가려야 하고 방수성의 피복으로도 덮어야 하는 것을 보기에서 모두 골라 번호를 쓰시오. (단, 없으면 해당 없음이라고 쓰시오.)

> ① 알칼리금속의 과산화물
> ② 특수인화물
> ③ 금속분
> ④ 제5류 위험물
> ⑤ 제6류 위험물
> ⑥ 인화성 고체

정답

①

상세해설

위험물을 적재할 때 해야 할 조치사항

제1류 위험물 중 알칼리금속의 과산화물은 차광성이 있는 피복으로 가려야 하고, 방수성이 있는 피복으로도 덮어야 한다.

구분	내용
차광성이 있는 피복으로 가려야 하는 위험물	• 제1류 위험물 • 제3류 위험물 중 자연발화성 물질 • 제4류 위험물 중 특수인화물 • 제5류 위험물 • 제6류 위험물
방수성이 있는 피복으로 덮어야 하는 위험물	• 제1류 위험물 중 알칼리금속의 과산화물 또는 이를 함유한 것 • 제2류 위험물 중 철분·금속분·마그네슘 또는 이들 중 어느 하나 이상을 함유한 것 • 제3류 위험물 중 금수성 물질

13

다음 조건을 기준으로 위험물제조소의 방화상 유효한 담의 높이(h)는 몇 m 이상으로 하여야 하는지 구하시오.

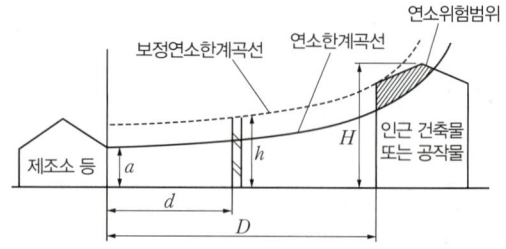

> • h: 유효한 담의 높이(m)
> • a: 제조소의 외벽의 높이=30m
> • H: 인근 건축물의 높이=40m
> • d: 제조소 등과 방화상 유효한 담과의 거리=5m
> • D: 제조소 등과 인근 건축물과의 거리=10m
> • p: 상수=0.15

정답

2m

상세해설

$H \leq pD^2 + a$인 경우 $h = 2$이다.
$H > pD^2 + a$인 경우 $h = H - p(D^2 - d^2)$이다.
$40 < (0.15 \times 10^2) + 30$이므로 $h = 2$이다.

14

다음 위험물에 대한 물음에 답하시오.

> - 분자량은 34이다.
> - 표백작용과 살균작용을 한다.
> - 일정 농도 이상인 것에 한하여 위험물로 본다.
> - 운반용기 외부에 '가연물 접촉주의'를 표시한다.

(1) 해당 위험물의 명칭을 쓰시오.
(2) 해당 위험물의 시성식을 쓰시오.
(3) 해당 위험물의 분해반응식을 쓰시오.
(4) 해당 위험물을 취급하는 제조소의 표지판에 게시하여야 하는 주의사항을 쓰시오. (단, 해당사항이 없으면 "해당 없음"이라고 쓰시오.)

정답

(1) 과산화수소
(2) H_2O_2
(3) $2H_2O_2 \rightarrow 2H_2O + O_2$
(4) 해당 없음

상세해설

과산화수소(H_2O_2)
- 제6류 위험물로 지정수량은 300kg이다.
- 농도가 36wt% 이상인 것이 위험물에 속한다.
- 상온에서도 분해되어 산소를 발생한다.
  $2H_2O_2 \rightarrow 2H_2O + O_2$
- 표백, 살균작용을 한다.
- 운반용기 외부에 '가연물 접촉주의'를 표시해야 한다.

관련개념

제조소의 게시판에 표기해야 하는 주의사항
- 제1류 위험물 중 알칼리금속의 과산화물과 이를 함유한 것 또는 제3류 위험물 중 금수성 물질에 있어서는 '물기엄금'
- 제2류 위험물(인화성 고체를 제외함)에 있어서는 '화기주의'
- 제2류 위험물 중 인화성 고체, 제3류 위험물 중 자연발화성 물질, 제4류 위험물 또는 제5류 위험물에 있어서는 '화기엄금'
※ 위험물의 운반용기 외부에 표기해야 하는 주의사항과 위험물을 취급하는 제조소의 게시판에 표기해야 하는 주의사항은 다르다.

15

다음 [보기]의 위험물을 보고 물음에 답하시오.

> **보기**
> 질산나트륨, 과산화수소, 메틸에틸케톤, 염소산암모늄, 알루미늄분

(1) [보기]에서 연소가 가능한 위험물을 모두 쓰시오.
(2) (1)번 답의 위험물 중 완전연소반응식을 1가지 쓰시오.

정답

(1) 메틸에틸케톤, 알루미늄분
(2) $2CH_3COC_2H_5 + 11O_2 \rightarrow 8CO_2 + 8H_2O$ 또는 $4Al + 3O_2 \rightarrow 2Al_2O_3$

상세해설

연소가 가능한 위험물
연소가 가능한 위험물은 제2류 위험물, 제4류 위험물, 제5류 위험물이다.
메틸에틸케톤은 제4류 위험물 중 제1석유류이고, 알루미늄분은 제2류 위험물 중 금속분류로 연소가 가능하다.
제1류 위험물과 제6류 위험물은 산소를 방출하는 산화제이고, 자신은 불연성 물질이다.

관련개념

보기에 있는 위험물의 분류

구분	유별	품명	지정수량
질산나트륨	제1류	질산염류	300kg
과산화수소	제6류	과산화수소	300kg
메틸에틸케톤	제4류	제1석유류	200L
염소산암모늄	제1류	염소산염류	50kg
알루미늄분	제2류	금속분	500kg

16

다음 위험물의 저장과 취급에 관한 기준에 대한 물음에 답하시오.

(1) 다음은 위험물의 유별 저장·취급의 공통기준이다. ( ) 안에 들어갈 알맞은 말을 쓰시오.

> - (①) 위험물은 가연물과의 접촉·혼합이나 분해를 촉진하는 물품과의 접근 또는 과열을 피하여야 한다.
> - (②) 위험물은 불티·불꽃·고온체와의 접근 또는 과열을 피하고, 함부로 증기를 발생시키지 않아야 한다.
> - (③) 위험물은 불티·불꽃·고온체와의 접근이나 과열·충격 또는 마찰을 피하여야 한다.

(2) 다음은 위험물의 저장에 관한 기준이다. ( ) 안에 들어갈 알맞은 말을 쓰시오.

> 유별을 달리하는 위험물은 동일한 저장소에 저장하지 아니하여야 한다. 다만, 옥내저장소 또는 옥외저장소에 있어서 다음의 위험물을 서로 1m 이상의 간격을 두는 경우에는 그러하지 아니하다.
> - 제1류 위험물과 (④) 위험물
> - 제2류 위험물 중 인화성 고체와 (⑤) 위험물

서로 1m 이상의 간격을 두었을 때 동일한 옥내저장소 또는 옥외저장소에 저장할 수 있는 위험물
- 제1류 위험물(알칼리금속의 과산화물 또는 이를 함유한 것을 제외함)과 제5류 위험물을 저장하는 경우
- 제1류 위험물과 제6류 위험물을 저장하는 경우
- 제1류 위험물과 제3류 위험물 중 자연발화성 물질(황린 또는 이를 함유한 것에 한함)을 저장하는 경우
- 제2류 위험물 중 인화성 고체와 제4류 위험물을 저장하는 경우
- 제3류 위험물 중 알킬알루미늄 등과 제4류 위험물(알킬알루미늄 또는 알킬리튬을 함유한 것에 한함)을 저장하는 경우
- 제4류 위험물 중 유기과산화물 또는 이를 함유하는 것과 제5류 위험물 중 유기과산화물 또는 이를 함유한 것을 저장하는 경우

정답

① 제6류, ② 제4류, ③ 제5류, ④ 제6류, ⑤ 제4류

관련개념

위험물의 유별 저장·취급의 공통기준
- 제1류 위험물은 가연물과의 접촉·혼합이나 분해를 촉진하는 물품과의 접근 또는 과열·충격·마찰 등을 피하는 한편, 알칼리금속의 과산화물 및 이를 함유한 것에 있어서는 물과의 접촉을 피하여야 한다.
- 제2류 위험물은 산화제와의 접촉·혼합이나 불티·불꽃·고온체와의 접근 또는 과열을 피하는 한편, 철분·금속분·마그네슘 및 이를 함유한 것에 있어서는 물이나 산과의 접촉을 피하고 인화성 고체에 있어서는 함부로 증기를 발생시키지 아니하여야 한다.
- 제3류 위험물 중 자연발화성 물질에 있어서는 불티·불꽃 또는 고온체와의 접근·과열 또는 공기와의 접촉을 피하고, 금수성 물질에 있어서는 물과의 접촉을 피하여야 한다.
- 제4류 위험물은 불티·불꽃·고온체와의 접근 또는 과열을 피하고, 함부로 증기를 발생시키지 아니하여야 한다.
- 제5류 위험물은 불티·불꽃·고온체와의 접근이나 과열·충격 또는 마찰을 피하여야 한다.
- 제6류 위험물은 가연물과의 접촉·혼합이나 분해를 촉진하는 물품과의 접근 또는 과열을 피하여야 한다.

17

다음 [보기] 중 제2석유류에 대한 설명으로 옳은 것을 모두 골라 번호를 쓰시오.

| 보기 |

① 등유, 경유 등이 해당된다.
② 중유, 크레오소트유(클레오소트유)가 해당된다.
③ 1기압에서 인화점이 70℃ 이상 200℃ 미만인 것을 말한다.
④ 1기압에서 인화점이 200℃ 이상 250℃ 미만인 것을 말한다.
⑤ 도료류, 그 밖의 물품에 있어서 가연성 액체량이 40중량 퍼센트 이하이면서 인화점이 40℃ 이상인 동시에 연소점이 60℃ 이상인 것은 제외한다.

정답

①, ⑤

관련개념

제2석유류의 정의

- 등유, 경유 그 밖에 1기압에서 인화점이 21℃ 이상 70℃ 미만인 것을 말한다.
- 도료류, 그 밖의 물품에 있어서 가연성 액체량이 40중량퍼센트 이하이면서 인화점이 40℃ 이상인 동시에 연소점이 60℃ 이상인 것은 제외한다.

상세해설

②, ③: 제3석유류에 해당되는 내용이다.
④: 제4석유류에 해당되는 내용이다.

18

다음 표는 「위험물안전관리법령」에 따른 교육대상자별 교육시간이다. 빈칸에 알맞은 답을 쓰시오. (단, 답은 안전관리자, 위험물운반자, 위험물운송자, 탱크시험자 중 하나로 작성한다.)

교육과정	교육대상자	교육시간
강습교육	(①)가 되려는 사람	24시간
	(②)가 되려는 사람	8시간
	(③)가 되려는 사람	16시간
실무교육	(①)	8시간
	(②)	4시간
	(③)	8시간
	(④)의 기술인력	8시간

정답

① 안전관리자, ② 위험물운반자, ③ 위험물운송자, ④ 탱크시험자

관련개념

안전교육의 대상자 및 교육시간

교육과정	교육대상자	교육시간
강습교육	안전관리자가 되려는 사람	24시간
	위험물운반자가 되려는 사람	8시간
	위험물운송자가 되려는 사람	16시간
실무교육	안전관리자	8시간
	위험물운반자	4시간
	위험물운송자	8시간
	탱크시험자의 기술인력	8시간

19

다음 위험물에 대한 물음에 답하시오. (단, 「위험물안전관리법령」상 기준을 따른다.)

- 분자량은 78이다.
- 휘발성이 있는 액체로 독특한 냄새가 난다.
- 수소첨가반응이 일어나면 시클로헥산이 된다.

(1) 화학식을 쓰시오.
(2) 위험등급을 쓰시오.
(3) 해당 위험물을 운반할 때 위험물안전카드를 휴대해야 하는지의 여부를 쓰시오. (단, 보기의 조건으로 알 수 없으면 "알 수 없음"으로 쓰시오.)
(4) 해당 위험물을 장거리에 걸치는 운송을 할 때 2명 이상의 운전자로 해야 하는지의 여부를 쓰시오. (단, 보기의 조건으로 알 수 없으면 "알 수 없음"으로 쓰시오.)

정답

(1) C_6H_6
(2) Ⅱ등급
(3) 휴대해야 한다.
(4) 운전자를 2명으로 하지 않아도 된다.

상세해설

벤젠의 위험등급
- 제4류 위험물 중 특수인화물은 위험등급Ⅰ이고, 제1석유류 및 알코올류는 위험등급Ⅱ이다.
- 벤젠은 제4류 위험물 중 제1석유류이므로 위험등급Ⅱ이다.

위험물안전카드 휴대 여부
- 위험물(제4류 위험물에 있어서는 특수인화물 및 제1석유류에 한함)을 운송하게 하는 자는 위험물안전카드를 위험물운송자로 하여금 휴대하게 해야 한다.
- 벤젠은 제4류 위험물 중 제1석유류이므로 운반할 때 위험물안전카드를 휴대해야 한다.

장거리 운송 시 2명 이상의 운전자로 해야 하는지 여부
- 운송하는 위험물이 제2류 위험물, 제3류 위험물(칼슘 또는 알루미늄의 탄화물과 이것만을 함유한 것), 제4류 위험물(특수인화물 제외)인 경우 운송위험물의 위험성이 낮다고 판단하여 장거리 운송 시 2명 이상의 운전자로 하지 않아도 된다.
- 벤젠은 제4류 위험물 중 특수인화물이 아니고 제1석유류이기 때문에 장거리 운송 시 운전자를 2명 이상으로 하지 않아도 된다.

20

다음의 빈칸에 알맞은 안전거리 기준을 쓰시오. (단, 「위험물안전관리법령」상 기준을 따른다.)

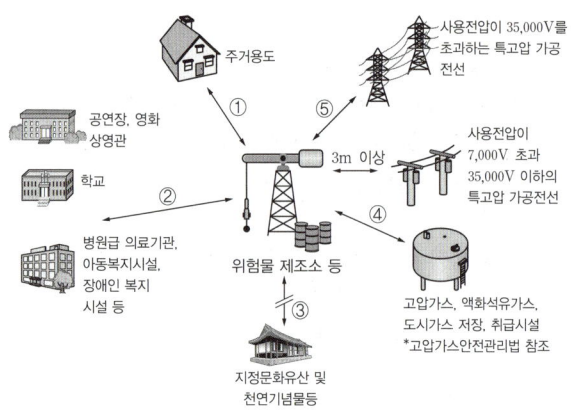

정답

① 10m 이상, ② 30m 이상, ③ 50m 이상, ④ 20m 이상, ⑤ 5m 이상

상세해설

제조소 등의 안전거리 기준

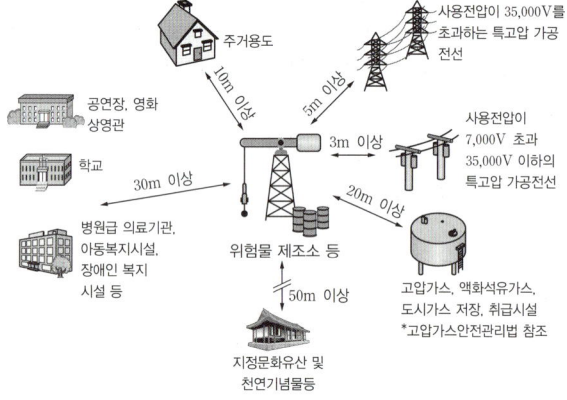

에듀윌이
너를
지지할게
ENERGY

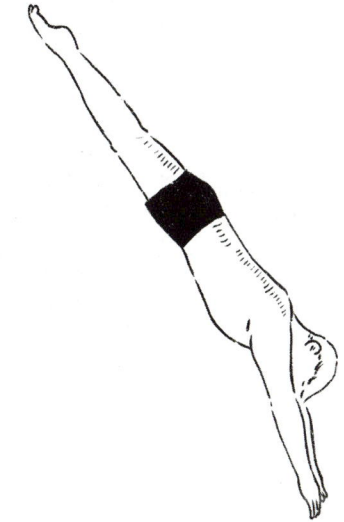

한 글자로는 '꿈'

두 글자로는 '희망'

세 글자로는 '가능성'

네 글자로는 '할 수 있어'

– 정철, 『머리를 구하라』, 리더스북

01

질산암모늄을 구성하는 물질 중 다음 기체의 wt%를 구하시오.

(1) 질소
(2) 수소

정답

(1) 질소: 35wt%
(2) 수소: 5wt%

상세해설

① 질산암모늄(NH_4NO_3)의 분자량 구하기

$14+(1\times4)+14+(16\times3)=80$

② 질산암모늄의 구성 성분 중 질소와 수소의 원자량 구하기

질소: $14\times2=28$

수소: $1\times4=4$

③ 질소와 수소의 wt% 구하기

질소의 wt% $=\dfrac{28}{80}\times100=35wt\%$

수소의 wt% $=\dfrac{4}{80}\times100=5wt\%$

02

다음 소화약제의 1차 열분해 반응식을 쓰시오.

(1) 제1종 분말 소화약제
(2) 제2종 분말 소화약제

정답

(1) $2NaHCO_3 \rightarrow Na_2CO_3+CO_2+H_2O$
(2) $2KHCO_3 \rightarrow K_2CO_3+CO_2+H_2O$

관련개념

분말 소화약제의 열분해 반응식

종별	열분해 반응식
제1종 분말	$2NaHCO_3 \rightarrow Na_2CO_3+CO_2+H_2O$
제2종 분말	$2KHCO_3 \rightarrow K_2CO_3+CO_2+H_2O$
제3종 분말	$NH_4H_2PO_4 \rightarrow NH_3+HPO_3+H_2O$
제4종 분말	$2KHCO_3+(NH_2)_2CO \rightarrow K_2CO_3+2NH_3+2CO_2$

03

다음 표를 보고 물음에 답하시오.

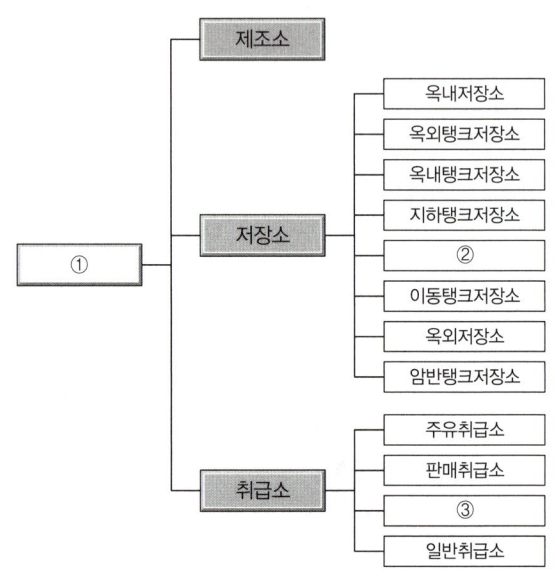

(1) 제조소, 취급소, 저장소 등을 모두 포함하는 명칭으로 ①에 들어갈 내용을 쓰시오. (단, 「위험물안전관리법령」의 기준을 따른다.)
(2) ②에 들어갈 명칭을 쓰시오.
(3) ③에 들어갈 명칭을 쓰시오.
(4) 위험물 안전관리자를 선임할 필요가 없는 저장소의 종류를 모두 쓰시오. (단, 해당사항이 없을 경우 '해당 없음'이라 적으시오.)
(5) 일반취급소 중 액체 위험물을 용기에 옮겨 담는 취급소의 명칭을 쓰시오.

정답

(1) 제조소 등
(2) 간이탱크저장소
(3) 이송취급소
(4) 이동탱크저장소
(5) 충전하는 일반취급소

> 관련개념

제조소 등의 정의
제조소 등이라 함은 위험물안전관리법령에서 규정한 제조소, 저장소 및 취급소를 말한다.

저장소의 구분
옥내저장소, 옥외탱크저장소, 옥내탱크저장소, 지하탱크저장소, 간이탱크저장소, 이동탱크저장소, 옥외저장소, 암반탱크저장소

취급소의 구분
주유취급소, 판매취급소, 이송취급소, 일반취급소

위험물의 운송에 관한 기준
① 이동탱크저장소에 의하여 위험물을 운송하는 자(운송책임자 및 이동탱크저장소운전자를 말하며, 이하 "위험물운송자"라 함)는 제20조 제2항 각 호의 어느 하나에 해당하는 요건을 갖추어야 한다.
② 대통령령이 정하는 위험물의 운송에 있어서는 운송책임자(위험물 운송의 감독 또는 지원을 하는 자를 말한다. 이하 같음)의 감독 또는 지원을 받아 이를 운송하여야 한다. 운송책임자의 범위, 감독 또는 지원의 방법 등에 관한 구체적인 기준은 행정안전부령으로 정한다.

충전하는 일반취급소
이동저장탱크에 액체 위험물(알킬알루미늄 등, 아세트알데하이드(아세트알데히드) 등 및 하이드록실아민(히드록실아민) 등을 제외)을 주입하는 일반취급소를 '충전하는 일반취급소'라고 한다.(액체 위험물을 용기에 옮겨 담는 취급소를 포함함)

04

다음 중 위험물과 지정수량이 옳게 연결된 것을 모두 고르시오.

① 테레핀유: 2,000L
② 기어유: 6,000L
③ 아닐린: 2,000L
④ 피리딘: 400L
⑤ 산화프로필렌: 200L

> 정답

②, ③, ④

> 관련개념

보기에 있는 위험물의 분류

구분	유별	품명	지정수량
테레핀유	제4류	제2석유류(비수용성)	1,000L
기어유	제4류	제4석유류	6,000L
아닐린	제4류	제3석유류(비수용성)	2,000L
피리딘	제4류	제1석유류(수용성)	400L
산화프로필렌	제4류	특수인화물	50L

05

「위험물안전관리법령」에서 정의하는 다음 위험물의 정의를 쓰시오.

(1) 인화성 고체
(2) 철분

> 정답

(1) 고형알코올, 그 밖에 1기압에서 인화점이 섭씨 40도 미만인 고체를 말한다.
(2) 철의 분말로서 53마이크로미터의 표준체를 통과하는 것이 50중량퍼센트 미만인 것은 제외한다.

> 관련개념

위험물의 기준
- 인화성 고체: 고형알코올, 그 밖에 1기압에서 인화점이 섭씨 40도 미만인 고체를 말한다.
- 철분: 철의 분말로서 53마이크로미터의 표준체를 통과하는 것이 50중량퍼센트 미만인 것은 제외한다.
- 황(유황)은 순도가 60중량퍼센트 이상인 것을 말한다. 이 경우 순도측정에 있어서 불순물은 활석 등 불연성물질과 수분에 한정한다.
- 금속분: 알칼리금속·알칼리토류금속·철 및 마그네슘 외의 금속의 분말을 말하고, 구리분·니켈분 및 150마이크로미터의 체를 통과하는 것이 50중량퍼센트 미만인 것은 제외한다.
- 마그네슘 및 마그네슘을 함유한 것에 있어서는 다음의 하나에 해당하는 것은 제외한다.
  - 2밀리미터의 체를 통과하지 아니하는 덩어리 상태의 것
  - 지름 2밀리미터 이상의 막대 모양의 것

06

다음 물음에 답하시오.

(1) 마그네슘과 이산화탄소의 반응식을 쓰시오.
(2) 마그네슘 화재 시 이산화탄소 소화약제로 소화가 불가능한 이유를 쓰시오.

정답

(1) $2Mg + CO_2 \rightarrow 2MgO + C$
(2) 마그네슘은 이산화탄소와 접촉하면 폭발적으로 반응하여 가연성 물질인 탄소를 발생시키기 때문이다.

관련개념

마그네슘(Mg)

- 제2류 위험물로 지정수량은 500kg이다.
- 마그네슘이 이산화탄소와 반응하면 가연성인 탄소(C) 또는 가연성 가스인 일산화탄소(CO)를 발생시키므로 마그네슘 화재 시 이산화탄소 소화약제는 적응성이 없다.
  $2Mg + CO_2 \rightarrow 2MgO + C$
  $Mg + CO_2 \rightarrow MgO + CO$

※ 위의 문제의 정답에 탄소가 아닌 일산화탄소가 생성되는 반응식을 작성하고, 이산화탄소로 소화가 불가능한 이유를 마그네슘이 이산화탄소와 반응하여 가연성 가스인 일산화탄소(CO)가 생성된다고 작성해도 된다.

07

제5류 위험물 중 지정수량이 200kg인 위험물의 품명을 3가지 쓰시오.

정답

※ 위 문제는 최신 법령이 개정된 문제입니다. 관련 개정사항은 제5류 위험물 지정수량 개정사항(p.2) 참고

08

다음 물음에 답하시오.

(1) 탄화칼슘과 물의 반응식을 쓰시오.
(2) 탄화칼슘과 물의 반응으로 생성되는 기체의 연소반응식을 쓰시오.

정답

(1) $CaC_2 + 2H_2O \rightarrow Ca(OH)_2 + C_2H_2$
(2) $2C_2H_2 + 5O_2 \rightarrow 4CO_2 + 2H_2O$

관련개념

탄화칼슘(CaC_2)

- 제3류 위험물 중 칼슘 또는 알루미늄의 탄화물로 지정수량은 300kg이다.
- 물과 반응하면 수산화칼슘[$Ca(OH)_2$]과 아세틸렌 가스(C_2H_2)가 발생한다.
- 물과 반응하여 생성된 아세틸렌 가스는 연소범위(2.5~81%)가 대단히 넓고 분해폭발을 일으킨다.

09

다음 물음에 답하시오.

(1) 메틸알코올의 완전 연소반응식을 쓰시오.
(2) 메틸알코올 1몰이 완전 연소할 경우 생성되는 물질의 몰수의 총합을 쓰시오.

정답

(1) $2CH_3OH + 3O_2 \rightarrow 2CO_2 + 4H_2O$
(2) 3몰

상세해설

화학반응식을 보면 메틸알코올 2몰이 완전연소하면 이산화탄소 2몰, 물 4몰, 총 6몰이 생성된다.
메틸알코올 1몰이 완전연소할 경우에는 2몰이 완전연소되었을 때 생성된 몰수의 절반인 3몰이 생성된다.

10

원통형 탱크 바닥의 지름이 10m, 높이가 4m, 지붕이 1m인 탱크의 내용적(m³)을 구하시오.

(1) 계산식
(2) 정답

정답

(1) $\pi r^2 l = \pi \times 5^2 \times 4 = 314.159 \text{m}^3$

(2) 314.16m^3

상세해설

원통형 탱크의 내용적 구하기

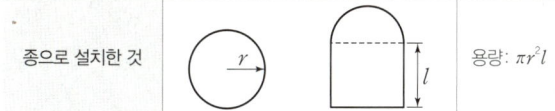

$\pi r^2 l = \pi \times 5^2 \times 4 = 314.16 \text{m}^3$

※ 원통형 탱크의 내용적을 구하는 문제가 출제될 때 대부분 그림도 주어지지만 가끔 그림이 주어지지 않은 경우도 있다. 이 경우 문제의 조건을 보고 어떤 탱크인지 판단해야 한다. 지붕 높이는 「위험물안전관리법령」상 종으로 설치한 원통형 탱크의 내용적을 구할 때 고려하지 않는다.

11

다음 위험물의 운반용기 외부에 표기해야 하는 주의사항을 모두 쓰시오. (단, 「위험물안전관리법령」 기준을 따른다.)

(1) 황린
(2) 인화성 고체
(3) 과산화나트륨

정답

(1) 화기엄금, 공기접촉엄금
(2) 화기엄금
(3) 화기·충격주의, 물기엄금, 가연물 접촉주의

관련개념

운반용기 외부에 표기해야 하는 주의사항

- 제1류 위험물 중 알칼리금속의 과산화물(과산화나트륨) 또는 이를 함유한 것에 있어서는 '화기·충격주의', '물기엄금' 및 '가연물 접촉주의', 그 밖의 것에 있어서는 '화기·충격주의' 및 '가연물 접촉주의'
- 제2류 위험물 중 철분·금속분·마그네슘 또는 이들 중 어느 하나 이상을 함유한 것에 있어서는 '화기주의' 및 '물기엄금', 인화성 고체에 있어서는 '화기엄금', 그 밖의 것에 있어서는 '화기주의'
- 제3류 위험물 중 자연발화성 물질(황린)에 있어서는 '화기엄금' 및 '공기접촉엄금', 금수성 물질에 있어서는 '물기엄금'
- 제4류 위험물에 있어서는 '화기엄금'
- 제5류 위험물에 있어서는 '화기엄금' 및 '충격주의'
- 제6류 위험물에 있어서는 '가연물 접촉주의'

12

다음은 「위험물안전관리법령」상 위험물 제조소의 배출설비에 대한 설명이다. (   ) 안에 알맞은 답을 쓰시오.

> - 국소방식 배출설비의 배출능력은 1시간당 배출장소 용적의 (①)배 이상인 것으로 하여야 한다. 다만, 전역방식의 경우에는 바닥면적 $1m^2$당 (②) m^3 이상으로 할 수 있다.
> - 배출설비의 배출구는 지상 (③)m 이상으로서 연소의 우려가 없는 장소에 설치하고, (④)가 관통하는 벽부분의 바로 가까이에 화재 시 자동으로 폐쇄되는 (⑤)를 설치할 것

정답

① 20, ② 18, ③ 2, ④ 배출덕트, ⑤ 방화댐퍼

관련개념

제조소의 배출설비 설치기준

가연성의 증기 또는 미분이 체류할 우려가 있는 건축물에는 그 증기 또는 미분을 옥외의 높은 곳으로 배출할 수 있도록 다음 각호의 기준에 의하여 배출설비를 설치하여야 한다.

1. 배출설비는 국소방식으로 하여야 한다. 다만, 다음의 하나에 해당하는 경우에는 전역방식으로 할 수 있다.
   가. 위험물취급설비가 배관이음 등으로만 된 경우
   나. 건축물의 구조·작업장소의 분포 등의 조건에 의하여 전역방식이 유효한 경우
2. 배출설비는 배풍기·배출 덕트(duct)·후드 등을 이용하여 강제적으로 배출하는 것으로 해야 한다.
3. 배출능력은 1시간당 배출장소 용적의 20배 이상인 것으로 하여야 한다. 다만, 전역방식의 경우에는 바닥면적 $1m^2$당 $18m^3$ 이상으로 할 수 있다.
4. 배출설비의 급기구 및 배출구는 다음 각목의 기준에 의하여야 한다.
   가. 급기구는 높은 곳에 설치하고, 가는 눈의 구리망 등으로 인화방지망을 설치할 것
   나. 배출구는 지상 2m 이상으로서 연소의 우려가 없는 장소에 설치하고, 배출덕트가 관통하는 벽부분의 바로 가까이에 화재 시 자동으로 폐쇄되는 방화댐퍼를 설치할 것
5. 배풍기는 강제배기방식으로 하고, 옥내 덕트의 내압이 대기압 이상이 되지 아니하는 위치에 설치하여야 한다.

13

다음은 지정과산화물을 저장하는 옥내저장소에 대한 설명이다. 빈칸을 채우시오.

> 저장창고는 (①)m^2 이내마다 격벽으로 완전하게 구획할 것. 이 경우 해당 격벽은 두께 (②)cm 이상의 철근콘크리트조 또는 철골철근콘크리트조로 하거나 두께 (③) cm 이상의 보강콘크리트블록조로 하고, 해당 저장창고 양측의 외벽으로부터 (④)m 이상, 상부의 지붕으로부터 (⑤)cm 이상 돌출하게 하여야 한다.

정답

① 150, ② 30, ③ 40, ④ 1, ⑤ 50

관련개념

옥내저장소의 저장창고 기준

- 저장창고는 $150m^2$ 이내마다 격벽으로 완전하게 구획할 것. 이 경우 해당 격벽은 두께 30cm 이상의 철근콘크리트조 또는 철골철근콘크리트조로 하거나 두께 40cm 이상의 보강콘크리트블록조로 하고, 해당 저장창고의 양측의 외벽으로부터 1m 이상, 상부의 지붕으로부터 50cm 이상 돌출하게 하여야 한다.
- 저장창고의 외벽은 두께 20cm 이상의 철근콘크리트조나 철골철근콘크리트조 또는 두께 30cm 이상의 보강콘크리트블록조로 할 것

14

과산화수소가 이산화망간 촉매에 의해 분해되는 반응에 대해 다음 물음에 답하시오.

(1) 반응식을 쓰시오.
(2) 생성되는 기체의 명칭을 쓰시오.

정답

(1) $2H_2O_2 \xrightarrow{MnO_2} 2H_2O + O_2$
(2) 산소

상세해설

문제에서 주어진 이산화망간은 반응에는 직접 참여하지 않고 반응속도만 빠르게 하는 정촉매이다.
이산화망간 촉매에 의한 과산화수소의 분해반응식을 작성할 때에는 제시된 정답과 같이 이산화망간을 화살표 위에 표기하거나 다음과 같이 생성물과 반응물에 모두 표기하면 된다.
$MnO_2 + 2H_2O_2 \rightarrow MnO_2 + 2H_2O + O_2$

15

다음 [보기]의 설명에 해당하는 물질에 대해 답하시오.

> **보기**
> - 이소프로필알코올을 산화시켜 만든다.
> - 제1석유류에 속한다.
> - 아이오딘포름(요오드포름) 반응을 한다.

(1) [보기]의 설명에 해당되는 물질의 명칭을 쓰시오.
(2) 아이오딘포름(요오드포름)의 화학식을 쓰시오.
(3) 아이오딘포름(요오드포름)의 색깔을 쓰시오.

정답

(1) 아세톤(CH_3COCH_3)
(2) CHI_3
(3) 노란색

관련개념

아세톤의 아이오딘포름(요오드포름) 반응

아세톤과 같이 아세틸기(CH_3CO^-)를 가지고 있는 물질은 염기성일 경우 아이오딘(요오드, I_2)과 반응하여 아이오딘포름(요오드포름, CHI_3)을 생성한다.

$CH_3COCH_3 + 3I_2 + 4NaOH \rightarrow CH_3COONa + CHI_3 + 3NaI + 3H_2O$

아이오딘포름(요오드포름, CHI_3)은 노란색 침전물의 형태로 나타나므로 눈으로 아이오딘포름(요오드포름)이 생성된 것을 쉽게 확인할 수 있다.

16

다음은 「위험물안전관리법령」에 따른 옥외탱크저장소의 특례기준이다. 빈칸에 들어갈 알맞은 말을 쓰시오.

(1) (①) 등의 옥외탱크저장소
 - 불활성 기체를 봉입하는 장치를 설치할 것
 - 누설된 (①) 등을 안전한 장소에 설치된 조에 이끌어 들일 수 있는 설비를 설치할 것
(2) (②) 등의 옥외탱크저장소
 - 옥외저장탱크의 설비는 동·마그네슘·은·수은 또는 이들을 성분으로 하는 합금으로 만들지 아니할 것
 - 불활성의 기체를 봉입하는 장치를 설치할 것
(3) (③) 등의 옥외탱크저장소
 - (③) 등의 온도 및 농도 상승에 따른 위험반응을 방지하기 위한 조치를 강구할 것
 - 철 이온 등의 혼입에 따른 위험한 반응을 방지하기 위한 조치를 강구할 것

정답

① 알킬알루미늄, ② 아세트알데하이드(아세트알데히드), ③ 하이드록실아민(히드록실아민)

관련개념

위험물의 성질에 따른 옥외탱크저장소의 특례

알킬알루미늄 등, 아세트알데하이드(아세트알데히드) 등 및 하이드록실아민(히드록실아민) 등을 저장 또는 취급하는 옥외탱크저장소는 해당 위험물의 성질에 따라 다음 각호에 정하는 기준에 의하여야 한다.

(1) 알킬알루미늄 등의 옥외탱크저장소
 - 옥외저장탱크의 주위에는 누설범위를 국한하기 위한 설비 및 누설된 알킬알루미늄 등을 안전한 장소에 설치된 조에 이끌어 들일 수 있는 설비를 설치할 것
 - 옥외저장탱크에는 불활성의 기체를 봉입하는 장치를 설치할 것
(2) 아세트알데하이드(아세트알데히드) 등의 옥외탱크저장소
 - 옥외저장탱크의 설비는 동·마그네슘·은·수은 또는 이들을 성분으로 하는 합금으로 만들지 아니할 것
 - 옥외저장탱크에는 냉각장치 또는 보냉장치, 그리고 연소성 혼합기체의 생성에 의한 폭발을 방지하기 위한 불활성의 기체를 봉입하는 장치를 설치할 것
(3) 하이드록실아민(히드록실아민) 등의 옥외탱크저장소
 - 옥외탱크저장소에는 하이드록실아민(히드록실아민) 등의 온도의 상승에 의한 위험한 반응을 방지하기 위한 조치를 강구할 것
 - 옥외탱크저장소에는 철 이온 등의 혼입에 의한 위험한 반응을 방지하기 위한 조치를 강구할 것

17

이황화탄소 5kg이 모두 증기로 변했을 때 1기압, 50℃에서의 부피(m^3)를 구하시오.

(1) 계산과정
(2) 답

> **정답**

(1) $V = \dfrac{wRT}{PM} = \dfrac{5 \times 0.082 \times 323}{1 \times 76} = 1.742 m^3$

(2) $1.74 m^3$

> **상세해설**

이황화탄소 5kg이 모두 증기로 변했을 때의 부피 구하기

① 이황화탄소(CS_2)의 분자량 구하기

   $12 + (32 \times 2) = 76$

   ※ C(탄소)의 원자량은 12, S(황)의 원자량은 32이다.

② 이상기체상태방정식으로 이황화탄소의 부피 구하기

   $V = \dfrac{wRT}{PM} = \dfrac{5 \times 0.082 \times 323}{1 \times 76} = 1.742 m^3$

   w(이황화탄소)의 질량 = 5kg
   R(기체상수) = $0.082 m^3 \cdot atm \cdot K^{-1} \cdot kmol^{-1}$
   T(절대온도) = $273 + 50 = 323K$
   P(압력) = 1atm
   M(분자량) = 76kg/kmol

   ※ 이상기체상태방정식에 질량과 분자량을 kg 기준으로 대입하면 부피가 m^3 단위로 나온다.

18

다음 중 「위험물안전관리법령」상 소화난이도등급 Ⅰ등급에 해당하는 것을 모두 고르시오. (단, 해당사항이 없으면 '없음'으로 표기하시오.)

> ① 질산 60,000kg을 저장하는 옥외탱크저장소
> ② 과산화수소를 저장하는 액표면적이 $40m^2$인 옥외탱크저장소
> ③ 이황화탄소 500L를 저장하는 옥외탱크저장소
> ④ 황(유황) 14,000kg을 저장하는 지중탱크
> ⑤ 휘발유 100,000L를 저장하는 해상탱크

> **정답**

④, ⑤

> **관련개념**

보기에 있는 위험물의 유별 및 지정수량

구분	유별/품명	지정수량
질산	제6류/질산	300kg
과산화수소	제6류/과산화수소	300kg
이황화탄소	제4류/특수인화물	50L
황(유황)	제2류/황(유황)	100kg
휘발유	제4류/제1석유류	200L

소화난이도등급 Ⅰ에 해당되는 옥외탱크저장소

- 질산, 과산화수소는 제6류 위험물이라 등급 Ⅰ에 해당되지 않고, 액체 위험물은 지중탱크와 해상탱크를 제외하면 지정수량과 관련된 규정이 없으므로 이황화탄소를 저장한 옥외탱크저장소도 해당되지 않는다.
- 황(유황) 14,000kg은 지정수량의 140배, 휘발유 100,000L는 지정수량의 500배 이므로 지정수량의 100배 이상이다.

구분	제조소 등의 규모, 저장 또는 취급하는 위험물의 품명 및 최대수량 등
옥외 탱크 저장소	액표면적이 $40m^2$ 이상인 것(제6류 위험물을 저장하는 것 및 고인화점위험물만을 100℃ 미만의 온도에서 저장하는 것은 제외)
	지반면으로부터 탱크 옆판의 상단까지 높이가 6m 이상인 것(제6류 위험물을 저장하는 것 및 고인화점위험물만을 100℃ 미만의 온도에서 저장하는 것은 제외)
	지중탱크 또는 해상탱크로서 지정수량의 100배 이상인 것(제6류 위험물을 저장하는 것 및 고인화점위험물만을 100℃ 미만의 온도에서 저장하는 것은 제외)
	고체 위험물을 저장하는 것으로서 지정수량의 100배 이상인 것

19

다음은 「위험물안전관리법령」에 따른 자체소방대에 대한 설명이다. 빈칸을 채우시오.

사업소의 구분	화학소방 자동차	자체소방 대원의 수
제조소 또는 일반취급소에서 취급하는 제4류 위험물의 최대수량의 합이 지정수량의 3천 배 이상 12만 배 미만인 사업소	(①)대	(②)인
제조소 또는 일반취급소에서 취급하는 제4류 위험물의 최대수량의 합이 지정수량의 12만 배 이상 24만 배 미만인 사업소	(③)대	(④)인
제조소 또는 일반취급소에서 취급하는 제4류 위험물의 최대수량의 합이 지정수량의 24만 배 이상 48만 배 미만인 사업소	(⑤)대	(⑥)인
제조소 또는 일반취급소에서 취급하는 제4류 위험물의 최대수량의 합이 지정수량의 48만 배 이상인 사업소	(⑦)대	(⑧)인

정답

① 1, ② 5, ③ 2, ④ 10, ⑤ 3, ⑥ 15, ⑦ 4, ⑧ 20

20

알코올류에 대한 ( ) 안의 내용을 채우시오.

「위험물안전관리법」상 알코올류는 탄소의 수가 1부터 (①)개까지인 포화 1가 알코올(변성알코올 포함)을 의미한다. 단, 다음의 경우는 제외한다.
- 포화1가 알코올의 함유량이 (②)중량퍼센트 미만인 수용액
- 가연성 액체량이 60중량퍼센트 미만이고 인화점 및 연소점이 에틸알코올 (③)중량퍼센트 수용액의 인화점 및 연소점을 초과하는 것

정답

① 3, ② 60, ③ 60

관련개념

알코올류의 정의

알코올류라 함은 1분자를 구성하는 탄소원자의 수가 1개부터 3개까지인 포화1가 알코올(변성알코올을 포함)을 말한다. 다만, 다음에 해당하는 것은 제외한다.
- 1분자를 구성하는 탄소원자의 수가 1개 내지 3개의 포화1가 알코올의 함유량이 60중량퍼센트 미만인 수용액
- 가연성 액체량이 60중량퍼센트 미만이고 인화점 및 연소점(태그개방식 인화점측정기에 의한 연소점을 말한다. 이하 같음)이 에틸알코올 60중량퍼센트 수용액의 인화점 및 연소점을 초과하는 것

01

[보기]의 위험물을 보고 물음에 답하시오.

보기
아세톤, 메틸에틸케톤, 아닐린, 클로로벤젠, 메탄올

(1) 인화점이 가장 낮은 위험물을 쓰시오.
(2) (1)번 답의 구조식을 그리시오.
(3) [보기]의 위험물 중 제1석유류를 모두 골라 쓰시오.

정답

(1) 아세톤
(2)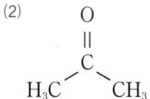
(3) 아세톤, 메틸에틸케톤

관련개념

보기에 있는 위험물의 분류

구분	인화점	유별	품명	지정수량
아세톤	-18℃	제4류 위험물	제1석유류	400L
메틸에틸케톤	-7℃	제4류 위험물	제1석유류	200L
아닐린	70℃	제4류 위험물	제3석유류	2,000L
클로로벤젠	27℃	제4류 위험물	제2석유류	1,000L
메탄올	11℃	제4류 위험물	알코올류	400L

02

아세톤이 완전연소하는 반응식을 쓰고 아세톤 200g이 연소하는 데 필요한 이론공기량(L)과 연소 시 발생하는 탄산가스의 부피(L)를 구하시오. (단, 공기 중의 산소의 부피비는 21%이다.)

(1) 완전연소반응식
(2) 이론공기량
(3) 탄산가스의 부피

정답

(1) $CH_3COCH_3 + 4O_2 \rightarrow 3CO_2 + 3H_2O$
(2) 1,471.27L
(3) 231.73L

상세해설

① 이론공기량 구하기

아세톤의 완전연소반응식
$CH_3COCH_3 + 4O_2 \rightarrow 3CO_2 + 3H_2O$
아세톤의 분자량 $= 12 + (1 \times 3) + 12 + 16 + 12 + (1 \times 3) = 58g/mol$
※ C의 원자량: 12, H의 원자량: 1, O의 원자량: 16
아세톤 200g의 몰수는 다음과 같이 비례식으로 구할 수 있다.
$1mol : 58g = xmol : 200g$
$x = 3.4483mol$
아세톤의 완전연소반응식상 아세톤 1mol(58g)이 완전연소하는 데 산소는 4mol이 필요하므로 아세톤 3.4483mol이 완전연소하는 데 필요한 산소의 몰수는 다음과 같이 비례식으로 구할 수 있다.
$1mol : 4mol = 3.4483mol : xmol$
$x = 13.7932mol$
아보가드로의 법칙에 의해 기체 1mol의 부피는 22.4L이므로 산소 13.7932mol의 부피는 308.9677L이다.
문제에서는 산소의 부피가 아니라 이론공기량을 구하라고 했으므로 산소의 부피를 0.21로 나누어주어야 이론공기량을 구할 수 있다.
이론공기량 $= \dfrac{308.9677}{0.21} = 1,471.274L$

② 탄산가스의 부피 구하기

아세톤의 연소반응식상 아세톤 1mol이 연소할 때 탄산가스(CO_2)는 3mol이 발생한다. 위의 이론공기량을 구하는 과정에서 아세톤 200g은 3.4483mol이었다.

이 관계를 이용하여 발생되는 탄산가스의 양은 다음과 같이 비례식으로 구할 수 있다.

1mol : 3mol = 3.4483mol : x mol

x = 10.3449mol

아보가드로의 법칙에 의해 기체 1몰의 부피는 22.4L이므로 탄산가스 10.3449mol의 부피는 231.725L이다.

03

「위험물안전관리법령」상 옥내소화전설비에 대한 물음에 답하시오.

(1) 옥내소화전 하나의 호스접속구까지의 수평거리를 적으시오.

(2) 수원의 수량은 옥내소화전이 가장 많이 설치된 층의 옥내소화전 설치개수(설치개수가 5개 이상인 경우에는 5개)에 얼마를 곱한 양 이상이 되도록 설치해야 하는지 쓰시오.

(3) 모든 옥내소화전을 동시에 사용할 경우 각 노즐 끝부분의 방수압력(kPa)과 방수량은 몇(L/min)인지 쓰시오.

정답

(1) 25m 이하

(2) 7.8m³

(3) 방수압력: 350kPa 이상, 방수량 260L/min 이상

관련개념

옥내소화전설비의 설치기준

- 옥내소화전은 제조소 등의 건축물의 층마다 해당 층의 각 부분에서 하나의 호스접속구까지의 수평거리가 25m 이하가 되도록 설치할 것. 이 경우 옥내소화전은 각층의 출입구 부근에 1개 이상 설치하여야 한다.
- 수원의 수량은 옥내소화전이 가장 많이 설치된 층의 옥내소화전 설치개수(설치개수가 5개 이상인 경우는 5개)에 7.8m³를 곱한 양 이상이 되도록 설치할 것
- 옥내소화전설비는 각층을 기준으로 하여 해당 층의 모든 옥내소화전(설치개수가 5개 이상인 경우는 5개의 옥내소화전)을 동시에 사용할 경우에 각 노즐 끝부분의 방수압력이 350kPa 이상이고 방수량이 1분당 260L 이상의 성능이 되도록 할 것
- 옥내소화전설비에는 비상전원을 설치할 것

04

제3류 위험물인 칼륨이 다음 물질과 반응하는 반응식을 각각 쓰시오.

(1) 물
(2) 이산화탄소
(3) 에탄올

정답

(1) $2K + 2H_2O \rightarrow 2KOH + H_2$
(2) $4K + 3CO_2 \rightarrow 2K_2CO_3 + C$
(3) $2K + 2C_2H_5OH \rightarrow 2C_2H_5OK + H_2$

05

다음 [보기] 중에서 염산과 반응하여 제6류 위험물을 생성하는 물질이 물과 반응하는 반응식을 쓰시오. (단, 해당사항이 없으면 '해당 없음'으로 표시하시오.)

보기
과염소산암모늄, 과망가니즈산(과망간산)칼륨, 과산화나트륨, 마그네슘

(1) 제6류 위험물을 생성하는 물질
(2) 물과 반응하는 반응식

정답

(1) 과산화나트륨
(2) $2Na_2O_2 + 2H_2O \rightarrow 4NaOH + O_2 \uparrow$

관련개념

과산화나트륨(Na_2O_2)

- 제1류 위험물 중 무기과산화물로 지정수량은 50kg이다.
- 산과 반응하면 제6류 위험물인 과산화수소를 발생시킨다.
  $Na_2O_2 + 2HCl \rightarrow H_2O_2 + 2NaCl$
- 상온에서도 물과 격렬하게 반응하며 많은 열과 함께 산소를 방출시킨다.
  $2Na_2O_2 + 2H_2O \rightarrow 4NaOH + O_2 \uparrow$

06

다음은 「위험물안전관리법령」상 옥외탱크저장소의 보유공지에 관한 내용이다. 빈칸에 알맞은 기준을 쓰시오.

저장 또는 취급하는 위험물의 최대수량	공지의 너비
지정수량의 500배 이하	(①)m 이상
지정수량의 500배 초과 1,000배 이하	(②)m 이상
지정수량의 1,000배 초과 2,000배 이하	(③)m 이상
지정수량의 2,000배 초과 3,000배 이하	(④)m 이상
지정수량의 3,000배 초과 4,000배 이하	(⑤)m 이상

정답

① 3, ② 5, ③ 9, ④ 12, ⑤ 15

관련개념

옥외탱크저장소의 보유공지에 관한 기준

저장 또는 취급하는 위험물의 최대수량	공지의 너비
지정수량의 500배 이하	3m 이상
지정수량의 500배 초과 1,000배 이하	5m 이상
지정수량의 1,000배 초과 2,000배 이하	9m 이상
지정수량의 2,000배 초과 3,000배 이하	12m 이상
지정수량의 3,000배 초과 4,000배 이하	15m 이상

※ 지정수량의 4,000배를 초과한 경우 보유공지는 해당 탱크의 수평단면의 최대지름(가로형인 경우에는 긴 변)과 높이 중 큰 것과 같은 거리 이상으로 하여야 한다. 다만, 30m 초과의 경우에는 30m 이상으로 할 수 있고, 15m 미만의 경우에는 15m 이상으로 하여야 한다.

07

다음과 같은 성질을 가지는 제3류 위험물에 대한 물음에 답하시오.

- 제2류 위험물에 동소체가 있다.
- 자연발화성이 있다.

(1) 연소반응식을 쓰시오.
(2) 위험등급을 쓰시오.
(3) 옥내저장소에 저장할 경우 바닥면적을 몇 m^2 이하로 해야 하는지 쓰시오.

정답

(1) $P_4 + 5O_2 \rightarrow 2P_2O_5$
(2) I등급
(3) $1,000m^2$

관련개념

황린(P_4)

- 제3류 위험물로 지정수량은 20kg이다.
- 제2류 위험물 중 적린(P)과 동소체이다.
※ 동소체란 한 종류의 원자로 이루어져 있으나 그 원자의 결합방식이 달라 성질이 다르게 나타나는 물질이다.
- 공기 중에서 격렬하게 연소하여 오산화인(P_2O_5)을 발생한다.
   $P_4 + 5O_2 \rightarrow 2P_2O_5$

위험물의 위험등급

위험등급 I	• 제1류 위험물 중 아염소산염류, 염소산염류, 과염소산염류, 무기과산화물, 그 밖에 지정수량이 50kg인 위험물 • 제3류 위험물 중 칼륨, 나트륨, 알킬알루미늄, 알킬리튬, 황린, 그 밖에 지정수량이 10kg 또는 20kg인 위험물 • 제4류 위험물 중 특수인화물 • 제5류 위험물 중 지정수량이 10kg인 위험물 • 제6류 위험물
위험등급 II	• 제1류 위험물 중 브로민산염류(브롬산염류), 질산염류, 아이오딘산염류(요오드산염류), 그 밖에 지정수량이 300kg인 위험물 • 제2류 위험물 중 황화인(황화린), 적린, 황(유황), 그 밖에 지정수량이 100kg인 위험물 • 제3류 위험물 중 알칼리금속(칼륨 및 나트륨을 제외함) 및 알칼리토금속, 유기금속화합물(알킬알루미늄 및 알킬리튬을 제외함), 그 밖에 지정수량이 50kg인 위험물 • 제4류 위험물 중 제1석유류 및 알코올류 • 제5류 위험물 중 위험등급 I 에 정하는 위험물 외의 것
위험등급 III	위험등급 I, 위험등급 II에 해당하는 않는 것

옥내저장소에 저장할 경우 바닥면적을 1,000m² 이하로 해야 하는 위험물
- 제1류 위험물 중 아염소산염류, 염소산염류, 과염소산염류, 무기과산화물 그 밖에 지정수량이 50kg인 위험물
- 제3류 위험물 중 칼륨, 나트륨, 알킬알루미늄, 알킬리튬 그 밖에 지정수량이 10kg인 위험물 및 황린
- 제4류 위험물 중 특수인화물, 제1석유류 및 알코올류
- 제5류 위험물 중 유기과산화물, 질산에스터류(질산에스테르류) 그 밖에 지정수량이 10kg인 위험물
- 제6류 위험물

08

다음 위험물을 지정수량 이상으로 운반할 때 혼재가 불가능한 위험물을 모두 쓰시오. (단, 「위험물안전관리법령」에서 정한 위험물의 운반에 관한 기준을 따른다.)

(1) 제1류 위험물
(2) 제2류 위험물
(3) 제3류 위험물
(4) 제4류 위험물
(5) 제5류 위험물

정답

(1) 제2류 위험물, 제3류 위험물, 제4류 위험물, 제5류 위험물
(2) 제1류 위험물, 제3류 위험물, 제6류 위험물
(3) 제1류 위험물, 제2류 위험물, 제5류 위험물, 제6류 위험물
(4) 제1류 위험물, 제6류 위험물
(5) 제1류 위험물, 제3류 위험물, 제6류 위험물

관련개념

혼재 가능한 위험물

구분	제1류	제2류	제3류	제4류	제5류	제6류
제1류		×	×	×	×	○
제2류	×		×	○	○	×
제3류	×	×		○	×	×
제4류	×	○	○		○	×
제5류	×	○	×	○		×
제6류	○	×	×	×	×	

○ 표시는 혼재할 수 있음, × 표시는 혼재할 수 없음을 나타냄

09

옥외저장탱크, 옥내저장탱크 또는 지하탱크저장소에서 다음 물질을 저장·취급할 경우 빈칸에 알맞은 기준을 쓰시오. (단, 「위험물안전관리법령」의 기준을 따른다.)

- 산화프로필렌: 압력탱크 외의 탱크에 저장할 경우 (①)℃ 이하의 온도로 유지할 것
- 아세트알데하이드(아세트알데히드) 등: 압력탱크 외의 탱크에 저장할 경우 (②)℃ 이하의 온도로 유지할 것
- 아세트알데하이드(아세트알데히드) 등: 압력탱크에 저장할 경우 (③)℃ 이하의 온도로 유지할 것
- 다이에틸에터(디에틸에테르) 등: 압력탱크에 저장할 경우 (④)℃ 이하의 온도로 유지할 것
- 다이에틸에터(디에틸에테르) 등: 압력탱크 외의 탱크에 저장할 경우 (⑤)℃ 이하의 온도로 유지할 것

정답

① 30, ② 15, ③ 40, ④ 40, ⑤ 30

관련개념

제조소 등에서의 위험물의 저장 및 취급에 관한 기준

- 옥외저장탱크·옥내저장탱크 또는 지하저장탱크 중 압력탱크 외의 탱크에 저장하는 다이에틸에터(디에틸에테르) 등 또는 아세트알데하이드(아세트알데히드) 등의 온도는 산화프로필렌과 이를 함유한 것 또는 다이에틸에터(디에틸에테르) 등에 있어서는 30℃ 이하로, 아세트알데하이드(아세트알데히드) 또는 이를 함유한 것에 있어서는 15℃ 이하로 각각 유지할 것
- 옥외저장탱크·옥내저장탱크 또는 지하저장탱크 중 압력탱크에 저장하는 아세트알데하이드(아세트알데히드) 등 또는 다이에틸에터(디에틸에테르) 등의 온도는 40℃ 이하로 유지할 것
- 보냉장치가 있는 이동저장탱크에 저장하는 아세트알데하이드(아세트알데히드) 등 또는 다이에틸에터(디에틸에테르) 등의 온도는 해당 위험물의 비점 이하로 유지할 것
- 보냉장치가 없는 이동저장탱크에 저장하는 아세트알데하이드(아세트알데히드) 등 또는 다이에틸에터(디에틸에테르) 등의 온도는 40℃ 이하로 유지할 것

10

제4류 위험물인 특수인화물 중 물속에 저장하는 위험물에 대하여 다음 물음에 답하시오.

(1) 이 물질이 연소 시 생성되는 유독성의 물질을 화학식으로 쓰시오.
(2) 이 물질의 증기비중을 구하시오.
(3) 이 물질을 옥외저장탱크에 저장할 경우 철근콘크리트 수조의 두께는 몇 m 이상으로 하여야 하는지 쓰시오.

정답

(1) SO_2
(2) 2.64
(3) 0.2m

관련개념

이황화탄소(CS_2)
- 제4류 위험물 중 특수인화물에 해당되며 지정수량은 50L이다.
- 가연성 증기의 발생을 억제하기 위하여 용기나 탱크에 저장할 때에는 물속에 저장한다.
- 연소하면 자극성이 강한 유독가스인 이산화황(SO_2)을 발생한다.
  $CS_2 + 3O_2 \rightarrow CO_2 + 2SO_2 \uparrow$
- 이황화탄소의 옥외저장탱크는 벽 및 바닥의 두께가 0.2m 이상이고 누수가 되지 아니하는 철근콘크리트의 수조에 넣어 보관하여야 한다.

상세해설

이황화탄소의 증기비중 구하기

증기비중 $= \dfrac{\text{해당 기체의 분자량}}{\text{공기의 평균분자량}} = \dfrac{76}{28.84} = 2.635$

이황화탄소의 분자량 $= 12 + (32 \times 2) = 76\text{g/mol}$

※ C의 원자량: 12, S의 원자량: 32
※ 공기의 평균분자량은 28.84 또는 29로 계산해도 모두 정답 처리된다.

11

다음 위험물의 연소반응식을 쓰시오.

(1) 오황화인(오황화린)
(2) 마그네슘
(3) 알루미늄

정답

(1) $2P_2S_5 + 15O_2 \rightarrow 2P_2O_5 + 10SO_2$
(2) $2Mg + O_2 \rightarrow 2MgO$
(3) $4Al + 3O_2 \rightarrow 2Al_2O_3$

관련개념

보기에 있는 위험물의 분류

구분	유별	품명	지정수량
오황화인 (오황화린, P_2S_5)	제2류 위험물	황화인(황화린)	100kg
마그네슘(Mg)	제2류 위험물	마그네슘	500kg
알루미늄분(Al)	제2류 위험물	금속분	500kg

12

질산암모늄 800g이 열분해되는 경우 발생기체의 부피(L)는 얼마인지 구하시오. (단, 1기압, 600℃이다.)

정답

2,505.51L

상세해설

질산암모늄의 열분해반응식

$2NH_4NO_3 \rightarrow 4H_2O \uparrow + 2N_2 \uparrow + O_2 \uparrow$

질산암모늄의 분자량 $= 14 + (1 \times 4) + 14 + (16 \times 3) = 80\text{g/mol}$

※ N의 원자량: 14, H의 원자량: 1, O의 원자량: 16

질산암모늄 2몰이 열분해될 때 기체는 7몰(수증기 4몰, 질소 2몰, 산소 1몰)이 발생한다.

※ 질산암모늄의 분해반응은 200℃ 이상에서 발생되므로 물은 기체 상태의 수증기로 간주하고 계산해야 한다.

질산암모늄 10몰(800g)이 열분해되면 기체는 35몰이 발생한다.
이상기체상태방정식으로 발생기체의 부피를 구한다.

$V = \dfrac{nRT}{P} = \dfrac{35 \times 0.082 \times 873}{1} = 2,505.51\text{L}$

n(기체의 몰수) $= 35\text{mol}$
R(기체상수) $= 0.082\text{L} \cdot \text{atm} \cdot \text{K}^{-1} \cdot \text{mol}^{-1}$
T(절대온도) $= 600 + 273 = 873\text{K}$
P(압력) $= 1\text{atm}$

13

위험물의 저장·취급 기준에 관한 빈칸을 채우시오. (단, 「위험물안전관리법령」에 따른다.)

- 제3류 위험물 중 자연발화성 물질에 있어서는 불티·불꽃 또는 고온체와의 접근·과열 또는 (①)와의 접촉을 피하고, 금수성 물질에 있어서는 물과의 접촉을 피하여야 한다.
- (②) 위험물은 불티·불꽃·고온체와의 접근이나 과열·충격 또는 마찰을 피하여야 한다.
- 제2류 위험물은 산화제와의 접촉·혼합이나 불티·불꽃·고온체와의 접근 또는 과열을 피하는 한편, (③)·(④)·(⑤) 및 이를 함유한 것에 있어서는 물이나 산과의 접촉을 피하고 인화성 고체에 있어서는 함부로 증기를 발생시키지 아니하여야 한다.

정답
① 공기, ② 제5류, ③ 철분, ④ 금속분, ⑤ 마그네슘

관련개념
위험물의 유별 저장·취급의 공통기준
- 제1류 위험물은 가연물과의 접촉·혼합이나 분해를 촉진하는 물품과의 접근 또는 과열·충격·마찰 등을 피하는 한편, 알칼리금속의 과산화물 및 이를 함유한 것에 있어서는 물과의 접촉을 피하여야 한다.
- 제2류 위험물은 산화제와의 접촉·혼합이나 불티·불꽃·고온체와의 접근 또는 과열을 피하는 한편, 철분·금속분·마그네슘 및 이를 함유한 것에 있어서는 물이나 산과의 접촉을 피하고 인화성 고체에 있어서는 함부로 증기를 발생시키지 아니하여야 한다.
- 제3류 위험물 중 자연발화성 물질에 있어서는 불티·불꽃 또는 고온체와의 접근·과열 또는 공기와의 접촉을 피하고, 금수성 물질에 있어서는 물과의 접촉을 피하여야 한다.
- 제4류 위험물은 불티·불꽃·고온체와의 접근 또는 과열을 피하고, 함부로 증기를 발생시키지 아니하여야 한다.
- 제5류 위험물은 불티·불꽃·고온체와의 접근이나 과열·충격 또는 마찰을 피하여야 한다.
- 제6류 위험물은 가연물과의 접촉·혼합이나 분해를 촉진하는 물품과의 접근 또는 과열을 피하여야 한다.

14

98wt%인 질산용액(비중 1.51) 100mL를 68wt%(비중 1.41)로 만들기 위해 첨가하여야 할 물은 몇 g이 되는지 계산하시오. (단, 물의 밀도는 1g/cm³이다.)

(1) 계산식
(2) 답

정답
(1) $\dfrac{147.98}{151+x}=0.68$

(2) 66.62g

상세해설

질산용액의 비중 $=\dfrac{\text{질산용액의 밀도}}{\text{물의 밀도}}$

물의 밀도가 1이므로 질산용액의 밀도는 1.51g/cm³이고, 1cm³=1mL이므로 질산용액의 밀도는 1.51g/mL로 나타낼 수 있다.

이 관계를 이용하여 질산용액(비중 1.51) 100mL를 g으로 환산하면 다음과 같다.

$100\text{mL} \times \dfrac{1.51\text{g}}{\text{mL}} = 151\text{g}$

문제에서 질산용액이 98wt%라고 했으므로 질산용액 중 질산의 g수는 다음과 같다.

$151\text{g} \times 0.98 = 147.98\text{g}$

98wt%의 질산용액에 물을 넣어도 질산의 양은 변하지 않는다. 따라서 추가한 물의 양을 xg으로 하고, 68wt%의 질산용액이 되는 식은 다음과 같이 세울 수 있다.

$\dfrac{147.98}{151+x}=0.68$

$x=66.617\text{g}$

98wt%인 질산용액(비중 1.51)에 물을 66.617g을 더 넣으면 68wt%(비중 1.41)의 질산용액이 된다.

※ 이 문제는 98wt%의 질산용액을 68wt%의 질산용액으로 희석하는 것을 묻는 문제로 나중 용액의 wt%를 맞추기 위해 필요한 물의 양만 정확하게 계산하면 비중은 맞춰진다. 지난 10년간 출제되지 않았던 유형의 문제로 난이도가 높은 문제이다.

15

「위험물안전관리법령」에서 정한 액체위험물의 옥외저장탱크 주입구 기준이다. 다음 물음에 알맞은 답을 쓰시오.

(1) 다음 ㉠, ㉡에 들어갈 명칭을 쓰시오.

> (㉠), (㉡), 그 밖에 정전기에 의한 재해가 발생할 우려가 있는 액체위험물의 옥외저장탱크 주입구 부근에는 정전기를 유효하게 제거하기 위한 접지전극을 설치해야 한다.

(2) (1)의 답에 해당되는 물질 중 겨울철에 응고할 수 있고 인화점이 낮아 고체 상태에서도 인화할 수 있는 방향족 탄화수소에 해당하는 물질을 골라 그 구조식을 그리시오.

정답

(1) 휘발유, 벤젠

(2)

관련개념

액체위험물의 옥외저장탱크의 주입구 설치기준
- 화재예방상 지장이 없는 장소에 설치할 것
- 주입호스 또는 주입관과 결합할 수 있고, 결합하였을 때 위험물이 새지 아니할 것
- 주입구에는 밸브 또는 뚜껑을 설치할 것
- **휘발유, 벤젠**, 그 밖에 정전기에 의한 재해가 발생할 우려가 있는 액체위험물의 옥외저장탱크의 주입구 부근에는 정전기를 유효하게 제거하기 위한 접지전극을 설치할 것

벤젠(C_6H_6)
- 제4류 위험물 중 제1석유류로 지정수량은 200L이다.
- 녹는점(융점)이 약 7℃, 인화점이 −11℃이므로 겨울철에는 고체상태이면서 가연성 증기를 발생시키기 때문에 취급에 주의해야 한다.
- 벤젠의 구조식은 다음과 같이 두 가지 방법으로 나타낸다.

16

위험물의 화재 시 소화방법에 대하여 물음에 답하시오.

(1) 대표적인 소화방법 4가지를 쓰시오.
(2) 증발잠열에 의한 소화방법은 (1)의 소화방법 중 어느 것인지 쓰시오.
(3) 산소를 차단하는 소화방법은 (1)의 소화방법 중 어느 것인지 쓰시오.
(4) 가연물이 통과하는 부분의 밸브를 잠그는 소화방법은 (1)의 소화방법 중 어느 것인지 쓰시오.

정답

(1) 냉각소화, 질식소화, 제거소화, 억제(부촉매)소화
(2) 냉각소화
(3) 질식소화
(4) 제거소화

관련개념

소화방법

구분	원리
냉각소화	• 연소물부터 열을 빼앗아 발화점 이하로 온도를 낮춤 • 물은 증발잠열이 크기 때문에 냉각소화약제로 적절함
질식소화	• 공기 중의 산소의 농도를 약 15% 이하로 낮추어 소화하는 방법 • CO_2, 마른 모래가 질식소화약제로 적절함
제거소화	• 가연성 물질을 연소구역에서 제거하여 소화하는 방법 • 가스 화재 시 밸브를 폐쇄하는 것이 해당됨
억제(부촉매)소화	• 가연성 물질과 산소와의 화학반응을 느리게 함으로써 소화하는 방법 • 하론 소화약제가 해당됨

17

메틸알코올이 산화될 경우 포름알데하이드(포름알데히드)와 물이 생성된다. 이때 메틸알코올 320g이 산화될 경우 생성되는 포름알데하이드(포름알데히드)의 질량(g)을 구하시오.

정답

300g

상세해설

메틸알코올의 산화반응식

$2CH_3OH + O_2 \rightarrow 2HCHO + 2H_2O$

메틸알코올의 분자량 $= 12 + (1 \times 3) + 16 + 1 = 32g/mol$

※ C의 원자량: 12, H의 원자량: 1, O의 원자량: 16

메틸알코올 320g은 10몰이다.

메틸알코올의 산화반응식상 메틸알코올(CH_3OH) 2몰이 산화되면 포름알데하이드(포름알데히드, HCHO) 2몰이 생성된다.

메틸알코올 10몰이 산화되면 포름알데하이드(포름알데히드)는 10몰이 생성된다.

포름알데하이드(포름알데히드) 10몰의 질량(g)은 포름알데하이드(포름알데히드)의 분자량에 10을 곱해서 구한다.

포름알데하이드(포름알데히드)의 분자량 $= 1 + 12 + 1 + 16 = 30g/mol$

※ H의 원자량: 1, C의 원자량: 12, O의 원자량: 16

포름알데하이드(포름알데히드) 10몰의 질량 $= 30 \times 10 = 300g$

18

다음은 「위험물안전관리법령」에서 정한 위험물의 저장 및 취급에 관한 중요기준을 나타낸 것이다. 옳은 것을 모두 골라 번호를 쓰시오.

① 옥내저장소에서는 용기에 수납하여 저장하는 위험물의 온도를 45℃가 넘지 아니하도록 필요한 조치를 강구하여야 한다.
② 제3류 위험물 중 황린, 그 밖에 물속에 저장하는 물품과 금수성 물질은 동일한 저장소에 저장할 수 있다.
③ 컨테이너식 이동탱크저장소 외의 이동탱크저장소에 있어서는 위험물을 저장한 상태로 이동저장탱크를 옮겨 싣지 아니하여야 한다.
④ 위험물 이동취급소에 위험물을 이송하기 위한 배관·펌프 및 이에 부속한 설비의 안전을 확인하기 위한 순찰을 행하고, 위험물을 이송하는 중에는 위험물의 압력만을 항상 감시할 것
⑤ 제조소 등에서 허가 및 신고와 관련되는 품명 외의 위험물 또는 이러한 허가 및 신고와 관련되는 수량 또는 지정수량의 배수를 초과하는 위험물을 저장 또는 취급하지 아니하여야 한다.

정답

③, ⑤

관련개념

제조소 등에서의 위험물의 저장 및 취급에 관한 기준

- 옥내저장소에서는 용기에 수납하여 저장하는 위험물의 온도가 55℃를 넘지 아니하도록 필요한 조치를 강구하여야 한다.
- 제3류 위험물 중 황린, 그 밖에 물속에 저장하는 물품과 금수성 물질은 동일한 저장소에서 저장하지 아니하여야 한다.
- 컨테이너식 이동탱크저장소 외의 이동탱크저장소에 있어서는 위험물을 저장한 상태로 이동저장탱크를 옮겨 싣지 아니하여야 한다.
- 위험물 이송취급소에서 위험물을 이송하기 위한 배관·펌프 및 이에 부속한 설비의 안전을 확인하기 위한 순찰을 행하고, 위험물을 이송하는 중에는 이송하는 위험물의 압력 및 유량을 항상 감시할 것
- 제조소 등에서 법의 규정에 의한 허가 및 신고와 관련되는 품명 외의 위험물 또는 이러한 허가 및 신고와 관련되는 수량 또는 지정수량의 배수를 초과하는 위험물을 저장 또는 취급하지 아니하여야 한다.

19

지정과산화물 옥내저장소의 기준에 대하여 물음에 답하시오. (단, 「위험물안전관리법령」에서 정한 기준을 따른다.)

(1) 유기과산화물의 위험등급을 쓰시오.
(2) 지정과산화물 옥내저장소의 바닥면적은 몇 m^2 이하로 하여야 하는지 쓰시오.
(3) 저장창고의 외벽을 철근콘크리트조로 할 경우 두께는 몇 cm 이상으로 하여야 하는지 쓰시오.

정답

(1) 위험등급 I
(2) 1,000m^2
(3) 20cm

관련개념

위험물의 위험등급

위험등급 I	• 제1류 위험물 중 아염소산염류, 염소산염류, 과염소산염류, 무기과산화물, 그 밖에 지정수량이 50kg인 위험물 • 제3류 위험물 중 칼륨, 나트륨, 알킬알루미늄, 알킬리튬, 황린, 그 밖에 지정수량이 10kg 또는 20kg인 위험물 • 제4류 위험물 중 특수인화물 • 제5류 위험물 중 지정수량이 10kg인 위험물 • 제6류 위험물
위험등급 II	• 제1류 위험물 중 브로민산염류(브롬산염류), 질산염류, 아이오딘산염류(요오드산염류), 그 밖에 지정수량이 300kg인 위험물 • 제2류 위험물 중 황화인(황화린), 적린, 황(유황) 그 밖에 지정수량이 100kg인 위험물 • 제3류 위험물 중 알칼리금속(칼륨 및 나트륨을 제외함) 및 알칼리토금속, 유기금속화합물(알킬알루미늄 및 알킬리튬을 제외함), 그 밖에 지정수량이 50kg인 위험물 • 제4류 위험물 중 제1석유류 및 알코올류 • 제5류 위험물 중 위험등급 I 에 정하는 위험물 외의 것
위험등급 III	위험등급 I, 위험등급 II에 해당하는 않는 것

옥내저장소의 바닥면적을 1,000m^2 이하로 해야 하는 위험물

• 제1류 위험물 중 아염소산염류, 염소산염류, 과염소산염류, 무기과산화물, 그 밖에 지정수량이 50kg인 위험물
• 제3류 위험물 중 칼륨, 나트륨, 알킬알루미늄, 알킬리튬, 그 밖에 지정수량이 10kg인 위험물 및 황린
• 제4류 위험물 중 특수인화물, 제1석유류 및 알코올류
• 제5류 위험물 중 유기과산화물, 질산에스터류(질산에스테르류), 그 밖에 지정수량이 10kg인 위험물
• 제6류 위험물

지정과산화물을 저장 또는 취급하는 옥내저장소의 저장창고 기준

• 저장창고는 150m^2 이내마다 격벽으로 완전하게 구획할 것. 이 경우 해당 격벽은 두께 30cm 이상의 철근콘크리트조 또는 철골철근콘크리트조로 하거나 두께 40cm 이상의 보강콘크리트블록조로 하고, 해당 저장창고의 양측의 외벽으로부터 1m 이상, 상부의 지붕으로부터 50cm 이상 돌출하게 하여야 한다.
• 저장창고의 외벽은 두께 20cm 이상의 철근콘크리트조나 철골철근콘크리트조 또는 두께 30cm 이상의 보강콘크리트블록조로 할 것

20

덩어리 상태의 황(유황) 30,000kg을 저장하는 면적 300m² 인 옥외저장소에 대한 물음에 답하시오. (단, 「위험물안전관리법령」에서 정한 기준을 따른다.)

(1) 옥외저장소에 설치할 수 있는 경계표시는 몇 개인지 쓰시오.
(2) 경계표시와 경계표시 사이의 거리는 몇 m 이상으로 해야 하는지 쓰시오.
(3) 이 옥외저장소에 제4류 위험물(인화점이 10℃ 이상)을 함께 저장할 수 있는지의 유무를 쓰시오.

정답

(1) 3개
(2) 10m
(3) 저장이 불가능하다.

상세해설

(1) 하나의 경계표시의 내부의 면적은 100m² 이하로 해야 하기 때문에 순수하게 면적만 고려하면 경계표시는 3개로 해야 한다. 하지만 아래의 「위험물안전관리법 시행규칙」 별표 11에 명시되어 있는 경계표시 사이에는 간격을 두어야 한다는 것을 고려하면 2개를 설치할 수 있다. 따라서 3개와 2개 모두 정답으로 될 수 있다.
(2) 황(유황)은 제2류 위험물로 지정수량이 100kg이다. 문제에서는 덩어리 상태의 황(유황) 30,000kg이라고 했으므로 지정수량의 300배이다. 따라서 위험물의 최대수량이 지정수량의 200배 이상이므로 경계표시와의 간격은 10m 이상으로 해야 한다.
(3) 제2류 위험물 중에서는 인화성 고체만 제4류 위험물과 동일한 옥외저장소에 저장할 수 있으므로 인화성 고체가 아닌 황(유황)과 제4류 위험물(인화점이 10℃ 이상)은 함께 저장할 수 없다.

관련개념

옥외저장소 중 덩어리 상태의 황(유황)만을 경계표시의 안쪽에서 저장 또는 취급할 때의 기준

- 하나의 경계표시의 내부의 면적은 100m² 이하일 것
- 2 이상의 경계표시를 설치하는 경우에 있어서는 각각의 경계표시 내부의 면적을 합산한 면적은 1,000m² 이하로 하고, 인접하는 경계표시와 경계표시와의 간격을 규정에 의한 공지의 너비의 2분의 1 이상으로 할 것. 다만, 저장 또는 취급하는 위험물의 최대수량이 지정수량의 200배 이상인 경우에는 10m 이상으로 하여야 한다.
- 경계표시는 불연재료로 만드는 동시에 황(유황)이 새지 아니하는 구조로 할 것
- 경계표시의 높이는 1.5m 이하로 할 것
- 경계표시에는 황(유황)이 넘치거나 비산하는 것을 방지하기 위한 천막 등을 고정하는 장치를 설치하되, 천막 등을 고정하는 장치는 경계표시의 길이 2m마다 한 개 이상 설치할 것
- 황(유황)을 저장 또는 취급하는 장소의 주위에는 배수구와 분리장치를 설치할 것

옥내저장소 또는 옥외저장소에서 위험물을 유별로 정리하여 1m 이상의 간격을 두는 경우 함께 저장할 수 있는 기준

- 제1류 위험물(알칼리금속의 과산화물 또는 이를 함유한 것을 제외함)과 제5류 위험물을 저장하는 경우
- 제1류 위험물과 제6류 위험물을 저장하는 경우
- 제1류 위험물과 제3류 위험물 중 자연발화성 물질(황린 또는 이를 함유한 것에 한정한다)을 저장하는 경우
- 제2류 위험물 중 인화성 고체와 제4류 위험물을 저장하는 경우
- 제3류 위험물 중 알킬알루미늄 등과 제4류 위험물(알킬알루미늄 또는 알킬리튬을 함유한 것에 한함)을 저장하는 경우
- 제4류 위험물 중 유기과산화물 또는 이를 함유하는 것과 제5류 위험물 중 유기과산화물 또는 이를 함유한 것을 저장하는 경우

01

TNT의 합성과정을 화학반응식으로 쓰시오.

정답

$C_6H_5CH_3 + 3HNO_3 \xrightarrow{H_2SO_4} C_6H_2CH_3(NO_2)_3 + 3H_2O$

관련개념

TNT(트리나이트로(니트로)톨루엔)
- 제5류 위험물 중 나이트로화합물(니트로화합물)에 해당한다.
- 톨루엔($C_6H_5CH_3$)에 황산(H_2SO_4)을 촉매로 질산(HNO_3)을 반응(나이트로화(니트로화) 반응)시키면 TNT{$C_6H_2CH_3(NO_2)_3$}가 생성된다.
- ※ 화학반응식의 화살표 위에 있는 황산은 촉매를 의미한다.
- 비수용성이고, 가열이나 충격을 주면 폭발할 수 있다.
- 화재가 발생하면 다량의 물로 주수소화 해야 한다.

02

다음 물질이 물과 반응하는 반응식을 쓰시오.

(1) Al_4C_3
(2) CaC_2

정답

(1) $Al_4C_3 + 12H_2O \rightarrow 4Al(OH)_3 + 3CH_4 \uparrow$
(2) $CaC_2 + 2H_2O \rightarrow Ca(OH)_2 + C_2H_2 \uparrow$

관련개념

탄화알루미늄(Al_4C_3)
- 제3류 위험물 중 칼슘 또는 알루미늄의 탄화물이다.
- 지정수량은 300kg이다.
- 물과 반응하면 가연성인 메탄가스(CH_4)를 발생한다.

탄화칼슘(CaC_2)
- 제3류 위험물 중 칼슘 또는 알루미늄의 탄화물이다.
- 지정수량은 300kg이다.
- 카바이드라고도 부른다.
- 물과 반응하면 수산화칼슘{$Ca(OH)_2$}과 아세틸렌 가스(C_2H_2)가 발생한다.

03

다음과 같은 탱크의 용량(L)을 구하시오. (단, 탱크의 공간용적은 5/100이다.)

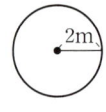 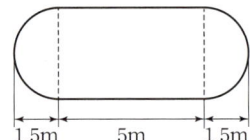

(1) 계산식
(2) 정답

정답

(1) $\pi \times 2^2 \times \left(5 + \dfrac{1.5 + 1.5}{3}\right) \times 0.95 = 71.6283m^3 = 71,628.31L$

(2) 71,628.31L

상세해설

횡으로 설치한 원통형 탱크의 용량 구하기

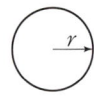 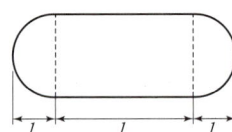

내용적 구하는 식 $= \pi r^2 \left(l + \dfrac{l_1 + l_2}{3}\right)$

용량 $= \pi \times 2^2 \times \left(5 + \dfrac{1.5 + 1.5}{3}\right) \times 0.95 = 71.62831m^3 = 71,628.31L$

문제에서 탱크의 공간용적이 5/100이라고 했으므로 내용적을 구한 후 0.95를 곱해줘야 용량이 된다.
용량을 구하면 단위가 m^3으로 나오는데 문제에서 묻고 있는 단위는 L이므로 단위를 변환해야 한다.
$1m^3 = 1,000L$
$71.62831m^3 = 71,628.31L$

04

제1종, 제2종, 제3종 분말소화약제의 주성분을 화학식으로 각각 쓰시오.

(1) 제1종 분말소화약제
(2) 제2종 분말소화약제
(3) 제3종 분말소화약제

정답

(1) $NaHCO_3$
(2) $KHCO_3$
(3) $NH_4H_2PO_4$

관련개념

분말 소화약제의 종류

종별	소화약제	약제의 착색	열분해 반응식
제1종 분말	탄산수소나트륨 ($NaHCO_3$)	백색	$2NaHCO_3 \rightarrow CO_2 + H_2O + Na_2CO_3$
제2종 분말	탄산수소칼륨 ($KHCO_3$)	담회색	$2KHCO_3 \rightarrow CO_2 + H_2O + K_2CO_3$
제3종 분말	제1인산암모늄 ($NH_4H_2PO_4$)	담홍색	$NH_4H_2PO_4 \rightarrow NH_3 + HPO_3 + H_2O$
제4종 분말	탄산수소칼륨+요소 $KHCO_3 + (NH_2)_2CO$	회색	$2KHCO_3 + (NH_2)_2CO \rightarrow K_2CO_3 + 2NH_3 + 2CO_2$

05

금속나트륨에 대한 물음에 답하시오.

(1) 지정수량을 쓰시오.
(2) 보호액을 1가지 쓰시오.
(3) 물과 만났을 때 화학반응식을 쓰시오.

정답

(1) 10kg
(2) 등유, 경유, 유동파라핀 중 1가지
(3) $2Na + 2H_2O \rightarrow 2NaOH + H_2 \uparrow$

관련개념

나트륨(Na)

- 제3류 위험물에 해당되며 지정수량은 10kg이다.
- 공기 중의 수분과 반응하여 수소를 발생하며 자연발화를 일으키기 쉬우므로 등유, 경유, 유동파라핀 속에 저장해야 한다.
- 알코올과 반응해도 다음과 같이 수소가 발생한다.
  $2Na + 2C_2H_5OH \rightarrow 2C_2H_5ONa + H_2 \uparrow$

06

다음 [보기]에서 설명하는 위험물에 대한 물음에 답하시오.

| 보기 |
- 제3류 위험물로 지정수량이 300kg이다.
- 분자량은 64이다.
- 비중은 약 2.2이다.
- 질소와 고온에서 반응하여 석회질소가 생성된다.

(1) 해당되는 위험물의 화학식을 쓰시오.
(2) 물과의 화학반응식을 쓰시오.
(3) 물과 반응하여 생성되는 기체의 완전연소반응식을 쓰시오.

정답

(1) CaC_2
(2) $CaC_2 + 2H_2O \rightarrow Ca(OH)_2 + C_2H_2$
(3) $2C_2H_2 + 5O_2 \rightarrow 4CO_2 + 2H_2O$

관련개념

탄화칼슘(CaC_2)

- 제3류 위험물 중 칼슘 또는 알루미늄의 탄화물로 지정수량은 300kg이다.
- 카바이드라고도 부른다.
- 백색의 결정으로 비중은 약 2.21이다.
- 물과 반응했을 때 생성되는 아세틸렌 가스는 연소범위가 넓고 폭발할 수 있다.

상세해설

탄화칼슘(CaC_2)의 분자량 계산하기

- $40 + (12 \times 2) = 64$
- Ca의 원자량은 40, C의 원자량은 12이다.

07

옥외저장소에 옥외소화전설비를 설치할 경우 필요한 수원의 양은 몇 m³인지 계산식과 함께 쓰시오.

(1) 3개
(2) 6개

정답

(1) $13.5 \times 3 = 40.5 m^3$
(2) $13.5 \times 4 = 54 m^3$

관련개념

옥외소화전설비의 수원의 양
- 옥외소화전설비의 수원의 양은 옥외소화전의 설치개수(설치개수가 4개 이상인 경우는 4개의 옥내소화전)에 $13.5 m^3$를 곱한 양 이상이 되어야 한다.
- 옥외소화전이 4개 이상인 경우는 4개로 산정하므로 (2)번의 경우 6개가 아닌 4개 기준으로 계산해야 한다.

08

「위험물안전관리법령」상 옥외저장소에 저장할 수 있는 위험물의 품명을 5가지 쓰시오.

정답

황(유황), 인화성 고체, 제1석유류, 알코올류, 제2석유류, 제3석유류, 제4석유류, 동식물유류, 질산, 과염소산, 과산화수소 중 5가지를 쓰면 된다.

관련개념

옥외저장소에 저장할 수 있는 위험물
- 제2류 위험물 중 황(유황) 또는 인화성 고체(인화점이 섭씨 0도 이상인 것에 한함)
- 제4류 위험물 중 제1석유류(인화점이 섭씨 0도 이상인 것에 한함)·알코올류·제2석유류·제3석유류·제4석유류 및 동식물유류
- 제6류 위험물
- 제2류 위험물 및 제4류 위험물 중 특별시·광역시 또는 도의 조례에서 정하는 위험물(「관세법」 제154조의 규정에 의한 보세구역 안에 저장하는 경우에 한함)
- 「국제해사기구에 관한 협약」에 의하여 설치된 국제해사기구가 채택한 「국제해상위험물규칙」(IMDG Code)에 적합한 용기에 수납된 위험물

09

[보기]의 위험물을 보고 물음에 답하시오.

| 보기 |

아세톤, 메틸에틸케톤, 메탄올,
다이에틸에터(디에틸에테르), 톨루엔

(1) [보기]의 위험물 중 연소범위가 가장 넓은 것을 한 가지 골라 쓰시오.
(2) (1)번 답에 해당되는 물질의 연소범위를 쓰시오.
(3) (2)번 답에 작성한 연소범위를 기준으로 위험도를 구하시오. (단, 계산식과 함께 작성하시오.)

정답

(1) 다이에틸에터(디에틸에테르)
(2) 1.7~48%
(3) $\dfrac{48 - 1.7}{1.7} = 27.235 = 27.24$

관련개념

보기에 있는 위험물의 분류

구분	품명	연소범위
아세톤	제1석유류	2.5~12.8%
메틸에틸케톤	제1석유류	1.8~10%
메탄올	알코올류	6~36%
다이에틸에터 (디에틸에테르)	특수인화물	1.7~48%
톨루엔	제1석유류	1.27~7%

※ 위험물의 연소범위는 실험에 의해 측정한 값으로 자료의 출처에 따라 값에 조금씩 차이가 있을 수 있고, 실제 위험도를 구할 때 구하는 방법만 맞으면 정답으로 인정됩니다.

※ 이 표에 있는 연소범위는 국가위험물정보시스템 기준으로 작성되었습니다.

10

다음에 해당하는 위험물에 대한 물음에 답하시오.

> - 제6류 위험물이다.
> - 저장용기는 갈색병에 넣어 직사일광을 피하고 찬 곳에 저장한다.
> - 단백질과 크산토프로테인 반응을 하여 노란색으로 변한다.

(1) 지정수량을 쓰시오.
(2) 위험등급을 쓰시오.
(3) 「위험물안전관리법령」상 위험물로 분류되기 위한 조건을 쓰시오. (단, 없으면 없음이라고 쓰시오.)
(4) 빛에 의해 분해되는 반응식을 쓰시오.

정답

(1) 300kg
(2) I등급
(3) 비중이 1.49 이상
(4) $4HNO_3 \rightarrow 4NO_2 + 2H_2O + O_2$

관련개념

질산(HNO_3)
- 제6류 위험물로 지정수량은 300kg이다.
- 「위험물안전관리법령」상 비중이 1.49 이상인 것에 한하여 위험물로 본다.
- 공기 중에서 햇빛에 의해 적갈색의 연기(NO_2)를 내며 분해하므로 갈색병에 보관해야 한다.

크산토프로테인반응
- 단백질의 발색반응이다.
- 단백질을 함유하고 있는 소량의 물질에 질산을 첨가하고 가열하면 황색이 되며 냉각 후 암모니아를 사용해 알칼리성으로 만들며 등황색으로 변하는 반응이다.

11

제1류 위험물의 성질로 옳은 것을 다음에서 모두 골라 번호를 쓰시오.

> ① 무기화합물이다.
> ② 유기화합물이다.
> ③ 산화제이다.
> ④ 인화점이 0℃ 이하이다.
> ⑤ 고체이다.

정답

①, ③, ⑤

상세해설

①, ② 제1류 위험물은 무기화합물이고, 제5류 위험물이 대부분 유기화합물이다.
③ 제1류 위험물은 분자 내에 산소를 가지고 있는 강력한 산화제이다.
④ 제1류 위험물은 인화성이 없어 인화점이 없다. 제4류 위험물을 인화점으로 구분한다.
⑤ 제1류 위험물은 대부분 무색 또는 백색의 분말로 고체 상태이다.

12

트리에틸알루미늄에 대한 물음에 답하시오.

(1) 물과 반응하여 생성되는 기체의 명칭을 쓰시오.
(2) 물과의 반응식을 쓰시오.

정답

(1) 에탄(C_2H_6)
(2) $(C_2H_5)_3Al + 3H_2O \rightarrow Al(OH)_3 + 3C_2H_6$

관련개념

트리에틸알루미늄{$(C_2H_5)_3Al$}
- 제3류 위험물 중 알킬알루미늄으로 지정수량은 10kg이다.
- 무색, 투명한 액체로 물과 접촉하면 폭발적으로 반응하여 에탄(C_2H_6)을 발생시킨다.
- 알코올과 반응해도 에탄(C_2H_6)을 발생시킨다.
 $(C_2H_5)_3Al + 3CH_3OH \rightarrow (CH_3O)_3Al + 3C_2H_6$

13

이동탱크저장소의 주유호스 재질에 대하여 다음 ( ) 안에 알맞은 말을 쓰시오. (단, 「위험물안전관리법령」의 기준을 따른다.)

- 위험물이 샐 우려가 없고 화재예방상 안전한 구조로 할 것
- 주입설비의 길이는 (①)m 이내로 하고, 그 끝부분에 축적되는 (②)를 유효하게 제거할 수 있는 장치를 할 것
- 분당 배출량은 (③)L 이하로 할 것
- 주입호스는 내경이 (④)mm 이상이고, (⑤)MPa 이상의 압력에 견딜 수 있는 것으로 하며, 필요 이상으로 길게 하지 아니할 것

정답

① 50, ② 정전기, ③ 200, ④ 23, ⑤ 0.3

관련개념

이동탱크저장소의 주입설비 기준

- 위험물이 샐 우려가 없고 화재예방상 안전한 구조로 할 것
- 주입설비의 길이는 50m 이내로 하고, 그 끝부분에 축적되는 정전기를 유효하게 제거할 수 있는 장치를 할 것
- 분당 배출량은 200L 이하로 할 것
- 주입호스는 내경이 23mm 이상이고, 0.3MPa 이상의 압력에 견딜 수 있는 것으로 하며, 필요 이상으로 길게 하지 아니할 것

14

다음은 위험물의 저장·취급에 관한 중요기준이다. [보기]의 설명을 보고 물음에 알맞은 답을 쓰시오. (단, 「위험물안전관리법령」상의 기준을 따른다.)

| 보기 |

불티·불꽃·고온체와의 접근이나 과열·충격 또는 마찰을 피하여야 한다.

(1) [보기]의 규정을 지켜야 하는 위험물과 혼재가 가능한 위험물의 유별을 쓰시오. (단, 지정수량의 10배 이하이다.)
(2) [보기]의 규정을 지켜야 하는 위험물을 운반할 때 운반용기 외부에 표시해야 하는 주의사항을 2가지 쓰시오.
(3) [보기]의 규정을 지켜야 하는 위험물의 유별에서 지정수량이 가장 작은 것의 품명을 1가지 쓰시오.

정답

(1) 제2류 위험물, 제4류 위험물
(2) 화기엄금, 충격주의
(3) ※ 위 문제는 최신 법령이 개정된 문제입니다. 관련 개정사항은 제5류 위험물 지정수량 개정사항(p.2) 참고

상세해설

보기의 규정은 제5류 위험물을 취급할 때 지켜야 하는 규정이다.
(1) 제5류 위험물은 제2류, 제4류 위험물과 혼재가 가능하다.
(2) 제5류 위험물을 수납하는 운반용기에는 화기엄금 및 충격주의를 표기해야 한다.

15

다음은 지하탱크저장소에 대한 설명이다. 다음 ( ) 안에 알맞은 말을 각각 쓰시오. (단, 「위험물안전관리법령」의 기준을 따른다.)

- 탱크전용실은 지하의 가장 가까운 벽·피트·가스관 등의 시설물 및 대지경계선으로부터 (①)m 이상 떨어진 곳에 설치해야 한다.
- 지하저장탱크의 윗부분은 지면으로부터 (②)m 이상 아래에 있어야 한다.
- 지하저장탱크를 2 이상 인접해 설치하는 경우에는 그 상호 간에 (③)m{해당 2 이상의 지하저장탱크의 용량의 합계가 지정수량의 100배 이하인 때에는 (④)m} 이상의 간격을 유지하여야 한다. 다만, 그 사이에 탱크전용실의 벽이나 두께 (⑤)cm 이상의 콘크리트 구조물이 있는 경우에는 그러하지 아니하다.

정답

① 0.1, ② 0.6, ③ 1, ④ 0.5, ⑤ 20

관련개념

지하탱크저장소의 위치·구조 및 설비의 기준

- 탱크전용실은 지하의 가장 가까운 벽·피트·가스관 등의 시설물 및 대지경계선으로부터 0.1m 이상 떨어진 곳에 설치하고, 지하저장탱크와 탱크전용실의 안쪽과의 사이는 0.1m 이상의 간격을 유지하도록 하며, 해당 탱크의 주위에 마른 모래 또는 습기 등에 의하여 응고되지 아니하는 입자지름 5mm 이하의 마른 자갈분을 채워야 한다.
- 지하저장탱크의 윗부분은 지면으로부터 0.6m 이상 아래에 있어야 한다.
- 지하저장탱크를 2 이상 인접해 설치하는 경우에는 그 상호 간에 1m(해당 2 이상의 지하저장탱크의 용량의 합계가 지정수량의 100배 이하인 때에는 0.5m) 이상의 간격을 유지하여야 한다. 다만, 그 사이에 탱크전용실의 벽이나 두께 20cm 이상의 콘크리트 구조물이 있는 경우에는 그러하지 아니하다.

16

다음 [보기]의 위험물 중 위험등급 II에 해당되는 것을 골라 해당 위험물의 지정수량 배수의 합을 구하시오.

보기

- 황(유황): 100kg
- 나트륨: 100kg
- 철분: 50kg
- 질산염류: 600kg
- 등유: 6,000L

(1) 계산과정
(2) 정답

정답

(1) $\dfrac{100}{100} + \dfrac{600}{300} = 3$배

(2) 3배

상세해설

보기에서 위험등급 II인 것은 황(유황), 질산염류이다.
황(유황)은 지정수량이 100kg, 질산염류의 지정수량은 300kg이다.

지정수량 배수의 합 = $\dfrac{100}{100} + \dfrac{600}{300} = 3$배

관련개념

위험등급 II에 해당되는 위험물

- 제1류 위험물 중 브로민산염류(브롬산염류), 질산염류, 아이오딘산염류(요오드산염류), 그 밖에 지정수량이 300kg인 위험물
- 제2류 위험물 중 황화인(황화린), 적린, 황(유황), 그 밖에 지정수량이 100kg인 위험물
- 제3류 위험물 중 알칼리금속(칼륨, 나트륨 제외) 및 알칼리토금속, 유기금속화합물(알킬알루미늄 및 알킬리튬 제외), 그 밖에 지정수량이 50kg인 위험물
- 제4류 위험물 중 제1석유류 및 알코올류
- 제5류 위험물 중 지정수량이 10kg인 위험물을 제외한 것

보기에 있는 물질의 지정수량 및 위험등급

구분	유별	품명	지정수량	위험등급
황(유황)	제2류	황(유황)	100kg	II
질산염류	제1류	질산염류	300kg	II
나트륨	제3류	나트륨	10kg	I
등유	제4류	제2석유류	1,000L	III
철분	제2류	철분	500kg	III

17

다음은 알코올류가 산화·환원되는 과정이다. 다음 물음에 알맞은 답을 쓰시오.

> $CH_3OH \leftrightarrow HCHO \leftrightarrow (\ ①\ )$
>
> $C_2H_5OH \leftrightarrow (\ ②\ ) \leftrightarrow CH_3COOH$

(1) ①번에 들어갈 물질명과 화학식을 각각 쓰시오.
(2) ②번에 들어갈 물질명과 화학식을 각각 쓰시오.
(3) ①, ②번 물질 중에서 지정수량이 더 작은 물질의 연소반응식을 쓰시오.

정답

(1) 의산, HCOOH
(2) 아세트알코아이드(아세트알데히드), CH_3CHO
(3) $2CH_3CHO + 5O_2 \rightarrow 4CO_2 + 4H_2O$

상세해설

메틸알코올(CH_3OH)의 산화·환원 반응식

$CH_3OH \underset{환원}{\overset{산화}{\rightleftarrows}} HCHO \underset{환원}{\overset{산화}{\rightleftarrows}} HCOOH$
(포름알데히드)   (의산)

에틸알코올(C_2H_5OH)의 산화·환원 반응식

$C_2H_5OH \underset{환원}{\overset{산화}{\rightleftarrows}} CH_3CHO \underset{환원}{\overset{산화}{\rightleftarrows}} CH_3COOH$

의산(HCOOH)과 아세트알데히드(아세트알데히드, CH_3CHO) 비교

구분	유별	품명	지정수량
의산	제4류	제2석유류	2,000L
아세트알데히드 (아세트알데히드)	제4류	특수인화물	50L

18

옥내탱크저장소의 펌프실과 관련된 물음에 답하시오.

(1) 펌프실의 상층이 없는 경우에 지붕을 어떤 재료로 해야 하는지 쓰시오.
(2) 펌프실의 출입구는 무엇으로 설치해야 하는지 쓰시오.
(3) 탱크전용실에 펌프설비를 설치하는 경우에는 견고한 기초 위에 고정한 다음 그 주위에는 불연재료로 된 턱을 몇 m 이상의 높이로 설치해야 하는지 쓰시오.
(4) 액상의 위험물의 옥내저장탱크를 설치하는 탱크전용실의 바닥의 최저부에는 무엇을 설치해야 하는지 쓰시오.
(5) 창 및 출입구에 사용해야 하는 유리는 무엇인지 쓰시오.

정답

(1) 불연재료, (2) 60분＋방화문(갑종방화문) 또는 30분방화문(을종방화문)
(3) 0.2, (4) 집유설비, (5) 망입유리

관련개념

옥내탱크저장소의 설치기준

- 펌프실은 상층이 있는 경우에 있어서는 상층의 바닥을 내화구조로 하고, 상층이 없는 경우에 있어서는 지붕을 불연재료로 하며, 천장을 설치하지 않아야 한다.
- 펌프실의 출입구에는 60분＋방화문(갑종방화문)을 설치할 것. 다만, 제6류 위험물의 탱크전용실에 있어서는 30분방화문(을종방화문)을 설치할 수 있다.
- 탱크전용실에 펌프설비를 설치하는 경우에는 견고한 기초 위에 고정한 다음 그 주위에는 불연재료로 된 턱을 0.2m 이상의 높이로 설치해야 한다.
- 액상의 위험물의 옥내저장탱크를 설치하는 탱크전용실의 바닥은 위험물이 침투하지 아니하는 구조로 하고, 적당한 경사를 두는 한편, 집유설비를 설치해야 한다.
- 탱크전용실의 창 또는 출입구에 유리를 이용하는 경우에는 망입유리로 해야 한다.

19

다음 지정수량의 배수에 따른 제조소의 보유공지를 각각 쓰시오. (단, 「위험물안전관리법령」의 기준을 따른다.)

(1) 1배
(2) 5배
(3) 10배
(4) 20배
(5) 200배

정답

(1) 3m 이상, (2) 3m 이상, (3) 3m 이상, (4) 5m 이상, (5) 5m 이상

관련개념

제조소의 보유공지

취급하는 위험물의 최대수량	보유공지의 너비
지정수량의 10배 이하	3m 이상
지정수량의 10배 초과	5m 이상

20

다음 [보기]의 위험물이 연소할 경우 생성되는 물질이 같은 위험물의 연소반응식을 쓰시오.

> **보기**
> 적린, 삼황화인(삼황화린), 오황화인(오황화린), 황(유황), 철, 마그네슘

정답

$P_4S_3 + 8O_2 \rightarrow 2P_2O_5 + 3SO_2$
$2P_2S_5 + 15O_2 \rightarrow 2P_2O_5 + 10SO_2$

상세해설

① 적린: 연소 시 오산화인(P_2O_5)이 생성된다.
$4P + 5O_2 \rightarrow 2P_2O_5$
② 삼황화인(삼황화린): 연소 시 오산화인(P_2O_5)과 이산화황(SO_2)이 생성된다.
$P_4S_3 + 8O_2 \rightarrow 2P_2O_5 + 3SO_2$
③ 오황화인(오황화린): 연소 시 오산화인(P_2O_5)과 이산화황(SO_2)이 생성된다.
$2P_2S_5 + 15O_2 \rightarrow 2P_2O_5 + 10SO_2$
④ 황(유황): 연소 시 이산화황(SO_2)이 생성된다.
$S + O_2 \rightarrow SO_2$
⑤ 철: 연소 시 산화철(Fe_2O_3)이 생성된다.
$4Fe + 3O_2 \rightarrow 2Fe_2O_3$
⑥ 마그네슘: 연소 시 산화마그네슘(MgO)이 생성된다.
$2Mg + O_2 \rightarrow 2MgO$

2020년 1회 기출문제

01
「위험물안전관리법령」에서 규정하는 인화점 측정 방법을 3가지 쓰시오.

정답
① 신속평형법
② 태그밀폐식
③ 클리브랜드 개방컵

관련개념
인화점 측정 방법(위험물안전관리에 관한 세부기준)
- 신속평형법: 시료컵에 시험물품 2mL를 넣고, 1분간 설정온도를 유지한 다음 인화점을 측정한다.
- 태그밀폐식: 시료컵에 시험물품 50cm³를 넣고 시험불꽃을 점화하고 화염의 크기를 직경이 4mm가 되도록 조정한 후 시험불꽃을 시료컵에 1초간 노출시키고 닫는 조작을 반복하는 방법으로 인화점을 측정한다.
- 클리브랜드 개방컵: 시료컵의 표선까지 시험물품을 채우고 시험불꽃을 점화하고 화염의 크기를 직경이 4mm가 되도록 조정한 후 시험불꽃을 시료컵의 중심을 횡단하여 일직선으로 1초간 통과시키는 조작을 반복하여 인화점을 측정한다.

02
크실렌의 이성질체 3가지의 명칭과 구조식을 쓰시오.

정답

o-크실렌, m-크실렌, p-크실렌 (구조식)

03
다음 위험물을 운반할 때 운반용기 외부에 표시해야 하는 주의사항을 쓰시오.
(1) 제1류 위험물 중 알칼리금속의 과산화물
(2) 제3류 위험물 중 자연발화성 물질
(3) 제5류 위험물

정답
(1) 화기·충격주의, 물기엄금 및 가연물 접촉주의
(2) 화기엄금 및 공기접촉엄금
(3) 화기엄금 및 충격주의

04
과산화나트륨에 대한 다음 물음에 답을 쓰시오.
(1) 과산화나트륨의 완전분해반응식을 쓰시오.
(2) 과산화나트륨 1kg이 완전분해할 때 발생하는 산소의 부피(L)를 구하시오. (단, 표준상태로 가정하고, 나트륨의 원자량은 23이다.)

정답
(1) $2Na_2O_2 \rightarrow 2Na_2O + O_2$
(2) 143.59L

상세해설
과산화나트륨 1kg이 완전분해할 때 발생하는 산소의 부피(L) 구하기
과산화나트륨(Na_2O_2)의 분자량은 다음과 같다.
$(23 \times 2) + (16 \times 2) = 78g/mol$
과산화나트륨의 분해반응식상 과산화나트륨 2mol이 분해되면 산소 1mol(22.4L)가 생성된다.
$2Na_2O_2 \rightarrow 2Na_2O + O_2$
이 관계를 이용하여 비례식으로 산소의 부피를 구한다.
$2 \times 78g : 22.4L = 1,000g : x$
$x = 143.589L$

05

제3류 위험물인 나트륨에 대한 다음 물음에 답하시오.

(1) 나트륨과 물의 반응식을 쓰시오.
(2) 나트륨의 연소반응식을 쓰시오.
(3) 나트륨이 연소할 때 불꽃의 색상을 쓰시오.

정답

(1) $2Na + 2H_2O \rightarrow 2NaOH + H_2$
(2) $4Na + O_2 \rightarrow 2Na_2O$
(3) 노란색

관련개념

알칼리금속의 불꽃 반응색

종류	Li	Na	K
색상	적색	노란색	보라색

06

다음은 제4류 위험물에 대한 설명이다. 빈칸을 채우시오.

- 특수인화물: 발화점이 섭씨 (①)도 이하인 것 또는 인화점이 섭씨 영하 20도 이하이고 비점이 섭씨 40도 이하인 것
- 제1석유류: 인화점이 섭씨 (②)도 미만인 것
- 제2석유류: 인화점이 섭씨 (②)도 이상 섭씨 (③)도 미만인 것
- 제3석유류: 인화점이 섭씨 (③)도 이상 섭씨 (④)도 미만인 것
- 제4석유류: 인화점이 섭씨 (④)도 이상 섭씨 (⑤)도 미만인 것

정답

① 100 ② 21 ③ 70 ④ 200 ⑤ 250

07

다음 물질을 저장할 때 적절한 보호액을 쓰시오.

(1) 황린
(2) 칼륨
(3) CS_2

정답

(1) 물 (2) 등유 (3) 물

관련개념

- 황린은 발화점이 34°C로 낮기 때문에 자연발화하기 쉽지만 물과는 반응하지 않고, 녹지도 않기 때문에 물속에 저장한다.
- 칼륨은 공기 중에 장시간 저장할 경우 산화하여 표면에 K_2O, KOH, K_2CO_3와 같은 물질로 피복되기 때문에 보호액(등유, 경유, 파라핀유, 벤젠 등)에 저장한다.
- 이황화탄소(CS_2)의 증기는 가연성이 있고, 인체에 매우 유독하므로 증기의 발생을 억제하기 위하여 이황화탄소(액체) 액면 위에 물을 채워 저장한다.

08

제3류 위험물 중 다음 물질이 물과 반응하는 반응식을 쓰시오.

(1) 수소화알루미늄리튬
(2) 수소화칼륨
(3) 수소화칼슘

정답

(1) $LiAlH_4 + 4H_2O \rightarrow LiOH + Al(OH)_3 + 4H_2$
(2) $KH + H_2O \rightarrow KOH + H_2$
(3) $CaH_2 + 2H_2O \rightarrow Ca(OH)_2 + 2H_2$

09

알루미늄에 대한 다음 각 물음에 답하시오.

(1) 알루미늄의 산화반응식을 쓰시오.
(2) 알루미늄과 염산의 반응식을 쓰시오.
(3) 알루미늄과 물의 반응식을 쓰시오.

정답

(1) $4Al + 3O_2 \rightarrow 2Al_2O_3$
(2) $2Al + 6HCl \rightarrow 2AlCl_3 + 3H_2$
(3) $2Al + 6H_2O \rightarrow 2Al(OH)_3 + 3H_2$

10

이황화탄소 100kg이 완전연소할 때 발생하는 이산화황의 부피(m^3)를 구하시오. (단, 압력은 800mmHg이고, 기준온도는 30℃이다.)

정답

$62.12m^3$

상세해설

이황화탄소(CS_2)가 완전연소할 때 발생하는 이산화황(SO_2)의 부피 구하기

$CS_2 + 3O_2 \rightarrow CO_2 + 2SO_2$

이상기체 상태방정식 $PV = \dfrac{w}{M}RT \rightarrow V = \dfrac{wRT}{PM}$ 를 이용하여 먼저 이황화탄소의 부피를 구한다.

여기서 w(질량) = 100kg = 100,000g

R(기체상수) = $0.082 L \cdot atm \cdot K^{-1} \cdot mol^{-1}$

T(절대온도) = 273 + 30 = 303K

P(압력) = 1.0526atm (※ 760mmHg = 1atm임)

M(분자량) = 76g/mol

$V = \dfrac{100,000 \times 0.082 \times 303}{1.0526 \times 76} = 31,058.43L$

이황화탄소의 연소반응식에서 이황화탄소 1mol이 연소하면 이산화황 2mol이 발생한다. 따라서 이산화황의 부피는 62,116.86L이다.

문제에서 묻는 부피의 단위는 m^3이고, $1L = 0.001m^3$이다.

∴ $62,116.86L = 62.116m^3$

11

다음은 제2류 위험물 중 황화인(황화린)에 대한 내용이다. 물음에 알맞은 답을 쓰시오.

(1) 오황화인(오황화린)과 물이 반응하는 반응식을 쓰시오.
(2) 오황화인(오황화린)이 물과 반응하여 생성되는 기체의 완전연소식을 쓰시오.

정답

(1) $P_2S_5 + 8H_2O \rightarrow 5H_2S + 2H_3PO_4$
(2) $2H_2S + 3O_2 \rightarrow 2SO_2 + 2H_2O$

관련개념

오황화인(오황화린, P_2S_5)이 물과 반응하면 황화수소(H_2S)와 인산(H_3PO_4)이 생성된다. 황화수소(H_2S)가 완전연소하면 이산화황(SO_2)과 물(H_2O)이 생성된다.

12

동식물유류에 관한 물음에 답하시오.

(1) 요오드가의 정의를 쓰시오.
(2) 동식물유류를 요오드값에 따라 분류하고 범위를 쓰시오.

정답

(1) 유지 100g에 부가(첨가)되는 아이오딘(요오드, I_2)의 g수

(2)

건성유	요오드값이 130 이상인 것
반건성유	요오드값이 100~130인 것
불건성유	요오드값이 100 이하인 것

관련개념

- '요오드값이 크다'라는 것은 이중결합이 많고 건성유에 가깝다는 의미이며 자연발화의 위험성이 크다고 할 수 있다.
- '요오드값이 작다'라는 것은 이중결합이 적고 불건성유에 가깝다는 의미이며 자연발화의 위험성이 작다고 할 수 있다.

13

「위험물안전관리법령」에서 규정하는 옥내소화전 수원의 수량을 구하시오.

(1) 옥내소화전이 1층에 1개, 2층에 3개, 총 4개 설치된 경우
(2) 옥내소화전이 1층에 1개, 2층에 6개, 총 7개 설치된 경우

정답

(1) $23.4m^3$ 이상
(2) $39m^3$ 이상

관련개념

옥내소화전에서 수원의 수량은 옥내소화전이 가장 많이 설치된 층의 설치개수(설치개수가 5개 이상인 경우에는 5개)에 $7.8m^3$을 곱한 양 이상이 되도록 해야 한다.

※ 문제에 있는 총 설치개수는 무시하고, 옥내소화전이 가장 많이 설치된 층의 설치개수(5개 이상인 경우에는 5개)에 $7.8m^3$을 곱하면 된다.

14

다음은 「위험물안전관리법령」에서 정한 안전관리자에 대한 내용이다. 물음에 답하시오.

(1) 안전관리자를 선임해야 하는 주체를 [보기]에서 1가지 고르시오.

> **보기**
> ① 제조소 등의 관계인 ② 제조소 등의 설치자
> ③ 소방서장   ④ 소방청장
> ⑤ 시, 도지사

(2) 안전관리자의 해임 후 재선임 기간을 쓰시오. (단, 제한이 없으면 제한 없음이라 표기한다.)
(3) 안전관리자의 퇴직 후 재선임 기간을 쓰시오. (단, 제한이 없으면 제한 없음이라 표기한다.)
(4) 안전관리자의 선임 후 신고기간을 쓰시오. (단, 제한이 없으면 제한 없음이라 표기한다.)
(5) 안전관리자가 여행, 질병, 그 밖의 사유로 인하여 일시적으로 직무를 수행할 수 없게 되었을 때 대리자가 직무를 대행할 수 있는 기간을 쓰시오. (단, 제한이 없으면 제한 없음이라 표기한다.)

정답

(1) ① 제조소 등의 관계인 (2) 30일 이내
(3) 30일 이내   (4) 14일 이내
(5) 30일을 초과할 수 없음

관련개념

「위험물안전관리법」제15조

- 제조소 등의 관계인은 위험물의 안전관리에 관한 직무를 수행하게 하기 위하여 제조소 등마다 대통령령이 정하는 위험물의 취급에 관한 자격이 있는 자를 위험물안전관리자로 선임하여야 한다.
- 규정에 따라 안전관리자를 선임한 제조소 등의 관계인은 그 안전관리자를 해임하거나 안전관리자가 퇴직한 때에는 해임하거나 퇴직한 날부터 30일 이내에 다시 안전관리자를 선임하여야 한다.
- 제조소 등의 관계인은 안전관리자를 선임한 경우에는 선임한 날부터 14일 이내에 행정안전부령으로 정하는 바에 따라 소방본부장 또는 소방서장에게 신고하여야 한다.
- 안전관리자를 선임한 제조소 등의 관계인은 안전관리자가 여행·질병 그 밖의 사유로 인하여 일시적으로 직무를 수행할 수 없거나 안전관리자의 해임 또는 퇴직과 동시에 다른 안전관리자를 선임하지 못하는 경우에는 행정안전부령이 정하는 자를 대리자로 지정하여 그 직무를 대행하게 하여야 한다. 이 경우 대리자가 안전관리자의 직무를 대행하는 기간은 30일을 초과할 수 없다.

15

과산화수소가 하이드라진(히드라진)과 만나면 격렬하게 반응하며 폭발한다. 다음 물음에 답하시오.

(1) 과산화수소가 위험물에 해당하는 조건을 쓰시오.
(2) 과산화수소와 하이드라진(히드라진)의 폭발반응식을 쓰시오.

정답

(1) 과산화수소는 농도가 36wt% 이상인 것이 위험물이다.
(2) $2H_2O_2 + N_2H_4 \rightarrow 4H_2O + N_2$

관련개념

과산화수소는 강력한 산화제로 스스로 분해되어 서서히 산소를 방출한다. 과산화수소가 하이드라진(히드라진)과 만나면 급격히 반응하여 폭발하며 물과 질소가 생성된다.

16

다음은 「위험물안전관리법령」상 제5류 위험물이다. 다음 물음에 답하시오.

> **보기**
> 나이트로(니트로)글리세린, 트리나이트로(니트로)톨루엔,
> 트리나이트로(니트로)페놀, 과산화벤조일,
> 다이나이트로(디니트로)벤젠

(1) [보기]에서 질산에스터류(질산에스테르류)에 속하는 물질을 한 가지 골라 쓰시오.
(2) 상온에서는 액체이지만 겨울철에는 동결하는 물질의 분해폭발반응식을 쓰시오.

정답

(1) 나이트로(니트로)글리세린
(2) $4C_3H_5(ONO_2)_3 \rightarrow 12CO_2 + 10H_2O + 6N_2 + O_2$

관련개념

- 질산에스터류(질산에스테르류)란 질산(HNO_3)의 수소(H) 원자가 떨어져 나가고 알킬 등으로 치환된 화합물의 총칭으로 질산메틸, 질산에틸, 나이트로(니트로)셀룰로오스, 나이트로(니트로)글리세린, 나이트로(니트로)글리콜 등이 있다.
- 나이트로(니트로)글리세린은 상온에서 무색투명한 기름 모양의 액체이며, 자기반응성 물질로 자기연소를 한다. 공업용 제품은 8℃ 부근에서 동결하기 때문에 겨울철에는 동결하는 경우가 많다.

17

다음은 「위험물안전관리법령」에서 규정한 제조소에서 위험물을 저장 및 취급하는 것에 관한 기준이다. 빈칸을 채우시오.

- 위험물을 저장 또는 취급하는 건축물, 그 밖의 공작물 또는 설비는 해당 위험물의 성질에 따라 차광 또는 (①)를 실시해야 한다.
- 위험물은 온도계, 습도계, 압력계, 그 밖의 계기를 감시하여 해당 위험물의 성질에 맞는 적정한 온도, 습도 또는 (②)을 유지하도록 저장 또는 취급하여야 한다.
- 위험물을 용기에 수납하여 저장 또는 취급할 때에는 그 용기는 해당 위험물의 성질에 적응하고 파손, (③), 균열 등이 없는 것으로 하여야 한다.
- (④)의 액체, 증기 또는 가스가 새거나 체류할 우려가 있는 장소 또는 (④)의 미분이 현저하게 부유할 우려가 있는 장소에서는 전선과 전기기구를 완전히 접속하고 불꽃을 발하는 기계·기구·공구·신발 등을 사용하지 아니하여야 한다.
- 위험물을 (⑤) 중에 보존하는 경우에는 해당 위험물이 보호액으로부터 노출되지 아니하도록 하여야 한다.

정답

① 환기 ② 압력 ③ 부식 ④ 가연성 ⑤ 보호액

관련개념

제조소 등에서의 위험물의 저장 및 취급에 관한 규정은 「위험물안전관리법 시행규칙」 별표 18에 규정되어 있고, 별표 18에 있는 내용이 그대로 괄호 넣기로 출제된 문제이다.

18

다음은 「위험물안전관리법령」에서 정한 완공검사에 대한 내용이다. 물음에 답하시오.

(1) 위험물을 저장 또는 취급하는 탱크로서 대통령령이 정하는 탱크가 있는 제조소 등의 설치, 변경에 관하여 완공검사를 받기 전에 받아야 하는 검사는 무엇인지 쓰시오.

(2) 다음 시설의 완공검사 신청시기를 쓰시오.
  ① 지하탱크가 있는 제조소 등
  ② 이동탱크저장소

(3) 완공검사를 실시한 결과 해당 제조소 등이 규정에 의한 기술기준에 적합하다고 인정하는 때에 시, 도지사는 어떤 서류를 교부해야 하는지 쓰시오.

정답

(1) 탱크안전성능검사
(2) ① 해당 지하탱크를 매설하기 전
    ② 이동저장탱크를 완공하고 상시 설치 장소를 확보한 후
(3) 완공검사합격확인증

관련개념

탱크안전성능검사

위험물을 저장 또는 취급하는 탱크로서 대통령령이 정하는 탱크가 있는 제조소 등의 설치 또는 그 위치·구조 또는 설비의 변경에 관하여 (중간 생략) 규정에 따른 기술기준에 적합한지의 여부를 확인하기 위하여 시·도지사가 실시하는 탱크안전성능검사를 받아야 한다.

완공검사의 신청시기

- 지하탱크가 있는 제조소 등의 경우: 해당 지하탱크를 매설하기 전
- 이동탱크저장소의 경우: 이동저장탱크를 완공하고 상시 설치 장소(상치 장소)를 확보한 후

완공검사의 신청 등

규정에 의한 신청을 받은 시·도지사는 제조소 등에 대하여 완공검사를 실시하고, 완공검사를 실시한 결과 해당 제조소 등이 법의 규정에 의한 기술기준에 적합하다고 인정하는 때에는 완공검사합격확인증을 교부하여야 한다.

19

다음에서 설명하는 물질에 대한 알맞은 답을 쓰시오.

- 인화점이 −37℃이다.
- 무색, 투명한 액체로서 분자량이 58이다.
- 수용성이다.
- 구리, 은, 수은, 마그네슘과 반응하여 폭발성 아세틸리드를 생성한다.

(1) 이 물질의 화학식을 쓰시오.
(2) 이 물질의 지정수량을 쓰시오.
(3) 이 물질을 저장하는 탱크에 공기가 차 있으면 어떻게 조치해야 하는지 쓰시오.

정답

(1) CH_3CHOCH_2
(2) 50L
(3) 불연성 가스(N_2) 또는 수증기를 봉입하여 저장한다.

관련개념

산화프로필렌(CH_3CHOCH_2)
- 지정수량은 50L이고, 인화점은 −37℃이다.
- 연소범위가 넓고 증기압이 매우 높다.
- 물 또는 유기용제(벤젠, 에테르, 알코올 등)에 잘 녹는 무색 투명한 액체로 증기는 인체에 해롭다.
- 산, 알칼리가 존재하면 중합반응을 하므로 용기의 상부에는 불연성 가스(N_2) 또는 수증기로 봉입하여 저장한다.

20

다음은 제1류 위험물인 염소산칼륨에 관한 내용이다. 물음에 답하시오.

(1) 염소산칼륨의 완전분해반응식을 쓰시오.
(2) 염소산칼륨 1kg이 표준상태에서 완전분해 시 생성되는 산소의 부피(m^3)를 구하시오. (단, 염소산칼륨의 분자량은 123이다.)

정답

(1) $2KClO_3 \rightarrow 2KCl + 3O_2$
(2) $0.27m^3$

상세해설

염소산칼륨($KClO_3$)이 완전연소할 때 발생하는 산소(O_2)의 부피 구하기
염소산칼륨의 분해반응식상 염소산칼륨 2kmol이 분해되면 산소는 3kmol이 발생한다.
$2KClO_3 \rightarrow 2KCl + 3O_2$
문제에서 염소산칼륨의 분자량이 123으로 주어졌음으로 비례식으로 생성되는 산소의 부피(m^3)를 구한다.
$2 \times 123 kg : 3 \times 22.4 m^3 = 1 kg : x$
$x = 0.273 m^3$

※ 질량을 kg 단위로 대입하면 부피는 m^3 단위로 계산된다.

01

벤젠(C_6H_6) 16g이 완전 증발 시 1atm, 90℃에서 부피는 몇 L인지 구하시오.

정답

6.11L

상세해설

벤젠(C_6H_6)의 분자량 $=(12\times6)+(1\times6)=78g/mol$

※ C의 원자량: 12, H의 원자량: 1

벤젠 16g의 몰수 $=\dfrac{16}{78}=0.2051mol$

이상기체상태방정식을 이용하여 벤젠 16g의 부피를 구한다.

$PV=nRT$

$V=\dfrac{nRT}{P}=\dfrac{0.2051\times0.082\times363}{1}=6.105L$

n(벤젠의 몰수)$=0.2051mol$

R(기체상수)$=0.082L\cdot atm\cdot mol^{-1}\cdot K^{-1}$

T(절대온도)$=90+273=363K$

02

제4류 위험물 중 분자량이 27, 끓는점이 26℃이며 맹독성인 이 물질의 (1) 화학식과 (2) 증기비중을 구하시오.

정답

(1) HCN

(2) 0.94

상세해설

HCN의 증기비중은 HCN의 분자량을 공기의 평균 분자량(약 28.84)으로 나누어 구한다.

$\dfrac{27}{28.84}=0.936$

※ 공기의 평균분자량은 29로 계산해도 되지만, 28.84가 더 정확한 값이다. 실기 교재에서는 더 정확한 증기비중을 구하기 위해 증기비중을 28.84로 계산했다.

관련개념

HCN(시안화수소)

- 제4류 위험물 중 제1석유류이다.
- 수용성으로 지정수량은 400L이다.
- 끓는점은 약 26℃이다.
- 맹독성 물질이기 때문에 취급 시 주의해야 한다.

03

「위험물안전관리법령」에서 정한 농도가 36wt% 미만일 경우 위험물에서 제외되는 제6류 위험물에 대하여 다음 물음에 답하시오.

(1) 이 물질이 분해하여 산소가 생성되는 반응식을 쓰시오.

(2) 이 물질을 운반하는 경우 운반용기 외부에 표시하여야 할 주의사항을 쓰시오.

(3) 이 물질의 위험등급을 쓰시오.

정답

(1) $2H_2O_2 \rightarrow 2H_2O+O_2$

(2) 가연물 접촉주의

(3) I등급

관련개념

과산화수소(H_2O_2)

- 제6류 위험물이고 지정수량은 300kg이다.
- 농도가 36wt% 이상인 것이 위험물에 속한다.
- 상온에서 서서히 분해되어 산소를 방출한다.
  $2H_2O_2 \rightarrow 2H_2O+O_2$
- 제6류 위험물이기 때문에 운반용기 외부에 '가연물 접촉주의'를 표기해야 한다.
- 과산화수소와 같은 제6류 위험물은 모두 위험등급 I에 해당된다.

04

트리나이트로(니트로)페놀에 대한 다음 물음에 답하시오.

(1) 구조식을 쓰시오.
(2) 품명을 쓰시오.
(3) 지정수량을 쓰시오.

정답

(1)
$$\begin{array}{c}\text{OH}\\O_2N\!-\!\!\bigcirc\!\!-\!NO_2\\|\\NO_2\end{array}$$

(2) 나이트로화합물(니트로화합물)

(3) ※ 위 문제는 최신 법령이 개정된 문제입니다. 관련 개정사항은 제5류 위험물 지정수량 개정사항(p.2) 참고

관련개념

트리나이트로(니트로)페놀[$C_6H_2OH(NO_2)_3$]
- 제5류 위험물 중 나이트로화합물(니트로화합물)에 속한다.
- 피크르산, 피크린산, TNP라고도 한다.
- 구리, 아연, 납과 반응하여 피크린산염을 만들고 단독으로는 잘 폭발하지 않는다.
- 화재 발생 시 다량의 물로 소화한다.

05

다음 물질이 물과 반응하여 가연성 기체를 발생시키는 반응식을 쓰시오.

(1) 트리메틸알루미늄과 물
(2) 트리에틸알루미늄과 물

정답

(1) $(CH_3)_3Al + 3H_2O \rightarrow Al(OH)_3 + 3CH_4$
(2) $(C_2H_5)_3Al + 3H_2O \rightarrow Al(OH)_3 + 3C_2H_6$

06

탄화칼슘 32g이 물과 반응하여 생성되는 기체가 완전연소하기 위한 산소의 부피(L)를 구하시오.

정답

28L

상세해설

탄화칼슘(CaC_2)과 물의 반응식
$CaC_2 + 2H_2O \rightarrow Ca(OH)_2 + C_2H_2\uparrow$
탄화칼슘(CaC_2)이 물과 반응했을 때 생성되는 기체는 아세틸렌(C_2H_2)이다.
탄화칼슘의 분자량 = $40 + (12 \times 2) = 64$g/mol
탄화칼슘 32g의 몰수 = $\frac{32}{64} = 0.5$mol

탄화칼슘과 물의 반응식에서 탄화칼슘 1mol이 물과 반응할 때 1mol의 아세틸렌 가스가 발생되므로 탄화칼슘 0.5mol이 물과 반응하면 0.5mol의 아세틸렌 가스가 발생된다.
아세틸렌의 완전연소반응식
$2C_2H_2 + 5O_2 \rightarrow 4CO_2 + 2H_2O$
아세틸렌 가스의 연소반응식에서 2mol의 아세틸렌 가스가 완전연소할 때 5mol의 산소가 필요하다.
이 관계를 이용하여 0.5mol의 아세틸렌 가스가 완전연소할 때 필요한 산소의 몰수를 구할 수 있다.
2mol : 5mol = 0.5mol : x
$x = 1.25$mol
0.5mol의 아세틸렌 가스가 연소하려면 1.25mol의 산소가 필요하다.
아보가드로의 법칙에 의해 기체 1mol의 부피는 22.4L이다.
산소 1.25mol의 부피 = $22.4 \times 1.25 = 28$L
※ 문제에 언급이 없으면 표준상태로 가정하고, 계산한다.

07

적린과 염소산칼륨이 혼촉 시 폭발위험이 있다. 다음 물음에 답하시오.

(1) 적린과 염소산칼륨이 혼촉하여 폭발하는 반응식을 쓰시오.
(2) (1) 반응에서 생성되는 기체가 물과 반응하여 생성되는 물질의 명칭을 쓰시오.

정답

(1) $6P + 5KClO_3 \rightarrow 3P_2O_5 + 5KCl$
(2) 인산(H_3PO_4)

관련개념

적린(P)
- 제2류 위험물로 지정수량은 100kg이다.
- 황린의 동소체로 자연발화성이 없어 공기 중에서 안전하다.
- 염소산칼륨과 같은 제1류 위험물과 혼합되면 폭발할 수 있다.
- 연소 시 오산화인(P_2O_5)의 흰 연기가 생긴다.

오산화인(P_2O_5)
- 인이 연소할 때 생기는 백색의 가루이다.
- 물과 반응하면 인산(H_3PO_4)이 된다.

08

다음 물질이 열분해하여 산소를 발생하는 반응식을 쓰시오.

(1) 아염소산나트륨
(2) 염소산나트륨
(3) 과염소산나트륨

정답

(1) $NaClO_2 \rightarrow NaCl + O_2$
(2) $2NaClO_3 \rightarrow 2NaCl + 3O_2$
(3) $NaClO_4 \rightarrow NaCl + 2O_2$

09

제4류 위험물인 아세트알데하이드(아세트알데히드)에 대하여 다음 물음에 답하시오.

(1) 옥외저장탱크(압력탱크 제외)에 저장할 경우 저장소의 온도를 쓰시오.
(2) 아세트알데하이드(아세트알데히드)의 연소범위가 4.1~57%일 경우 위험도를 구하시오.
(3) 아세트알데하이드(아세트알데히드)가 공기 중에서 산화 시 생성되는 물질의 명칭을 쓰시오.

정답

(1) 15℃ 이하
(2) $\dfrac{57 - 4.1}{4.1} = 12.9$
(3) 초산(아세트산)

관련개념

위험물의 저장기준
옥외저장탱크, 옥내저장탱크 또는 지하저장탱크 중 압력탱크 외의 탱크에 저장하는 다이에틸에터(디에틸에테르) 등 또는 아세트알데하이드(아세트알데히드) 등의 온도는 산화프로필렌과 이를 함유한 것 또는 다이에틸에터(디에틸에테르) 등에 있어서는 30℃ 이하로, 아세트알데하이드(아세트알데히드) 또는 이를 함유한 것에 있어서는 15℃ 이하로 각각 유지해야 한다.

위험도 구하는 식

위험도 = $\dfrac{\text{연소범위의 상한값} - \text{연소범위의 하한값}}{\text{연소범위의 하한값}}$

알데하이드(아세트알데히드, CH_3CHO)
- 제4류 위험물 중 특수인화물로 지정수량은 50L이다.
- 산소에 의해 산화되면 초산(아세트산)이 된다.
  $2CH_3CHO + O_2 \rightarrow 2CH_3COOH$

10

제5류 위험물에 대하여 다음 [보기]의 물질을 보고, 해당 위험등급별로 구분하시오. (단, 없으면 없음이라고 쓰시오.)

> **보기**
> 하이드라진(히드라진)유도체, 질산에스터류(질산에스테르류), 나이트로화합물(니트로화합물), 아조화합물, 유기과산화물, 하이드록실아민(히드록실아민)

(1) Ⅰ등급
(2) Ⅱ등급
(3) Ⅲ등급

정답

(1) Ⅰ등급: 유기과산화물, 질산에스터류(질산에스테르류)
(2) Ⅱ등급: 하이드라진(히드라진)유도체, 나이트로화합물(니트로화합물), 아조화합물, 하이드록실아민(히드록실아민)
(3) Ⅲ등급: 없음

관련개념

제5류 위험물의 위험등급
- 위험등급Ⅰ: 제5류 위험물 중 지정수량이 10kg인 위험물
- 위험등급Ⅱ: 제5류 위험물 중 위험등급 Ⅰ에 해당되지 않는 것
- 위험등급Ⅲ: 없음

11

다음은 「위험물안전관리법」에서 정한 위험물의 운반에 관한 기준이다. 지정수량의 10배 이상을 취급하는 경우 위험물의 혼재에 관하여 빈칸에 ○, ×표를 하시오.

구분	제1류	제2류	제3류	제4류	제5류	제6류
제1류						○
제2류				○		
제3류						
제4류		○				
제5류						
제6류	○					

정답

구분	제1류	제2류	제3류	제4류	제5류	제6류
제1류		×	×	×	×	○
제2류	×		×	○	○	×
제3류	×	×		○	×	×
제4류	×	○	○		○	×
제5류	×	○	×	○		×
제6류	○	×	×	×	×	

12

다음은 「위험물안전관리법령」에 따른 위험물 저장·취급기준이다. 빈칸을 채우시오.

(1) (　　) 위험물은 불티·불꽃·고온체와의 접근이나 과열·충격 또는 마찰을 피하여야 한다.
(2) (　　) 위험물은 가연물과의 접촉·혼합이나 분해를 촉진하는 물품과의 접근 또는 과열을 피하여야 한다.
(3) (　　) 위험물은 불티·불꽃·고온체와의 접근 또는 과열을 피하고, 함부로 증기를 발생시키지 아니하여야 한다.

정답
(1) 제5류
(2) 제6류
(3) 제4류

관련개념
위험물의 저장·취급기준
- 제1류 위험물은 가연물과의 접촉·혼합이나 분해를 촉진하는 물품과의 접근 또는 과열·충격·마찰 등을 피하는 한편, 알칼리금속의 과산화물 및 이를 함유한 것에 있어서는 물과의 접촉을 피하여야 한다.
- 제2류 위험물은 산화제와의 접촉·혼합이나 불티·불꽃·고온체와의 접근 또는 과열을 피하는 한편, 철분·금속분·마그네슘 및 이를 함유한 것에 있어서는 물이나 산과의 접촉을 피하고 인화성 고체에 있어서는 함부로 증기를 발생시키지 아니하여야 한다.
- 제3류 위험물 중 자연발화성 물질에 있어서는 불티·불꽃 또는 고온체와의 접근·과열 또는 공기와의 접촉을 피하고, 금수성 물질에 있어서는 물과의 접촉을 피하여야 한다.
- 제4류 위험물은 불티·불꽃·고온체와의 접근 또는 과열을 피하고, 함부로 증기를 발생시키지 아니하여야 한다.
- 제5류 위험물은 불티·불꽃·고온체와의 접근이나 과열·충격 또는 마찰을 피하여야 한다.
- 제6류 위험물은 가연물과의 접촉·혼합이나 분해를 촉진하는 물품과의 접근 또는 과열을 피하여야 한다.

13

다음 위험물의 품명, 지정수량을 쓰시오.

(1) KIO_3
(2) $AgNO_3$
(3) $KMnO_4$

정답
(1) 아이오딘산염류(요오드산염류), 300kg
(2) 질산염류, 300kg
(3) 과망가니즈산(과망간산)염류, 1,000kg

관련개념
제1류 위험물의 지정수량

품명	지정수량
아염소산염류	50kg
염소산염류	50kg
과염소산염류	50kg
무기과산화물	50kg
브로민산염류(브롬산염류)	300kg
질산염류	300kg
아이오딘산염류(요오드산염류)	300kg
과망가니즈산(과망간산)염류	1,000kg
다이크로뮴산염류(중크롬산염류)	1,000kg

14

다음은 「위험물안전관리법령」에서 정한 소화설비의 소요단위에 관한 내용이다. 물음에 답하시오.

- 옥내저장소이다.
- 외벽이 내화구조이다.
- 연면적은 150m²이다.
- 에탄올 1,000L, 등유 1,500L, 동식물유류 20,000L, 특수인화물 500L

(1) 옥내저장소의 소요단위를 구하시오.
(2) 위의 위험물을 저장할 경우 위험물의 소요단위는 몇 단위인지 구하시오.

정답
(1) 1소요단위
(2) 1.6소요단위=2소요단위
※ 소요단위가 소수로 나온 경우 절상하여 정수로 표현하는 것이 더 정확한 표현방법입니다.

상세해설
옥내저장소의 소요단위 구하기
- 저장소의 건축물은 외벽이 내화구조인 것은 연면적 150m²를 1소요단위로 하고, 외벽이 내화구조가 아닌 것은 연면적 75m²를 1소요단위로 한다.
- 문제에서 옥내저장소이고 외벽이 내화구조이며 연면적은 150m²라고 했으므로 1소요단위이다.

위험물의 소요단위 구하기
- 위험물은 지정수량의 10배를 1소요단위로 한다.
- 에탄올(제4류 위험물 중 알코올류)의 지정수량: 400L
- 등유(제4류 위험물 중 제2석유류)의 지정수량: 1,000L
- 동식물유류(제4류 위험물 중 동식물유류)의 지정수량: 10,000L
- 특수인화물(제4류 위험물 중 특수인화물)의 지정수량: 50L
- $\dfrac{1,000}{400 \times 10} + \dfrac{1,500}{1,000 \times 10} + \dfrac{20,000}{10,000 \times 10} + \dfrac{500}{50 \times 10} = 1.6$

15

제4류 위험물 중 비수용성인 위험물을 [보기]에서 모두 고르시오.

| 보기 |
① 이황화탄소 ② 아세트알데하이드(아세트알데히드)
③ 아세톤   ④ 스틸렌   ⑤ 클로로벤젠

정답
①, ④, ⑤

관련개념

구분	품명	지정수량	수용성 여부
이황화탄소	특수인화물	50L	비수용성
아세트알데하이드(아세트알데히드)	특수인화물	50L	수용성
아세톤	제1석유류	400L	수용성
스틸렌	제2석유류	1,000L	비수용성
클로로벤젠	제2석유류	1,000L	비수용성

16

다음은 「위험물안전관리법령」에서 정한 인화점 측정방법이다. 빈칸에 해당되는 인화점 시험방법의 종류를 쓰시오.

(①) 인화점측정기
- 시험장소는 1기압, 무풍의 장소로 할 것
- 시료컵을 설정온도까지 가열 또는 냉각하여 시험물품(설정온도가 상온보다 낮은 온도인 경우에는 설정온도까지 냉각한 것) 2mL를 시료컵에 넣고 즉시 뚜껑 및 개폐기를 닫을 것

(②) 인화점측정기
- 시험장소는 1기압, 무풍의 장소로 할 것
- 시료컵에 시험물품 50cm³를 넣고 시험물품의 표면의 기포를 제거한 후 뚜껑을 덮을 것

(③) 인화점측정기
- 시험장소는 1기압, 무풍의 장소로 할 것
- 시료컵의 표선까지 시험물품을 채우고 시험물품의 표면의 기포를 제거할 것
- 시험불꽃을 점화하고 화염의 크기를 직경이 4mm가 되도록 조정할 것

정답
① 신속평형법, ② 태그밀폐식, ③ 클리브랜드 개방컵

17

다음은 제1종 판매취급소의 시설기준에 관한 내용이다. 빈칸을 채우시오.

> ① 위험물을 배합하는 실은 바닥면적 (　)m² 이상 (　)m² 이하로 한다.
> ② (　) 또는 (　)의 벽으로 한다.
> ③ 바닥은 위험물이 침투하지 아니하는 구조로 하여 적당한 경사를 두고 (　)를 설치해야 한다.
> ④ 출입구에는 수시로 열 수 있는 자동폐쇄식의 (　)을 설치해야 한다.
> ⑤ 출입구 문턱의 높이는 바닥면으로부터 (　)m 이상으로 해야 한다.

정답

① 6, 15
② 내화구조, 불연재료
③ 집유설비
④ 60분＋방화문(갑종방화문)
⑤ 0.1

18

다음은 「위험물안전관리법령」에 따른 자체소방대에 관한 내용이다. 물음에 알맞은 답을 쓰시오.

(1) 자체소방대를 두어야 하는 경우를 [보기]에서 모두 고르시오.

> ─ 보기 ─
> ① 염소산염류 250톤 제조소
> ② 염소산염류 250톤 일반취급소
> ③ 특수인화물 250kL 제조소
> ④ 특수인화물 250kL를 충전하는 일반취급소

(2) 자체소방대에 두는 화학소방자동차 1대당 필요한 소방대원 인원수는 몇 명인지 쓰시오.

(3) 다음 중 틀린 것을 고르시오. (단, 없으면 없음이라고 표기하시오.)

> ─ 보기 ─
> ① 다른 사업소 등과 상호응원에 관한 협정을 체결한 경우 그 모든 사업소를 하나의 사업소로 본다.
> ② 포수용액 방사차에는 소화약액탱크 및 소화약액혼합장치를 비치해야 한다.
> ③ 포수용액을 방사하는 화학소방자동차는 화학소방자동차의 대수의 2/3 이상이어야 하고 포수용액의 방사능력은 매분 3,000L 이상이어야 한다.
> ④ 포수용액 방사차에는 10만L 이상의 포수용액을 방사할 수 있는 양의 소화약제를 비치해야 한다.

(4) 자체소방대를 설치하지 않을 경우 어떤 처벌을 받는지 쓰시오.

정답

(1) ③
(2) 5명
(3) ③
(4) 1년 이하의 징역 또는 1천만 원 이하의 벌금

상세해설

자체소방대를 두어야 하는 경우

제조소 또는 일반취급소에서 취급하는 제4류 위험물의 최대수량의 합이 지정수량의 3천 배 이상인 경우 자체소방대를 두어야 한다.
제시된 보기에서 염소산염류는 제1류 위험물이기 때문에 염소산염류를 취급하는 제조소 또는 일반취급소는 자체소방대를 두지 않아도 된다.
특수인화물은 지정수량이 50L이기 때문에 250kL는 지정수량의 5,000배 이므로 특수인화물 250kL를 취급하는 제조소 또는 일반취급소는 자체소방대를 두어야 한다. 다만, ④번의 경우「위험물안전관리법 시행규칙」제73조에서 이동저장탱크, 그 밖에 이와 유사한 것에 위험물을 주입하는 일반취급소는 자체소방대의 설치대상에서 제외된다고 명시되어 있기 때문에 자체소방대 설치대상에서 제외된다.

자체소방대에 두어야 하는 화학소방자동차와 자체소방대원의 수

사업소의 구분	화학소방자동차	자체소방대원의 수
제조소 또는 일반취급소에서 취급하는 제4류 위험물의 최대수량의 합이 지정수량의 3천 배 이상 12만 배 미만인 사업소	1대	5인
제조소 또는 일반취급소에서 취급하는 제4류 위험물의 최대수량의 합이 지정수량의 12만 배 이상 24만 배 미만인 사업소	2대	10인
제조소 또는 일반취급소에서 취급하는 제4류 위험물의 최대수량의 합이 지정수량의 24만 배 이상 48만 배 미만인 사업소	3대	15인
제조소 또는 일반취급소에서 취급하는 제4류 위험물의 최대수량의 합이 지정수량의 48만 배 이상인 사업소	4대	20인
옥외탱크저장소에 저장하는 제4류 위험물의 최대수량이 지정수량의 50만 배 이상인 사업소	2대	10인

화학소방자동차 중 포수용액 방사차가 갖추어야 할 기준
- 포수용액의 방사능력이 매분 2,000L 이상이어야 한다.
- 소화약액탱크 및 소화약액혼합장치를 비치해야 한다.
- 10만L 이상의 포수용액을 방사할 수 있는 양의 소화약제를 비치해야 한다.

벌칙
자체소방대를 두지 아니한 관계인은 1년 이하의 징역 또는 1천만 원 이하의 벌금에 처한다.(「위험물안전관리법」제35조)

19

[보기]와 같이 방유제 내에 옥외탱크저장소가 설치되어 있을 때 알맞은 답을 쓰시오.

┤보기├
① 내용적 5천만L 탱크에 휘발유를 3천만L 저장하는 옥외저장탱크
② 내용적 1억 2천만L 탱크에 경유를 8천만L 저장하는 옥외저장탱크

(1) ① 탱크의 최대용량(L)을 쓰시오.
(2) 해당 방유제의 용량(L)을 쓰시오.(공간용적은 10/100임)
(3) 다음 그림에서 ㉠이 가리키는 설비의 명칭을 쓰시오.

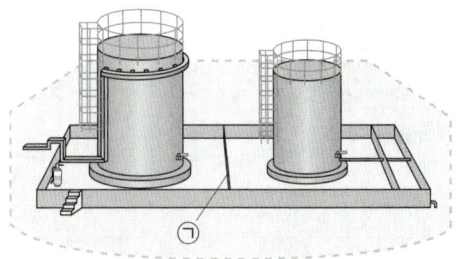

정답

(1) 47,500,000L (2) 118,800,000L 이상 (3) 간막이둑

상세해설

① 탱크의 최대용량 구하기
위험물을 저장 또는 취급하는 탱크의 용량은 탱크의 내용적에서 공간용적을 뺀 용적으로 한다. 탱크의 공간용적은 탱크 내용적의 5/100 이상 10/100 이하로 한다.
문제에서 탱크의 최대용량을 구하라고 했으므로 공간용적이 5/100일 때 탱크의 용량을 구하면 된다.
용량 = 50,000,000L − 2,500,000L = 47,500,000L

방유제의 용량 구하기
옥외탱크저장소의 방유제의 용량은 방유제 안에 설치된 탱크가 하나인 때에는 그 탱크 용량의 110% 이상, 2기 이상인 때에는 그 탱크 용량이 최대인 것의 용량의 110% 이상으로 한다.
보기에서는 ②번 탱크의 용량이 더 크기 때문에 ②번 탱크의 용량 기준으로 방유제의 용량을 구한다.
②번 탱크의 용량 = 120,000,000L − 12,000,000L = 108,000,000L
방유제의 용량 = 108,000,000L × 1.1 = 118,800,000L 이상

간막이둑
- 용량이 1,000만L 이상인 옥외저장탱크 주위에 설치하는 방유제에는 간막이둑을 설치해야 한다.
- 간막이둑의 높이는 0.3m 이상으로 하되, 방유제의 높이보다 0.2m 이상 낮게 한다.

20

다음은 「위험물안전관리법령」에 따른 소화설비의 적응성에 관한 내용이다. 다음 소화설비에 적응성이 있는 경우 빈칸에 ○표를 하시오.

소화설비의 구분	대상물 구분							제4류 위험물	제5류 위험물	제6류 위험물
	제1류 위험물		제2류 위험물			제3류 위험물				
	알칼리금속 과산화물 등	그 밖의 것	철분, 금속분, 마그네슘 등	인화성 고체	그 밖의 것	금수성 물품	그 밖의 것			
옥내소화전 또는 옥외소화전 설비										
물분무소화설비										
포소화설비										
불활성가스소화설비										
할로젠화합물소화설비 (할로겐화합물소화설비)										

정답

소화설비의 구분	대상물 구분							제4류 위험물	제5류 위험물	제6류 위험물
	제1류 위험물		제2류 위험물			제3류 위험물				
	알칼리금속 과산화물 등	그 밖의 것	철분, 금속분, 마그네슘 등	인화성 고체	그 밖의 것	금수성 물품	그 밖의 것			
옥내소화전 또는 옥외소화전 설비		○		○	○		○		○	○
물분무소화설비		○		○	○		○	○	○	○
포소화설비		○		○	○		○	○	○	○
불활성가스소화설비				○				○		
할로젠화합물소화설비 (할로겐화합물소화설비)				○				○		

관련개념

소화설비의 적응성 관련 표는 「위험물안전관리법 시행규칙」 별표 17에 나와 있고, 본 교재의 KEYWORD 24에도 나와 있다.

2020년도부터 실기 시험문제에서 소화설비의 적응성 관련 표가 그대로 출제되는 경우가 있으므로 해당 표의 내용은 숙지하는 것이 좋다.

2020년 3회 기출문제

2020년 10월 18일 시행

01

탄화알루미늄이 물과 반응하여 생성되는 기체에 대하여 다음 물음에 답하시오.

(1) 생성되는 기체의 완전연소반응식을 쓰시오.
(2) 생성되는 기체의 연소범위를 쓰시오.
(3) 생성되는 기체의 위험도를 구하시오.

정답

(1) $CH_4 + 2O_2 \rightarrow CO_2 + 2H_2O$
(2) 5~15%
(3) 2

관련개념

탄화알루미늄(Al_4C_3)
- 제3류 위험물 중 칼슘 또는 알루미늄의 탄화물로 지정수량은 300kg이다.
- 물과 반응하여 가연성인 메탄가스를 발생시킨다.
  $Al_4C_3 + 12H_2O \rightarrow 4Al(OH)_3 + 3CH_4$
- 메탄의 연소범위는 약 5~15%이다.
- 메탄의 위험도 = $\dfrac{\text{연소범위의 상한값} - \text{연소범위의 하한값}}{\text{연소범위의 하한값}} = \dfrac{15-5}{5} = 2$

02

「위험물안전관리법령」에서 정한 제4류 위험물인 아세트알데하이드(아세트알데히드)에 대하여 다음 물음에 답하시오.

(1) 시성식을 쓰시오.
(2) 증기비중을 구하시오.
(3) 아세트알데하이드(아세트알데히드)가 공기 중에서 산화 시 생성되는 물질의 명칭과 시성식을 쓰시오.

정답

(1) CH_3CHO
(2) 1.53
(3) 초산(아세트산), CH_3COOH

관련개념

아세트알데하이드(아세트알데히드, CH_3CHO)
- 제4류 위험물 중 특수인화물(수용성)로 지정수량은 50L이다.
- 증기비중 = $\dfrac{\text{아세트알데하이드의 분자량}}{\text{공기의 평균분자량}} = \dfrac{44}{28.84} = 1.525$
- 산소에 의해 산화되면 초산(아세트산)이 된다.
  $2CH_3CHO + O_2 \rightarrow 2CH_3COOH$

03

과산화나트륨(Na_2O_2) 1kg이 물과 반응할 때 생성된 기체는 350℃, 1atm에서 체적이 몇 L인지 (1) 계산식과 함께 (2) 정답을 쓰시오.

정답

(1) $V = \dfrac{6.4103 \times 0.082 \times 623}{1} = 327.477L$
(2) 327.48L

상세해설

과산화나트륨과 물의 반응식은 다음과 같다.
$2Na_2O_2 + 2H_2O \rightarrow 4NaOH + O_2$
과산화나트륨이 물과 반응할 때 생성되는 기체는 산소(O_2)이다.
과산화나트륨의 분자량 = 78g/mol
※ Na의 원자량: 23, O의 원자량: 16
과산화나트륨 1kg의 몰수 = $\dfrac{1,000}{78} = 12.8205$mol
과산화나트륨과 물의 반응식에서 과산화나트륨과 산소의 비는 2 : 1이므로 과산화나트륨 12.8205mol이 반응할 때 생성되는 산소의 몰수는 6.4103mol이다.
이상기체상태방정식으로 산소의 부피를 구한다.
$PV = nRT$
$V = \dfrac{nRT}{P} = \dfrac{6.4103 \times 0.082 \times 623}{1} = 327.477L$

04

제1종 분말 소화약제가 열분해 시 (1) 270℃에서의 열분해반응식과 (2) 850℃에서의 열분해반응식을 각각 쓰시오.

정답

(1) $2NaHCO_3 \rightarrow Na_2CO_3 + CO_2 + H_2O$
(2) $2NaHCO_3 \rightarrow Na_2O + 2CO_2 + H_2O$

05

다음 원통형 탱크에 대하여 물음에 답하시오.

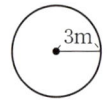 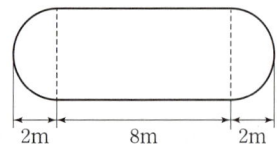

(1) 원통형 탱크의 내용적(m^3)을 구하시오.
(2) 원통형 탱크의 용량(m^3)을 구하시오. (단, 공간용적은 10/100이다.)

정답

(1) 263.89m^3
(2) 237.5m^3

상세해설

횡으로 설치한 원통형 탱크의 내용적과 용량 구하기

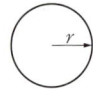 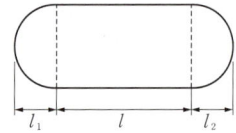

내용적 = $\pi r^2 (l + \dfrac{l_1 + l_2}{3}) = \pi \times 3^2 \times (8 + \dfrac{2+2}{3}) = 263.89 m^3$

용량 = $263.89 - (263.89 \times 0.1) = 237.50 m^3$

※ 용량 = 내용적 - 공간용적

06

질산칼륨에 대하여 다음 물음에 답하시오.

(1) 품명을 쓰시오.
(2) 지정수량을 쓰시오.
(3) 위험등급을 쓰시오.
(4) 제조소 등의 표지판에 표기해야 하는 주의사항을 쓰시오. (단, 없으면 없음이라고 표기한다.)
(5) 질산칼륨이 분해되었을 때 산소가 생성되는 분해반응식을 쓰시오.

정답

(1) 질산염류
(2) 300kg
(3) Ⅱ등급
(4) 없음
(5) $2KNO_3 \rightarrow 2KNO_2 + O_2$

관련개념

제조소의 게시판에 표기해야 하는 주의사항

- 제1류 위험물 중 알칼리금속의 과산화물과 이를 함유한 것 또는 제3류 위험물 중 금수성 물질에 있어서는 '물기엄금'
- 제2류 위험물(인화성 고체는 제외함)에 있어서는 '화기주의'
- 제2류 위험물 중 인화성 고체, 제3류 위험물 중 자연발화성 물질, 제4류 위험물 또는 제5류 위험물에 있어서는 '화기엄금'
- 질산칼륨은 제1류 위험물이지만 알칼리금속의 과산화물과 이를 함유한 것이 아니기 때문에 제조소 등의 표지판에 표기해야 하는 주의사항은 없다.

※ 질산칼륨의 운반용기 외부에는 '화기·충격주의' 및 '가연물 접촉주의'를 표기해야 한다.

07

다음의 제6류 위험물에 대하여 위험물이 될 수 있는 조건을 농도 및 비중으로 설명하시오. (단, 없으면 '없음'이라고 쓰시오.)

(1) 과산화수소
(2) 과염소산
(3) 질산

정답

(1) 농도가 36wt% 이상인 것
(2) 없음
(3) 비중이 1.49 이상인 것

08

제3류 위험물인 트리에틸알루미늄과 트리메틸알루미늄에 대한 물음에 답하시오.

(1) 트리메틸알루미늄과 물의 반응식을 쓰시오.
(2) 트리메틸알루미늄의 완전연소반응식을 쓰시오.
(3) 트리에틸알루미늄과 물의 반응식을 쓰시오.
(4) 트리에틸알루미늄의 완전연소반응식을 쓰시오.

정답

(1) $(CH_3)_3Al + 3H_2O \rightarrow Al(OH)_3 + 3CH_4$
(2) $2(CH_3)_3Al + 12O_2 \rightarrow Al_2O_3 + 6CO_2 + 9H_2O$
(3) $(C_2H_5)_3Al + 3H_2O \rightarrow Al(OH)_3 + 3C_2H_6$
(4) $2(C_2H_5)_3Al + 21O_2 \rightarrow Al_2O_3 + 12CO_2 + 15H_2O$

09

다음은 「위험물안전관리법령」상 불활성가스 소화설비에 대한 내용이다. 빈칸에 알맞은 말을 쓰시오.

(1) 이산화탄소를 방사하는 분사헤드 중 고압식의 방사압력은 (　　)MPa 이상, 저압식의 경우 (　　)MPa 이상일 것
(2) 이산화탄소를 저장하는 저압식 저장용기에는 액면계 및 압력계와 (　　)MPa 이상 (　　)MPa 이하의 압력에서 작동하는 압력경보장치를 설치할 것
(3) 이산화탄소를 저장하는 저압식 저장용기에는 용기 내부의 온도를 영하 (　　)℃ 이상, 영하 (　　)℃ 이하로 유지할 수 있는 자동냉동기를 설치할 것

정답

(1) 2.1, 1.05
(2) 2.3, 1.9
(3) 20, 18

10

다음 [보기]는 제4류 위험물이다. 수용성인 것을 모두 골라 번호를 쓰시오.

보기
① 휘발유　　② 벤젠
③ 톨루엔　　④ 클로로벤젠
⑤ 아세트알데하이드(아세트알데히드)
⑥ 아세톤　　⑦ 메틸알코올

정답

⑤, ⑥, ⑦

관련개념

보기에 있는 위험물의 분류

구분	품명	지정수량	수용성 여부
휘발유	제1석유류	200L	비수용성
벤젠	제1석유류	200L	비수용성
톨루엔	제1석유류	200L	비수용성
클로로벤젠	제2석유류	1,000L	비수용성
아세트알데하이드(아세트알데히드)	특수인화물	50L	수용성
아세톤	제1석유류	400L	수용성
메틸알코올	알코올류	400L	수용성

11

다음은 제4류 위험물 중 인화점에 대한 내용이다. 빈칸에 알맞은 기준을 쓰시오.

- 제1석유류: 인화점이 섭씨 (①)℃ 미만
- 제2석유류: 인화점이 섭씨 (①)℃ 이상 (②)℃ 미만
- 제3석유류: 인화점이 섭씨 (②)℃ 이상 섭씨 (③)℃ 미만
- 제4석유류: 인화점이 섭씨 (③)℃ 이상 섭씨 (④)℃ 미만

정답

① 21, ② 70, ③ 200, ④ 250

12

다음은 「위험물안전관리법령」에 따른 지하탱크저장소(탱크전용실)에 대한 그림이다. 다음 물음에 알맞은 답을 쓰시오.

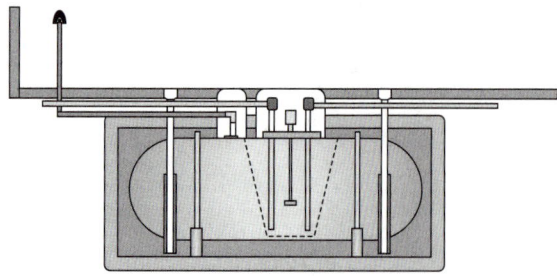

(1) 탱크전용실의 벽의 두께는 몇 m 이상으로 하여야 하는지 쓰시오.
(2) 통기관의 끝부분은 지면으로부터 몇 m 이상의 높이에 설치해야 하는지 쓰시오.
(3) 액체 위험물의 누설을 검사하기 위한 관을 몇 개소 이상 설치해야 하는지 쓰시오.
(4) 탱크 주위에는 어떤 물질로 채워야 하는지 쓰시오.
(5) 지하저장탱크의 윗부분은 지면으로부터 몇 m 이상 아래에 있어야 하는지 쓰시오.

정답

(1) 0.3m
(2) 4m
(3) 4개소
(4) 마른 모래 또는 자갈분
(5) 0.6m

관련개념

지하탱크저장소의 위치·구조 및 설비의 기준
- 탱크전용실의 벽, 바닥 및 뚜껑의 두께는 0.3m 이상이어야 한다.
- 통기관의 끝부분은 지면으로부터 4m 이상의 높이로 설치한다.
- 지하저장탱크 주위에는 해당 탱크로부터 액체 위험물의 누설을 검사하기 위한 관을 기준에 따라 4개소 이상 적당한 위치에 설치하여야 한다.
- 탱크의 주위에는 마른 모래 또는 습기 등에 의하여 응고되지 아니하는 입자지름 5mm 이하의 자갈분을 채워야 한다.
- 지하저장탱크의 윗부분은 지면으로부터 0.6m 이상 아래에 있어야 한다.

13

다음 물질과 물의 반응식을 쓰시오.

(1) K_2O_2
(2) Mg
(3) Na

정답

(1) $2K_2O_2 + 2H_2O \rightarrow 4KOH + O_2$
(2) $Mg + 2H_2O \rightarrow Mg(OH)_2 + H_2$
(3) $2Na + 2H_2O \rightarrow 2NaOH + H_2$

14

(1) 불활성가스 소화설비, (2) 옥외소화전설비, (3) 포소화설비가 적응성이 있는 위험물을 [보기]에서 모두 찾아 쓰시오. (단, 「위험물안전관리법령」 기준에 따른다.)

보기
제1류 위험물 중 알칼리금속의 과산화물
제2류 위험물 중 인화성 고체
제3류 위험물(금수성 물질 제외)
제4류 위험물
제5류 위험물
제6류 위험물

정답

(1) 불활성가스 소화설비: 제2류 위험물 중 인화성 고체, 제4류 위험물
(2) 옥외소화전설비: 제2류 위험물 중 인화성 고체, 제3류 위험물(금수성 물질 제외), 제5류 위험물, 제6류 위험물
(3) 포소화설비: 제2류 위험물 중 인화성 고체, 제3류 위험물(금수성 물질 제외), 제4류 위험물, 제5류 위험물, 제6류 위험물

15

다음은 「위험물안전관리법령」에 따른 옥내저장소 기준이다. 빈칸에 알맞은 말을 쓰시오.

- 옥내저장소에 동일 품명의 위험물이더라도 자연발화할 우려가 있는 위험물 또는 재해가 현저하게 증대할 우려가 있는 위험물을 다량 저장하는 경우에는 지정수량의 10배 이하마다 (①) 이상의 간격을 두어야 한다.
- 기계에 의하여 하역하는 구조로 된 용기만을 겹쳐쌓는 경우 (②)의 높이를 초과하지 아니하여야 한다.
- 제4류 위험물 중 제3석유류, 제4석유류 및 동식물유류를 수납하는 용기만을 겹쳐쌓는 경우 (③)의 높이를 초과하지 아니하여야 한다.
- 그 밖의 경우에는 (④)의 높이를 초과하지 아니하여야 한다.
- 옥내저장소에서는 용기에 수납하여 저장하는 위험물의 온도가 (⑤)를 넘지 아니하도록 필요한 조치를 강구하여야 한다.

정답

① 0.3m, ② 6m, ③ 4m, ④ 3m, ⑤ 55℃

16

다음 [보기]에 있는 동식물유류를 요오드값에 따라 건성유, 반건성유, 불건성유로 각각 분류하여 쓰시오.

| 보기 |
| ① 아마인유 ② 야자유 ③ 들기름
  ④ 쌀겨유 ⑤ 목화씨유 ⑥ 땅콩유 |

정답

(1) 건성유: ①, ③
(2) 반건성유: ④, ⑤
(3) 불건성유: ②, ⑥

관련개념

동식물유류의 분류
- 건성유: 요오드값이 130 이상인 것
  예) 해바라기기름, 동유, 정어리기름, 아마인유, 들기름, 대구유, 상어유 등
- 반건성유: 요오드값이 100~130인 것
  예) 채종유, 면실유(목화씨유), 참기름, 옥수수기름, 콩기름, 쌀겨유, 청어유 등
- 불건성유: 요오드값이 100 이하인 것
  예) 땅콩유, 야자유, 소기름, 고래기름, 피마자유, 올리브유 등

17

제3류 위험물 중 다음과 같은 특징을 가지는 물질에 대한 다음 물음에 알맞은 답을 쓰시오.

- 물과 반응하지 않는다.
- 공기 중에서 반응하여 흰 연기가 발생된다.

(1) 문제에서 설명하는 물질의 명칭을 쓰시오.
(2) (1)의 물질을 저장하는 옥내저장소의 바닥면적은 몇 m^2 이하로 하여야 하는지 쓰시오.
(3) (1)의 물질이 수산화칼륨과 같은 강알칼리성 용액과 반응하면 생성되는 맹독성의 기체를 화학식으로 쓰시오.

정답

(1) 황린
(2) 1,000m^2
(3) PH_3

관련개념

황린(P_4)
- 제3류 위험물이며 지정수량은 20kg이다.
- 물과 반응하지 않기 때문에 물속에 저장한다.
- 공기 중에서 반응하면 오산화인(P_2O_5)이라는 흰 연기가 발생한다.
- 강알칼리성 용액과 반응하여 pH 9 이상이 되면 가연성이고 독성이 있는 포스핀(PH_3) 기체가 발생한다.
  $P_4 + 3KOH + 3H_2O \rightarrow PH_3 + 3KH_2PO_2$

옥내저장소에서 바닥면적을 1,000m^2 이하로 해야 하는 경우
- 제1류 위험물 중 아염소산염류, 염소산염류, 과염소산염류, 무기과산화물, 그 밖에 지정수량이 50kg인 위험물
- 제3류 위험물 중 칼륨, 나트륨, 알킬알루미늄, 알킬리튬, 그 밖에 지정수량이 10kg인 위험물 및 황린
- 제4류 위험물 중 특수인화물, 제1석유류 및 알코올류
- 제5류 위험물 중 유기과산화물, 질산에스터류(질산에스테르류), 그 밖에 지정수량이 10kg인 위험물
- 제6류 위험물

18

다음 위험물에 대하여 운반용기 외부에 표시하여야 하는 주의사항을 모두 쓰시오.

(1) 제2류 위험물 중 인화성 고체
(2) 제3류 위험물 중 금수성 물질
(3) 제4류 위험물
(4) 제5류 위험물
(5) 제6류 위험물

> **정답**

(1) 화기엄금
(2) 물기엄금
(3) 화기엄금
(4) 화기엄금, 충격주의
(5) 가연물 접촉주의

> **관련개념**

위험물 운반용기 외부에 표기해야 하는 주의사항
- 제1류 위험물 중 알칼리금속의 과산화물 또는 이를 함유한 것에 있어서는 '화기·충격주의', '물기엄금' 및 '가연물 접촉주의', 그 밖의 것에 있어서는 '화기·충격주의' 및 '가연물 접촉주의'
- 제2류 위험물 중 철분·금속분·마그네슘 또는 이들 중 어느 하나 이상을 함유한 것에 있어서는 '화기주의' 및 '물기엄금', 인화성 고체에 있어서는 '화기엄금', 그 밖의 것에 있어서는 '화기주의'
- 제3류 위험물 중 자연발화성 물질에 있어서는 '화기엄금' 및 '공기접촉엄금', 금수성 물질에 있어서는 '물기엄금'
- 제4류 위험물에 있어서는 '화기엄금'
- 제5류 위험물에 있어서는 '화기엄금' 및 '충격주의'
- 제6류 위험물에 있어서는 '가연물 접촉주의'

19

다음 물질에 대하여 화학식과 지정수량을 각각 쓰시오.

(1) 과산화벤조일
(2) 과망가니즈산(과망간산)암모늄
(3) 인화아연

> **정답**

(1) $(C_6H_5CO)_2O_2$ (2) NH_4MnO_4, 1,000kg (3) Zn_3P_2, 300kg

> **상세해설**

구분	유별	품명	지정수량
과산화벤조일	제5류 위험물	유기과산화물	-
과망가니즈산(과망간산)암모늄	제1류 위험물	과망가니즈산염류(과망간산염류)	1,000kg
인화아연	제3류 위험물	금속의 인화물	300kg

※ 위 문제는 최신 법령이 개정된 문제입니다. 관련 개정사항은 제5류 위험물 지정수량 개정사항(p.2) 참고

20

제2류 위험물 중 황화인(황화린)에 대하여 다음 물음에 답하시오.

(1) 삼황화인(삼황화린), 오황화인(오황화린), 칠황화인(칠황화린) 중에서 조해성이 있는 물질과 없는 물질을 구분하시오.
(2) 황화인(황화린)의 종류 중 발화점이 가장 낮은 물질의 명칭을 쓰시오.
(3) (2) 물질에 대한 완전연소반응식을 쓰시오.

> **정답**

(1) 오황화인(오황화린), 칠황화인(칠황화린)은 조해성이 있고, 삼황화인(삼황화린)은 조해성이 없다.
(2) 삼황화인(삼황화린, P_4S_3)
(3) $P_4S_3 + 8O_2 \rightarrow 2P_2O_5 + 3SO_2$

> **관련개념**

황화인(황화린)
- 제2류 위험물이고 지정수량은 100kg이다.
- 삼황화인(삼황화린, P_4S_3), 오황화인(오황화린, P_2S_5), 칠황화인(칠황화린, P_4S_7)이 있다.
- 삼황화인(삼황화린)은 조해성이 없지만 오황화인(오황화린), 칠황화인(칠황화린)은 조해성이 있다.
- 삼황화인(삼황화린)은 발화점이 약 100°C로 황화인(황화린) 중에서 발화점이 가장 낮다.
- 삼황화인(삼황화린)이 연소되면 오산화인(P_2O_5)과 이산화황(SO_2)이 발생된다.
  $P_4S_3 + 8O_2 \rightarrow 2P_2O_5 + 3SO_2$

2020년 4회 기출문제

2020년 11월 15일 시행

01

[보기]에서 나트륨에서 화재가 발생했을 때 사용할 수 있는 소화설비를 모두 고르시오.

┌ 보기 ┐
① 팽창질석   ② 건조사
③ 포소화설비   ④ 불활성가스 소화설비
⑤ 인산염류 소화기

정답
①, ②

관련개념

나트륨
- 제3류 위험물로 지정수량은 10kg이다.
- 물과 반응하면 수소가 발생되기 때문에 물을 이용한 소화설비는 사용할 수 없다.
- 탄산수소염류 분말 소화기, 건조사(마른 모래), 팽창질석, 팽창진주암 등으로 소화한다.

02

다이에틸에테르(디에틸에테르), 이황화탄소, 산화프로필렌, 아세톤을 인화점이 낮은 것부터 순서대로 쓰시오.

정답
다이에틸에테르(디에틸에테르), 산화프로필렌, 이황화탄소, 아세톤

상세해설

구분	유별	품명	인화점
다이에틸에테르 (디에틸에테르)	제4류 위험물	특수인화물	-40℃
산화프로필렌	제4류 위험물	특수인화물	-37℃
이황화탄소	제4류 위험물	특수인화물	-30℃
아세톤	제4류 위험물	제1석유류	-18℃

03

다음 위험물을 운반할 때 운반용기 외부에 표시해야 하는 주의사항을 쓰시오. (단, 「위험물안전관리법령」상 기준에 따른다.)

(1) 질산나트륨
(2) 인화성 고체
(3) 황린
(4) 톨루엔
(5) 과산화수소

정답
(1) 화기 · 충격주의, 가연물 접촉주의
(2) 화기엄금
(3) 화기엄금, 공기접촉엄금
(4) 화기엄금
(5) 가연물 접촉주의

상세해설
- 질산나트륨은 제1류 위험물 중 알칼리금속의 과산화물에 해당되지 않으므로 '화기 · 충격주의' 및 '가연물 접촉주의'를 표시해야 한다.
- 제2류 위험물 중 인화성 고체는 '화기엄금'을 표시해야 한다.
- 제3류 위험물 중 황린과 같은 자연발화성 물질은 '화기엄금' 및 '공기접촉엄금'을 표시해야 한다.
- 톨루엔과 같은 제4류 위험물은 '화기엄금'을 표시해야 한다.
- 과산화수소와 같은 제6류 위험물은 '가연물 접촉주의'를 표시해야 한다.

관련개념

위험물 운반용기 외부에 표기해야 하는 주의사항
- 제1류 위험물 중 알칼리금속의 과산화물 또는 이를 함유한 것에 있어서는 '화기 · 충격주의', '물기엄금' 및 '가연물 접촉주의', 그 밖의 것에 있어서는 '화기 · 충격주의' 및 '가연물 접촉주의'
- 제2류 위험물 중 철분 · 금속분 · 마그네슘 또는 이들 중 어느 하나 이상을 함유한 것에 있어서는 '화기주의' 및 '물기엄금', 인화성 고체에 있어서는 '화기엄금', 그 밖의 것에 있어서는 '화기주의'
- 제3류 위험물 중 자연발화성 물질에 있어서는 '화기엄금' 및 '공기접촉엄금', 금수성 물질에 있어서는 '물기엄금'
- 제4류 위험물에 있어서는 '화기엄금'
- 제5류 위험물에 있어서는 '화기엄금' 및 '충격주의'
- 제6류 위험물에 있어서는 '가연물 접촉주의'

04

인화성 액체 위험물 옥외탱크저장소의 탱크 주위에 설치해야 하는 방유제에 관한 내용이다. 다음 빈칸에 알맞은 말을 쓰시오. (단, 일반적인 기준에 따른다.)

(1) 방유제의 높이는 (　　)m 이상, (　　)m 이하로 할 것
(2) 방유제 내의 면적은 (　　)m² 이하로 할 것
(3) 방유제 내에 설치하는 옥외저장탱크의 수는 (　　) 이하로 할 것

정답
(1) 0.5, 3
(2) 8만
(3) 10기

05

다음 위험물은 운반용기 내용적의 몇 % 이하의 수납률로 수납해야 하는지 쓰시오. (단, 「위험물안전관리법령」상의 기준을 따른다.)

(1) 질산칼륨
(2) 질산
(3) 알킬알루미늄
(4) 알킬리튬
(5) 과염소산

정답
(1) 95%, (2) 98%, (3) 90%, (4) 90%, (5) 98%

상세해설
보기에 있는 물질의 분류

구분	유별	품명	상온에서의 상태
질산칼륨	제1류 위험물	질산염류	고체
질산	제6류 위험물	질산	액체
알킬알루미늄	제3류 위험물	알킬알루미늄	액체
알킬리튬	제3류 위험물	알킬리튬	액체
과염소산	제6류 위험물	과염소산	액체

관련개념
위험물의 운반기준
- 고체 위험물은 운반용기 내용적의 95% 이하의 수납률로 수납한다.
- 액체 위험물은 운반용기 내용적의 98% 이하의 수납률로 수납하되, 55℃의 온도에서 누설되지 아니하도록 충분한 공간용적을 유지해야 한다.
- 알킬리튬, 알킬알루미늄은 운반용기 내용적의 90% 이하의 수납률로 수납하되, 50℃의 온도에서 5% 이상의 공간용적을 유지해야 한다.

06

다음은 제2류 위험물에 대한 정의이다. 빈칸에 알맞은 말을 쓰시오.

(1) 황(유황)은 순도가 (　　)중량퍼센트 이상인 것을 말한다. 이 경우 순도측정에 있어서 불순물은 활석 등 불연성 물질과 수분에 한정한다.
(2) 철분이라 함은 철의 분말로서 (　　)마이크로미터의 표준체를 통과하는 것이 (　　)중량퍼센트 미만인 것을 제외한다.
(3) 금속분이라 함은 알칼리금속, 알칼리토금속, 철 및 마그네슘 이외의 금속의 분말을 말하고, 구리분, 니켈분 및 (　　)마이크로미터의 체를 통과하는 것이 (　　)중량퍼센트 미만인 것은 제외한다.

정답
(1) 60, (2) 53, 50, (3) 150, 50

07

다음은 「위험물안전관리법령」에 따른 압력수조를 이용한 가압송수장치에서 압력수조에 필요한 압력을 구하기 위한 공식이다. 괄호에 들어갈 내용을 골라 알파벳으로 쓰시오.

P=(　)+(　)+(　)+(　)MPa
A: 소방용 호스의 마찰손실수두(m)
B: 배관의 마찰손실수두(m)
C: 소방용 호스의 마찰손실수두압(MPa)
D: 배관의 마찰손실수두압(MPa)
E: 방수압력 환산수두(m)
F: 낙차의 환산수두압(MPa)
G: 낙차(m)
H: 0.35(MPa)
I: 35(MPa)

정답
C, D, F, H

유사개념
펌프를 이용한 가압송수장치에서 펌프의 전양정 구하기
$H = h_1 + h_2 + h_3 + 35m$
H: 펌프의 전양정
h_1: 소방용 호스의 마찰손실수두(m)
h_2: 배관의 마찰손실수두(m), h_3: 낙차(m)

08

다음 [보기]에 있는 제4류 위험물의 지정수량 배수의 총합을 구하시오. (단, 제1석유류, 제2석유류, 제3석유류는 모두 수용성이다.)

| 보기 |
특수인화물 200L, 제1석유류 400L, 제2석유류 4,000L, 제3석유류 12,000L, 제4석유류 24,000L

정답

14배

상세해설

보기에 있는 물질의 지정수량

품명	지정수량
특수인화물	50L
제1석유류(수용성)	400L
제2석유류(수용성)	2,000L
제3석유류(수용성)	4,000L
제4석유류	6,000L

지정수량 배수의 총합 $= \frac{200}{50} + \frac{400}{400} + \frac{4,000}{2,000} + \frac{12,000}{4,000} + \frac{24,000}{6,000} = 14$배

09

다음의 위험물에서 위험등급Ⅱ에 해당되는 품명을 2가지씩 쓰시오.

(1) 제1류 위험물
(2) 제2류 위험물
(3) 제4류 위험물

정답

(1) 브로민산염류(브롬산염류), 질산염류, 아이오딘산염류(요오드산염류)
(2) 황화인(황화린), 적린, 황(유황)
(3) 제1석유류, 알코올류

관련개념

위험등급Ⅱ의 위험물

- 제1류 위험물 중 브로민산염류(브롬산염류), 질산염류, 아이오딘산염류(요오드산염류), 그 밖에 지정수량이 300kg인 위험물
- 제2류 위험물 중 황화인(황화린), 적린, 황(유황), 그 밖에 지정수량이 100kg인 위험물
- 제3류 위험물 중 알칼리금속(칼륨 및 나트륨을 제외함) 및 알칼리토금속, 유기금속화합물(알킬알루미늄 및 알킬리튬을 제외), 그 밖에 지정수량이 50kg인 위험물
- 제4류 위험물 중 제1석유류 및 알코올류

10

제4류 위험물인 에틸알코올에 대한 다음 물음에 답하시오.

(1) 에틸알코올의 완전연소반응식을 쓰시오.
(2) 에틸알코올과 칼륨의 반응에서 발생하는 기체의 명칭을 쓰시오.
(3) 에틸알코올의 구조이성질체로서 디메틸에테르의 시성식을 쓰시오.

정답

(1) $C_2H_5OH + 3O_2 \rightarrow 2CO_2 + 3H_2O$
(2) 수소
(3) CH_3OCH_3

관련개념

에틸알코올(C_2H_5OH)

- 제4류 위험물 중 알코올류로 지정수량은 400L이다.
- 칼륨과 반응하면 수소 기체가 발생된다.
  $2C_2H_5OH + 2K \rightarrow 2C_2H_5OK + H_2$
- 다이메틸에터(디메틸에테르, CH_3OCH_3)라는 구조이성질체가 존재한다.

구조이성질체

분자식은 같지만 원자 사이의 결합관계가 달라 물리·화학적 성질이 다른 물질을 구조이성질체라고 한다.
예) C_2H_5OH(에틸알코올), CH_3OCH_3(다이메틸에터(디메틸에테르))

11

인화칼슘에 대하여 각 물음에 답하시오.

(1) 제 몇 류 위험물인지 쓰시오.
(2) 지정수량을 쓰시오.
(3) 물과의 반응식을 쓰시오.
(4) 물과의 반응 후 생성되는 가스의 명칭을 쓰시오.

정답

(1) 제3류 위험물
(2) 300kg
(3) $Ca_3P_2 + 6H_2O \rightarrow 3Ca(OH)_2 + 2PH_3$
(4) 포스핀

관련개념

인화칼슘(Ca_3P_2)

- 제3류 위험물 중 금속의 인화물로 지정수량은 300kg이다.
- 물과 반응하면 유독성, 가연성의 포스핀(PH_3)가스가 발생된다.
  $Ca_3P_2 + 6H_2O \rightarrow 3Ca(OH)_2 + 2PH_3$
- 저장하거나 취급할 때 습기나 수분을 주의해야 한다.

12

다음 각 물질이 물과 반응할 때 생성되는 기체의 몰수를 계산식과 함께 구하시오. (단, 1기압, 30℃이다.)

(1) 과산화나트륨 78g
(2) 수소화칼슘 42g

정답

(1) 과산화나트륨 78g이 물과 반응할 때 생성되는 기체의 몰수
   과산화나트륨과 물의 반응식은 다음과 같다.
   $2Na_2O_2 + 2H_2O \rightarrow 4NaOH + O_2$
   과산화나트륨 2몰이 물과 반응하면 산소 기체 1몰이 발생한다.
   과산화나트륨의 분자량 = $(2 \times 23) + (16 \times 2) = 78g/mol$
   과산화나트륨 78g은 1몰이기 때문에 과산화나트륨 1몰이 물과 반응하면 산소 기체 0.5몰이 발생된다.

(2) 수소화칼슘 42g이 물과 반응할 때 생성되는 기체의 몰수
   수소화칼슘과 물의 반응식은 다음과 같다.
   $CaH_2 + 2H_2O \rightarrow Ca(OH)_2 + 2H_2$
   수소화칼슘 1몰이 물과 반응하면 수소 기체 2몰이 발생한다.
   수소화칼슘의 분자량 = $40 + (1 \times 2) = 42g/mol$
   수소화칼슘 42g은 1몰이기 때문에 수소화칼슘 1몰이 물과 반응하면 2몰의 수소 기체가 발생된다.

※ 문제에 주어진 1기압, 30℃ 조건은 몰수를 구하는 데는 필요하지 않고, 부피를 구할 때 필요하다.

13

다음 위험물의 품명 및 지정수량을 쓰시오.

(1) HCN
(2) $C_2H_4(OH)_2$
(3) CH_3COOH
(4) $C_3H_5(OH)_3$
(5) N_2H_4

정답

(1) 제1석유류, 400L
(2) 제3석유류, 4,000L
(3) 제2석유류, 2,000L
(4) 제3석유류, 4,000L
(5) 제2석유류, 2,000L

상세해설

보기에 있는 위험물의 분류

구분	유별	품명	지정수량
시안화수소(HCN)	제4류 위험물	제1석유류	400L
에틸렌글리콜[$C_2H_4(OH)_2$]	제4류 위험물	제3석유류	4,000L
아세트산(CH_3COOH)	제4류 위험물	제2석유류	2,000L
글리세린[$C_3H_5(OH)_3$]	제4류 위험물	제3석유류	4,000L
하이드라진(히드라진, N_2H_4)	제4류 위험물	제2석유류	2,000L

14

이황화탄소에 대한 물음에 답하시오.

(1) 연소반응식을 쓰시오.
(2) 품명을 쓰시오.
(3) 이황화탄소를 저장하는 옥외저장탱크 철근콘크리트 수조의 두께는 몇 m 이상이어야 하는지 쓰시오.

정답

(1) $CS_2 + 3O_2 \rightarrow CO_2 + 2SO_2$
(2) 특수인화물
(3) 0.2m 이상

관련개념

이황화탄소(CS_2)
- 제4류 위험물 중 특수인화물이며 지정수량은 50L이다.
- 연소하면 청색 불꽃을 발생하고 자극성이 강한 유독가스(이산화황, SO_2)를 발생한다.
  $CS_2 + 3O_2 \rightarrow CO_2 + 2SO_2$
- 이황화탄소의 옥외저장탱크는 벽 및 바닥의 두께가 0.2m 이상이고 누수가 되지 않는 철근콘크리트의 수조에 넣어 보관하여야 한다.

15

다음 설명 중 제2류 위험물인 가연성 고체에 해당되는 것을 모두 고르시오.

> ① 황화인(황화린), 적린, 황(유황)은 위험등급 Ⅱ이다.
> ② 고형알코올은 지정수량이 1,000kg이고, 품명은 알코올류이다.
> ③ 대부분 비중이 1보다 작다.
> ④ 대부분 물에 녹는다.
> ⑤ 산화성 물질이다.
> ⑥ 지정수량은 100kg, 500kg, 1,000kg이다.
> ⑦ 위험물을 취급하는 제조소 게시판의 주의사항은 화기엄금과 화기주의 중 경우에 따라 한 개를 표시하여야 한다.

정답

①, ⑥, ⑦

상세해설

① 제2류 위험물 중 황화인(황화린), 적린, 황(유황), 그 밖에 지정수량이 100kg인 위험물은 위험등급 Ⅱ이다.
② 고형알코올은 지정수량이 1,000kg이고, 품명은 인화성 고체이다.
③ 제2류 위험물은 비중이 1보다 크다.
④ 제2류 위험물은 물에 녹지 않는다.
⑤ 제2류 위험물은 산소를 함유하지 않기 때문에 강한 환원성 물질이다.
⑥ 제2류 위험물 중 황화인(황화린), 적린, 황(유황)은 지정수량이 100kg이고, 철분, 금속분, 마그네슘은 지정수량이 500kg이며, 인화성 고체는 지정수량이 1,000kg이다.
⑦ 제2류 위험물을 취급하는 제조소에서 인화성 고체를 제외한 것에는 화기주의를 표기하고, 인화성 고체에는 화기엄금을 표시해야 한다.

16

다음은 「위험물안전관리법령」에서 정한 주유취급소에 대한 내용이다. 물음에 답하시오.

(1) 고정주유설비와 부지경계선까지의 거리를 쓰시오.
(2) 고정급유설비와 부지경계선까지의 거리를 쓰시오.
(3) 고정주유설비와 도로경계선까지의 거리를 쓰시오.
(4) 고정급유설비와 도로경계선까지의 거리를 쓰시오.
(5) 고정주유설비와 개구부가 없는 벽까지의 거리를 쓰시오.

정답

(1) 2m 이상 (2) 1m 이상 (3) 4m 이상 (4) 4m 이상 (5) 1m 이상

17

다음 물음에 답하시오.

(1) ANFO 폭약을 제조하는 제1류 위험물의 화학식을 쓰시오.
(2) 이 물질이 질소, 산소, 물이 생성되는 분해반응식을 쓰시오.

정답

(1) NH_4NO_3
(2) $2NH_4NO_3 \rightarrow 2N_2 + O_2 + 4H_2O$

관련개념

질산암모늄(NH_4NO_3)
- 제1류 위험물 중 질산염류에 해당되며 지정수량은 300kg이다.
- 분해되면 물, 질소, 산소가 발생된다.
- 경유와 혼합하면 ANFO 폭약이 된다.

18

제3류 위험물에 대하여 다음 표의 빈칸에 품명과 지정수량을 쓰시오.

품명	지정수량(kg)
칼륨	( )
나트륨	( )
알킬알루미늄	( )
( )	10
( )	20
알칼리금속(K, Na 제외) 및 알칼리토금속(Mg 제외)	( )
유기금속화합물	( )

정답

품명	지정수량(kg)
칼륨	(10)
나트륨	(10)
알킬알루미늄	(10)
(알킬리튬)	10
(황린)	20
알칼리금속(K, Na 제외) 및 알칼리토금속(Mg 제외)	(50)
유기금속화합물	(50)

19

다음과 같이 에틸알코올을 저장하는 옥내저장탱크 2기가 있다. 물음에 답하시오.

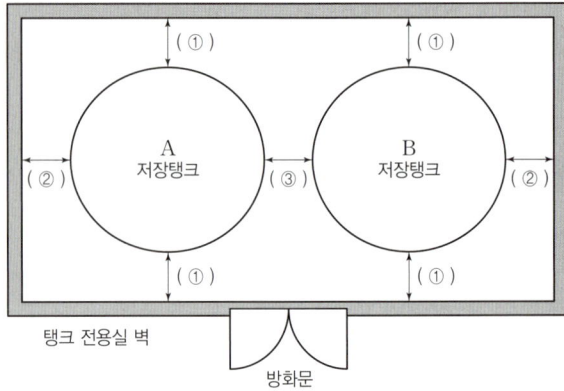

(1) ①에 해당하는 거리는 몇 m 이상으로 하여야 하는지 쓰시오.
(2) ②에 해당하는 거리는 몇 m 이상으로 하여야 하는지 쓰시오.
(3) ③에 해당하는 거리는 몇 m 이상으로 하여야 하는지 쓰시오.
(4) 해당 옥내저장탱크의 용량의 합은 몇 L 이하로 하여야 하는지 쓰시오.

정답

(1) 0.5m, (2) 0.5m, (3) 0.5m, (4) 16,000L

관련개념

옥내탱크저장소의 기준
- 옥내저장탱크와 탱크전용실의 벽과의 사이 및 옥내저장탱크 상호 간에는 0.5m 이상의 간격을 유지해야 한다.
- 옥내저장탱크의 용량은 지정수량의 40배(제4석유류 및 동식물유류 외의 제4류 위험물에 있어서는 해당 수량이 20,000L를 초과할 때에는 20,000L) 이하일 것

관련개념

알코올류인 에틸알코올의 지정수량은 400L이므로 옥내저장탱크에는 지정수량의 40배인 16,000L를 저장할 수 있다.

20

「위험물안전관리법령」에 따라 옥내저장소의 동일한 실에 유별로 정리하여 1m 이상의 간격을 두면 위험물을 함께 저장할 수 있다. 질산메틸, 인화성 고체, 황린과 함께 저장할 수 있는 물질을 [보기]에서 모두 골라 쓰시오. (단, 없으면 없음이라고 표기하시오.)

| 보기 |

과염소산칼륨, 염소산칼륨, 과산화나트륨,
아세톤, 과염소산, 질산, 아세트산

(1) 질산메틸
(2) 인화성 고체
(3) 황린

정답

(1) 과염소산칼륨, 염소산칼륨
(2) 아세톤, 아세트산
(3) 과염소산칼륨, 염소산칼륨, 과산화나트륨

상세해설

보기에 있는 위험물의 유별, 품명, 지정수량

구분	유별	품명	지정수량
과염소산칼륨	제1류 위험물	과염소산염류	50kg
염소산칼륨	제1류 위험물	염소산염류	50kg
과산화나트륨	제1류 위험물	무기과산화물	50kg
아세톤	제4류 위험물	제1석유류	400L
과염소산	제6류 위험물	과염소산	300kg
질산	제6류 위험물	질산	300kg
아세트산	제4류 위험물	제2석유류	2,000L
질산메틸	제5류 위험물	질산에스터류 (질산에스테르류)	–
인화성 고체	제2류 위험물	인화성 고체	1,000kg
황린	제3류 위험물	황린	20kg

- 질산메틸은 제5류 위험물이기 때문에 제1류 위험물 중 알칼리금속의 과산화물을 제외한 과염소산칼륨, 염소산칼륨과 함께 저장할 수 있다.
- 인화성 고체는 아세톤, 아세트산과 같은 제4류 위험물과 함께 저장할 수 있다.
- 황린은 과염소산칼륨, 염소산칼륨, 과산화나트륨과 같은 제1류 위험물과 함께 저장할 수 있다.

관련개념

동일한 저장소에 1m 이상의 간격을 두고 저장할 수 있는 위험물

- 제1류 위험물(알칼리금속의 과산화물 또는 이를 함유한 것을 제외)과 제5류 위험물을 저장하는 경우
- 제1류 위험물과 제6류 위험물을 저장하는 경우
- 제1류 위험물과 제3류 위험물 중 자연발화성 물질(황린 또는 이를 함유한 것에 한함)을 저장하는 경우
- 제2류 위험물 중 인화성 고체와 제4류 위험물을 저장하는 경우
- 제3류 위험물 중 알킬알루미늄 등과 제4류 위험물(알킬알루미늄 또는 알킬리튬을 함유한 것에 한함)을 저장하는 경우
- 제4류 위험물 중 유기과산화물 또는 이를 함유하는 것과 제5류 위험물 중 유기과산화물 또는 이를 함유한 것을 저장하는 경우

2020년 5회 기출문제

2020년 11월 29일 시행

01
제3류 위험물 중 지정수량이 10kg인 품명 4가지를 적으시오.

정답
칼륨, 나트륨, 알킬알루미늄, 알킬리튬

관련개념
제3류 위험물의 지정수량

품명	지정수량
칼륨	10kg
나트륨	10kg
알킬알루미늄	10kg
알킬리튬	10kg
황린	20kg
알칼리금속(칼륨 및 나트륨을 제외함) 및 알칼리토금속	50kg
유기금속화합물(알킬알루미늄, 알킬리튬 제외)	50kg
금속의 수소화물	300kg
금속의 인화물	300kg
칼슘 또는 알루미늄의 탄화물	300kg

02
인화알루미늄 580g이 표준상태에서 물과 반응하여 생성되는 기체의 부피(L)를 구하시오.

정답
224L

상세해설
인화알루미늄과 물의 반응식은 다음과 같다.
$AlP + 3H_2O \rightarrow Al(OH)_3 + PH_3$
인화알루미늄 1몰이 물과 반응하면 1몰의 포스핀(PH_3)가스가 발생한다.
인화알루미늄의 분자량 = 27 + 31 = 58g/mol
※ 알루미늄(Al)의 원자량 = 27, 인(P)의 원자량 = 31
인화알루미늄 580g은 인화알루미늄 10mol이다.
인화알루미늄 10mol이 물과 반응하면 10mol의 포스핀 가스가 발생한다.
아보가드로의 법칙에 의해 표준상태에서 기체 1mol의 부피는 22.4L이므로 포스핀 10mol의 부피는 224L이다.

03
다음은 「위험물안전관리법령」에서 정한 자체소방대에 대한 내용이다. 물음에 답하시오.
(1) 제조소 또는 일반취급소에서 취급하는 제4류 위험물의 최대수량의 합이 지정수량의 3천 배 이상 12만 배 미만인 사업소에 설치해야 하는 자체소방대의 인원수와 화학소방차의 대수를 쓰시오.
(2) 제조소 또는 일반취급소에서 취급하는 제4류 위험물의 최대수량의 합이 지정수량의 48만 배 이상인 사업소에 설치해야 하는 자체소방대의 인원수와 화학소방차의 대수를 쓰시오.

정답
(1) 5인, 1대
(2) 20인, 4대

관련개념
자체소방대에 두어야 하는 화학소방자동차와 자체소방대원의 수

사업소의 구분	화학소방 자동차	자체소방 대원의 수
제조소 또는 일반취급소에서 취급하는 제4류 위험물의 최대수량의 합이 지정수량의 3천 배 이상 12만 배 미만인 사업소	1대	5인
제조소 또는 일반취급소에서 취급하는 제4류 위험물의 최대수량의 합이 지정수량의 12만 배 이상 24만 배 미만인 사업소	2대	10인
제조소 또는 일반취급소에서 취급하는 제4류 위험물의 최대수량의 합이 지정수량의 24만 배 이상 48만 배 미만인 사업소	3대	15인
제조소 또는 일반취급소에서 취급하는 제4류 위험물의 최대수량의 합이 지정수량의 48만 배 이상인 사업소	4대	20인
옥외탱크저장소에 저장하는 제4류 위험물의 최대수량이 지정수량의 50만 배 이상인 사업소	2대	10인

04

위험물 제조소에 200m³과 100m³의 탱크가 각각 1개씩 2개가 있다. 탱크 주위로 하나의 방유제를 만들 때 방유제의 용량(m³)은 얼마 이상이어야 하는지 계산식과 함께 쓰시오.

정답

$(200 \times 0.5) + (100 \times 0.1) = 110 m^3$

관련개념

제조소의 옥외에 있는 위험물취급탱크의 방유제 용량

- 하나의 취급탱크 주위에 설치하는 방유제의 용량은 해당 탱크용량의 50% 이상으로 한다.
- 두 개 이상의 취급탱크 주위에 하나의 방유제를 설치하는 경우 그 방유제의 용량은 해당 탱크 중 용량이 최대인 것의 50%에 나머지 탱크용량 합계의 10%를 가산한 양 이상이 되게 한다.
- ※ 옥외탱크저장소의 방유제의 용량과는 기준이 다른 것을 주의해야 한다.

05

제2류 위험물인 알루미늄분에 대하여 다음 물음에 알맞은 답을 쓰시오.

(1) 완전연소반응식을 쓰시오.
(2) 알루미늄과 염산이 반응하는 경우 생성되는 가연성 가스의 명칭을 쓰시오.
(3) 위험등급을 쓰시오.

정답

(1) $4Al + 3O_2 \rightarrow 2Al_2O_3$
(2) 수소
(3) Ⅲ등급

관련개념

알루미늄분(Al)

- 제2류 위험물 중 금속분류에 해당되며 지정수량은 500kg이다.
- 염산과 반응하여 수소를 발생한다.
  $2Al + 6HCl \rightarrow 2AlCl_3 + 3H_2$

제2류 위험물의 위험등급

- 위험등급 Ⅱ: 황화인(황화린), 적린, 황(유황), 그 밖에 지정수량이 100kg인 위험물
- 위험등급 Ⅲ: 위험등급 Ⅰ, Ⅱ를 제외한 제2류 위험물

06

다음 [보기]의 위험물을 인화점이 낮은 것부터 높은 순서대로 나열하시오.

| 보기 |
① 아세톤, ② 이황화탄소, ③ 메틸알코올, ④ 아닐린

정답

②, ①, ③, ④

상세해설

보기에 있는 물질의 분류

구분	품명	지정수량	인화점
아세톤	제1석유류	400L	-18℃
이황화탄소	특수인화물	50L	-30℃
메틸알코올	알코올류	400L	11℃
아닐린	제3석유류	2,000L	70℃

07

제5류 위험물로서 규조토에 흡수시켜 다이너마이트를 제조하는 물질에 대하여 다음 물음에 알맞은 답을 쓰시오.

(1) 구조식을 그리시오.
(2) 품명 및 지정수량을 쓰시오.
(3) 이산화탄소, 수증기, 질소, 산소가 발생하는 완전분해 반응식을 쓰시오.

정답

(1)
```
      H   H   H
      |   |   |
  H - C - C - C - H
      |   |   |
      O   O   O
      |   |   |
     NO₂ NO₂ NO₂
```

(2) 질산에스터류(질산에스테르류)
(3) $4C_3H_5(ONO_2)_3 \rightarrow 12CO_2 + 10H_2O + 6N_2 + O_2$

관련개념

나이트로(니트로)글리세린[$C_3H_5(ONO_2)_3$]

- 제5류 위험물 중 질산에스터류(질산에스테르류)에 해당한다.
- 상온에서는 무색투명한 기름 모양의 액체이다.
- 규조토에 흡수시켜 다이너마이트를 제조한다.
- 분해되면 이산화탄소, 수증기, 질소, 산소가 발생된다.

※ 위 문제는 최신 법령이 개정된 문제입니다. 관련 개정사항은 제5류 위험물 지정수량 개정사항(p.2) 참고

08

다음은 「위험물안전관리법령」상 간이탱크저장소에 대한 내용이다. 다음 빈칸에 알맞은 답을 쓰시오.

- 하나의 간이탱크저장소에 설치하는 간이저장탱크는 그 수를 3 이하로 한다.
- 간이저장탱크는 움직이거나 넘어지지 아니하도록 지면 또는 가설대에 고정시키되, 옥외에 설치하는 경우에는 그 탱크 주위에 너비 (①)m 이상의 공지를 두고, 전용실 안에 설치하는 경우에는 탱크와 전용실의 벽과의 사이에 (②)m 이상의 간격을 유지하여야 한다.
- 간이저장탱크의 용량은 (③)L 이하이어야 한다.
- 간이저장탱크는 두께 (④)mm 이상의 강판으로 흠이 없도록 제작하여야 하며, (⑤)kPa의 압력으로 10분 간의 수압시험을 실시하여 새거나 변형되지 아니하여야 한다.

정답

① 1, ② 0.5, ③ 600, ④ 3.2, ⑤ 70

관련개념

이 문제는 「위험물안전관리법 시행규칙」 별표 9에 규정되어 있는 간이탱크저장소의 기준이 그대로 괄호 넣기로 출제되었다.

09

제4류 위험물인 아세트알데하이드(아세트알데히드)에 대하여 다음 물음에 답하시오.

(1) 시성식을 쓰시오.
(2) 에틸렌으로 아세트알데하이드(아세트알데히드)를 제조할 때의 반응식을 쓰시오.
(3) 다음 물음에 각각 답하시오.
  ① 아세트알데하이드(아세트알데히드)를 압력탱크 외의 탱크에 저장하는 경우 저장온도를 쓰시오.
  ② 아세트알데하이드(아세트알데히드)를 압력탱크에 저장하는 경우 저장온도를 쓰시오.

정답

(1) CH_3CHO
(2) $C_2H_4 + PdCl_2 + H_2O \rightarrow CH_3CHO + Pd + 2HCl$
(3) ① 15℃ 이하, ② 40℃ 이하

관련개념

아세트알데하이드(아세트알데히드, CH_3CHO)

- 제4류 위험물 중 특수인화물로 지정수량은 50L이다.
- 에틸렌이 $PdCl_2$ 촉매 하에 산화되면 아세트알데하이드가 된다.
  $C_2H_4 + PdCl_2 + H_2O \rightarrow CH_3CHO + Pd + 2HCl$

위험물 저장의 기준

- 옥외저장탱크·옥내저장탱크 또는 지하저장탱크 중 압력탱크 외의 탱크에 저장하는 다이에틸에터(디에틸에테르) 등 또는 아세트알데하이드(아세트알데히드) 등의 온도는 산화프로필렌과 이를 함유한 것 또는 다이에틸에터(디에틸에테르) 등에 있어서는 30℃ 이하로, 아세트알데하이드(아세트알데히드) 또는 이를 함유한 것에 있어서는 15℃ 이하로 각각 유지해야 한다.
- 옥외저장탱크·옥내저장탱크 또는 지하저장탱크 중 압력탱크에 저장하는 아세트알데하이드(아세트알데히드) 등 또는 다이에틸에터(디에틸에테르) 등의 온도는 40℃ 이하로 유지해야 한다.

10

아세톤 20L 드럼 100개와 경유 200L 드럼 5개가 저장되어 있을 때 지정수량 배수의 합을 구하시오.

정답

6배

관련개념

아세톤은 제4류 위험물 중 제1석유류로 지정수량은 400L이다.
아세톤 20L 드럼 100개의 양=2,000L
경유는 제4류 위험물 중 제2석유류로 지정수량은 1,000L이다.
경유 200L 드럼 5개의 양=1,000L

지정수량 배수=$\dfrac{\text{저장수량의 합}}{\text{지정수량}}$

지정수량 배수의 합=$\dfrac{2,000}{400}+\dfrac{1,000}{1,000}=6$배

12

흑색화약의 원료 3가지 중 위험물인 것에 대하여 다음 표에 알맞은 답을 쓰시오.

화학식	품명	지정수량
①	②	③
④	⑤	⑥

정답

① KNO_3, ② 질산염류, ③ 300kg, ④ S, ⑤ 황(유황), ⑥ 100kg

관련개념

흑색화약

- 질산칼륨, 숯가루, 황(유황)가루를 혼합하면 흑색화약이 된다.
- 질산칼륨은 제1류 위험물 중 질산염류에 해당되며 지정수량은 300kg이다.
- 황(유황)은 제2류 위험물에 해당되며 지정수량은 100kg이다.
- 숯가루는 가연성 물질이지만 「위험물안전관리법」상 위험물로 분류하지는 않는다.

11

다음 물음에 답하시오.

(1) 아세트산과 과산화나트륨의 반응식을 쓰시오.
(2) 아세트산의 연소반응식을 쓰시오.

정답

(1) $2CH_3COOH + Na_2O_2 \rightarrow 2CH_3COONa + H_2O_2$
(2) $CH_3COOH + 2O_2 \rightarrow 2CO_2 + 2H_2O$

관련개념

아세트산(초산, CH_3COOH)

- 제4류 위험물 중 제2석유류(수용성)으로 지정수량은 2,000L이다.
- 과산화나트륨과 반응하면 과산화수소가 생성된다.
- 완전연소하면 이산화탄소와 물이 생성된다.
- 겨울에는 얼음과 같은 고체로 존재하기 때문에 빙초산이라고도 한다.

13

제3류 위험물인 탄화칼슘에 대하여 다음 물음에 답하시오.

(1) 탄화칼슘과 물의 반응식을 쓰시오.
(2) (1)의 반응에서 생성되는 기체의 명칭을 쓰시오.
(3) (1)에서 생성되는 기체의 완전연소반응식을 쓰시오.

정답

(1) $CaC_2 + 2H_2O \rightarrow Ca(OH)_2 + C_2H_2$
(2) 아세틸렌
(3) $2C_2H_2 + 5O_2 \rightarrow 4CO_2 + 2H_2O$

관련개념

탄화칼슘(카바이드, CaC_2)

- 제3류 위험물 중 칼슘 또는 알루미늄의 탄화물로 지정수량은 300kg이다.
- 물과 반응하면 수산화칼슘과 아세틸렌 가스가 생성되므로 주수소화는 불가하다.
- 고온에서 질소 가스와 반응하여 석회질소가 된다.

14

취급하는 위험물이 지정수량의 1/10을 초과할 경우 다음 각 류별에 따른 혼재가 가능한 위험물을 쓰시오. (단, 「위험물안전관리법령」에서 정한 위험물 운반에 대한 기준에 따른다.)

(1) 제2류 위험물
(2) 제3류 위험물
(3) 제4류 위험물

정답

(1) 제4류 위험물, 제5류 위험물
(2) 제4류 위험물
(3) 제2류 위험물, 제3류 위험물, 제5류 위험물

상세해설

혼재 가능 위험물

- 423 → 제4류와 제2류, 제4류와 제3류는 서로 혼재 가능
- 524 → 제5류와 제2류, 제5류와 제4류는 서로 혼재 가능
- 61 → 제6류와 제1류는 서로 혼재 가능

16

다음은 「위험물안전관리법령」상 안전거리 기준을 그림으로 나타낸 것이다. 빈칸에 알맞은 답을 쓰시오.

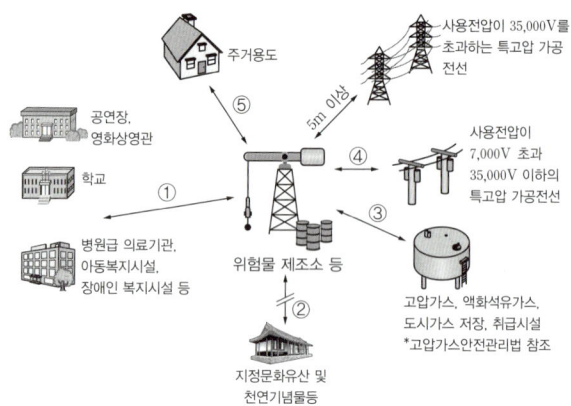

정답

① 30m 이상, ② 50m 이상, ③ 20m 이상, ④ 3m 이상, ⑤ 10m 이상

관련개념

제조소 등의 안전거리 기준

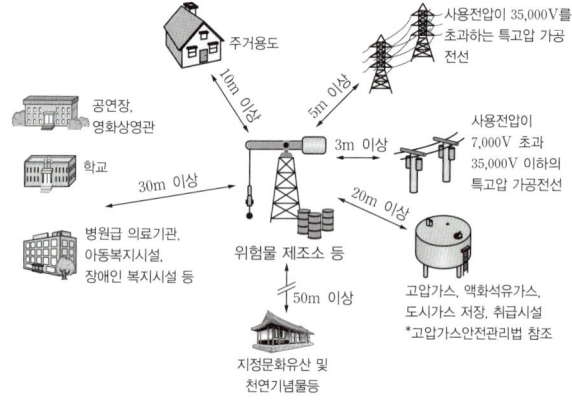

15

제4류 위험물 중 수용성인 위험물을 [보기]에서 모두 고르시오.

┤ 보기 ├
① 시안화수소 ② 아세톤 ③ 클로로벤젠 ④ 글리세린
⑤ 하이드라진(히드라진)

정답

①, ②, ④, ⑤

상세해설

보기에 있는 물질의 분류

구분	품명	지정수량	수용성 여부
시안화수소	제1석유류	400L	수용성
아세톤	제1석유류	400L	수용성
클로로벤젠	제2석유류	1,000L	비수용성
글리세린	제3석유류	4,000L	수용성
하이드라진(히드라진)	제2석유류	2,000L	수용성

17

다음 [보기]의 위험물 중에서 물과 반응하여 가연성 가스를 발생하는 물질을 2가지 골라 물과의 반응식을 쓰시오.

| 보기 |
| ① 칼슘, ② 인화칼슘, ③ 나트륨, ④ 황린, ⑤ 과염소산 |

정답

① $Ca + 2H_2O \rightarrow Ca(OH)_2 + H_2$
② $Ca_3P_2 + 6H_2O \rightarrow 3Ca(OH)_2 + 2PH_3$
③ $2Na + 2H_2O \rightarrow 2NaOH + H_2$

※ 문제에서 2가지를 쓰라고 했으므로 3가지 중에서 2가지만 써도 정답 처리된다.

상세해설

- 황린(P_4)은 제3류 위험물이지만 물과는 반응도 하지 않고, 녹지도 않기 때문에 물속에 저장한다.
- 과염소산($HClO_4$)은 제6류 위험물로 물에 잘 녹는 편이고, 액체 수화물을 만들지만 가연성 가스를 발생하지는 않는다.

18

다음은 「위험물안전관리법령」상 제조소의 보유공지를 설치하지 아니할 수 있는 격벽의 설치기준이다. 빈칸을 채우시오.

(1) 방화벽은 ( )로 할 것, 다만, 취급하는 위험물이 제6류 위험물인 경우 불연재료로 할 수 있다.
(2) 방화벽에 설치하는 출입구 및 창 등의 개구부는 가능한 한 최소로 하고, 출입구 및 창에는 자동폐쇄식의 ( )을 설치할 것
(3) 방화벽의 양단 및 상단이 외벽 또는 지붕으로부터 ( )cm 이상 돌출하도록 할 것

정답

(1) 내화구조
(2) 60분+방화문(갑종방화문)
(3) 50

관련개념

해당 내용은 「위험물안전관리법 시행규칙」 별표4에 있는 규정으로 법 조문에 있는 내용에 괄호만 넣어서 그대로 출제되었다.

19

「위험물안전관리법령」에 따른 다음 각 소화약제의 화학식을 쓰시오.

(1) 하론 1301
(2) IG-100
(3) 제2종 분말소화약제

정답

(1) CF_3Br
(2) N_2
(3) $KHCO_3$

관련개념

Halon 번호와 화학식

하론 1301에서 천의 자리의 숫자는 C의 개수, 백의 자리의 숫자는 F의 개수, 십의 자리의 숫자는 Cl의 개수, 일의 자리의 숫자는 Br의 개수를 나타낸다.

불활성가스 소화약제

- IG-541: $N_2(52\%) + Ar(40\%) + CO_2(8\%)$
- IG-55: $N_2(50\%) + Ar(50\%)$
- IG-100: $N_2(100\%)$

분말 소화약제의 종류

종별	소화약제	약제의 착색	열분해 반응식
제1종 분말	탄산수소나트륨 ($NaHCO_3$)	백색	$2NaHCO_3 \rightarrow CO_2 + H_2O + Na_2CO_3$
제2종 분말	탄산수소칼륨 ($KHCO_3$)	담회색	$2KHCO_3 \rightarrow CO_2 + H_2O + K_2CO_3$
제3종 분말	제1인산암모늄 ($NH_4H_2PO_4$)	담홍색	$NH_4H_2PO_4 \rightarrow NH_3 + HPO_3 + H_2O$
제4종 분말	탄산수소칼륨+요소 $KHCO_3 + (NH_2)_2CO$	회색	$2KHCO_3 + (NH_2)_2CO \rightarrow K_2CO_3 + 2NH_3 + 2CO_2$

20

다음은 「위험물안전관리법령」에서 정한 소화설비 적응성에 대한 내용이다. 표의 빈칸에 알맞은 답을 쓰시오.

소화설비의 구분			대상물 구분									
			건축물, 그 밖의 공작물	전기설비	제1류 위험물		제2류 위험물			제3류 위험물		제4류 위험물	제5류 위험물	제6류 위험물
					알칼리금속과산화물 등	그 밖의 것	철분, 금속분, 마그네슘 등	인화성 고체	금수성 물품	그 밖의 것			
(①) 소화전설비 또는 (②) 소화전설비			○			○		○	○		○		○	○
스프링클러 설비			○			○		○	○		○		○	○
(③) 등 소화설비		(③) 소화설비	○	○		○		○	○		○	○	○	○
		(④) 소화설비	○			○		○	○		○	○	○	○
		불활성가스 소화설비		○				○				○		
		할로젠화합물 소화설비		○				○				○		
	(⑤) 소화설비	인산염류 등	○	○		○		○	○			○		○
		탄산수소염류 등		○	○		○	○		○		○		
		그 밖의 것			○		○			○				

정답

① 옥내, ② 옥외, ③ 물분무, ④ 포, ⑤ 분말

관련개념

소화설비의 적응성 관련 표는 「위험물안전관리법 시행규칙」별표 17에 나와 있고, 본 교재의 KEYWORD 23에도 나와 있다.

2020년도부터 실기 시험문제에서 소화설비의 적응성 관련 표가 그대로 출제되는 경우가 있으므로 해당 표의 내용은 숙지하는 것이 좋다.

2019년 1회 기출문제

2019년 4월 13일 시행

01

압력탱크 외의 옥외저장탱크에 다음 물질을 저장하는 경우, 저장온도 기준을 각각 쓰시오.

(1) 다이에틸에터(디에틸에테르)
(2) 아세트알데하이드(아세트알데히드)
(3) 산화프로필렌

정답

(1) 30℃ 이하
(2) 15℃ 이하
(3) 30℃ 이하

관련개념

위험물 저장의 기준
- 옥외저장탱크·옥내저장탱크 또는 지하저장탱크 중 압력탱크 외의 탱크에 저장하는 다이에틸에터(디에틸에테르) 등 또는 아세트알데하이드(아세트알데히드) 등의 온도는 산화프로필렌과 이를 함유한 것 또는 다이에틸에터(디에틸에테르) 등에 있어서는 30℃ 이하로, 아세트알데하이드(아세트알데히드) 또는 이를 함유한 것에 있어서는 15℃ 이하로 각각 유지할 것
- 옥외저장탱크, 옥내저장탱크 또는 지하저장탱크 중 압력탱크에 저장하는 아세트알데하이드(아세트알데히드) 등 또는 다이에틸에터(디에틸에테르) 등의 온도는 40℃ 이하로 유지할 것

02

운반 시 제6류 위험물과 혼재 가능한 위험물은 몇 류 위험물인지 그 종류를 모두 쓰시오. (단, 수납된 위험물은 지정수량의 10분의 1을 초과하는 양이다.)

정답

제1류 위험물

관련개념

혼재 가능 위험물
- 423 → 제4류와 제2류, 제4류와 제3류는 서로 혼재 가능
- 524 → 제5류와 제2류, 제5류와 제4류는 서로 혼재 가능
- 61 → 제6류와 제1류는 서로 혼재 가능

03

인화점이 11℃이며 흡입 시 시신경을 마비시키는 물질의 명칭과 「위험물안전관리법」상 지정수량을 쓰시오.

(1) 명칭
(2) 지정수량

정답

(1) 메틸알코올
(2) 400L

관련개념

메틸알코올(메탄올[CH_3OH], 지정수량: 400L)
- 인화점: 11℃, 발화점: 464℃, 비등점: 65℃, 비중: 0.8
- 무색 투명한 휘발성 액체로서 물, 에터에 잘 녹고, 알코올류 중에서 수용성이 가장 높다.
- 독성이 있어 흡입 시 시신경을 마비시키며, 눈이 멀게 된다.

04

황린의 연소반응식을 쓰시오.

정답

$P_4 + 5O_2 \rightarrow 2P_2O_5$

05

다음 할로젠화합물(할로겐화합물) 소화설비에 대한 분사헤드의 방사압력을 쓰시오.

(1) 하론 2402
(2) 하론 1211

정답

(1) 0.1MPa 이상
(2) 0.2MPa 이상

관련개념

할로젠화합물(할로겐화합물) 소화설비 설치기준 중 분사헤드의 방사압력은 하론 2402를 방사하는 것은 0.1MPa 이상, 브로모클로로다이플루오로메탄(하론 1211)을 방사하는 것은 0.2MPa 이상, 브로모트라이플루오로메탄(하론 1301)을 방사하는 것은 0.9MPa 이상일 것

06

다음은 옥외탱크저장소의 보유공지에 관한 내용이다. 괄호 안을 알맞게 채우시오.

저장 또는 취급하는 위험물의 최대수량	공지의 너비
지정수량의 500배 이하	(①)m 이상
지정수량의 500배 초과 1,000배 이하	(②)m 이상
지정수량의 1,000배 초과 2,000배 이하	(③)m 이상
지정수량의 2,000배 초과 3,000배 이하	(④)m 이상
지정수량의 3,000배 초과 4,000배 이하	(⑤)m 이상

정답

① 3 ② 5 ③ 9 ④ 12 ⑤ 15

관련개념

옥외저장탱크(위험물을 이송하기 위한 배관 그 밖에 이에 준하는 공작물을 제외함)의 주위에는 그 저장 또는 취급하는 위험물의 최대수량에 따라 옥외저장탱크의 측면으로부터 다음 표에 의한 너비의 공지를 보유하여야 한다.

저장 또는 취급하는 위험물의 최대수량	공지의 너비
지정수량의 500배 이하	3m 이상
지정수량의 500배 초과 1,000배 이하	5m 이상
지정수량의 1,000배 초과 2,000배 이하	9m 이상
지정수량의 2,000배 초과 3,000배 이하	12m 이상
지정수량의 3,000배 초과 4,000배 이하	15m 이상

07

에틸렌을 $CuCl_2$(염화구리) 촉매 하에 산화반응시키면 생성되는 물질에 대해 다음 물음에 답하시오.

(1) 시성식을 쓰시오.
(2) 증기비중을 구하시오.

정답

(1) CH_3CHO
(2) 1.53

관련개념

에틸렌의 산화반응식은 염화구리 또는 염화팔라듐의 촉매 하에 다음과 같이 진행된다.

$2C_2H_4 + O_2 \rightarrow 2CH_3CHO$

아세트알데하이드(아세트알데히드, CH_3CHO)의 증기비중은 아세트알데하이드(아세트알데히드)의 분자량(44g)을 공기의 평균분자량(약 28.84g)으로 나누어 구한다.

$\frac{44}{28.84} = 1.525$

08

「위험물안전관리법」상 제5류 위험물인 트리나이트로(니트로)톨루엔에 대해 다음 물음에 답하시오.

(1) 구조식을 쓰시오.
(2) 원료를 중심으로 제조과정을 설명하시오.

정답

(1)

$$O_2N-\underset{\underset{NO_2}{|}}{\underset{|}{C_6H_2}}-\overset{CH_3}{\underset{}{|}}-NO_2$$

(2) 톨루엔과 질산을 황산 촉매 하에 반응(=나이트로화(니트로화) 반응)시켜 생성되는 물질이 트리나이트로(니트로)톨루엔이다.

$C_6H_5CH_3 + 3HNO_3 \xrightarrow{H_2SO_4} C_6H_2CH_3(NO_2)_3 + 3H_2O$

09

다음은 질산암모늄 800g이 폭발하는 경우의 반응식이다. 발생기체의 부피(L)는 표준상태에서 전부 얼마인지 구하시오.

$2NH_4NO_3 \rightarrow 4H_2O\uparrow + 2N_2\uparrow + O_2\uparrow$

정답

784L

관련개념

질산암모늄(NH_4NO_3)의 분자량은 80이므로 질산암모늄 1몰의 질량은 80g이다. 따라서 질산암모늄 800g은 10몰이다. 반응식에서 질산암모늄 2몰이 반응할 때 발생하는 기체는 7몰(수증기 4몰, 질소 2몰, 산소 1몰)이다.
질산암모늄 10몰이 반응할 때 발생하는 기체는 35몰이고, 표준상태에서 기체 1몰의 부피는 22.4L이다.
기체 35몰의 부피는 22.4×35=784L이다.

10

다음은 옥내탱크저장소에서 밸브 없는 통기관의 끝부분 설치기준이다. 괄호 안에 알맞은 내용을 채우시오.

> 통기관의 끝부분은 건축물의 창, 출입구 등의 개구부로부터 (①) 이상 떨어진 옥외의 장소에 지면으로부터 (②) 이상의 높이로 설치하되, 인화점이 40℃ 미만인 위험물의 탱크에 설치하는 통기관에 있어서는 부지경계선으로부터 (③) 이상 거리를 둘 것

정답

① 1m ② 4m ③ 1.5m

관련개념

옥내탱크저장소에서 밸브 없는 통기관의 설치기준
통기관의 끝부분은 건축물의 창·출입구 등의 개구부로부터 1m 이상 떨어진 옥외의 장소에 지면으로부터 4m 이상의 높이로 설치하되, 인화점이 40℃ 미만인 위험물의 탱크에 설치하는 통기관에 있어서는 부지경계선으로부터 1.5m 이상 거리를 두어야 한다.

11

「위험물안전관리법」상 황화인(황화린)의 종류 3가지를 화학식으로 적으시오.

정답

P_4S_3, P_2S_5, P_4S_7

관련개념

황화인(황화린, 지정수량 100kg)
- 제2류 위험물인 가연성 고체로 황화인(황화린)에는 3가지{삼황화인(삼황화린, P_4S_3), 오황화인(오황화린, P_2S_5), 칠황화인(칠황화린, P_4S_7)}의 중요한 형태가 있다.
- 황화인(황화린)이 분해하면 유독하고 가연성인 황화수소(H_2S) 가스를 발생시키고 연소 시에는 이산화황(SO_2)을 발생시킨다.

12

황(유황) 100kg, 철분 500kg, 질산염류 600kg의 지정수량 배수의 합을 구하시오.

정답

4

관련개념

황(유황)의 지정수량: 100kg, 철분의 지정수량: 500kg, 질산염류의 지정수량: 300kg

지정수량 배수의 합

$$\frac{100}{100} + \frac{500}{500} + \frac{600}{300} = 4$$

13

인화알루미늄과 물의 반응식을 쓰시오.

정답

$AlP + 3H_2O \rightarrow Al(OH)_3 + PH_3$

관련개념

인화알루미늄(AlP)은 건조 상태에서는 안정하나 습기가 있으면 격렬하게 가수반응을 일으켜 포스핀(PH_3)을 생성하여 강한 독성 물질로 변한다.

14

카바이드에 대해 다음 물음에 답하시오.

(1) 카바이드와 물이 접촉했을 때의 반응식을 쓰시오.
(2) 이때 발생하는 아세틸렌가스의 연소반응식을 쓰시오.

정답

(1) $CaC_2 + 2H_2O \rightarrow Ca(OH)_2 + C_2H_2$
(2) $2C_2H_2 + 5O_2 \rightarrow 4CO_2 + 2H_2O$

관련개념

카바이드(CaC_2)는 탄화칼슘이라고도 하고, 물과 반응하여 수산화칼슘{$Ca(OH)_2$}과 아세틸렌가스(C_2H_2)가 생성된다.

01

트리에틸알루미늄의 연소반응식을 쓰시오.

정답

$2(C_2H_5)_3Al + 21O_2 \rightarrow Al_2O_3 + 12CO_2 + 15H_2O$

02

다음 [보기]의 유별 위험물에 대해 불활성가스 소화설비에 적응성이 있는 위험물을 모두 고르시오. (단, 없으면 '없음'이라고 표기할 것)

보기
① 제1류 위험물
② 제2류 위험물 중 인화성 고체
③ 제3류 위험물
④ 제4류 위험물
⑤ 제5류 위험물
⑥ 제6류 위험물

정답

②, ④

관련개념

불활성가스 소화설비의 적응성

소화설비의 구분	건축물· 그 밖의 공작물	전기설비	제1류 위험물		제2류 위험물			제3류 위험물		제4류 위험물	제5류 위험물	제6류 위험물
			알칼리금속 과산화물 등	그밖의 것	철분· 금속분· 마그네슘 등	인화성 고체	그밖의 것	금수성 물품	그밖의 것			
불활성가스 소화설비		○				○				○		

03

황린 20kg이 연소할 때 필요한 공기의 부피(m^3)를 구하시오. (단, 공기 중 산소의 양은 21%, 황린의 분자량은 124g/mol, 표준상태이다.)

정답

$86.02m^3$

상세해설

황린의 연소반응식: $P_4 + 5O_2 \rightarrow 2P_2O_5$

황린의 분자량은 124g/mol이므로, 황린 20kg의 몰수는 다음과 같다.

$\frac{20,000g}{124g/mol} = 161.2903몰$

연소반응식에 의하면 황린 1몰이 연소할 때 필요한 산소는 5몰이므로 황린 161.2903몰이 연소할 때 필요한 산소의 몰수는 $161.2903 \times 5 = 806.4515몰$이다.

표준상태에서 기체 1몰의 부피는 22.4L이므로 산소 806.4515몰의 부피는 $806.4515 \times 22.4 = 18,064.5136L$이다.

공기 중 산소의 양은 21%이므로 산소가 18,064.5136L일 때 공기의 양은 $\frac{18,064.5136}{0.21} = 86,021.493L$이다.

필요한 공기의 부피(m^3)는 $86.02m^3$이다.

※ $1L = 0.001m^3$

04

질산암모늄은 열분해하여 N_2, O_2, H_2O를 생성한다. 다음 물음에 답하시오.

(1) 질산암모늄의 열분해 반응식을 쓰시오.
(2) 300℃, 0.9atm에서 질산암모늄 1몰이 분해하는 경우 생성되는 H_2O의 부피(L)를 구하시오.

정답

(1) $2NH_4NO_3 \rightarrow 4H_2O + 2N_2 + O_2$

(2) 104.41L

관련개념

반응식에서 질산암모늄 2몰이 반응할 때 생성되는 H_2O의 몰수는 4몰이므로 질산암모늄 1몰이 분해하는 경우 생성되는 H_2O의 몰수는 2몰이다.

주어진 조건(300℃ = 573K, 0.9atm, 기체상수 $R = 0.082$)을 이상기체 상태방정식에 대입한다.

$PV = nRT \rightarrow V = \frac{nRT}{P} = \frac{2 \times 0.082 \times 573}{0.9} = 104.413L$

05

「위험물안전관리법」에 따른 고인화점위험물의 정의를 쓰시오.

정답

인화점이 100℃ 이상인 제4류 위험물이다.

06

옥내저장소에 위험물을 저장하는 경우에는 다음의 규정에 의한 높이를 초과하여 용기를 겹쳐 쌓아서는 안 된다. 괄호 안을 알맞게 채우시오.

(1) 기계에 의하여 하역하는 구조로 된 용기만을 겹쳐 쌓는 경우에는 (　　)m
(2) 제4류 위험물 중 제3석유류, 제4석유류 및 동식물유류를 수납하는 용기만을 겹쳐 쌓는 경우에는 (　　)m
(3) 그 밖의 경우에는 (　　)m

정답

(1) 6　(2) 4　(3) 3

관련개념

옥내저장소에서 위험물을 저장하는 경우 다음 규정에 의한 높이를 초과하여 용기를 겹쳐 쌓지 아니하여야 한다.
- 기계에 의하여 하역하는 구조로 된 용기만을 겹쳐 쌓는 경우에 있어서는 6m
- 제4류 위험물 중 제3석유류, 제4석유류 및 동식물유류를 수납하는 용기만을 겹쳐 쌓는 경우에 있어서는 4m
- 그 밖의 경우에 있어서는 3m

07

제4류 위험물 중에서 위험등급Ⅱ에 해당하는 품명을 모두 쓰시오.

정답

제1석유류, 알코올류

관련개념

제4류 위험물의 위험등급
- 위험등급 Ⅰ: 특수인화물
- 위험등급 Ⅱ: 제1석유류, 알코올류
- 위험등급 Ⅲ: 제2석유류, 제3석유류, 제4석유류, 동식물유류

08

다음 [보기]에서 설명하는 위험물질에 대하여 다음 물음에 답하시오.

보기

휘발성이 있는 무색투명한 액체로서 증기는 마취성이 있고 물에 잘 녹으며, 아이오딘포름(요오드포름) 반응을 한다. 산화하면 아세트알데하이드(아세트알데히드)가 되고, 주로 화장품과 소독약의 원료로 이용된다.

(1) [보기]에서 설명하는 물질의 화학식을 쓰시오.
(2) [보기]에서 설명하는 물질의 지정수량을 쓰시오.
(3) [보기]에서 설명하는 위험물질과 진한 황산의 축합 반응 후 생성되는 제4류 위험물을 화학식으로 쓰시오.

정답

(1) C_2H_5OH
(2) 400L
(3) $C_2H_5OC_2H_5$

관련개념

에틸알코올[에탄올(C_2H_5OH)]
- 인화점: 13℃, 발화점: 400℃, 비중: 0.8
- 무색투명한 휘발성 액체로 수용성이다.
- 산화하면 아세트알데하이드(아세트알데히드)가 된다.
- 140℃에서 진한 황산과의 반응식

$$2C_2H_5OH \xrightarrow{\text{진한 } H_2SO_4} \underset{\text{다이에틸에터}}{C_2H_5OC_2H_5} + H_2O$$

- 증기는 마취성이 있고, 주로 화장품과 소독약의 원료로 이용된다.
- 에틸알코올 검출에 사용되는 반응은 아이오딘포름(요오드포름) 반응이다.(에틸알코올에 수산화칼륨과 아이오딘(요오드)을 가하고 반응시키면 아이오딘포름(요오드포름)의 노란색 침전물이 생김)

09

다음 위험물질들의 지정수량을 쓰시오.

(1) 중유
(2) 경유
(3) 다이에틸에터(디에틸에테르)
(4) 아세톤

정답

(1) 2,000L
(2) 1,000L
(3) 50L
(4) 400L

관련개념

구분	유별	품명	지정수량
중유	제4류	제3석유류(비수용성)	2,000L
경유	제4류	제2석유류(비수용성)	1,000L
다이에틸에터(디에틸에테르)	제4류	특수인화물	50L
아세톤	제4류	제1석유류(수용성)	400L

10

위험물 운반 시 제4류 위험물과 혼재가 불가능한 위험물의 유별을 모두 쓰시오.

정답

제1류 위험물, 제6류 위험물

관련개념

혼재 가능 위험물

구분	제1류	제2류	제3류	제4류	제5류	제6류
제1류		×	×	×	×	○
제2류	×		×	○	○	×
제3류	×	×		○	×	×
제4류	×	○	○		○	×
제5류	×	○	×	○		×
제6류	○	×	×	×	×	

○ 표시는 혼재할 수 있음, × 표시는 혼재할 수 없음을 나타냄

11

다음 표의 빈칸을 알맞게 채우시오.

품명	유별	지정수량
질산염류		
칼륨		
황린		
나이트로화합물(니트로화합물)		

정답

품명	유별	지정수량
질산염류	제1류 위험물	300kg
칼륨	제3류 위험물	10kg
황린	제3류 위험물	20kg
나이트로화합물(니트로화합물)	제5류 위험물	—

※ 위 문제는 최신 법령이 개정된 문제입니다. 관련 개정사항은 제5류 위험물 지정수량 개정사항(p.2) 참고

12

「위험물안전관리법」상 유별을 달리하는 위험물은 동일한 저장소에 저장하지 않아야 한다. 다만, 옥내저장소 또는 옥외저장소에 있어서 서로 1m 이상의 간격을 두는 경우에는 위험물을 동일한 저장소에 저장할 수 있다. 다음 중 동일한 옥내저장소에 저장할 수 있는 종류의 위험물끼리 연결된 것을 모두 고르시오.

(1) 무기과산화물(알칼리금속의 과산화물 제외) – 유기과산화물
(2) 질산염류 – 과염소산
(3) 황린 – 제1류 위험물
(4) 인화성 고체 – 제1석유류
(5) 황(유황) – 제4류 위험물

정답

(1), (2), (3), (4)

상세해설

(1) 무기과산화물(알칼리금속의 과산화물 제외)은 제1류 위험물이므로 제5류 위험물인 유기과산화물과 동일한 옥내저장소에 저장할 수 있다.
(2) 질산염류는 제1류 위험물이므로 제6류 위험물인 과염소산과 동일한 옥내저장소에 저장할 수 있다.
(3) 제3류 위험물 중 황린은 제1류 위험물과 동일한 옥내저장소에 저장할 수 있다.
(4) 제2류 위험물 중 인화성 고체는 제1석유류와 같은 제4류 위험물과 동일한 옥내저장소에 저장할 수 있다.
(5) 황(유황)은 제2류 위험물이지만 인화성 고체가 아니기 때문에 제4류 위험물과 동일한 저장소에 저장할 수 없다.

관련개념

동일한 저장소에 저장할 수 있는 경우

유별을 달리하는 위험물은 동일한 저장소에 저장하지 아니하여야 한다. 다만, 옥내저장소 또는 옥외저장소에 있어서 다음 규정에 의한 위험물을 저장하는 경우로서 위험물을 유별로 정리하여 저장하는 한편, 서로 1m 이상의 간격을 두는 경우에는 그러하지 아니하다.

- 제1류 위험물(알칼리금속의 과산화물 또는 이를 함유한 것을 제외)과 제5류 위험물을 저장하는 경우
- 제1류 위험물과 제6류 위험물을 저장하는 경우
- 제1류 위험물과 제3류 위험물 중 자연발화성 물질(황린 또는 이를 함유한 것에 한함)을 저장하는 경우
- 제2류 위험물 중 인화성 고체와 제4류 위험물을 저장하는 경우
- 제3류 위험물 중 알킬알루미늄 등과 제4류 위험물(알킬알루미늄 또는 알킬리튬을 함유한 것에 한함)을 저장하는 경우
- 제4류 위험물 중 유기과산화물 또는 이를 함유하는 것과 제5류 위험물 중 유기과산화물 또는 이를 함유한 것을 저장하는 경우

13

다음은 「위험물안전관리법」에 따른 이동탱크저장소의 주입설비 기준에 대한 내용이다. 괄호 안을 알맞게 채우시오.

(1) 위험물이 (　　) 우려가 없고 화재예방상 안전한 구조로 할 것
(2) 주입설비의 길이는 (　　) 이내로 하고, 그 끝부분에 축적되는 (　　)를 유효하게 제거할 수 있는 장치를 할 것
(3) 분당 배출량은 (　　) 이하로 할 것

정답

(1) 샐 (2) 50m, 정전기 (3) 200L

관련개념

이동탱크저장소에 주입설비를 설치하는 기준

- 위험물이 샐 우려가 없고 화재예방상 안전한 구조로 할 것
- 주입설비의 길이는 50m 이내로 하고, 그 끝부분에 축적되는 정전기를 유효하게 제거할 수 있는 장치를 할 것
- 분당 배출량은 200L 이하로 할 것

01

다음 [보기]에 주어진 위험물을 연소방식에 따라 분류하시오.

┌─ 보기 ─────────────────────┐
① 나트륨   ② TNT
③ 에탄올   ④ 금속분
⑤ 다이에틸에터(디에틸에테르) ⑥ 피크르산
└────────────────────────────┘

정답

- 표면연소: ①, ④
- 증발연소: ③, ⑤
- 자기연소: ②, ⑥

관련개념

- 고체의 표면연소: 목탄(숯), 코크스, 금속분 등이 열분해하여 고체의 표면이 고온을 유지하면서 가연성 가스를 발생하지 않고 그 물질 자체가 표면이 빨갛게 변하면서 연소하는 형태
- 액체의 증발연소: 알코올, 에테르, 석유, 아세톤 등과 같은 가연성 액체의 액면에서 증발하여 생긴 가연성 증기가 착화되어 화염을 내고, 이 화염이 액 표면의 온도를 상승시켜 증발을 촉진시켜 연소하는 형태
- 자기연소: 화약, 폭약의 원료인 제5류 위험물 TNT, 피크르산, 나이트로(니트로)셀룰로오스, 질산에스터류(질산에스테르류)에서 볼 수 있는 연소의 형태로서 공기 중의 산소를 필요로 하지 않고 그 물질 자체에 함유되어 있는 산소로부터 내부 연소하는 형태

02

표준상태에서 톨루엔의 증기비중을 구하시오.

정답

3.19

관련개념

톨루엔($C_6H_5CH_3$)의 분자량은 92g이고 공기의 평균분자량은 약 28.84g이다.

증기비중 = $\dfrac{\text{톨루엔의 분자량}}{\text{공기의 평균분자량}}$ = $\dfrac{92}{28.84}$ = 3.19

03

과산화나트륨과 관련하여 다음 물음에 답하시오.

(1) 과산화나트륨이 분해되어 생기는 물질 2가지를 쓰시오.
(2) 과산화나트륨과 이산화탄소가 접촉하는 화학반응식을 쓰시오.

정답

(1) 산화나트륨(Na_2O), 산소(O_2)
(2) $2Na_2O_2 + 2CO_2 \rightarrow 2Na_2CO_3 + O_2$

관련개념

- 과산화나트륨 분해식: $2Na_2O_2 \rightarrow 2Na_2O + O_2$
- 과산화나트륨과 이산화탄소 접촉 시 반응식
  $2Na_2O_2 + 2CO_2 \rightarrow 2Na_2CO_3 + O_2$

04

주유취급소에 설치해야 하는 '주유 중 엔진정지' 게시판의 규격과 색상을 쓰시오.

정답

한 변의 길이가 0.3m 이상, 다른 한 변의 길이가 0.6m 이상인 직사각형의 판에 황색바탕에 흑색문자로 표시한다.

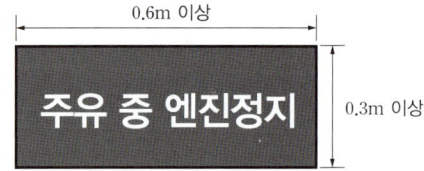

05

다음에 주어진 위험물의 경우 옥내저장소의 바닥면적을 몇 m^2 이하로 해야 하는지 쓰시오.

(1) 염소산염류
(2) 제2석유류
(3) 유기과산화물

정답

(1) $1,000m^2$
(2) $2,000m^2$
(3) $1,000m^2$

관련개념

옥내저장소의 바닥면적

가. 다음의 위험물을 저장하는 창고: $1,000m^2$ 이하
  1) 제1류 위험물 중 아염소산염류, 염소산염류, 과염소산염류, 무기과산화물, 그 밖에 지정수량이 50kg인 위험물
  2) 제3류 위험물 중 칼륨, 나트륨, 알킬알루미늄, 알킬리튬, 그 밖에 지정수량이 10kg인 위험물 및 황린
  3) 제4류 위험물 중 특수인화물, 제1석유류 및 알코올류
  4) 제5류 위험물 중 유기과산화물, 질산에스터류(질산에스테르류), 그 밖에 지정수량이 10kg인 위험물
  5) 제6류 위험물

나. 가목의 위험물 외의 위험물을 저장하는 창고: $2,000m^2$ 이하

다. 가목의 위험물과 나목의 위험물을 내화구조의 격벽으로 완전히 구획된 실에 각각 저장하는 창고: $1,500m^2$ 이하(가목의 위험물을 저장하는 실의 면적은 $500m^2$를 초과할 수 없음)

06

다음 [보기]에 주어진 위험물을 인화점이 낮은 것부터 순서대로 나열하시오.

| 보기 |
| ① 초산에틸   ② 메틸알코올 |
| ③ 나이트로벤젠(니트로벤젠) ④ 에틸렌글리콜 |

정답

①, ②, ③, ④

관련개념

인화점

- 초산에틸: $-4℃$
- 메틸알코올: $11℃$
- 나이트로벤젠(니트로벤젠): $88℃$
- 에틸렌글리콜: $120℃$

07

제3류 위험물 중 지정수량이 50kg인 위험물의 품명을 쓰시오.

정답

알칼리금속(칼륨 및 나트륨 제외) 및 알칼리토금속, 유기금속화합물(알킬알루미늄 및 알킬리튬 제외)

08

제1류 위험물 중 차광성 피복과 방수성 피복을 둘 다 해야 하는 위험물은 무엇인지 쓰시오.

정답

알칼리금속의 과산화물 또는 이를 함유한 것

관련개념

제1류 위험물은 전부 차광성이 있는 피복으로 가려야 한다.
제1류 위험물 중 알칼리금속의 과산화물 또는 이를 함유한 것은 방수성이 있는 피복으로 덮어야 한다.

09

제5류 위험물로서 담황색의 주상 결정이며 분자량이 227, 융점이 81℃이고 물에 녹지 않으며, 알코올, 벤젠, 아세톤에 녹는 물질에 대하여 다음 물음에 답하시오.

(1) 이 물질의 품명을 쓰시오.
(2) 이 물질의 지정수량을 쓰시오.
(3) 이 물질의 제조과정을 설명하시오.

정답

(1) 나이트로화합물(니트로화합물)
(2) ※ 위 문제는 최신 법령이 개정된 문제입니다. 관련 개정사항은 제5류 위험물 지정수량 개정사항(p.2) 참고
(3) 톨루엔과 질산을 황산 촉매 하에 반응(=나이트로화(니트로화) 반응)시켜 생성되는 물질이 트리나이트로(니트로)톨루엔이다.

$$C_6H_5CH_3 + 3HNO_3 \xrightarrow{H_2SO_4} C_6H_2CH_3(NO_2)_3 + 3H_2O$$

관련개념

트리나이트로(니트로)톨루엔(TNT)[$C_6H_2CH_3(NO_2)_3$]

- 담황색의 결정이며 일광하에 다갈색으로 변하고 중성물질이기 때문에 금속과 반응하지 않는다.
- 융점: 81℃, 비중: 1.66
- 톨루엔과 질산을 황산 촉매 하에 반응(=나이트로화(니트로화) 반응)시켜 생성되는 물질이 트리나이트로(니트로)톨루엔이다.
- 비수용성이고 아세톤, 벤젠, 알코올, 에터에 잘 녹고, 가열이나 충격을 주면 폭발하기 쉽다.

10

(1) 트리에틸알루미늄과 물의 반응식을 쓰고 (2) 표준상태에서 트리에틸알루미늄 228g과 물의 반응에서 발생되는 기체의 부피(L)를 구하시오.

정답

(1) $(C_2H_5)_3Al + 3H_2O \rightarrow Al(OH)_3 + 3C_2H_6$

(2) 134.4L

관련개념

트리에틸알루미늄의 분자량은 114g/mol이므로 트리에틸알루미늄 228g은 2mol이다.
물과의 반응식에 의하면 트리에틸알루미늄 1mol이 반응할 때 발생되는 기체(에탄, C_2H_6)는 3mol이다.
트리에틸알루미늄 2mol이 반응할 때 생성되는 기체는 6mol이고, 표준상태에서 기체 1mol의 부피는 22.4L이다.
기체 6mol의 부피 = 22.4 × 6 = 134.4L

상세해설

트리에틸알루미늄[$(C_2H_5)_3Al$]의 분자량 계산
- (29 × 3) + 27 = 114
- C의 원자량: 12, H의 원자량: 1, Al의 원자량: 27

11

다음 위험물을 옥외저장탱크·옥내저장탱크 또는 지하저장탱크 중 압력탱크 외의 탱크에 저장할 경우에 유지하여야 하는 온도를 각각 쓰시오.

(1) 다이에틸에터(디에틸에테르)
(2) 아세트알데하이드(아세트알데히드)
(3) 산화프로필렌

정답

(1) 30℃ 이하
(2) 15℃ 이하
(3) 30℃ 이하

관련개념

위험물 저장기준에 따르면 옥외저장탱크·옥내저장탱크 또는 지하저장탱크 중 압력탱크 외의 탱크에 저장하는 다이에틸에터(디에틸에테르) 등 또는 아세트알데하이드(아세트알데히드) 등의 온도는 산화프로필렌과 이를 함유한 것 또는 다이에틸에터(디에틸에테르) 등에 있어서는 30℃ 이하로, 아세트알데하이드(아세트알데히드) 또는 이를 함유한 것에 있어서는 15℃ 이하로 각각 유지하여야 한다.

12

산화성 액체를 판정하는 위험물 시험방법으로서 연소시간을 측정하는 시험에 사용하는 물질 2가지를 쓰시오.

정답

질산 90% 수용액과 목분

관련개념

산화성 액체를 판정하는 위험물 시험방법(연소시간 측정 시험)
시험물품과 목분과의 혼합물의 연소시간이 표준물질(질산 90% 수용액)과 목분과 혼합물의 연소시간 이하인 경우에 산화성 액체에 해당하는 것으로 본다.

13

ABC 분말 소화기 중 올소인산이 생성되는 열분해 반응식을 쓰시오.

정답

$NH_4H_2PO_4 \rightarrow H_3PO_4 + NH_3$

관련개념

제3종 분말 소화약제의 열분해 반응식
(190℃) $NH_4H_2PO_4 \rightarrow H_3PO_4$(올소인산) + NH_3
(215℃) $2H_3PO_4 \rightarrow H_4P_2O_7$(피로인산) + H_2O
(360℃ 이상) $H_4P_2O_7 \rightarrow 2HPO_3$(메타인산) + H_2O
최종분해식: $NH_4H_2PO_4 \rightarrow HPO_3$(메타인산) + $H_2O + NH_3$

2018년 1회 기출문제

2018년 4월 14일 시행

01

운반 시 제3류 위험물과 혼재 가능한 위험물을 모두 쓰시오. (단, 수납된 위험물은 지정수량의 10분의 1을 초과하는 양이다.)

정답

제4류 위험물

관련개념

혼재 가능 위험물
- 423 → 제4류와 제2류, 제4류와 제3류는 서로 혼재 가능
- 524 → 제5류와 제2류, 제5류와 제4류는 서로 혼재 가능
- 61 → 제6류와 제1류는 서로 혼재 가능

02

용량이 15,000L인 지하저장탱크에 경유를, 8,000L인 지하저장탱크에 휘발유를 인접하여 저장할 때 그 상호 간에 몇 m 이상의 간격을 유지하여야 하는지 쓰시오.

정답

0.5m

관련개념

지하탱크저장소의 기준
- 지하저장탱크를 2 이상 인접해 설치하는 경우에는 그 상호 간에 1m(2 이상의 지하저장탱크의 용량의 합계가 지정수량의 100배 이하인 때에는 0.5m) 이상의 간격을 유지하여야 한다.
- 경유의 지정수량: 1,000L, 휘발유의 지정수량: 200L

  지정수량 배수의 합: $\dfrac{15{,}000L}{1{,}000L} + \dfrac{8{,}000L}{200L} = 55$

- 지정수량 배수의 합이 100배 이하이므로 지하저장탱크 2 상호 간에는 0.5m 이상의 간격을 유지하여야 한다.

03

과산화나트륨의 운반용기에 부착해야 하는 주의사항을 모두 쓰시오.

정답

'화기·충격주의', '물기엄금' 및 '가연물 접촉주의'

관련개념

과산화나트륨은 제1류 위험물 중 무기과산화물(알칼리금속의 과산화물)에 해당하며 제1류 위험물의 운반용기에 부착해야 하는 주의사항은 다음과 같다.

제1류 위험물 중 알칼리금속의 과산화물 또는 이를 함유한 것에 있어서는 '화기·충격주의', '물기엄금' 및 '가연물 접촉주의', 그 밖의 것에 있어서는 '화기·충격주의' 및 '가연물 접촉주의'를 부착해야 한다.

04

제3종 분말 소화약제의 주성분의 화학식을 쓰시오.

정답

$NH_4H_2PO_4$

관련개념

종별	소화약제	약제의 착색	열분해 반응식
제3종 분말	제1인산암모늄 ($NH_4H_2PO_4$)	담홍색	$NH_4H_2PO_4$ → $NH_3 + HPO_3 + H_2O$

05

다음 위험물의 지정수량을 쓰시오.

(1) 다이크로뮴산(중크롬산)칼륨
(2) 수소화나트륨
(3) 나이트로(니트로)글리세린

정답

(1) 1,000kg
(2) 300kg
(3) ※ 위 문제는 최신 법령이 개정된 문제입니다. 관련 개정사항은 제5류 위험물 지정수량 개정사항(p.2) 참고

관련개념

구분	유별	품명	지정수량
다이크로뮴산 (중크롬산)칼륨	1류	다이크로뮴산염류 (중크롬산염류)	1,000kg
수소화나트륨	3류	금속의 수소화물	300kg
나이트로(니트로) 글리세린	5류	질산에스터류 (질산에스테르류)	—

06

에탄올의 완전연소반응식을 쓰시오.

정답

$C_2H_5OH + 3O_2 \rightarrow 2CO_2 + 3H_2O$

07

다음의 주어진 물질이 물과 반응하는 경우 화학반응식을 쓰시오.

(1) K_2O_2
(2) Mg
(3) Na

정답

(1) $2K_2O_2 + 2H_2O \rightarrow 4KOH + O_2$
(2) $Mg + 2H_2O \rightarrow Mg(OH)_2 + H_2$
(3) $2Na + 2H_2O \rightarrow 2NaOH + H_2$

08

분자량 44, 인화점 −38℃, 비점 21℃, 연소범위 4.0~60%인 특수인화물에 대해 다음 물음에 답하시오.

(1) 시성식을 쓰시오.
(2) 증기비중을 쓰시오.
(3) 산화반응 시 생성되는 위험물을 쓰시오.

정답

(1) CH_3CHO
(2) 1.53
(3) CH_3COOH(아세트산)

관련개념

아세트알데하이드[아세트알데히드, CH_3CHO]

- 인화점: −38℃
- 분자량이 44이기 때문에 증기비중은 공기의 평균분자량(28.84)으로 나눈 1.53이다.
- 아세트알데하이드(아세트알데히드)가 산소와 만나서 산화되면 아세트산(CH_3COOH)이 생성된다.
  $2CH_3CHO + O_2 \rightarrow 2CH_3COOH$

09

다음 [보기] 중 위험물에서 제외되는 물질을 모두 고르시오. (단, 「위험물안전관리법령」에 따른다.)

보기
① 황산
② 질산구아니딘
③ 금속의 아지화합물
④ 구리분
⑤ 과아이오딘산(과요오드산)

정답

① 황산 ④ 구리분

관련개념

- 황산: 황산은 위험물에 해당하지 않는다.
- 질산구아니딘: 제5류 위험물 중 그 밖에 행정안전부령으로 정하는 것이다.
- 금속의 아지화합물: 제5류 위험물 중 그 밖에 행정안전부령으로 정하는 것이다.
- 금속분류에서 구리분, 니켈분 및 150μm의 체를 통과하는 것이 50중량% 미만인 것은 위험물에서 제외된다.
- 과아이오딘산(과요오드산): 제1류 위험물 중 그 밖에 행정안전부령으로 정하는 것이다.

10

분말 소화약제 중 제1종의 경우 270℃와 850℃에서의 열분해 반응식을 각각 쓰시오.

정답

제1종 분말: 탄산수소나트륨($NaHCO_3$)
270℃에서 열분해 반응식: $2NaHCO_3 \rightarrow Na_2CO_3 + CO_2 + H_2O$
850℃에서 열분해 반응식: $2NaHCO_3 \rightarrow Na_2O + 2CO_2 + H_2O$

11

원통형 탱크 바닥의 지름이 10m, 높이가 4m, 지붕이 1m인 탱크의 내용적(m³)을 구하시오.

정답

반지름 5m, 높이 4m를 내용적 구하는 식에 대입하면 다음과 같다.
$\pi r^2 l = \pi \times 5^2 \times 4 = 314.16 m^3$

관련개념

원통형 탱크의 내용적

종으로 설치한 것	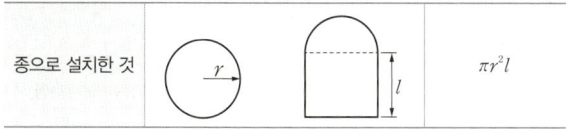	$\pi r^2 l$

12

제3류 위험물인 탄화칼슘과 물의 반응식을 쓰시오.

정답

$CaC_2 + 2H_2O \rightarrow Ca(OH)_2 + C_2H_2 \uparrow$

관련개념

탄화칼슘(CaC_2)
- 카바이드라고도 한다.
- 순수한 것은 백색의 고체이다.
- 물과 반응하면 수산화칼슘[$Ca(OH)_2$]과 아세틸렌 가스(C_2H_2)가 생성된다.
- 건조한 공기 중에서는 위험하지 않지만 습한 공기와는 상온에서도 반응한다.

13

이동탱크저장소의 구조에 관한 내용이다. 다음 빈칸을 채우시오.

> 탱크(맨홀 및 주입관의 뚜껑을 포함함)는 두께 (   )mm 이상의 강철판 또는 이와 동등 이상의 강도·내식성 및 내열성이 있다고 인정하여 소방청장이 정하여 고시하는 재료 및 구조로 위험물이 새지 아니하게 제작할 것

정답

3.2

관련개념

이동탱크저장소의 탱크(맨홀 및 주입관의 뚜껑을 포함함)는 두께 3.2mm 이상의 강철판 또는 이와 동등 이상의 강도·내식성 및 내열성이 있다고 인정하여 소방청장이 정하여 고시하는 재료 및 구조로 위험물이 새지 아니하게 제작하여야 한다.

01
다음 [보기]의 제1류 위험물의 분해온도가 낮은 것부터 높은 순으로 쓰시오.

보기
① 염소산칼륨   ② 과염소산암모늄   ③ 과산화바륨

정답
② → ① → ③

관련개념
염소산칼륨의 분해온도: 400℃
과염소산암모늄의 분해온도: 130℃
과산화바륨의 분해온도: 840℃

02
다음 불활성가스 소화약제에 대한 구성성분을 쓰시오.
(1) IG-55
(2) IG-541

정답
(1) IG-55: $N_2(50\%)$, $Ar(50\%)$
(2) IG-541: $N_2(52\%)$, $Ar(40\%)$, $CO_2(8\%)$

03
제4류 위험물인 이황화탄소가 연소하는 경우 (1) 생성되는 물질과 (2) 연소 시 불꽃반응색을 쓰시오.

정답
(1) 이산화탄소(CO_2), 이산화황(SO_2)
(2) 청색

관련개념
이황화탄소는 연소하면 청색 불꽃을 발생하고 자극성이 강하고 유독한 유독가스(이산화황)를 발생한다.
연소식: $CS_2 + 3O_2 \rightarrow CO_2 + 2SO_2$

04
「위험물안전관리법」상 동식물유류를 요오드값에 따라 분류하시오.

정답
동식물유류는 요오드값에 따라 건성유, 반건성유, 불건성유로 분류할 수 있다.
① 건성유: 요오드값이 130 이상인 것
② 반건성유: 요오드값이 100~130인 것
③ 불건성유: 요오드값이 100 이하인 것

관련개념
요오드값: 유지 100g에 부가(첨가)되는 아이오딘(요오드, I_2)의 g수
동식물유류의 요오드값에 따른 분류
① 건성유: 요오드값이 130 이상인 것
- 건성유는 섬유류 등에 스며들지 않도록 한다.(자연발화의 위험성이 있기 때문에)
- 공기 중 산소와 결합하기 쉽다.
- 고급지방산의 글리세린에스터(글리세린에스테르)이다.
- 해바라기기름, 동유, 정어리기름, 아마인유(아마씨유), 들기름, 대구유, 상어유 등(요오드값: 아마인유>해바라기유)
② 반건성유: 요오드값이 100~130인 것
- 채종유, 면실유(목화씨유), 참기름, 옥수수기름, 콩기름, 쌀겨기름, 청어유 등
③ 불건성유: 요오드값이 100 이하인 것
- 불건성유는 공기 중에서 쉽게 굳지 않는다.
- 땅콩기름, 야자유, 소기름, 고래기름, 피마자유, 올리브유

05

다음은 제1류, 제3류, 제6류 위험물의 취급에 관한 공통기준에 대한 설명이다. 괄호 안을 알맞게 채우시오.

(1) 제1류 위험물은 (①)과의 접촉·혼합이나 분해를 촉진하는 물품과의 접근 또는 과열·충격·마찰 등을 피하는 한편, 알칼리금속의 과산화물 및 이를 함유한 것에 있어서는 물과의 접촉을 피하여야 한다.
(2) 제3류 위험물 중 자연발화성 물질에 있어서는 불티·불꽃 또는 고온체와의 접근·과열 또는 (②)와의 접촉을 피하고, 금수성 물질에 있어서는 (③)과의 접촉을 피하여야 한다.
(3) 제6류 위험물은 (④)과의 접촉·혼합이나 (⑤)를 촉진하는 물품과의 접근 또는 과열을 피하여야 한다.

정답
① 가연물 ② 공기 ③ 물 ④ 가연물 ⑤ 분해

관련개념
위험물의 유별 저장·취급의 공통기준
- 제1류 위험물은 가연물과의 접촉·혼합이나 분해를 촉진하는 물품과의 접근 또는 과열·충격·마찰 등을 피하는 한편, 알칼리금속의 과산화물 및 이를 함유한 것에 있어서는 물과의 접촉을 피하여야 한다.
- 제3류 위험물 중 자연발화성 물질에 있어서는 불티·불꽃 또는 고온체와의 접근·과열 또는 공기와의 접촉을 피하고, 금수성 물질에 있어서는 물과의 접촉을 피하여야 한다.
- 제6류 위험물은 가연물과의 접촉·혼합이나 분해를 촉진하는 물품과의 접근 또는 과열을 피하여야 한다.

06

다음 위험물의 「위험물안전관리법」상 수납률을 쓰시오.

(1) 염소산암모늄
(2) 톨루엔
(3) 트리에틸알루미늄

정답
(1) 95% 이하 (2) 98% 이하 (3) 90% 이하

관련개념
염소산암모늄은 산화성 고체, 톨루엔은 인화성 액체, 트리에틸알루미늄은 자연발화성 물질 중 알킬알루미늄이다.

운반 기준에 따른 위험물의 수납률
- 고체 위험물은 운반용기 내용적의 95% 이하의 수납률로 수납할 것
- 액체 위험물은 운반용기 내용적의 98% 이하의 수납률로 수납하되, 55℃의 온도에서 누설되지 아니하도록 충분한 공간용적을 유지하도록 할 것
- 자연발화성 물질에 있어서는 불활성기체를 봉입하여 밀봉하는 등 공기와 접하지 않도록 하며 자연발화성 물질 중 알킬알루미늄 등은 운반용기의 내용적의 90% 이하의 수납률로 수납하되, 50℃의 온도에서 5% 이상의 공간용적을 유지하도록 할 것

07

인화알루미늄 580g이 표준상태에서 물과 반응하는 경우 다음 물음에 답하시오.

(1) 물과의 반응식을 쓰시오.
(2) 생성되는 기체의 부피(L)를 구하시오.

정답
(1) $AlP + 3H_2O \rightarrow PH_3 + Al(OH)_3$
(2) 224L

관련개념
인화알루미늄의 물과의 반응식은 $AlP + 3H_2O \rightarrow PH_3 + Al(OH)_3$이고, 반응 시 생성되는 기체는 포스핀($PH_3$)이다. 인화알루미늄 1몰의 분자량은 58으로 인화알루미늄 580g에 해당하는 양은 10몰이다.
반응식에서 인화알루미늄 1몰 반응 시 포스핀 1몰이 생성되므로 인화알루미늄 10몰 반응 시 포스핀 10몰이 발생하고, 기체의 부피는 표준상태에서 1몰당 22.4L이므로 포스핀 10몰의 부피는 224L이다.

상세해설
인화알루미늄(AlP)의 분자량 계산
- $27 + 31 = 58$g/mol
- Al의 원자량: 27, P의 원자량: 31

08

주유취급소에 설치해야 하는 '주유 중 엔진정지' 게시판의 색깔과 규격을 쓰시오.

정답

① 색깔: 황색바탕에 흑색문자
② 규격: 한 변의 길이가 0.3m 이상, 다른 한 변의 길이가 0.6m 이상인 직사각형

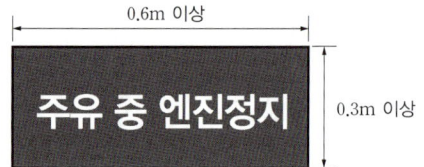

09

다음 위험물의 운송운반 시 위험물의 혼재 기준에 따라 혼재 가능한 유별 위험물을 모두 쓰시오. (단, 지정수량의 1/10 이상인 경우이다.)

(1) 제2류 위험물
(2) 제3류 위험물
(3) 제4류 위험물

정답

(1) 제2류 위험물: 제4류 위험물, 제5류 위험물
(2) 제3류 위험물: 제4류 위험물
(3) 제4류 위험물: 제2류 위험물, 제3류 위험물, 제5류 위험물

관련개념

혼재 가능 위험물

- 423 → 제4류와 제2류, 제4류와 제3류는 서로 혼재 가능
- 524 → 제5류와 제2류, 제5류와 제4류는 서로 혼재 가능
- 61 → 제6류와 제1류는 서로 혼재 가능

10

다음 원통형 탱크의 용량(L)을 구하시오. (단, 탱크의 공간용적은 5%, r: 2m, l: 5m, l_1: 1.5m, l_2: 1.5m이다.)

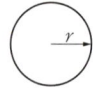 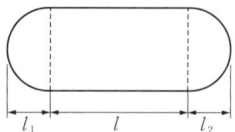

정답

71,628.29L

관련개념

원통형 탱크의 내용적

횡으로 설치한 것	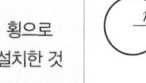 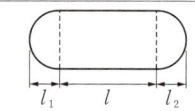	$\pi r^2 \left(l + \dfrac{l_1 + l_2}{3}\right)$

$\pi r^2 \left(l + \dfrac{l_1 + l_2}{3}\right) = \pi \times 2^2 \times \left(5 + \dfrac{1.5 + 1.5}{3}\right) = 75.3982\text{m}^3$

탱크의 용량은 해당 탱크의 내용적에서 공간용적을 뺀 용적이며, 문제에서 탱크의 공간용적이 5%라고 주어졌다.

탱크의 용량 = $75.3982 \times 0.95 = 71.62829\text{m}^3$

문제에서 원하는 단위는 L이므로 단위환산을 한다.

$71.62829\text{m}^3 = 71,628.29\text{L}$

11

알칼리금속의 과산화물의 외부용기에 표시해야 하는 주의사항을 모두 쓰시오.

정답

'화기·충격주의', '물기엄금' 및 '가연물 접촉주의'

관련개념

운반용기 외부에 표시하여야 할 주의사항

제1류 위험물 중 알칼리금속의 과산화물 또는 이를 함유한 것에 있어서는 '화기·충격주의', '물기엄금' 및 '가연물 접촉주의', 그 밖의 것에 있어서는 '화기·충격주의' 및 '가연물 접촉주의'

12

「위험물안전관리법」상 제3류 위험물에 해당하는 금속나트륨에 대해 다음을 쓰시오.

(1) 지정수량을 쓰시오.
(2) 보호액을 세 가지 쓰시오.
(3) 물과의 반응식을 쓰시오.

정답

(1) 10kg
(2) 등유, 경유, 유동파라핀
(3) $2Na + 2H_2O \rightarrow 2NaOH + H_2$

관련개념

나트륨(Na)(지정수량: 10kg)

- 비중 0.97(물보다 가벼움)
- 불꽃반응을 하면 노란 불꽃을 나타내며, 비중, 녹는점, 끓는점 모두 금속나트륨이 금속칼륨보다 크다.
- 은백색의 무른 경금속으로 물보다 가볍다.
- 공기 중의 수분이나 알코올과 반응하여 수소를 발생하며 자연발화를 일으키기 쉬우므로 등유, 경유, 유동파라핀 속에 저장한다.
- 물과의 반응식: $2Na + 2H_2O \rightarrow 2NaOH + H_2$

13

다음에 해당하는 주유취급소에 설치하는 탱크의 용량은 몇 L 이하로 해야 하는지 쓰시오.

(1) 비고속국도 주유설비
(2) 고속국도 주유설비

정답

(1) 50,000L
(2) 60,000L

관련개념

주유취급소에 설치할 수 있는 탱크의 용량

① 자동차 등에 주유하기 위한 고정주유설비에 직접 접속하는 전용탱크로서 50,000L 이하의 것
② 고정급유설비에 직접 접속하는 전용탱크로서 50,000L 이하의 것
③ 보일러 등에 직접 접속하는 전용탱크로서 10,000L 이하의 것
④ 자동차 등을 점검·정비하는 작업장 등에서 사용하는 폐유·윤활유 등의 위험물을 저장하는 탱크로서 용량이 2,000L 이하인 탱크

고속국도 주유취급소의 특례

고속국도의 도로변에 설치된 주유취급소에 있어서는 위 탱크의 용량 중 ①, ② 항목에 대하여 탱크의 용량을 60,000L까지 할 수 있다.

2018년 3회 기출문제

2018년 11월 10일 시행

01

제5류 위험물 중 피크린산의 (1) 구조식과 (2) 지정수량을 쓰시오.

정답

(1)

피크린산 구조식: 벤젠고리에 OH(위), 2,4,6 위치에 NO_2 세 개
(O_2N - 벤젠 - NO_2, 아래 NO_2, 위 OH)

(2) ※ 위 문제는 최신 법령이 개정된 문제입니다. 관련 개정사항은 제5류 위험물 지정수량 개정사항(p.2) 참고

관련개념

트리나이트로(니트로)페놀[$C_6H_2(OH)(NO_2)_3$](피크르산=피크린산=TNP)
- 자기반응성의 제5류 위험물로 황색의 침상 결정이다.
- 인화점: 150℃, 착화점: 300℃, 융점: 121℃, 비중: 1.8
- 피크린산의 저장 및 취급에 있어서는 드럼통에 넣어서 밀봉시켜 저장하고, 건조할수록 위험성이 증가된다.
- 독성이 있고 냉수에는 녹기 힘들고 더운물, 에테르, 벤젠, 알코올에 잘 녹는다.

02

「위험물안전관리법」상 제4류 위험물인 아세톤에 대하여 다음 물음에 답하시오.

(1) 시성식을 쓰시오.
(2) 품명을 쓰시오.
(3) 지정수량을 쓰시오.
(4) 증기비중을 쓰시오.

정답

(1) CH_3COCH_3
(2) 제1석유류(수용성)
(3) 400L
(4) 2.01

관련개념

아세톤(다이메틸케톤) [CH_3COCH_3](지정수량 400L)
- 인화점: $-18℃$, 비중: 0.8(물보다 가벼움)
- 증기비중 = $\dfrac{\text{아세톤의 분자량}}{\text{공기의 평균 분자량}} = \dfrac{58}{28.84} = 2.011$
- 무색의 휘발성 액체로 독특한 냄새가 있다.
- 수용성이며 유기용제(알코올, 에테르)와 잘 혼합된다.
- 아세틸렌을 저장할 때 용제로 사용된다.

03

삼황화인(삼황화린)과 오황화인(오황화린)이 연소할 때 공통으로 생성되는 물질 2가지를 화학식으로 쓰시오.

정답

P_2O_5, SO_2

관련개념

삼황화인(삼황화린)의 연소반응식: $P_4S_3 + 8O_2 \rightarrow 2P_2O_5 \uparrow + 3SO_2 \uparrow$
오황화인(오황화린)의 연소반응식: $2P_2S_5 + 15O_2 \rightarrow 2P_2O_5 \uparrow + 10SO_2 \uparrow$

04

옥내저장소에 대한 기준이다. 빈칸을 알맞게 채우시오.

> 옥내저장소에서 동일 품명의 위험물이더라도 자연발화할 우려가 있는 위험물 또는 재해가 현저하게 증대할 우려가 있는 위험물을 다량 저장하는 경우에는 지정수량의 (①)배 이하마다 구분하여 상호 간 (②)m 이상의 간격을 두어 저장하여야 한다.

정답

① 10 ② 0.3

관련개념

옥내저장소에서 동일 품명의 위험물이더라도 자연발화할 우려가 있는 위험물 또는 재해가 현저하게 증대할 우려가 있는 위험물을 다량 저장하는 경우에는 지정수량의 10배 이하마다 구분하여 상호 간 0.3m 이상의 간격을 두어 저장하여야 한다.

05

옥외소화전설비를 6개 설치할 경우 필요한 수원의 양은 몇 m^3 이상인지 계산하시오.

정답

$54m^3$ 이상

관련개념

$13.5 \times 4 = 54m^3$

옥외소화전설비 수원의 수량은 옥외소화전의 설치개수(설치개수가 4개 이상인 경우는 4개의 옥외소화전)에 $13.5m^3$를 곱한 양 이상이 되도록 설치한다.

06

트리에틸알루미늄과 메탄올의 반응식을 쓰시오.

정답

$(C_2H_5)_3Al + 3CH_3OH \rightarrow (CH_3O)_3Al + 3C_2H_6$

07

다음 주어진 [보기] 중 소화난이도등급 I에 해당하는 것을 모두 골라 기호로 쓰시오.

| 보기 |

① 지하탱크저장소
② 연면적 $1,000m^2$인 제조소
③ 처마 높이 6m인 옥내저장소
④ 제2종 판매취급소
⑤ 간이탱크저장소
⑥ 이송취급소
⑦ 이동탱크저장소

정답

②, ③, ⑥

상세해설

- 지하탱크저장소: 소화난이도등급 Ⅲ
- 제2종 판매취급소: 소화난이도등급 Ⅱ
- 간이탱크저장소: 소화난이도등급 Ⅲ
- 이동탱크저장소: 소화난이도등급 Ⅲ

08

다음 주어진 [보기] 중 「위험물안전관리법」상 제1류 위험물의 성질에 해당하는 것을 모두 골라 기호로 쓰시오.

> **보기**
> ① 무기화합물 ② 유기화합물
> ③ 산화제 ④ 인화점 0℃ 이하
> ⑤ 인화점 0℃ 이상 ⑥ 고체

정답

①, ③, ⑥

관련개념

제1류 위험물의 일반적인 성질
- 대부분 무색결정 또는 백색 분말의 고체 상태이고 비중이 1보다 크며 물에 잘 녹는다.
- 반응성이 커서 분해하면 산소를 발생하고, 대표적 성질은 산화성 고체로 모든 품목이 산소를 함유한 강력한 산화제이다.
- 자신은 불연성 물질로서 환원성 또는 가연성 물질에 대하여 강한 산화성을 가지고 모두 무기화합물이다. 즉 다른 가연물의 연소를 돕는 지연성 물질(조연성 물질)이다.
- 인화점은 가연성, 인화성 물질의 연소와 관련된 온도로 산화성 물질인 제1류 위험물에는 적용되지 않는다.

09

다음은 「위험물안전관리법」상 제3류 위험물에 해당하는 물질이다. 위험등급을 각각 분류하시오.

(1) 칼륨
(2) 나트륨
(3) 알칼리토금속
(4) 알칼리금속(칼륨 및 나트륨 제외)
(5) 알킬알루미늄
(6) 알킬리튬
(7) 황린

정답

(1) 위험등급 Ⅰ (2) 위험등급 Ⅰ
(3) 위험등급 Ⅱ (4) 위험등급 Ⅱ
(5) 위험등급 Ⅰ (6) 위험등급 Ⅰ
(7) 위험등급 Ⅰ

10

다음은 「위험물안전관리법령」에 따른 불활성가스 소화약제에 대한 설명이다. 괄호 안을 알맞게 채우시오.

소화약제	화학식
IG – 541	( ): 52%, ( ): 40%, ( ): 8%
IG – 55	( ): 50%, ( ): 50%

정답

소화약제	화학식
IG – 541	(N_2): 52%, (Ar): 40%, (CO_2): 8%
IG – 55	(N_2): 50%, (Ar): 50%

11

다음 주어진 유별 위험물이 지정수량 10배 이상인 경우 혼재 불가능한 유별 위험물을 모두 쓰시오.

(1) 제1류 위험물
(2) 제2류 위험물
(3) 제3류 위험물
(4) 제4류 위험물
(5) 제5류 위험물

정답

(1) 제2류, 제3류, 제4류, 제5류 위험물
(2) 제1류, 제3류, 제6류 위험물
(3) 제1류, 제2류, 제5류, 제6류 위험물
(4) 제1류, 제6류 위험물
(5) 제1류, 제3류, 제6류 위험물

관련개념

혼재 가능 위험물

구분	제1류	제2류	제3류	제4류	제5류	제6류
제1류		×	×	×	×	○
제2류	×		×	○	○	×
제3류	×	×		○	×	×
제4류	×	○	○		○	×
제5류	×	○	×	○		×
제6류	○	×	×	×	×	

12

「위험물안전관리법」상 제4류 위험물에 해당하는 다이에틸에터(디에틸에테르)가 2,000L 있는 경우 소요단위를 계산하시오.

정답

4

관련개념

위험물은 지정수량의 10배를 1소요단위로 하며, 다이에틸에터(디에틸에테르)의 지정수량은 50L이다.

다이에틸에터(디에틸에테르)의 1소요단위는 $50 \times 10 = 500L$이고, 다이에틸에터(디에틸에테르) 2,000L는 $\frac{2,000}{500} = 4$이므로 4소요단위가 된다.

13

「위험물안전관리법」상 제4류 위험물에 해당하는 아세트산의 완전연소반응식을 쓰시오.

정답

$CH_3COOH + 2O_2 \rightarrow 2CO_2 + 2H_2O$

2017년 1회 기출문제

2017년 4월 16일 시행

01
제5류 위험물인 트리나이트로(니트로)페놀의 (1) 구조식과 (2) 지정수량을 쓰시오.

정답

(1)
트리나이트로페놀 구조식: 벤젠 고리에 OH(상단), 2,4,6-위치에 NO₂ 세 개

(2) ※ 위 문제는 최신 법령이 개정된 문제입니다. 관련 개정사항은 제5류 위험물 지정수량 개정사항(p.2) 참고

02
오황화인(오황화린)의 (1) 연소반응식과 (2) 생성물질 중 상온에서 기체에 해당하는 것을 쓰시오.

정답

(1) $2P_2S_5 + 15O_2 \rightarrow 2P_2O_5 + 10SO_2$
(2) SO_2(이산화황)

관련개념

오황화인(오황화린, P_2S_5)
- P_2S_5는 담황색 결정으로 조해성과 흡습성이 있고, 알칼리에 분해하여 H_2S(황화수소)와 H_3PO_4(인산)가 된다.
- 연소반응식: $2P_2S_5 + 15O_2 \rightarrow 2P_2O_5 + 10SO_2$

03
제2류 위험물의 품명에 따른 지정수량을 4가지 쓰시오.

정답

황화인(황화린, 100kg), 적린(100kg), 황(유황, 100kg), 철분(500kg), 금속분(500kg), 마그네슘(500kg), 인화성 고체(1,000kg)

04
다음 물음에 답하시오.
(1) 과산화나트륨이 분해되어 생성되는 물질 2가지를 쓰시오.
(2) 과산화나트륨과 이산화탄소가 접촉할 때의 화학반응식을 쓰시오.

정답

(1) 산화나트륨(Na_2O), 산소(O_2)
(2) $2Na_2O_2 + 2CO_2 \rightarrow 2Na_2CO_3 + O_2$

관련개념

과산화나트륨의 분해반응: $2Na_2O_2 \rightarrow 2Na_2O + O_2$
과산화나트륨과 이산화탄소의 반응식:
$2Na_2O_2 + 2CO_2 \rightarrow 2Na_2CO_3 + O_2$

05
탱크 바닥의 반지름이 60cm, 높이가 150cm인 탱크의 내용적은 몇 m³인지 구하시오.

정답

$V(\text{내용적}) = \pi r^2 l = \pi \times 0.6^2 \times 1.5 = 1.70 m^3$

06

다음 위험물의 지정수량 배수의 합을 계산하시오.

| 보기 |
- 메틸에틸케톤 1,000L
- 메틸알코올 1,000L
- 클로로벤젠 1,500L

정답

9

관련개념

메틸에틸케톤의 지정수량: 200L
메틸알코올의 지정수량: 400L
클로로벤젠의 지정수량: 1,000L

따라서 지정수량 배수의 합은 $\frac{1,000}{200} + \frac{1,000}{400} + \frac{1,500}{1,000} = 9$

07

이동저장탱크의 구조에 대한 설명이다. 다음 [보기]의 빈칸을 채우시오.

| 보기 |
위험물을 저장, 취급하는 이동탱크는 두께 (①)mm 이상의 강철판으로 위험물이 새지 않게 제작하고, 압력탱크에 있어서는 최대상용압력의 (②)배의 압력으로, 압력탱크 외의 탱크는 (③)kPa의 압력으로 각각 (④)분간의 수압시험을 실시하여 새거나 변형되지 아니할 것

정답

① 3.2 ② 1.5 ③ 70 ④ 10

관련개념

이동탱크저장소의 구조

- 탱크(맨홀 및 주입관의 뚜껑을 포함)는 두께 3.2mm 이상의 강철판 또는 이와 동등 이상의 강도·내식성 및 내열성이 있다고 인정하여 소방청장이 정하여 고시하는 재료 및 구조로 위험물이 새지 아니하게 제작한다.
- 압력탱크 외의 탱크는 70kPa의 압력으로, 압력탱크는 최대상용압력의 1.5배의 압력으로 각각 10분간의 수압시험을 실시하여 새거나 변형되지 아니하여야 한다. 이 경우 수압시험은 용접부에 대한 비파괴시험과 기밀시험으로 대신할 수 있다.

08

제2종 분말 소화약제에 대한 열분해 반응식을 쓰시오.

정답

$2KHCO_3 \rightarrow CO_2 + H_2O + K_2CO_3$

관련개념

종별	소화약제	약제의 착색	열분해 반응식
제2종 분말	탄산수소칼륨 ($KHCO_3$)	담회색	$2KHCO_3 \rightarrow$ $CO_2 + H_2O + K_2CO_3$

09

위험물 운반용기의 외부 표시사항을 쓰시오.

(1) 제2류 위험물 중 인화성 고체
(2) 제3류 위험물 중 금수성 물질
(3) 제4류 위험물
(4) 제6류 위험물

정답

(1) 화기엄금
(2) 물기엄금
(3) 화기엄금
(4) 가연물 접촉주의

관련개념

수납하는 위험물에 따른 주의사항

- 제1류 위험물 중 알칼리금속의 과산화물 또는 이를 함유한 것에 있어서는 '화기·충격주의', '물기엄금' 및 '가연물 접촉주의', 그 밖의 것에 있어서는 '화기·충격주의' 및 '가연물 접촉주의'
- 제2류 위험물 중 철분·금속분·마그네슘 또는 이들 중 어느 하나 이상을 함유한 것에 있어서는 '화기주의' 및 '물기엄금', 인화성 고체에 있어서는 '화기엄금', 그 밖의 것에 있어서는 '화기주의'
- 제3류 위험물 중 자연발화성 물질에 있어서는 '화기엄금' 및 '공기접촉엄금', 금수성 물질에 있어서는 '물기엄금'
- 제4류 위험물에 있어서는 '화기엄금'
- 제5류 위험물에 있어서는 '화기엄금' 및 '충격주의'
- 제6류 위험물에 있어서는 '가연물 접촉주의'

10

제4류 위험물 중 옥외저장소에 보관 가능한 물질 4가지를 쓰시오.

정답

제1석유류(인화점이 0℃ 이상인 것에 한함), 알코올류, 제2석유류, 제3석유류, 제4석유류, 동식물유류

관련개념

옥외저장소에 저장할 수 있는 위험물
- 제2류 위험물 중 황(유황) 또는 인화성 고체(인화점이 0℃ 이상인 것에 한함)
- 제4류 위험물 중 제1석유류(인화점이 0℃ 이상인 것에 한함)·알코올류·제2석유류·제3석유류·제4석유류 및 동식물유류
- 제6류 위험물

11

다음 [보기]의 물질을 인화점이 낮은 것부터 순서대로 쓰시오.

| 보기 |
| 초산에틸, 메틸알코올, 나이트로벤젠(니트로벤젠), 에틸렌글리콜 |

정답

초산에틸<메틸알코올<나이트로벤젠(니트로벤젠)<에틸렌글리콜

관련개념

- 초산에틸의 인화점: $-4℃$
- 메틸알코올의 인화점: $11℃$
- 나이트로벤젠(니트로벤젠)의 인화점: $88℃$
- 에틸렌글리콜의 인화점: $120℃$

12

옥내저장소에 옥내소화전설비를 5개 설치하여 동시에 사용할 경우 (1) 각 노즐 끝부분의 방수압력과 (2) 분당 방수량은 얼마인지 쓰시오.

정답

(1) 350kPa 이상

(2) 260L/min 이상

관련개념

옥내소화전설비는 각층을 기준으로 하여 해당 층의 모든 옥내소화전(설치개수가 5개 이상인 경우는 5개의 옥내소화전)을 동시에 사용할 경우에 각 노즐 끝부분의 방수압력이 350kPa 이상이고 방수량이 260L/min 이상의 성능이 되도록 하여야 한다.

13

제3류 위험물인 탄화칼슘에 대해 다음 물음에 답하시오.

(1) 탄화칼슘과 물의 반응식을 쓰시오.

(2) 생성된 기체와 구리와의 반응식을 쓰시오.

(3) 구리와 반응하면 위험한 이유를 쓰시오.

정답

(1) $CaC_2 + 2H_2O \rightarrow Ca(OH)_2 + C_2H_2 \uparrow$

(2) $C_2H_2 + 2Cu \rightarrow Cu_2C_2 + H_2 \uparrow$

(3) 아세틸렌가스는 구리와 반응하여 폭발성 화합물인 구리아세틸라이드와 가연성의 수소가스를 발생시키기 때문이다.

01

제1류 위험물인 염소산칼륨의 열분해 반응식을 쓰시오.

정답

$2KClO_3 \rightarrow 2KCl + 3O_2 \uparrow$

관련개념

염소산칼륨($KClO_3$)의 열분해 반응식
- (400℃) $2KClO_3 \rightarrow KClO_4 + KCl + O_2 \uparrow$
- (540~560℃) $KClO_4 \rightarrow KCl + 2O_2 \uparrow$
- 완전 열분해 반응식: $2KClO_3 \rightarrow 2KCl + 3O_2 \uparrow$

02

다음 주어진 위험물에 대하여 위험물의 한계조건에 대해 쓰시오. (단, 없으면 '없음'이라고 쓰시오.)

(1) 과산화수소
(2) 과염소산
(3) 질산

정답

(1) 과산화수소는 그 농도가 36wt% 이상인 것에 한하여 위험물로 본다.
(2) 없음
(3) 질산은 비중이 1.49 이상인 것에 한하여 위험물로 본다.

03

금속칼륨이 다음 각 물질과 반응할 때의 화학반응식을 쓰시오.

(1) 물
(2) 이산화탄소
(3) 에탄올

정답

(1) $2K + 2H_2O \rightarrow 2KOH + H_2 \uparrow$
(2) $4K + 3CO_2 \rightarrow 2K_2CO_3 + C$
(3) $2K + 2C_2H_5OH \rightarrow 2C_2H_5OK + H_2 \uparrow$

04

아세트알데하이드(아세트알데히드) 등의 옥외탱크저장소에 관한 설명이다. 다음 빈칸을 채우시오.

(1) 옥외저장탱크의 설비는 동, (　), 은, (　) 또는 이들을 성분으로 하는 합금으로 만들지 아니할 것
(2) 옥외저장탱크에는 (　) 또는 (　), 그리고 연소성 혼합기체의 생성에 의한 폭발을 방지하기 위한 불활성의 기체를 봉입하는 장치를 설치할 것

정답

(1) 마그네슘, 수은
(2) 냉각장치, 보냉장치

관련개념

아세트알데하이드(아세트알데히드) 등의 옥외탱크저장소
- 옥외저장탱크의 설비는 동·마그네슘·은·수은 또는 이들을 성분으로 하는 합금으로 만들지 아니할 것
- 옥외저장탱크에는 냉각장치 또는 보냉장치, 그리고 연소성 혼합기체의 생성에 의한 폭발을 방지하기 위한 불활성의 기체를 봉입하는 장치를 설치할 것

05

옥외저장소에 제2류 위험물인 황(유황) 15,000kg을 저장하는 경우 보유공지는 얼마를 확보해야 하는지 쓰시오.

정답

12m 이상

관련개념

황(유황)의 지정수량은 100kg이므로 황(유황) 15,000kg은 지정수량의 150배이고 옥외저장소의 보유공지는 다음 표와 같다.

저장 또는 취급하는 위험물의 최대수량	공지의 너비
지정수량의 10배 이하	3m 이상
지정수량의 10배 초과 20배 이하	5m 이상
지정수량의 20배 초과 50배 이하	9m 이상
지정수량의 50배 초과 200배 이하	12m 이상
지정수량의 200배 초과	15m 이상

06

다음 빈칸에 들어갈 알맞은 답을 쓰시오.

> 특수인화물이라 함은 이황화탄소, 다이에틸에터(디에틸에테르), 그 밖에 1atm에서 발화점이 (①)℃ 이하인 것 또는 인화점이 영하 (②)℃ 이하이고 비점이 (③)℃ 이하인 것을 말한다.

정답

① 100 ② 20 ③ 40

관련개념

특수인화물

이황화탄소, 다이에틸에터(디에틸에테르), 그 밖에 1atm에서 발화점이 100℃ 이하인 것 또는 인화점이 −20℃ 이하이고 비점이 40℃ 이하인 것을 말한다.

07

소화난이도등급 I에 해당하는 제조소 등의 적용대상에 대한 설명이다. ( ) 안에 알맞은 말을 쓰시오.

⑴ 연면적 ( ) 이상인 것
⑵ 지정수량의 ( )배 이상인 것
⑶ 지반면으로부터 ( ) 이상의 높이에 위험물 취급설비가 있는 것

정답

⑴ 1,000m²
⑵ 100
⑶ 6m

관련개념

소화난이도등급 I에 해당하는 제조소 등

제조소 일반취급소	연면적 1,000m² 이상인 것
	지정수량의 100배 이상인 것(고인화점 위험물만을 100℃ 미만의 온도에서 취급하는 것 및 제48조의 위험물을 취급하는 것은 제외)
	지반면으로부터 6m 이상의 높이에 위험물 취급설비가 있는 것(고인화점 위험물만을 100℃ 미만의 온도에서 취급하는 것은 제외)
	일반취급소로 사용되는 부분 외의 부분을 갖는 건축물에 설치된 것(내화구조로 개구부 없이 구획된 것 및 고인화점 위험물만을 100℃ 미만의 온도에서 취급하는 것은 제외)

08

옥내저장소의 한 층에 옥내소화전설비를 3개 설치할 경우 필요한 수원의 양은 몇 m³ 이상인지 계산하시오.

정답

23.4m³

관련개념

수원의 수량은 옥내소화전이 가장 많이 설치된 층의 옥내소화전 설치 개수(설치 개수가 5개 이상인 경우는 5개)에 7.8m³를 곱한 양 이상이 되도록 설치하여야 하므로 필요한 최소 수원의 양은 3×7.8=23.4(m³)이다.

09

[보기]에서 제4류 위험물 중 제2석유류에 대한 설명으로 옳은 것을 모두 골라 번호를 쓰시오.

> ─ 보기 ─
> ① 등유와 경유가 해당한다.
> ② 중유와 크레오소트유(클레오소트유)가 해당한다.
> ③ 1atm에서 인화점이 70℃ 이상 200℃ 미만인 것을 말한다.
> ④ 1atm에서 인화점이 200℃ 이상 250℃ 미만의 것을 말한다.
> ⑤ 도료류, 그 밖의 물품에 있어서 가연성 액체량이 40중량퍼센트 이하이면서 인화점이 섭씨 40도 이상인 동시에 연소점이 섭씨 60도 이상인 것은 제외한다.

정답

①, ⑤

관련개념

제2석유류라 함은 등유, 경유, 그 밖에 1atm에서 인화점이 21℃ 이상 70℃ 미만인 것을 말한다. 다만, 도료류, 그 밖의 물품에 있어서 가연성 액체량이 40(중량)% 이하이면서 인화점이 40℃ 이상인 동시에 연소점이 60℃ 이상인 것은 제외한다.

10

이황화탄소 100kg이 완전연소할 때 발생하는 이산화황의 부피(m^3)를 구하시오. (단, 압력은 800mmHg, 기준온도는 30℃이다.)

정답

$62.12m^3$

상세해설

이황화탄소의 완전연소식: $CS_2 + 3O_2 \rightarrow CO_2 + 2SO_2$

이황화탄소의 분자량은 76이므로 이황화탄소 1몰의 무게는 76g이다.

연소식에 따르면 이황화탄소 1몰이 연소할 때 생성되는 이산화황의 몰수는 2몰이므로 이황화탄소 100kg이 완전연소할 때 발생하는 이산화황의 몰수를 x라 하면 비례식을 다음과 같이 세울 수 있다.

$1 : 2 = \dfrac{100,000g}{76g} : x$

따라서 $x = 2,631.5789$몰

비례식으로 구한 이산화황의 몰수와 문제에서 주어진 온도, 압력 등의 조건을 이상기체 상태방정식 $PV = nRT$에 대입하여 발생한 이산화황의 부피를 구한다.

($800mmHg = 1.0526atm$, $30℃ = 303K$, $R = 0.082 L \cdot atm \cdot K^{-1} \cdot mol^{-1}$)

※ $760mmHg = 1atm$

$PV = nRT \rightarrow V = \dfrac{nRT}{P}$

$V = \dfrac{2,631.5789 \times 0.082 \times 303}{1.0526} = 62,116.8624 L = 62.12 m^3$

※ $1L = 0.001 m^3$

11

다음 주어진 [보기] 중에서 불활성가스 소화설비에 대한 소화적응력이 있는 위험물을 모두 고르시오. (단, 없으면 없음이라고 쓰시오.)

| 보기 |

① 제1류 위험물 중 알칼리금속의 과산화물
② 제2류 위험물 중 인화성 고체
③ 제3류 위험물
④ 제4류 위험물
⑤ 제5류 위험물
⑥ 제6류 위험물

정답

②, ④

관련개념

불활성가스 소화설비의 적응성

소화설비의 구분	건축물·그 밖의 공작물	전기설비	제1류 위험물		제2류 위험물			제3류 위험물		제4류 위험물	제5류 위험물	제6류 위험물
			알칼리금속 과산화물 등	그 밖의 것	철분·금속분·마그네슘 등	인화성 고체	그 밖의 것	금수성 물품	그 밖의 것			
불활성가스 소화설비		○				○				○		

12

다음은 지정과산화물을 저장하는 옥내저장소에 대한 설치기준이다. 괄호 안을 알맞게 채우시오.

(1) 저장창고는 ( )m² 이내마다 격벽으로 완전하게 구획할 것. 이 경우 해당 격벽은 두께 ( )cm 이상의 철근콘크리트조 또는 철골철근콘크리트조로 하거나 두께 ( )cm 이상의 보강콘크리트블록조로 하고, 해당 저장창고 양측의 외벽으로부터 ( )m 이상, 상부의 지붕으로부터 ( )cm 이상 돌출하게 하여야 한다.

(2) 저장창고의 창은 바닥면으로부터 ( )m 이상의 높이에 두되, 하나의 벽면에 두는 창의 면적의 합계를 해당 벽면의 면적의 ( )분의 1 이내로 하고, 하나의 창의 면적을 ( )m² 이내로 할 것

정답

(1) 150, 30, 40, 1, 50
(2) 2, 80, 0.4

관련개념

지정과산화물 옥내저장소의 저장창고 기준

- 저장창고는 150m² 이내마다 격벽으로 완전하게 구획할 것. 이 경우 해당 격벽은 두께 30cm 이상의 철근콘크리트조 또는 철골철근콘크리트조로 하거나 두께 40cm 이상의 보강콘크리트블록조로 하고, 해당 저장창고 양측의 외벽으로부터 1m 이상, 상부의 지붕으로부터 50cm 이상 돌출하게 하여야 한다.
- 저장창고의 외벽은 두께 20cm 이상의 철근콘크리트조나 철골철근콘크리트조 또는 두께 30cm 이상의 보강콘크리트블록조로 할 것
- 저장창고의 창은 바닥면으로부터 2m 이상의 높이에 두되, 하나의 벽면에 두는 창의 면적의 합계를 해당 벽면의 면적의 80분의 1 이내로 하고, 하나의 창의 면적을 0.4m² 이내로 할 것

13

제5류 위험물로서 인화점이 150℃이고, 비중은 1.8이며 순수한 것은 무색이나 보통 공업용은 휘황색의 침상 결정으로 금속과 반응하여 수소를 발생하는 물질에 대하여 다음 물음에 답하시오.

(1) 물질명을 쓰시오.
(2) 지정수량을 쓰시오.

정답

(1) 트리나이트로(니트로)페놀(피크린산)
(2) ※ 위 문제는 최신 법령이 개정된 문제입니다. 관련 개정사항은 제5류 위험물 지정수량 개정사항(p.2) 참고

관련개념

트리나이트로(니트로)페놀[$C_6H_2(OH)(NO_2)_3$](피크르산=피크린산=TNP)

- 자기반응성의 제5류 위험물로 황색의 침상 결정이다.
- 인화점: 150℃, 착화점: 300℃, 융점: 121℃, 비중: 1.8
- 피크린산의 저장 및 취급에 있어서는 드럼통에 넣어서 밀봉시켜 저장하고, 건조할수록 위험성이 증가된다. 독성이 있고 냉수에는 녹기 힘들고 더운물, 에테르, 벤젠, 알코올에 잘 녹는다.
- 분해반응식: $2C_6H_2(OH)(NO_2)_3 \rightarrow 4CO_2 + 6CO + 3N_2 + 2C + 3H_2$
- 금속과 반응하여 수소를 발생시킨다.

01
제3류 위험물 중 위험등급 Ⅰ에 속하는 품명을 3가지 쓰시오.

정답

칼륨, 나트륨, 알킬알루미늄, 알킬리튬, 황린

02
아세트산과 과산화나트륨의 화학반응식을 쓰시오.

정답

$Na_2O_2 + 2CH_3COOH \rightarrow H_2O_2 + 2CH_3COONa$
과산화나트륨   아세트산

03
다음 표는 지정수량 $\frac{1}{10}$ 이상의 위험물에 대하여 적용하는 유별을 달리하는 위험물의 혼재 기준이다. 혼재가 되는 것은 ○, 혼재가 불가능한 것은 ×를 하시오.

구분	제1류	제2류	제3류	제4류	제5류	제6류
제1류						
제2류						
제3류						
제4류						
제5류						
제6류						

정답

혼재 가능 위험물

구분	제1류	제2류	제3류	제4류	제5류	제6류
제1류		×	×	×	×	○
제2류	×		×	○	○	×
제3류	×	×		○	×	×
제4류	×	○	○		○	×
제5류	×	○	×	○		×
제6류	○	×	×	×	×	

04
다음 [보기]에 주어진 물질 1mol이 완전 열분해했을 때 발생하는 산소의 양이 많은 것부터 순서대로 나열하시오.

보기
① 과염소산암모늄
② 염소산칼륨
③ 염소산암모늄
④ 과염소산나트륨

정답

④, ②, ①, ③

관련개념

- $2NH_4ClO_4 \rightarrow N_2 + Cl_2 + 2O_2\uparrow + 4H_2O$
  과염소산암모늄 1몰이 열분해했을 때 산소는 1몰 발생
- $2KClO_3 \rightarrow 2KCl + 3O_2\uparrow$
  염소산칼륨 1몰이 열분해했을 때 산소는 1.5몰 발생
- $2NH_4ClO_3 \rightarrow N_2 + Cl_2 + O_2\uparrow + 4H_2O$
  염소산암모늄 1몰이 열분해했을 때 산소는 0.5몰 발생
- $NaClO_4 \rightarrow NaCl + 2O_2\uparrow$
  과염소산나트륨 1몰이 열분해했을 때 산소는 2몰 발생

05

염소산칼륨에 대한 다음 물음에 답하시오.

(1) 완전분해 반응식을 쓰시오.
(2) 표준상태에서 염소산칼륨 24.5kg이 완전분해할 경우 발생되는 산소의 부피는 몇 m³인가?

정답

(1) $2KClO_3 \rightarrow 2KCl + 3O_2 \uparrow$
(2) 6.72m³

상세해설

염소산칼륨($KClO_3$) 24.5kg이 완전분해할 경우 생성되는 산소의 부피(m³) 구하기

염소산칼륨의 분자량은 다음과 같다.
$39 + 35.5 + (16 \times 3) = 122.5$kg/kmol

염소산칼륨의 분해반응식상 염소산칼륨 2kmol이 분해되면 산소 3kmol이 발생한다.
$2KClO_3 \rightarrow 2KCl + 3O_2$
이 관계를 이용하여 비례식으로 발생하는 산소의 부피를 구한다.
2×122.5kg : 3×22.4m³ $= 24.5$kg : x
$x = 6.72$m³

06

적재하는 위험물에 따라 차광성이 있는 것으로 피복해야 하는 위험물을 4가지 쓰시오.

정답

제1류 위험물, 제3류 위험물 중 자연발화성 물질, 제4류 위험물 중 특수인화물, 제5류 위험물 또는 제6류 위험물

07

다음은 제2류 위험물에 대한 설명이다. 옳은 것을 고르시오.

> ① 고형알코올은 인화성 고체로 지정수량은 1,000kg이다.
> ② 황화인(황화린), 적린, 황(유황)은 위험등급 Ⅱ이다.
> ③ 물보다 가볍다.
> ④ 대부분 물에 녹는다.
> ⑤ 산화성 물질이다.

정답

①, ②

관련개념

- 인화성 고체라 함은 고형알코올, 그 밖에 1atm에서 인화점이 섭씨 40℃ 미만인 고체를 말한다.
- 황화인(황화린), 적린, 황(유황)은 위험등급 Ⅱ인 제2류 위험물이다.
- 제2류 위험물은 일반적으로 비중이 1보다 크고(물보다 무거움) 물에 녹지 않으며, 산화되기 쉽고 산소와 쉽게 결합을 이룬다.
- 제2류 위험물과 같이 잘 산화되는 물질을 환원성 물질이라고 한다.

08

외벽이 내화구조인 제조소의 연면적이 450m²일 때 소요단위는 몇 단위인지 계산하시오.

(1) 계산식
(2) 소요단위

정답

(1) $\dfrac{450\text{m}^2}{100\text{m}^2}$
(2) 4.5 = 5소요단위

※ 소요단위가 소수로 나온 경우 절상하여 정수로 표현하는 것이 더 정확한 표현방법입니다.

상세해설

제조소 또는 취급소의 건축물은 외벽이 내화구조인 것은 연면적 100m²를 1소요단위로 하므로 연면적이 450m²인 제조소의 소요단위는 다음과 같다.
$\dfrac{450\text{m}^2}{100\text{m}^2} = 4.5$이다.

09

다음은 제4류 위험물과 제6류 위험물의 취급에 관한 중요 기준에 대한 설명이다. 괄호 안을 알맞게 채우시오.

(1) 제4류 위험물은 불티, 불꽃, 고온체와의 접근 또는 과열을 피하고, 함부로 (　　)를 발생시키지 아니하여야 한다.
(2) 제6류 위험물은 가연물과의 접촉, 혼합이나 분해를 촉진하는 물품과의 접근 또는 (　　)을 피하여야 한다.

정답
(1) 증기　(2) 과열

관련개념
위험물의 유별 저장·취급의 공통기준
- 제4류 위험물은 불티·불꽃·고온체와의 접근 또는 과열을 피하고, 함부로 증기를 발생시키지 아니하여야 한다.
- 제6류 위험물은 가연물과의 접촉·혼합이나 분해를 촉진하는 물품과의 접근 또는 과열을 피하여야 한다.

10

제4류 위험물 중 제1석유류의 인화점은 몇 ℃ 미만인지 쓰시오.

정답
21℃

관련개념
제1석유류라 함은 아세톤, 휘발유, 그 밖에 1atm에서 인화점이 21℃ 미만인 것을 말한다.

11

제3류 위험물인 트리에틸알루미늄의 (1) 연소반응식과 (2) 물과의 반응식을 쓰시오.

정답
(1) $2(C_2H_5)_3Al + 21O_2 \rightarrow Al_2O_3 + 12CO_2 + 15H_2O$
(2) $(C_2H_5)_3Al + 3H_2O \rightarrow Al(OH)_3 + 3C_2H_6$

관련개념
트리에틸알루미늄[$(C_2H_5)_3Al$]
- 무색, 투명한 액체로 물 또는 에탄올과 접촉하면 폭발적으로 반응하여 에탄(C_2H_6)을 발생시킨다.
- 물보다 가벼우며 자극적인 냄새와 독성이 있다.

12

제1종 판매취급소의 시설기준에 관한 내용이다. 다음 빈칸을 채우시오.

(1) 위험물을 배합하는 실은 바닥면적을 (　　)m² 이상 (　　)m² 이하로 한다.
(2) (　　) 또는 (　　)의 벽으로 한다.
(3) 바닥은 위험물이 침투하지 아니하는 구조로 하여 적당한 경사를 두고 (　　)을(를) 설치해야 한다.
(4) 출입구 문턱의 높이는 바닥면으로부터 (　　)m 이상으로 하여야 한다.

정답
(1) 6, 15
(2) 내화구조, 불연재료
(3) 집유설비
(4) 0.1

관련개념
제1종 판매취급소의 위험물을 배합하는 실의 기준
- 바닥면적은 6m² 이상 15m² 이하로 할 것
- 내화구조 또는 불연재료로 된 벽으로 구획할 것
- 바닥은 위험물이 침투하지 아니하는 구조로 하여 적당한 경사를 두고 집유설비를 할 것
- 출입구에는 수시로 열 수 있는 자동폐쇄식의 60분+방화문(갑종방화문)을 설치할 것
- 출입구 문턱의 높이는 바닥면으로부터 0.1m 이상으로 할 것
- 내부에 체류한 가연성의 증기 또는 가연성의 미분을 지붕 위로 방출하는 설비를 할 것

13

제4류 위험물로 에테르 냄새를 가진 무색의 휘발성이 강한 액체로서 인화점은 −37℃, 분자량은 58이며, 수용성이고 증기는 눈, 점막 등을 자극하며 흡입 시 폐부종 등을 일으키고 액체가 피부와 접촉할 때에는 피부에 자극을 일으킨다. 이 물질에 대해 다음 물음에 답하시오.

(1) 화학식을 쓰시오.
(2) 지정수량을 쓰시오.

정답

(1) CH_3CHOCH_2
(2) 50L

관련개념

산화프로필렌(CH_3CHOCH_2)(지정수량 50L)

- 인화점: −37℃, 발화점: 449℃
- 연소범위가 넓고 증기압도 매우 높으며 휘발성이 강한 물질이다. 물 또는 유기용제(벤젠, 에테르, 알코올 등)에 잘 녹는 무색 투명한 액체로서 증기는 인체에 해롭다.
- 증기를 마시면 눈, 점막 등을 자극하며 흡입 시 심할 경우 폐부종을 일으킨다.

2016년 1회 기출문제

2016년 4월 16일 시행

01

제1류 위험물인 염소산칼륨의 완전 열분해 반응식을 쓰시오.

정답

$2KClO_3 \rightarrow 2KCl + 3O_2 \uparrow$

관련개념

염소산칼륨($KClO_3$=염소산칼리=클로로산칼리)
- 무색, 무취의 불연성 분말로서 이산화망간 등이 존재하면 분해가 촉진되어 산소를 방출한다.
- 지정수량은 50kg이다.
- 산화성 물질로 온수, 글리세린에 잘 녹고, 냉수, 알코올에는 잘 녹지 않는다.
- 열분해하여 산소를 발생한다.

02

다음 위험물 중 불활성가스 소화설비가 적응성이 있는 것을 모두 골라 쓰시오.

① 제2류 위험물 중 인화성 고체
② 제3류 위험물 중 금수성 물질
③ 제1류 전체 위험물
④ 제4류 전체 위험물
⑤ 제5류 전체 위험물
⑥ 제6류 전체 위험물

정답

①, ④

관련개념

불활성가스 소화설비의 적응성

소화설비의 구분	건축물· 그 밖의 공작물	전기설비	제1류 위험물		제2류 위험물			제3류 위험물		제4류 위험물	제5류 위험물	제6류 위험물
			알칼리금속과산화물 등	그밖의 것	철분· 금속분· 마그네슘 등	인화성 고체	그밖의 것	금수성 물품	그밖의 것			
불활성가스 소화설비		○				○				○		

03

다음 정의를 읽고 해당하는 「위험물안전관리법」상 품명을 괄호 안에 쓰시오.

(1) (　　)라 함은 고형알코올, 그 밖에 1atm에서 인화점이 40℃ 미만인 고체를 말한다.
(2) (　　)이라 함은 이황화탄소, 다이에틸에터(디에틸에테르), 그 밖에 1atm에서 발화점이 100℃ 이하인 것 또는 인화점이 -20℃ 이하이고 비점이 40℃ 이하인 것을 말한다.
(3) (　　)라 함은 아세톤, 휘발유, 그 밖에 1atm에서 인화점이 21℃ 미만인 것을 말한다.

정답

(1) 인화성 고체　(2) 특수인화물　(3) 제1석유류

관련개념

- 인화성 고체라 함은 고형알코올, 그 밖에 1atm에서 인화점이 40℃ 미만인 고체를 말한다.
- 특수인화물: 이황화탄소, 다이에틸에터(디에틸에테르), 그 밖에 1atm에서 발화점이 100℃ 이하인 것 또는 인화점이 -20℃ 이하이고 비점이 40℃ 이하인 것을 말한다.
- 제1석유류라 함은 아세톤, 휘발유, 그 밖에 1atm에서 인화점이 21℃ 미만인 것을 말한다.

04

옥외탱크저장소의 방유제 높이가 몇 m를 넘을 때 계단을 설치하는지 쓰시오.

정답

1m

관련개념

방유제 설치기준
- 재질: 철근콘크리트
- 높이: 0.5m 이상 3m 이하
- 두께: 0.2m 이상
- 지하매설깊이: 1m 이상
- 계단: 방유제의 높이가 1m를 넘는 방유제 및 간막이둑의 안팎에는 방유제 내에 출입하기 위한 계단 또는 경사로를 약 50m마다 설치

05

다음 표는 지정수량 $\frac{1}{10}$ 이상의 위험물에 대하여 적용하는 유별을 달리하는 위험물의 혼재 기준이다. 혼재가 되는 것은 ○, 혼재가 불가능한 것은 ×를 하시오.

구분	제1류	제2류	제3류	제4류	제5류	제6류
제1류						
제2류						
제3류						
제4류						
제5류						
제6류						

정답

혼재 가능 위험물

구분	제1류	제2류	제3류	제4류	제5류	제6류
제1류		×	×	×	×	○
제2류	×		×	○	○	×
제3류	×	×		○	×	×
제4류	×	○	○		○	×
제5류	×	○	×	○		×
제6류	○	×	×	×	×	

06

에틸알코올과 진한 황산이 반응하는 경우 (1) 생성되는 특수인화물의 화학식을 쓰고, 그에 해당하는 (2) 지정수량을 쓰시오.

정답

(1) $C_2H_5OC_2H_5$
(2) 50L

관련개념

다이에틸에터(=디에틸에테르, 산화에틸, 에테르, 에틸에테르=$C_2H_5OC_2H_5$)
- 지정수량: 50L
- 전기의 부도체이므로 정전기가 발생하기 쉽다.
- 휘발성이 높은 물질로서 마취작용이 있고 무색투명한 특유의 향이 있는 액체이다.
- 비극성 용매로서 물에 잘 녹지 않고, 알코올에 잘 녹는다.
- 알코올의 축합 화합물이다.
- $2C_2H_5OH \xrightarrow{H_2SO_4} C_2H_5OC_2H_5 + H_2O$

07

열분해 시 흡열반응에 의한 냉각효과 및 이때 발생되는 불연성 가스에 의한 질식소화효과가 가능하며, 반응과정에서 생성된 메타인산이 막을 형성하는 방식의 분말 소화약제의 경우 (1) 몇 종 분말 소화약제이며, (2) 주성분이 무엇인지 화학식으로 쓰시오.

정답

(1) 제3종 분말 소화약제
(2) $NH_4H_2PO_4$

관련개념

제3종 분말 소화약제

열분해 시 암모니아와 수증기에 의한 질식효과, 열분해에 의한 냉각효과, 암모늄에 의한 부촉매효과와 메타인산에 의한 방진작용이 주된 소화효과이다.

08

오황화인(오황화린)이 물과 반응했을 때 생성되는 물질을 모두 쓰시오.

정답

황화수소, 인산

관련개념

오황화인(오황화린, P_2S_5)
- P_2S_5는 담황색 결정으로 조해성과 흡습성이 있고, 알칼리에 분해하여 H_2S(황화수소)와 H_3PO_4(인산)가 된다. 습한 공기 중에 분해하여 황화수소를 발생하며 또한 알코올, 이황화탄소에 녹으며 선광제, 윤활유 첨가제, 의약품 등에 사용된다.
- 물과의 반응식: $P_2S_5 + 8H_2O \rightarrow 5H_2S + 2H_3PO_4$

09

다음과 같은 원통형 탱크의 내용적은 몇 m³인지 계산식과 함께 쓰시오. (단, r: 1m, l: 4m, l_1: 0.6m, l_2: 0.6m이다.)

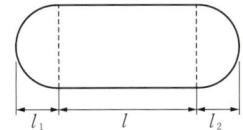

정답

$\pi r^2 \left(l + \dfrac{l_1 + l_2}{3}\right) = \pi \times 1^2 \times \left(4 + \dfrac{0.6 + 0.6}{3}\right) = 13.823 \text{m}^3$

∴ 내용적 = 13.82m³

10

피크린산의 (1) 구조식과 (2) 지정수량을 쓰시오.

정답

(1)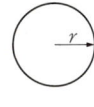

(2) ※ 위 문제는 최신 법령이 개정된 문제입니다. 관련 개정사항은 제5류 위험물 지정수량 개정사항(p.2) 참고

관련개념

트리니트로(니트로)페놀[$C_6H_2(OH)(NO_2)_3$]
- 피크르산 또는 피크린산이라고도 한다.
- 자기반응성의 제5류 위험물로 황색의 침상 결정이다.

11

TNT 분해 시 생성되는 물질 중 기체인 것 3가지를 화학식으로 쓰시오.

정답

CO, N_2, H_2

관련개념

TNT 분해반응식: $2C_6H_2CH_3(NO_2)_3 \rightarrow 12CO\uparrow + 2C + 3N_2\uparrow + 5H_2\uparrow$

12

다음 위험물을 저장 또는 취급하는 제조소에 설치해야 하는 게시판에 표시할 주의사항은 무엇인지 쓰시오.

(1) 과산화나트륨
(2) 황(유황)
(3) TNT

정답

(1) 물기엄금
(2) 화기주의
(3) 화기엄금

상세해설

(1) 과산화나트륨: 제1류 위험물 중 알칼리금속의 과산화물
(2) 황(유황): 제2류 위험물
(3) TNT: 제5류 위험물

제조소에는 저장 또는 취급하는 위험물에 따라 다음의 규정에 의한 주의사항을 표시한 게시판을 설치하여야 한다.
- 제1류 위험물 중 알칼리금속의 과산화물과 이를 함유한 것 또는 제3류 위험물 중 금수성 물질에 있어서는 '물기엄금'
- 제2류 위험물(인화성 고체를 제외)에 있어서는 '화기주의'
- 제2류 위험물 중 인화성 고체, 제3류 위험물 중 자연발화성 물질, 제4류 위험물 또는 제5류 위험물에 있어서는 '화기엄금'

13

위험물제조소에 국소방식의 배출설비를 설치할 때, 배출능력은 시간당 배출장소 용적의 몇 배 이상으로 하여야 하는지 쓰시오.

정답

20배

관련개념

제조소에 국소방식 배출설비 설치 시 배출능력 1시간당 배출장소 용적의 20배 이상인 것으로 하여야 한다. 다만, 전역방식의 경우에는 바닥면적 $1m^2$당 $18m^3$ 이상으로 할 수 있다.

14

이황화탄소의 (1) 연소반응식과 (2) 지정수량을 쓰시오.

정답

(1) $CS_2 + 3O_2 \rightarrow CO_2 + 2SO_2$

(2) 50L

관련개념

이황화탄소(CS_2, 지정수량 50L)

- 제4류 위험물 중 특수인화물에 속하며 지정수량은 50L이다.
- 순수한 것은 무색 투명한 액체, 불순물이 존재하면 황색을 띠며 냄새가 난다.
- 가연성, 불쾌한 냄새가 난다.
- 물에 녹지 않으나, 알코올, 에테르, 벤젠 등의 유기용제에는 잘 녹는다.
- 황, 황린, 수지, 고무 등을 잘 녹인다.

01

다음 위험물이 물과 반응할 경우 생성되는 가스의 명칭을 쓰시오.

(1) 칼륨
(2) 트리에틸알루미늄
(3) 인화알루미늄

정답

(1) 수소(H_2)
(2) 에탄(C_2H_6)
(3) 포스핀(PH_3)

관련개념

보기 물질들의 물과의 반응식

(1) 칼륨: $2K + 2H_2O \rightarrow 2KOH + H_2 \uparrow$
(2) 트리에틸알루미늄: $(C_2H_5)_3Al + 3H_2O \rightarrow Al(OH)_3 + 3C_2H_6 \uparrow$
(3) 인화알루미늄: $AlP + 3H_2O \rightarrow PH_3 \uparrow + Al(OH)_3$

02

특수인화물류 200L, 제1석유류(수용성) 400L, 제2석유류(수용성) 4,000L, 제3석유류(수용성) 12,000L, 제4석유류 24,000L에 대한 지정수량의 배수의 합을 쓰시오.

정답

14

관련개념

특수인화물의 지정수량: 50L
제1석유류(수용성)의 지정수량: 400L
제2석유류(수용성)의 지정수량: 2,000L
제3석유류(수용성)의 지정수량: 4,000L
제4석유류의 지정수량: 6,000L
따라서 지정수량의 배수의 합은
$\frac{200}{50} + \frac{400}{400} + \frac{4,000}{2,000} + \frac{12,000}{4,000} + \frac{24,000}{6,000} = 14$

03

다음 [보기] 중 탱크시험자의 기술인력 중 필수인력을 고르시오.

┤보기├
① 위험물기능장
② 위험물산업기사
③ 측량 및 지형공간정보기사
④ 초음파비파괴검사기능사
⑤ 누설비파괴검사기사

정답

①, ②

관련개념

탱크시험자의 기술인력 중 필수인력

- 위험물기능장·위험물산업기사 또는 위험물기능사 중 1명 이상
- 비파괴검사기술사 1명 이상 또는 초음파비파괴검사·자기비파괴검사 및 침투비파괴검사별로 기사 또는 산업기사 각 1명 이상

04

인화칼슘에 대해 다음 물음에 답하시오.

(1) 물과의 화학반응식을 쓰시오.
(2) 위험성에 대해 쓰시오.

정답

(1) $Ca_3P_2 + 6H_2O \rightarrow 3Ca(OH)_2 + 2PH_3$
(2) 인화칼슘(Ca_3P_2)은 물과 반응하면 유독성, 가연성의 포스핀(PH_3=인화수소)을 생성시키므로 물과의 접촉은 위험하다.

관련개념

인화칼슘(Ca_3P_2=인화석회)

- 금속의 인화물로 지정수량은 300kg이다.
- 독성이 강하고 적갈색의 괴상고체이고, 알코올·에테르에 녹지 않고, 약산과 반응하여 인화수소(PH_3)를 발생시킨다.
- 건조한 공기 중에서 안정하나 300℃ 이상에서 산화한다.
- 인화칼슘(Ca_3P_2)과 물이 반응하면 유독성, 가연성의 포스핀(PH_3=인화수소)과 수산화칼슘을 생성시킨다.

05

다음 설명에 해당하는 품명에 대하여 설명하시오.

(1) 고형알코올, 그 밖에 1atm에서 인화점이 40℃ 미만인 고체를 무엇이라고 하는지 쓰시오.
(2) 위의 위험물은 몇 류 위험물에 해당하는지 쓰시오.
(3) 위의 위험물의 지정수량은 얼마인지 쓰시오.

정답

(1) 인화성 고체
(2) 제2류 위험물
(3) 1,000kg

관련개념

인화성 고체라 함은 고형알코올, 그 밖에 1atm에서 인화점이 40℃ 미만인 고체를 말한다.
인화성 고체는 제2류 위험물로 지정수량은 1,000kg이다.

06

제5류 위험물 중 피크르산의 구조식을 쓰시오.

정답

$$\underset{\underset{NO_2}{}}{\overset{OH}{O_2N\bigodot NO_2}}$$

관련개념

트리나이트로(니트로)페놀[$C_6H_2(OH)(NO_2)_3$](피크르산=피크린산=TNP)
- 자기반응성의 제5류 위험물로 황색의 침상 결정이다.
- 피크린산의 저장 및 취급에 있어서는 드럼통에 넣어서 밀봉시켜 저장하고, 건조할수록 위험성이 증가된다. 독성이 있고 냉수에는 녹기 힘들고 더운물, 에테르, 벤젠, 알코올에 잘 녹는다.

07

다음은 옥외저장소에서 저장 또는 취급하는 위험물의 최대수량에 대한 보유공지 기준이다. 괄호 안을 알맞게 채우시오.

저장 또는 취급하는 위험물의 최대수량	공지의 너비
지정수량의 10배 이하	(①) 이상
지정수량의 10배 초과 20배 이하	(②) 이상
지정수량의 20배 초과 50배 이하	9m 이상
지정수량의 50배 초과 200배 이하	12m 이상
지정수량의 200배 초과	15m 이상

정답

① 3m
② 5m

08

주유취급소에 설치하는 주의사항 게시판으로서 '주유 중 엔진정지'에 대해 (1) 바탕색과 (2) 문자색을 쓰시오.

정답

(1) 바탕색: 황색
(2) 문자색: 흑색

관련개념

09

옥외저장탱크·옥내저장탱크 또는 지하저장탱크 중 압력탱크 외의 탱크에 저장하는 경우 다음 주어진 물질의 온도는 몇 ℃로 유지하여야 하는지 쓰시오.

(1) 다이에틸에터(디에틸에테르)
(2) 아세트알데하이드(아세트알데히드)
(3) 산화프로필렌

정답

(1) 30℃ 이하
(2) 15℃ 이하
(3) 30℃ 이하

관련개념

알킬알루미늄, 아세트알데하이드(아세트알데히드) 및 다이에틸에터(디에틸에테르) 등의 저장기준

- 옥외저장탱크·옥내저장탱크 또는 지하저장탱크 중 압력탱크 외의 탱크에 저장하는 다이에틸에터(디에틸에테르) 또는 아세트알데하이드(아세트알데히드) 등의 온도는 산화프로필렌과 이를 함유한 것 또는 다이에틸에터(디에틸에테르) 등에 있어서는 30℃ 이하로, 아세트알데하이드(아세트알데히드) 또는 이를 함유한 것에 있어서는 15℃ 이하로 각각 유지할 것
- 옥외저장탱크·옥내저장탱크 또는 지하저장탱크 중 압력탱크에 저장하는 아세트알데하이드(아세트알데히드) 등 또는 다이에틸에터(디에틸에테르) 등의 온도는 40℃ 이하로 유지할 것
- 보냉장치가 있는 이동저장탱크에 저장하는 아세트알데하이드(아세트알데히드) 또는 다이에틸에터(디에틸에테르) 등의 온도는 해당 위험물의 비점 이하로 유지할 것
- 보냉장치가 없는 이동저장탱크에 저장하는 아세트알데하이드(아세트알데히드) 또는 다이에틸에터(디에틸에테르) 등의 온도는 40℃ 이하로 유지할 것

10

탄화알루미늄이 물과 반응할 때 생성되는 물질 2가지를 쓰시오.

정답

수산화알루미늄, 메탄

관련개념

탄화알루미늄과 물의 반응식

$$Al_4C_3 + 12H_2O \rightarrow 4Al(OH)_3 + 3CH_4 \uparrow$$
　　　　　　　수산화알루미늄　메탄

11

ABC 분말 소화기 중 올소인산이 생성되는 열분해 반응식을 쓰시오.

정답

$NH_4H_2PO_4 \rightarrow H_3PO_4 + NH_3$

관련개념

제3종 분말 소화약제의 분해 반응식

(190℃) $NH_4H_2PO_4 \rightarrow H_3PO_4$(올소인산) $+ NH_3$
(215℃) $2H_3PO_4 \rightarrow H_4P_2O_7$(피로인산) $+ H_2O$
(360℃ 이상) $H_4P_2O_7 \rightarrow 2HPO_3$(메타인산) $+ H_2O$
최종 분해식: $NH_4H_2PO_4 \rightarrow HPO_3$(메타인산) $+ H_2O + NH_3$

12

에틸렌을 염화구리 또는 염화팔라듐의 촉매 하에서 산화반응시켜 생성되는 물질로 분자량 44, 인화점 -38℃, 비점 21℃, 연소범위 4.1~57%인 특수인화물에 대해 다음 물음에 답하시오.

(1) 시성식을 쓰시오.
(2) 증기비중을 쓰시오.

정답

(1) CH_3CHO
(2) 1.53

관련개념

아세트알데하이드[아세트알데히드, CH_3CHO](지정수량 50L)
- 에틸렌을 염화구리 또는 염화팔라듐의 촉매 하에 산화반응시켜 제조한다.
- 증기비중은 아세트알데하이드(아세트알데히드)의 분자량을 공기의 평균 분자량으로 나누어 구할 수 있다.

  $\dfrac{44}{28.84} = 1.525$

- 공기와 접촉 시 과산화물을 생성하므로 밀봉, 밀전하여 냉암소에 보관한다.
- 용기는 구리, 은, 수은, 마그네슘 또는 이의 합금을 사용하지 말아야 한다.

13

다음 [보기]의 위험물을 인화점이 낮은 것부터 순서대로 쓰시오.

| 보기 |

아세톤, 다이에틸에터(디에틸에테르), 이황화탄소, 산화프로필렌

정답

다이에틸에터(디에틸에테르) < 산화프로필렌 < 이황화탄소 < 아세톤

관련개념

- 다이에틸에터(디에틸에테르)의 인화점: -40℃
- 산화프로필렌의 인화점: -37℃
- 이황화탄소의 인화점: -30℃
- 아세톤의 인화점: -18℃

2016년 3회 기출문제

2016년 11월 13일 시행

01

질산암모늄의 구성성분 중 질소와 수소의 함량을 wt%로 구하시오.

정답

질소: 35wt%, 수소: 5wt%

관련개념

질산암모늄(NH_4NO_3)의 분자량은 80이고 질산암모늄 구성성분 중 수소(H) 4개의 원자량의 합은 4, 질소(N) 2개의 원자량의 합은 28이다.

수소의 wt% 함량 = $\frac{4}{80} \times 100 = 5wt\%$

질소의 wt% 함량은 $\frac{28}{80} \times 100 = 35wt\%$

02

표준상태에서 톨루엔의 증기밀도는 몇 g/L인지 구하시오.

정답

4.11g/L

관련개념

톨루엔($C_6H_5CH_3$)의 분자량은 92g/mol이고, 아보가드로의 법칙에 의하면 표준상태에서 기체 1mol의 부피는 22.4L이다.

밀도 = $\frac{질량}{부피}$ 이고, 톨루엔의 증기밀도는 $\frac{92g}{22.4L} = 4.107g/L$

03

다음 [보기] 중 위험물의 지정수량이 같은 품명 3가지를 쓰시오.

| 보기 |

철분, 하이드록실아민(히드록실아민), 적린, 황(유황), 질산에스터류(질산에스테르류), 하이드라진(히드라진) 유도체, 알칼리토금속

정답

적린, 황(유황)

관련개념

보기 위험물의 지정수량

철분: 500kg, 적린: 100kg, 황(유황): 100kg, 알칼리토금속: 50kg

※ 위 문제는 최신 법령이 개정된 문제입니다. 관련 개정사항은 제5류 위험물 지정수량 개정사항(p.2) 참고

04

다음은 위험물의 운반기준이다. 다음 빈칸을 채우시오.

(1) 고체 위험물은 운반용기 내용적의 (　　)% 이하의 수납률로 수납할 것
(2) 액체 위험물은 운반용기 내용적의 (　　)% 이하의 수납률로 수납하되, (　　)℃의 온도에서 누설되지 아니하도록 충분한 공간용적을 유지하도록 할 것

정답

(1) 95
(2) 98, 55

관련개념

위험물의 운반기준

- 고체 위험물은 운반용기 내용적의 95% 이하의 수납률로 수납할 것
- 액체 위험물은 운반용기 내용적의 98% 이하의 수납률로 수납하되, 55℃의 온도에서 누설되지 아니하도록 충분한 공간용적을 유지하도록 할 것

05

인화칼슘이 물과 접촉하는 경우의 화학반응식을 쓰시오.

정답

$Ca_3P_2 + 6H_2O \rightarrow 3Ca(OH)_2 + 2PH_3$

관련개념

인화칼슘(Ca_3P_2=인화석회)
- 금속의 인화물로 지정수량은 300kg이다.
- 독성이 강하고 적갈색의 괴상고체이고, 알코올·에테르에 녹지 않고, 약산과 반응하여 인화수소(PH_3)를 발생시킨다.
- 인화칼슘(Ca_3P_2)과 물이 반응하면 유독성, 가연성의 포스핀(PH_3=인화수소)과 수산화칼슘을 생성시킨다.

06

다음 [보기]의 위험물 중 인화점이 섭씨 21도 이상, 섭씨 70도 미만이며 수용성인 것을 고르시오.

| 보기 |
아세톤, 메틸알코올, 글리세린, 포름산,
나이트로벤젠(니트로벤젠), 아세트산

정답

포름산, 아세트산

관련개념

제2석유류라 함은 등유, 경유, 그 밖에 1atm에서 인화점이 21℃ 이상 70℃ 미만인 것을 말한다. 제2석유류로서 수용성인 물질은 포름산, 아세트산이다.

07

다음 [보기]의 위험물을 인화점이 낮은 것부터 순서대로 쓰시오.

| 보기 |
초산에틸, 이황화탄소, 클로로벤젠, 글리세린

정답

이황화탄소, 초산에틸, 클로로벤젠, 글리세린

관련개념

보기 물질의 인화점

이황화탄소(-30℃), 초산에틸(-4℃), 클로로벤젠(27℃), 글리세린(160℃)

08

연한 경금속으로 2차 전지로 이용하며, 비중이 0.530이고, 융점이 180℃인 물질의 명칭을 쓰시오.

정답

리튬(Li)

관련개념

리튬(Li)의 일반적 성질
- 은백색의 연한 고체이다.
- 원자량: 6.94, 융점: 180℃, 비중: 0.53
- 물과 접촉하면 수소를 발생시킨다.
  $2Li + 2H_2O \rightarrow 2LiOH + H_2\uparrow$
- 2차 전지로 사용한다.

09

마그네슘에 대해 다음 물음에 답하시오.

(1) 마그네슘이 완전연소 시 생성되는 물질을 쓰시오.
(2) 마그네슘과 염산이 반응하는 경우 발생하는 기체를 쓰시오.

정답

(1) 산화마그네슘(MgO)
(2) 수소(H_2)

관련개념

(1) 마그네슘 연소식: $2Mg+O_2 \rightarrow 2MgO$
(2) 마그네슘과 염산의 반응식: $Mg+2HCl \rightarrow MgCl_2+H_2\uparrow$

11

위험물 제조소의 옥외에 $200m^3$와 $100m^3$의 탱크가 각각 1개씩 총 2개가 있다. 탱크 주위로 방유제를 만들 때 방유제의 용량은 얼마 이상이어야 하는지 계산식과 함께 쓰시오.

정답

$(200m^3 \times 0.5)+(100m^3 \times 0.1)=110m^3$

관련개념

위험물 제조소의 옥외에 있는 탱크의 방유제 설치기준

하나의 취급탱크 주위에 설치하는 방유제의 용량은 해당 탱크용량의 50% 이상으로 하고, 2 이상의 취급탱크 주위에 하나의 방유제를 설치하는 경우 그 방유제의 용량은 해당 탱크 중 용량이 최대인 것의 50%에 나머지 탱크 용량 합계의 10%를 가산한 양 이상이 되게 한다.

제조소 옥외위험물 취급탱크 주위에 방유제를 만들 때 용량은
(최대 탱크용량 $\times 0.5$)+(나머지 탱크용량 $\times 0.1$)
$=(200 \times 0.5)+(100 \times 0.1)=110m^3$

※ 위험물 제조소의 옥외에 있는 탱크의 방유제 용량기준은 옥외탱크저장소 방유제 용량기준과 다르다.

10

[보기]에서 설명하는 물질에 대해 (1) 명칭과 (2) 화학식을 쓰시오.

> **보기**
> - 환원성이 크며, 은거울반응을 하고, 산화시키면 아세트산이 된다.
> - 물, 에테르, 알코올에 잘 녹는다.

정답

(1) 아세트알데하이드(아세트알데히드)
(2) CH_3CHO

관련개념

아세트알데하이드[아세트알데히드, CH_3CHO]

- 제4류 위험물 중 특수인화물로 지정수량은 50L이다.
- 무색의 액체로 인화성이 강하다.
- 물, 에테르, 알코올에 잘 녹으며 유기물을 잘 녹인다.
- 과망가니즈산(과망간산)칼륨에 의해 쉽게 산화되는 유기화합물이다.
- 환원성이 크고 은거울반응을 한다.

12

A, B, C급 화재에 모두 적용 가능한 분말 소화약제의 화학식을 쓰시오.

정답

$NH_4H_2PO_4$

관련개념

제1·2종 분말 소화약제는 B·C급 화재에만 적용되는 데 비해 제3종 분말은 열분해해서 부착성이 좋은 메타인산(HPO_3)을 생성시키므로 A, B, C급 화재에 적용된다.

종별	소화약제	약제의 착색	열분해 반응식
제1종 분말	탄산수소나트륨 ($NaHCO_3$)	백색	$2NaHCO_3 \rightarrow CO_2 + H_2O + Na_2CO_3$
제2종 분말	탄산수소칼륨 ($KHCO_3$)	담회색	$2KHCO_3 \rightarrow CO_2 + H_2O + K_2CO_3$
제3종 분말	제1인산암모늄 ($NH_4H_2PO_4$)	담홍색	$NH_4H_2PO_4 \rightarrow NH_3 + HPO_3 + H_2O$
제4종 분말	탄산수소칼륨+요소 $KHCO_3 + (NH_2)_2CO$	회색	$2KHCO_3 + (NH_2)_2CO \rightarrow K_2CO_3 + 2NH_3 + 2CO_2$

13

위험물의 저장량이 지정수량의 1/5일 때, 휘발유와 혼재 가능한 유별 위험물을 모두 쓰시오.

정답

제2류 위험물, 제3류 위험물, 제5류 위험물

관련개념

휘발유는 제4류 위험물이고 혼재 가능한 위험물은 아래와 같다.

혼재 가능 위험물

- 423 → 제4류와 제2류, 제4류와 제3류는 서로 혼재 가능
- 524 → 제5류와 제2류, 제5류와 제4류는 서로 혼재 가능
- 61 → 제6류와 제1류는 서로 혼재 가능

14

다음 [보기]에서 건성유, 반건성유, 불건성유를 분류하여 적으시오.

┤ 보기 ├
아마인유, 들기름, 야자유, 땅콩기름, 쌀겨유, 목화씨유

> 정답

① 건성유: 아마인유, 들기름
② 반건성유: 쌀겨유, 목화씨유
③ 불건성유: 야자유, 땅콩기름

> 관련개념

- 건성유: 요오드값이 130 이상인 것
  해바라기름, 동유, 정어리기름, 아마인유(아마씨유), 들기름, 대구유, 상어유 등(요오드값: 아마인유 > 해바라기유)
- 반건성유: 요오드값이 100~130인 것
  채종유, 면실유(목화씨유), 참기름, 옥수수기름, 콩기름, 쌀겨기름, 청어유 등
- 불건성유: 요오드값이 100 이하인 것
  땅콩기름, 야자유, 소기름, 고래기름, 피마자유, 올리브유

제 1 회 실전 모의고사

01
다음 물질들의 보호액을 쓰시오. (5점)
(1) 황린
(2) 칼륨
(3) CS_2

02
탄화칼슘과 물의 (1) 반응식을 쓰고 이때 발생하는 가스의 (2) 연소반응식을 쓰시오. (5점)
(1)
(2)

03
과산화수소와 관련하여 다음 [보기]의 빈칸을 채우시오. (5점)

| 보기 |
과산화수소의 위험물 조건은 농도가 (　)wt% 이상이며 과산화수소의 지정수량은 (　)kg이다.

04
제4류 위험물 옥내탱크저장소의 밸브 없는 통기관에 대하여 다음을 쓰시오. (5점)
(1) 통기관 끝부분의 옥내탱크저장소의 창 및 개구부로부터의 거리
(2) 통기관 끝부분의 지면으로부터의 최소 높이
(3) 부지경계선으로부터 인화점 40℃ 미만의 위험물의 탱크에 설치하는 통기관의 거리

05
다음 [보기]에 주어진 위험물을 연소방식에 따라 분류하시오. (5점)

| 보기 |
(1) 나트륨　　　　　　　　(2) TNT
(3) 에탄올　　　　　　　　(4) 금속분
(5) 다이에틸에터(디에틸에테르)　(6) 피크르산

06
황화인(황화린)의 종류 3가지를 화학식을 포함하여 쓰시오. (5점)

07
옥외탱크저장소의 방유제에 대한 물음에 답하시오. (5점)
(1) 방유제의 높이
(2) 방유제의 최대면적
(3) 하나의 방유제 안에 설치할 수 있는 옥외탱크의 최대 수

08
분자량이 27, 끓는점이 26℃이며 맹독성인 제4류 위험물의 (1) 화학식과 (2) 지정수량을 쓰시오. (5점)
(1)
(2)

09
$NaClO_2$와 Al이 반응하여 Al_2O_3와 NaCl이 발생하는 반응식을 쓰시오. (5점)

10
「위험물안전관리법」상 제4류 위험물에 해당하는 다이에틸에터(디에틸에테르)가 2,000L 있는 경우 소요단위를 계산하시오. (5점)

11

에틸알코올에 대하여 다음을 쓰시오. (5점)

(1) 에틸알코올의 연소반응식
(2) 에틸알코올과 칼륨의 반응에서 발생하는 기체
(3) 에틸알코올의 구조이성질체로서 디메틸에테르의 시성식

12

과산화나트륨의 운반용기 외부에 표시해야 하는 주의사항을 모두 쓰시오. (5점)

13

마그네슘을 이산화탄소로 소화하면 위험한 이유를 반응식과 함께 설명하시오. (5점)

14

옥내저장소의 설치기준과 관련하여 다음 물음에 답하시오. (5점)

(1) 바닥면적이 450m²일 경우 급기구의 최소 개수
(2) 지붕 위로 배출설비를 하여야 하는 경우 저장하는 위험물의 인화점

15

비중이 0.8인 메탄올 10L가 완전히 연소될 때 소요되는 (1) 이론산소량(kg)을 쓰고, (2) 생성되는 이산화탄소의 부피(m³)를 구하시오.(단, 25℃, 1atm이다.) (5점)

(1)
(2)

16
질산과 황산, 글리세린을 반응시켰을 때 생성되는 물질에 관하여 다음을 쓰시오. (5점)

(1) 생성되는 물질의 화학식
(2) 이 물질의 열분해 반응식

17
덩어리 상태의 황(유황)을 저장하는 옥외저장소에 관하여 다음을 쓰시오. (5점)

(1) 하나의 경계표시의 내부면적
(2) 경계표시의 높이

18
제1류 위험물로서 분자량이 약 101.1이며, 무색 또는 백색 결정으로 물에 잘 녹고, 흑색화약의 원료로 사용되는 물질에 대하여 다음을 쓰시오. (5점)

(1) 문제에서 설명하는 물질의 화학식
(2) 이 물질의 열분해 반응식

19
옥외저장탱크의 밸브 없는 통기관에 대하여 다음 괄호를 채우시오. (5점)

(1) 끝부분은 수평면보다 (   )도 이상 구부려 빗물 등의 침투를 막는 구조로 할 것
(2) 40mesh 이상의 구리망 또는 이와 동등 이상의 성능을 가진 (   )를 설치할 것. 다만, 인화점 70℃ 이상의 위험물만을 해당 위험물의 인화점 미만의 온도로 저장 또는 취급하는 탱크에 설치하는 통기관에 있어서는 그러하지 아니하다.

20
염소산칼륨과 황산의 혼합 시 반응에 대하여 다음 물음에 답하시오. (5점)

(1) 반응식을 쓰시오.
(2) 반응 시 발생하는 유독한 가스의 명칭을 쓰시오.

제 2 회 실전 모의고사

01
탄화칼슘 32g이 물과 반응할 때 (1) 반응식을 쓰고, 이때 발생하는 기체가 완전연소 시 필요한 (2) 산소의 부피(L)를 쓰시오.
(단, 현재상태는 표준상태이다.) (5점)

(1)
(2)

02
트리에틸알루미늄 228g이 물과 반응한다. 이때 (1) 물과의 반응식을 쓰고, (2) 반응 시 발생하는 가스의 부피(L)를 쓰시오.
(단, 현재상태는 표준상태이다.) (5점)

(1)
(2)

03
피뢰침 설비를 설치하여야 하는 제조소에서 취급하는 위험물의 양을 쓰시오. (5점)

04
칼륨과 이산화탄소의 (1) 반응식을 쓰고, (2) 위험성을 설명하시오. (5점)

(1)
(2)

05
아세트산과 과산화나트륨의 반응식을 쓰시오. (5점)

06
다이에틸에터(디에틸에테르) 200L, (수용성)제1석유류 400L, (수용성)제2석유류 4,000L, (수용성)제3석유류 12,000L, 제4석유류 24,000L의 지정수량 배수의 합을 구하시오. (5점)

07
비중 0.53, 융점 180℃, 불꽃반응색이 적색인 물질은 (1) 무엇인지 쓰고, (2) 해당 물질과 물의 반응식을 쓰시오. (5점)

(1)

(2)

08
다음 [조건]의 원통형 탱크의 용량을 구하시오. (단, 10% 공간용적을 가진다.) (5점)

| 조건 |
반지름(r): 3m, l: 8m, l_1: 2m, l_2: 2m

 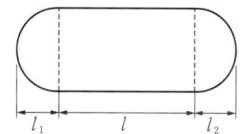

09
에탄올과 황산의 반응으로 나오는 제4류 위험물은 무엇인지 화학식으로 쓰시오. (5점)

10
표준상태에서 톨루엔의 증기비중을 구하시오. (5점)

11
제2류 위험물과 혼재 가능한 위험물을 모두 쓰시오. (5점)

12
이동저장탱크에 관한 설명이다. [보기]의 빈칸을 채우시오. (5점)

> **보기**
> 이동저장탱크는 그 내부에 (　　) 이하마다 (　　) 이상의 강철판 또는 이와 동등 이상의 강도·내열성 및 내식성이 있는 금속성의 것으로 칸막이를 설치하여야 한다.

13
이황화탄소와 물을 혼합할 때 (1) 이황화탄소의 위치 및 그 이유를 쓰고, (2) 이황화탄소의 연소반응식을 쓰시오. (5점)

(1)
(2)

14
인화점이 11°C이며 흡입 시 시신경을 마비시키는 물질의 명칭과 「위험물안전관리법」상 지정수량을 쓰시오. (5점)

(1) 명칭
(2) 지정수량

15
금속의 수소화물이 물과 반응 시 (1) 공통으로 발생하는 가스는 무엇인지 쓰고, (2) $LiAlH_4$의 물과의 반응식을 쓰시오. (5점)

(1)
(2)

16

(1) 탄화알루미늄과 물의 반응식을 쓰고, (2) 물과 반응 시 생성되는 가스의 완전연소반응식을 쓰시오. (5점)

(1)
(2)

17

다음 내용은 철분에 관한 설명이다. 각 물음에 답하시오. (5점)

(1) 괄호를 채우시오.
철분은 철의 분말로서 (　　)μm의 표준체를 통과하는 것이 (　　)wt% 미만인 것은 제외한다.
(2) 철(Fe)과 염산(HCl)의 화학반응식을 모두 쓰시오.

18

다음 내용은 「위험물안전관리법령」의 신속평형법 인화점 측정기에 의한 인화점 시험방법에 대한 설명이다. 괄호를 채우시오. (5점)

(1) 시험장소는 1기압, 무풍의 장소로 할 것
(2) 신속평형법 인화점 측정기의 시료컵을 설정온도까지 가열 또는 냉각하여 시험물품(설정온도가 상온보다 낮은 온도인 경우에는 설정온도까지 냉각한 것) (　①　)mL를 시료컵에 넣고 즉시 뚜껑 및 개폐기를 닫을 것
(3) 시료컵의 온도를 (　②　)분간 설정온도로 유지할 것
(4) 시험불꽃을 점화하고 화염의 크기를 직경 (　③　)mm가 되도록 조정할 것
(5) (　④　)분 경과 후 개폐기를 작동하여 시험불꽃을 시료컵에 (　⑤　)초간 노출시키고 닫을 것

19

이동저장탱크에 대하여 다음 물음에 답하시오. (5점)

(1) 방호틀과 측면틀의 역할을 쓰고, 방호틀의 두께를 쓰시오.
(2) 방호틀에서 정상부분은 부속장치보다 얼마나 높게 해야 하는지 쓰시오.

20

산·알칼리 소화기에 대한 설명이다. 다음 물음에 답하시오. (5점)

(1) 산·알칼리 소화기 내부의 산과 염기의 반응식을 쓰시오.
(2) 이때 생성되는 탄산가스의 양이 44g일 때 황산의 몰수를 구하시오.

제 3 회 실전 모의고사

01
나트륨과 에탄올의 (1) 반응식을 쓰고, (2) 반응 시 발생하는 가스의 이름을 쓰시오. (5점)

(1)

(2)

02
황린의 완전연소 반응식을 쓰시오. (5점)

03
탄화칼슘 128g이 물과 반응하여 생성되는 기체가 완전연소하기 위한 산소의 부피(L)를 구하시오. (5점)

04
정전기 발생을 방지하기 위한 방안 3가지를 쓰시오. (5점)

05
[보기] 위험물의 각 지정수량을 쓰시오. (5점)

보기
트리에틸알루미늄, 리튬, 탄화알루미늄

06
크실렌의 이성질체 3가지의 명칭을 쓰시오. (5점)

07
분자량이 63이고 갈색 증기를 발생시키고 염산과 혼합되어 금과 백금을 부식시킬 수 있는 것은 무엇인지 (1) 화학식을 쓰고, (2) 해당 물질의 지정수량을 쓰시오. (5점)

(1)
(2)

08
화학포 소화기의 반응식에서 6mol의 탄산가스를 발생시키기 위하여 필요한 탄산수소나트륨의 몰수를 구하는 (1) 화학반응식을 쓰고, 그 반응식을 이용해 (2) 탄산수소나트륨의 몰수를 구하시오. (5점)

(1)
(2)

09
이동저장탱크에 대한 설명이다. [보기]의 괄호를 채우시오. (5점)

| 보기 |

압력탱크의 두께는 (①)mm 이상의 강철판으로, 수압시험에서는 최대상용압력의 (②)배의 압력으로, 압력탱크 외의 탱크의 경우에는 (③)kPa의 압력으로 (④)분간 실시하여 새거나 변형되지 않아야 한다.

10
질산암모늄의 구성성분 중 질소와 수소의 함량을 wt%로 구하시오. (5점)

11
에탄올이 든 시험관과 메탄올이 든 시험관에 KI+I_2 수용액을 넣어준 뒤 KOH 수용액을 넣었을 때 하나의 시험관은 황색 침전이 발생했고, 다른 하나의 시험관은 투명했다. 아래 물음에 답하시오. (5점)
(1) 황색 침전이 발생한 시험관에 든 것은 메탄올인가, 에탄올인가?
(2) 이런 황색 침전이 발생하는 반응을 무엇이라 하는가?

12
과산화수소에 대하여 아래 물음에 답하시오. (5점)
(1) 과산화수소의 분해를 방지하기 위하여 넣어주는 안정제 두 가지를 쓰시오.
(2) 과산화수소가 피부에 닿았을 경우 현장에서 해야 하는 응급조치를 쓰시오.

13
이 물질은 분자량 294의 제1류 위험물로 등적색 판상결정형태를 가진다. 수용성이며, 융점 398℃, 비중 2.69인 이 물질에 대하여 다음 물음에 답하시오. (5점)
(1) 이 물질은 무엇인지 화학식으로 쓰시오.
(2) 이 물질의 지정수량을 쓰시오.

14
질산암모늄의 완전 열분해 반응식을 쓰시오. (5점)

15
황에 대하여 아래 물음에 답하시오. (5점)
(1) 황을 녹일 때 용매로 사용되는 분자량 76의 물질은 무엇인가?
(2) 황이 완전연소할 때 발생되는 가스의 이름은 무엇인가?

16
[보기]의 물질 중 에틸렌글리콜과 혼촉발화하는 물질을 고르시오. (5점)

> 보기
>
> H_2O(미량), Na_2O_2, CH_3COOH, 알코올류, 제4석유류

17
벽, 기둥, 바닥이 내화구조인 옥내저장소에 관한 설명이다. [보기]의 괄호를 채우시오. (5점)

> 보기
>
> 알킬알루미늄을 1,000kg 저장, 취급하는 저장창고의 보유공지의 너비는 ( )m 이상이어야 하고 하나의 저장창고의 바닥면적은 ( )m² 이하이어야 한다.

18
위험물의 운반과 관련하여 다음 물음에 답하시오. (5점)

(1) 제3류 위험물과 혼재 가능한 위험물 중 차광성이 있는 피복으로 가려야 하는 것을 쓰시오.
(2) 위험물 중 차광성 및 방수성이 있는 피복으로 덮어야 하는 것을 쓰시오.

19
질산칼륨(KNO_3), 적린(P)과 관련하여 다음 물음에 답하시오. (5점)

(1) 위 두 가지 물질은 각각 제 몇 류 위험물인지 쓰시오.
(2) 적린의 취급 시 주의사항을 쓰시오.

20
구리와 묽은 질산의 반응에서 (1) 생성되는 가스를 쓰고, (2) 질산이 위험물로 분류되는 비중의 기준은 얼마인지 쓰시오. (5점)

(1)
(2)

정답과 해설 제1회 실전 모의고사

01

정답

(1) 황린: pH9 정도의 약알칼리성 물
(2) 칼륨: 등유, 경유, 유동파라핀 등
(3) CS_2: 물

관련개념

위험물의 저장 및 취급방법

- 황린: pH9 정도의 물속에 저장하며 보호액이 증발되지 않도록 한다. (PH_3의 생성을 방지하기 위하여 보호액을 pH9(약알칼리성)로 유지시킴)
- 칼륨: 등유, 경유, 유동파라핀 등의 보호액 속에 저장한다.
- 이황화탄소: 용기나 탱크에 저장할 때는 물속에 보관해야 한다.(가연성 증기의 발생을 억제하기 위함)

02

정답

(1) 탄화칼슘과 물의 반응식: $CaC_2 + 2H_2O \rightarrow Ca(OH)_2 + C_2H_2$
(2) 탄화칼슘과 물의 반응에서 발생하는 가스는 아세틸렌(C_2H_2)이며 아세틸렌의 완전연소 반응식은 $2C_2H_2 + 5O_2 \rightarrow 4CO_2 + 2H_2O$이다.

03

정답

36, 300

관련개념

과산화수소의 위험물 조건은 농도가 36wt% 이상인 것이며 과산화수소의 지정수량은 300kg이다.

04

정답

(1) 1m 이상
(2) 4m 이상
(3) 1.5m 이상

관련개념

옥내탱크저장소의 밸브 없는 통기관

통기관의 끝부분은 건축물의 창·출입구 등의 개구부로부터 1m 이상 떨어진 옥외의 장소에 지면으로부터 4m 이상의 높이로 설치하되, 인화점이 40℃ 미만인 위험물의 탱크에 설치하는 통기관에 있어서는 부지경계선으로부터 1.5m 이상 거리를 둘 것. 다만, 고인화점 위험물만을 100℃ 미만의 온도로 저장 또는 취급하는 탱크에 설치하는 통기관은 그 끝부분을 탱크전용실 내에 설치할 수 있다.

05

정답

표면연소: (1) 나트륨, (4) 금속분
증발연소: (3) 에탄올, (5) 다이에틸에터(디에틸에테르)
자기연소: (2) TNT, (6) 피크르산

관련개념

고체의 표면연소

목탄(숯), 코크스, 금속분 등이 열분해하여 고체의 표면이 고온을 유지하면서 가연성 가스를 발생하지 않고 그 물질 자체가 표면이 빨갛게 변하면서 연소하는 형태

액체의 증발연소

알코올, 에테르, 석유, 아세톤 등과 같은 가연성 액체의 액면에서 증발하여 생긴 가연성 증기가 착화되어 화염을 내고, 이 화염의 온도에 의해서 액 표면의 온도를 상승시켜 증발을 촉진시켜 연소하는 형태

자기연소

화약, 폭약의 원료인 제5류 위험물 TNT, 피크르산, 나이트로(니트로)셀룰로오스, 질산에스터류(질산에스테르류)에서 볼 수 있는 연소의 형태로서 공기 중의 산소를 필요로 하지 않고 그 물질 자체에 함유되어 있는 산소로부터 내부 연소하는 형태

06

정답

삼황화인(삼황화린, P_4S_3), 오황화인(오황화린, P_2S_5), 칠황화인(칠황화린, P_4S_7)

관련개념

제2류 위험물 가연성 고체인 황화인(황화린)은 여러 가지 화학식을 갖고, 3가지(삼황화인(삼황화린), 오황화인(오황화린), 칠황화인(칠황화린))의 중요한 형태가 있다. 황화인(황화린)이 분해되면 유독하고 가연성인 황화수소(H_2S) 가스를 발생시키고 연소 시에는 이산화황을 발생시킨다.

07

정답

(1) 방유제의 높이: 0.5m 이상 3m 이하
(2) 방유제의 최대면적: 80,000m²
(3) 하나의 방유제 안에 설치할 수 있는 옥외탱크의 최대 수: 10기

관련개념

방유제는 위험물 탱크가 흘러넘쳤을 때 외부확산을 방지하기 위한 둑으로 옥외탱크저장소 방유제의 설치기준은 다음과 같다.

- 재질: 철근콘크리트

- 높이: 0.5m 이상 3m 이하
- 두께: 0.2m 이상
- 깊이: 지하매설깊이 1m 이상
- 계단: 방유제의 높이가 1m를 넘을 경우 50m 간격으로 설치
- 면적: 80,000m² 이하
- 탱크의 기수: 10기 이하

08

정답

(1) 화학식: HCN
(2) 지정수량: 400L

관련개념

시안화수소(HCN, 청산)(지정수량 400L)
- 제4류 위험물 중 제1석유류이다.
- 물에 잘 녹고 맹독성 물질이다.

09

정답

$3NaClO_2 + 4Al \rightarrow 2Al_2O_3 + 3NaCl$

10

정답

4

관련개념

위험물은 지정수량의 10배를 1소요단위로 하며, 다이에틸에터(디에틸에테르)의 지정수량은 50L이다.
다이에틸에터(디에틸에테르)의 1소요단위는 50×10=500L이고, 다이에틸에터(디에틸에테르) 2,000L는 $\frac{2,000}{500}=4$이므로 4소요단위가 된다.

11

정답

(1) $C_2H_5OH + 3O_2 \rightarrow 2CO_2 + 3H_2O$
(2) 수소($2C_2H_5OH + 2K \rightarrow 2C_2H_5OK + H_2$)
(3) CH_3OCH_3

12

정답

화기·충격주의, 물기엄금 및 가연물접촉주의

관련개념

과산화나트륨은 제1류 위험물 중 알칼리금속의 과산화물이며 제1류 위험물 중 알칼리금속의 과산화물 또는 이를 함유한 것에 있어서는 '화기·충격주의', '물기엄금' 및 '가연물접촉주의'를 운반용기 외부에 표시해야 한다.

13

정답

마그네슘이 이산화탄소와 반응하면 다음과 같이 MgO와 C 또는 CO가 생성된다. C와 CO는 모두 가연성 물질이기 때문에 마그네슘 화재 시 이산화탄소 소화기를 사용하면 위험성이 커진다.
$2Mg + CO_2 \rightarrow 2MgO + C$
$Mg + CO_2 \rightarrow MgO + CO$

14

정답

(1) 3개
(2) 70℃ 미만

관련개념

옥내저장소의 급기구
급기구는 해당 급기구가 설치된 실의 바닥면적 150m²마다 1개 이상으로 하되, 급기구의 면적은 800cm² 이상으로 할 것

배출설비
인화점이 70℃ 미만인 위험물의 저장창고에 있어서는 내부에 체류한 가연성의 증기를 지붕 위로 배출하는 설비를 갖추어야 한다.

15

정답

(1) 이론산소량: 12kg
(2) 이산화탄소의 부피: 6.11m³

상세해설

(1) 메탄올의 무게=0.8×10=8kg(0.8kg/L×10L=8kg)
$CH_3OH + 1.5O_2 \rightarrow CO_2 + 2H_2O$
32kg : 1.5×32kg=8kg : x
x=12kg

(2) 이산화탄소의 부피
$CH_3OH + 1.5O_2 \rightarrow CO_2 + 2H_2O$
32kg : 44kg=8kg : x
x=11kg
이상기체 상태방정식을 적용하여 부피를 구한다.
$PV = nRT = \frac{W}{M}RT, V = \frac{WRT}{PM}$

P: 압력, V: 부피, n: 몰수, M: 분자량, W: 무게, R: 기체상수(0.082), T: 온도

$V = \frac{11 \times 0.082 \times (273+25)}{1 \times 44} = 6.109 m^3$

16

정답

(1) $C_3H_5(ONO_2)_3$ (나이트로(니트로)글리세린)

(2) $4C_3H_5(ONO_2)_3 \longrightarrow 6N_2 + 12CO_2 + 10H_2O + O_2$

관련개념

나이트로(니트로)글리세린(NG)[$C_3H_5(ONO_2)_3$]
- 제5류 위험물 중 질산에스터류(질산에스테르류)에 해당된다.
- 상온에서 무색투명한 기름 모양의 액체이며, 제5류 자기반응성 위험물질로 자기연소를 한다.
- 가열·마찰·충격에 민감하며 폭발하기 쉽다.
- 분해되면 질소, 이산화탄소, 물, 산소가 발생된다.

17

정답

(1) $100m^2$ 이하

(2) $1.5m$ 이하

관련개념

덩어리 상태의 황(유황)만을 저장 또는 취급하는 경우 옥외저장소의 위치·구조 및 설비의 기준
- 하나의 경계표시의 내부의 면적은 $100m^2$ 이하일 것
- 2 이상의 경계표시를 설치하는 경우에 있어서는 각각의 경계표시 내부의 면적을 합산한 면적은 $1,000m^2$ 이하로 하고, 인접하는 경계표시와 경계표시와의 간격을 규정에 의한 공지의 너비의 2분의 1 이상으로 할 것. 다만, 저장 또는 취급하는 위험물의 최대수량이 지정수량의 200배 이상인 경우에는 10m 이상으로 하여야 한다.
- 경계표시는 불연재료로 만드는 동시에 황(유황)이 새지 아니하는 구조로 할 것
- 경계표시의 높이는 1.5m 이하로 할 것
- 경계표시에는 황(유황)이 넘치거나 비산하는 것을 방지하기 위한 천막 등을 고정하는 장치를 설치하되, 천막 등을 고정하는 장치는 경계표시의 길이 2m마다 한 개 이상 설치할 것
- 황(유황)을 저장 또는 취급하는 장소의 주위에는 배수구와 분리장치를 설치할 것

18

정답

(1) KNO_3

(2) $2KNO_3 \longrightarrow 2KNO_2 + O_2$

관련개념

질산칼륨(KNO_3 = 초석)
- 제1류 위험물 중 질산염류로 지정수량은 300kg이다.
- 무색 또는 백색 결정 분말이며 흑색화약의 원료로 사용된다.
- 자극성 짠맛과 산화성이 있다.
- 물, 글리세린 등에는 잘 녹으나 알코올에는 잘 녹지 않는다.
- 단독으로는 분해되지 않지만 가열하면 용융 분해되어 산소와 아질산칼륨을 생성한다.
- 열분해 반응식: $2KNO_3 \longrightarrow 2KNO_2 + O_2 \uparrow$

19

정답

(1) 45

(2) 인화방지장치

관련개념

옥외저장탱크의 밸브 없는 통기관 설치기준
- 지름은 30mm 이상일 것
- 끝부분은 수평면보다 45도 이상 구부려 빗물 등의 침투를 막는 구조로 할 것
- 인화점이 38℃ 미만인 위험물만을 저장 또는 취급하는 탱크에 설치하는 통기관에는 화염방지장치를 설치하고, 그 외의 탱크에 설치하는 통기관에는 40메쉬(mesh) 이상의 구리망 또는 동등 이상의 성능을 가진 인화방지장치를 설치할 것. 다만, 인화점이 70℃ 이상인 위험물만을 해당 위험물의 인화점 미만의 온도로 저장 또는 취급하는 탱크에 설치하는 통기관에는 인화방지장치를 설치하지 않을 수 있다.
- 가연성의 증기를 회수하기 위한 밸브를 통기관에 설치하는 경우에 있어서는 해당 통기관의 밸브는 저장탱크에 위험물을 주입하는 경우를 제외하고는 항상 개방되어 있는 구조로 하는 한편, 폐쇄하였을 경우에 있어서는 10kPa 이하의 압력에서 개방되는 구조로 할 것. 이 경우 개방된 부분의 유효단면적은 $777.15mm^2$ 이상이어야 한다.

20

정답

(1) $6KClO_3 + 3H_2SO_4 \longrightarrow 2HClO_4 + 4ClO_2 + 3K_2SO_4 + 2H_2O$

(2) 이산화염소(ClO_2)

정답과 해설 — 제2회 실전 모의고사

01

정답

(1) 탄화칼슘과 물의 반응식: $CaC_2 + 2H_2O \longrightarrow Ca(OH)_2 + C_2H_2$

(2) 28L

상세해설

- 탄화칼슘이 물과 반응할 때 발생하는 기체는 아세틸렌(C_2H_2)이고 아세틸렌의 연소식은 $C_2H_2 + 2.5O_2 \longrightarrow 2CO_2 + H_2O$이다.
- CaC_2의 분자량은 64g/mol이므로 탄화칼슘 32g은 0.5mol이다. 탄화칼슘과 물의 반응식에서 탄화칼슘과 아세틸렌의 비는 1:1로, 즉 탄화칼슘 0.5mol이 반응할 때 생성되는 아세틸렌은 0.5mol이다.
- 아세틸렌의 연소식에서 아세틸렌 1mol이 연소할 때 산소는 2.5mol이 필요하므로, 아세틸렌 0.5mol의 연소에는 산소 1.25mol이 필요하다.
- 아보가드로의 법칙에 의해 표준상태에서 기체 1mol의 부피는 22.4L이므로 표준상태에서 산소 1.25mol의 부피는 22.4×1.25=28L가 된다.

02

정답

(1) 물과의 반응식: $(C_2H_5)_3Al + 3H_2O \longrightarrow Al(OH)_3 + 3C_2H_6$

(2) 발생가스의 양: 134.4L

상세해설

- 트리에틸알루미늄의 분자량은 114g이다. 따라서 트리에틸알루미늄 228g의 몰수는 2몰이다.
- 트리에틸알루미늄의 물과의 반응식에서 트리에틸알루미늄 1몰 반응 시 발생하는 가스(에탄, C_2H_6)의 양은 3몰이다.
- 따라서 트리에틸알루미늄 2몰이 반응 시 발생되는 가스의 양은 6몰이고, 표준상태에서 기체 1몰의 부피는 22.4L이므로 발생 기체 6몰의 부피는 22.4×6=134.4L이다.

03

정답

지정수량의 10배 이상

관련개념

지정수량의 10배 이상의 위험물을 취급하는 제조소에는 피뢰침을 설치하여야 한다. 다만, 제조소의 주위의 상황에 따라 안전상 지장이 없는 경우에는 피뢰침을 설치하지 아니할 수 있다.

04

정답

(1) 반응식: $4K + 3CO_2 \longrightarrow 2K_2CO_3 + C$

(2) 위험성: 반응 시 가연성 물질인 탄소가 발생하여 폭발반응을 할 수 있으므로 위험하다.

05

정답

$2CH_3COOH + Na_2O_2 \longrightarrow 2CH_3COONa + H_2O_2$

06

정답

14

상세해설

지정수량 배수의 합 $= \dfrac{200}{50} + \dfrac{400}{400} + \dfrac{4,000}{2,000} + \dfrac{12,000}{4,000} + \dfrac{24,000}{6,000} = 14$

07

정답

(1) 리튬(Li)

(2) $2Li + 2H_2O \longrightarrow 2LiOH + H_2 \uparrow$

08

정답

237.50m³

상세해설

내용적: $\pi r^2 \times \left(l + \dfrac{l_1+l_2}{3}\right) = \pi \times 3^2 \times \left(8 + \dfrac{2+2}{3}\right) = 263.89\,m^3$

10%의 공간용적을 가지므로 탱크의 용량(내용적 - 공간용적)은 다음과 같다.

263.89×0.9=237.50m³

09

정답

$C_2H_5OC_2H_5$

관련개념

다이에틸에터(디에틸에테르, $C_2H_5OC_2H_5$)(지정수량: 50L)

- 전기의 부도체이므로 정전기가 발생하기 쉽다.
- 황산 촉매하에서 에탄올의 축합 화합물이다.

$C_2H_5OH + C_2H_5OH \xrightarrow{\text{진한 } H_2SO_4} C_2H_5OC_2H_5 + H_2O$

10

정답

3.19

관련개념

톨루엔($C_6H_5CH_3$)의 분자량은 92g이고 공기의 평균분자량은 약 28.84g이다.

증기비중 = $\dfrac{\text{톨루엔의 분자량}}{\text{공기의 평균분자량}}$ = $\dfrac{92}{28.84}$ = 3.19

11

정답

제4류 위험물, 제5류 위험물

관련개념

혼재 가능 위험물

423 → 제4류와 제2류, 제4류와 제3류는 서로 혼재 가능

524 → 제5류와 제2류, 제5류와 제4류는 서로 혼재 가능

61 → 제6류와 제1류는 서로 혼재 가능

12

정답

4,000L, 3.2mm

13

정답

(1) 아래층, 물보다 무겁고 물에 녹지 않기 때문이다.

(2) $CS_2 + 3O_2 \rightarrow CO_2 + 2SO_2$

14

정답

(1) 메틸알코올

(2) 400L

15

정답

(1) 수소(H_2)

(2) $LiAlH_4 + 4H_2O \rightarrow LiOH + Al(OH)_3 + 4H_2$

16

정답

(1) $Al_4C_3 + 12H_2O \rightarrow 4Al(OH)_3 + 3CH_4\uparrow$
　　　　　　　　　　　(수산화알루미늄) (메탄)

(2) $CH_4 + 2O_2 \rightarrow CO_2 + 2H_2O$

17

정답

(1) 53, 50

(2) $2Fe + 6HCl \rightarrow 2FeCl_3 + 3H_2$

　　$Fe + 2HCl \rightarrow FeCl_2 + H_2$

관련개념

철분(Fe)(지정수량 500kg)

- 은백색의 광택이 나는 금속분말이다.
- 53μm의 표준체를 통과하는 것이 50wt% 이상인 것을 말한다.
- 공기 중에서 서서히 산화하여 산화철(Fe_2O_3)이 되어 백색의 광택이 황갈색으로 변화하고, 기름이 묻은 분말일 경우에는 자연발화의 위험이 있다.
- 염산과의 반응식: $2Fe + 6HCl \rightarrow 2FeCl_3 + 3H_2$
　　　　　　　　　$Fe + 2HCl \rightarrow FeCl_2 + H_2$

18

정답

① 2　② 1　③ 4　④ 1　⑤ 2.5

19

정답

(1) 역할: 차량이 전복되었을 때 타격, 충격 등을 흡수하여 위험물 누설 방지

　 방호틀의 두께: 2.3mm 이상

(2) 50mm 이상

20

정답

(1) $2NaHCO_3 + H_2SO_4 \rightarrow Na_2SO_4 + 2CO_2 + 2H_2O$

(2) 0.5mol

상세해설

산·알칼리 소화기

- 산과 염기의 반응식

　$H_2SO_4 + 2NaHCO_3 \rightarrow 2CO_2\uparrow + 2H_2O + Na_2SO_4$

- 산·알칼리 소화기의 반응에서 생성되는 탄산가스(CO_2)의 양이 44g일 때 황산의 몰수는 다음의 식을 세워 구한다.

　$H_2SO_4 + 2NaHCO_3 \rightarrow 2CO_2\uparrow + 2H_2O + Na_2SO_4$

　1mol : 2×44g = $x$mol : 44g

　$x \times 2 \times 44 = 1 \times 44$

　$x = 0.5$mol

정답과 해설 제3회 실전 모의고사

01
정답
(1) 반응식: $2Na + 2C_2H_5OH \rightarrow 2C_2H_5ONa + H_2 \uparrow$
(2) 발생가스: 수소가스

02
정답
$P_4 + 5O_2 \rightarrow 2P_2O_5$

03
정답
112L

상세해설
탄화칼슘과 물의 반응식: $CaC_2 + 2H_2O \rightarrow Ca(OH)_2 + C_2H_2 \uparrow$
CaC_2의 분자량은 64g/mol이므로 탄화칼슘 128g은 2mol이며 2mol의 CaC_2 반응 시 2mol의 C_2H_2가 생성된다.
2mol의 C_2H_2가 완전연소하기 위해서는 산소 5mol이 필요하다.
$2C_2H_2 + 5O_2 \rightarrow 4CO_2 + 2H_2O$
산소 5mol의 부피 = 5 × 22.4L = 112L

04
정답
① 공기를 이온화할 것
② 공기 중 상대습도를 70% 이상으로 할 것
③ 접지할 것

관련개념
위험물을 취급함에 있어서 정전기가 발생할 우려가 있는 설비에는 다음 중 하나에 해당하는 방법으로 정전기를 유효하게 제거할 수 있는 설비를 설치하여야 한다.
- 접지에 의한 방법
- 공기 중의 상대습도를 70% 이상으로 하는 방법
- 공기를 이온화하는 방법

05
정답
트리에틸알루미늄: 10kg
리튬: 50kg
탄화알루미늄: 300kg

06
정답
o-크실렌, m-크실렌, p-크실렌

관련개념
크실렌의 이성질체의 구조식

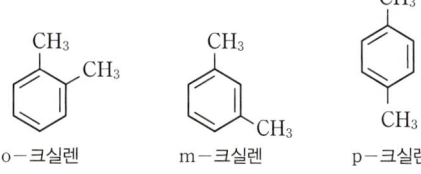

o-크실렌   m-크실렌   p-크실렌

07
정답
(1) 화학식: HNO_3
(2) 지정수량: 300kg

관련개념
질산[HNO_3](지정수량 300kg)
- 불연성 물질이며 위험등급은 I이다.
- 흡습성이 강하여 습한 공기 중에서 자연발화하지 않고 발열하는 무색 또는 담황색의 무거운 액체이다.
- 「위험물안전관리법」상 위험물에 해당하는 질산은 비중이 1.49 이상이고, 진한 질산을 가열할 경우 분해하여 액체 표면에 적갈색의 증기(유독가스)가 떠 있게 된다.
- 질산(HNO_3)과 염산(HCl)이 1 : 3의 비율로 혼합된 혼합산을 왕수라 하며 왕수는 금과 백금을 녹인다.

08
정답
(1) 화학식: $6NaHCO_3 + Al_2(SO_4)_3 \cdot 18H_2O$
$\rightarrow 3Na_2SO_4 + 2Al(OH)_3 + 6CO_2 + 18H_2O$
(2) 몰수: 6mol

상세해설
포 소화약제 중 화학포는 황산알루미늄[$Al_2(SO_4)_3$]과 탄산수소나트륨($NaHCO_3$)을 혼합한 것이다.
반응식에서 6몰의 탄산수소나트륨($NaHCO_3$)이 반응 시 6몰의 탄산가스(CO_2)가 발생한다.

09

정답

① 3.2 ② 1.5 ③ 70 ④ 10

관련개념

이동저장탱크의 구조

- 탱크(맨홀 및 주입관의 뚜껑을 포함)는 두께 3.2mm 이상의 강철판 또는 이와 동등 이상의 강도·내식성 및 내열성이 있다고 인정하여 소방청장이 정하여 고시하는 재료 및 구조로 위험물이 새지 아니하게 제작할 것
- 압력탱크 외의 탱크는 70kPa의 압력으로, 압력탱크는 최대상용압력의 1.5배의 압력으로 각각 10분간의 수압시험을 실시하여 새거나 변형되지 아니할 것. 이 경우 수압시험은 용접부에 대한 비파괴시험과 기밀시험으로 대신할 수 있다.

10

정답

질소: 35wt%, 수소: 5wt%

관련개념

질산암모늄(NH_4NO_3)의 분자량은 80이고 질산암모늄 구성성분 중 수소(H) 4개의 원자량의 합은 4, 질소(N) 2개의 원자량의 합은 28이다.

수소의 wt% 함량 $= \dfrac{4}{80} \times 100 = 5wt\%$

질소의 wt% 함량 $= \dfrac{28}{80} \times 100 = 35wt\%$

11

정답

(1) 에탄올
(2) 아이오딘포름(요오드포름) 반응

관련개념

아이오딘포름(요오드포름) 반응

아세틸기를 지니는 메틸케톤이 염기 존재 시 아이오딘(요오드)과 반응하여 아이오딘포름(요오드포름)의 황색침전을 생성하는 반응으로 에탄올은 아이오딘포름(요오드포름) 반응으로 검출이 가능하다.

$C_2H_5OH + 6KOH + 4I_2 \longrightarrow CHI_3 + 5KI + HCOOK + 5H_2O$
　　　　　　　　아이오딘포름(요오드포름)

12

정답

(1) 인산, 요산
(2) 다량의 물로 충분히 씻는다.

관련개념

과산화수소의 저장 및 취급방법

- 햇빛 차단, 화기엄금, 충격금지, 환기 잘 되는 냉암소에 저장, 온도 상승 방지, 과산화수소의 저장용기 마개는 구멍 뚫린 마개 사용(용기의 내압 상승을 방지하기 위함)
- 농도가 클수록 위험성이 크므로 분해방지 안정제[인산나트륨, 인산, 요산, 글리세린 등]를 첨가하여 산소분해를 억제한다.
- 유리 용기에 장시간 보관하면 직사광선에 의해 분해될 위험성이 있으므로 갈색의 착색병에 보관한다.
- 피부에 닿았을 경우 응급조치: 다량의 물로 충분히 씻는다.

13

정답

(1) $K_2Cr_2O_7$
(2) 1,000kg

관련개념

다이크로뮴산(중크롬산)칼륨($K_2Cr_2O_7$)(지정수량 1,000kg)

- 제1류 위험물 다이크로뮴산염류(중크롬산염류)염류로 지정수량은 1,000kg이다.
- 등적색 판상결정이다.
- 분해온도 500℃, 융점 398℃, 비중 2.69, 용해도 8.89(15℃)
- 흡습성, 수용성, 알코올에는 불용이다.
- 산과 반응하여 산소를 방출시킨다.
- 부식성이 강하고 단독으로는 안정하다.
- 가연물과 유기물이 혼입되면 마찰, 충격에 의해 발화, 폭발한다.

14

정답

$2NH_4NO_3 \longrightarrow 2N_2 + 4H_2O + O_2$

15

정답

(1) 이황화탄소(CS_2)
(2) 이산화황(SO_2)

관련개념

황(유황, 지정수량 100kg)

- 황색의 고체 또는 분말이고 단사황, 사방황, 고무상황의 동소체이며 조해성이 없고 물이나 산에는 녹지 않으나 알코올에는 약간 녹고 고무상황은 붉은 갈색이며, 무정형으로 녹는점이 일정치 않으며 CS_2에 녹지 않지만 단사황과 사방황은 CS_2에 잘 녹는다.
- 공기 중에서 연소하면 푸른 빛을 내며 이산화황(SO_2)을 발생한다.
$S + O_2 \longrightarrow SO_2$

16

정답

Na_2O_2

상세해설

에틸렌글리콜은 제4류 위험물 제3석유류로 제1류, 제6류 위험물과 혼재가 불가능하다. 보기에서 H_2O(미량), Na_2O_2를 제외하고는 모두 제4류 위험물로 같은 류에 해당하므로 답에서 제외하고, 물도 제4류 위험물과 반응하여 발화하지 않으므로 제외한다. 과산화나트륨은 제1류 위험물로 에틸렌글리콜과 혼재 시 혼촉발화할 수 있다.

〈혼재 가능 위험물〉

구분	제1류	제2류	제3류	제4류	제5류	제6류
제1류		×	×	×	×	○
제2류	×		×	○	○	×
제3류	×	×		○	×	×
제4류	×	○	○		○	×
제5류	×	○	×	○		×
제6류	○	×	×	×	×	

17

정답

5, 1,000

관련개념

옥내저장소의 기준

- 옥내저장소의 주위에는 그 저장 또는 취급하는 위험물의 최대수량에 따라 다음 표에 의한 너비의 공지를 보유하여야 한다.
- 알킬알루미늄의 지정수량은 10kg으로 1,000kg은 지정수량의 100배이다.

저장 또는 취급하는 위험물의 최대수량	공지의 너비	
	벽·기둥 및 바닥이 내화구조로 된 건축물	그 밖의 건축물
지정수량의 5배 이하		0.5m 이상
지정수량의 5배 초과 10배 이하	1m 이상	1.5m 이상
지정수량의 10배 초과 20배 이하	2m 이상	3m 이상
지정수량의 20배 초과 50배 이하	3m 이상	5m 이상
지정수량의 50배 초과 200배 이하	5m 이상	10m 이상
지정수량의 200배 초과	10m 이상	15m 이상

- 하나의 저장창고의 바닥면적(2 이상의 구획된 실이 있는 경우에는 각 실의 바닥면적의 합계)은 제3류 위험물 중 칼륨, 나트륨, 알킬알루미늄, 알킬리튬 그 밖에 지정수량이 10kg인 위험물 및 황린의 경우 $1,000m^2$ 이하로 하여야 한다.

18

정답

(1) 제3류 위험물과 혼재 가능한 위험물은 제4류 위험물이며 제4류 위험물 중 차광성이 있는 피복으로 가려야 하는 위험물은 제4류 위험물 중 특수인화물이다.

(2) 차광성과 방수성이 모두 있는 피복으로 덮어야 하는 위험물은 제1류 위험물 중 알칼리금속의 과산화물이다.

관련개념

적재하는 위험물에 따른 조치

(1) 차광성이 있는 것으로 피복하여야 하는 위험물
- 제1류 위험물
- 제3류 위험물 중 자연발화성 물질
- 제4류 위험물 중 특수인화물
- 제5류 위험물
- 제6류 위험물

(2) 방수성이 있는 것으로 피복하여야 하는 위험물
- 제1류 위험물 중 알칼리금속의 과산화물
- 제2류 위험물 중 철분, 금속분, 마그네슘
- 제3류 위험물 중 금수성 물질

19

정답

(1) 질산칼륨: 제1류 위험물, 적린: 제2류 위험물

(2) 산화제와 접촉을 피할 것

관련개념

적린(P)

- 자연발화성은 없다.
- 산화제와 혼합 시 마찰, 충격에 의해 쉽게 발화된다.
- 직사광선을 피하고, 물속에 저장하기도 한다.

20

정답

(1) 일산화질소(NO)

(2) 1.49 이상

관련개념

- 구리는 묽은 질산과 반응하여 일산화질소를 발생한다.

  반응식: $3Cu + 8HNO_3 \rightarrow 3Cu(NO_3)_2 + 2NO + 4H_2O$

- 구리는 진한 질산과 반응하여 이산화질소를 발생한다.

  반응식: $Cu + 4HNO_3 \rightarrow Cu(NO_3)_2 + 2NO_2 + 2H_2O$

- 「위험물안전관리법」상 위험물에 해당하는 질산은 비중이 1.49 이상이다.

에듀윌이 너를 지지할게
ENERGY

삶의 순간순간이
아름다운 마무리이며
새로운 시작이어야 한다.

– 법정 스님

▶ 대표저자 **최창률**

약력

한국교통대학교 대학원(안전공학) 공학박사

산업안전지도사

전기안전기술사

한국산업안전보건공단 33년 근무(실장, 지사장 역임)

부산가톨릭대학교 안전보건학과 겸임교수 역임

사단법인 안전보건진흥원 안전인증이사

KSR인증원(국제인증기관) 원장

법무법인 대륙아주 안전고문

한국광해광업공단 안전보건자문 및 안전경영위원회 위원

한국관광공사/한국가스안전공사/한국해양과학기술원 안전보건자문

서민금융진흥원/연구개발특구진흥재단 안전보건자문

전기안전기술사/화공안전기술사 자격수험서 저자

산업안전기사/산업안전산업기사 자격수험서 저자(1992년 최초 저서)

위험물산업기사/위험물기능사 자격수험서 저자

산업위생관리기사 저자

중대재해처벌법/안전보건경영시스템(ISO45001)/위험성평가 컨설팅

공공기관 안전활동수준평가 및 안전관리등급제 컨설팅

2026 에듀윌 위험물산업기사 실기 2주끝장+무료특강

발 행 일	2025년 11월 27일 초판
저 자	최창률
펴 낸 이	양형남
개발책임	목진재
개 발	양지은
펴 낸 곳	(주)에듀윌
I S B N	979-11-360-4035-0
등록번호	제25100-2002-000052호
주 소	08378 서울특별시 구로구 디지털로34길 55 코오롱싸이언스밸리 2차 3층

* 이 책의 무단 인용·전재·복제를 금합니다.

www.eduwill.net
대표전화 1600-6700

여러분의 작은 소리
에듀윌은 크게 듣겠습니다.

본 교재에 대한 여러분의 목소리를 들려주세요.
공부하시면서 어려웠던 점, 궁금한 점,
칭찬하고 싶은 점, 개선할 점, 어떤 것이라도 좋습니다.

에듀윌은 여러분께서 나누어 주신 의견을
통해 끊임없이 발전하고 있습니다.

에듀윌 도서몰 book.eduwill.net
- 부가학습자료 및 정오표: 에듀윌 도서몰 → 도서자료실
- 교재 문의: 에듀윌 도서몰 → 문의하기 → 교재(내용, 출간) / 주문 및 배송